普通高等教育"十一五"国家级规划教材

教育部高职高专规划教材(五年制高等职业教育适用)

# 实用化学基础

## （第 2 版）

全国五年制高等职业教育公共课开发指导委员会组编

主　　编　戴大模

副 主 编　蒙保俐

华 东 师 范 大 学 出 版 社

# 第1版出版说明

　　教材建设工作是整个高职高专教育教学工作中的重要组成部分。改革开放以来,在各级教育行政部门、学校和有关出版社的共同努力下,各地已出版了一批高职高专教育教材。但从整体上看,具有高职高专教育特色的教材极其匮乏,不少院校尚在借用本科或中专教材,教材建设仍落后于高职高专教育的发展需要。为此,1999年教育部组织制定了《高职高专教育基础课程教学基本要求》(以下简称《基本要求》)和《高职高专教育专业人才培养目标及规格》(以下简称《培养规格》),通过推荐、招标及遴选,组织了一批学术水平高、教学经验丰富、实践能力强的教师,成立了"教育部高职高专规划教材"编写队伍,并在有关出版社的积极配合下,推出一批"教育部高职高专规划教材"。

　　"教育部高职高专规划教材"计划出版500种,用5年左右时间完成。出版后的教材将覆盖高职高专教育的基础课程和主干专业课程。计划利用2—3年的时间,在继承原有高职、高专和成人高等学校教材建设成果的基础上,充分汲取近几年来各类学校在探索培养技术应用性专门人才方面取得的成功经验,解决好新形势下高职高专教育教材的有关问题;然后再用2—3年的时间,在《新世纪高职高专教育人才培养模式和教学内容体系改革与建设项目计划》立项研究的基础上,通过研究、改革和建设,推出一大批教育部高职高专教育教材,从而形成优化配套的高职高专教育教材体系。

　　"教育部高职高专规划教材"是按照《基本要求》和《培养规格》的要求,充分汲取高职、高专和成人高等学校在探索培养技术应用性专门人才方面取得的成功经验和教学成果编写而成的。适用于高等职业学校、高等专科学校、成人高校及本科院校举办的二级职业技术学院和民办高校使用。

教育部高等教育司

2000 年 4 月 3 日

# 前　言

　　五年制高职教材《实用化学基础》第一版于 2000 年出版,至今已有七个年头。根据全国五年制高职公共课指导委员会(以下简称"指委会")的指示,我们曾两次召开课程研讨会,听取广大教师的意见和建议,并向指委会作了书面汇报。在华东师范大学出版社的指导、支持下,2006 年本教材被国家教育部列为"普通高等教育'十一五'国家级规划教材",获得了修改、再版的机会。对此,我们既感到高兴,又感到压力很大。部分原编写者又在一起集思广益,统一了教材修订的指导思想和课程内容定位,据此产生了编写提纲、编写要求等。指导思想和课程内容定位概括如下:

　　在保留原教材特色和优点的基础上,在初中化学知识和技能的铺垫下,吸取各家之长,并充分考虑化学在当今社会的功能扩展和学生的特点与需求,尽力尽责地编出既有五年制高职特色,又符合课程基本要求和培养规格的实用化学基础教材。

　　在确定课程内容时,以实用为主线,既注重化学基础知识的传授和技能训练,又注重化学在社会和职业领域的应用,并使学生进一步认识化学在实现人与自然和谐相处、促进人类和社会可持续发展、倡导循环经济中的重要地位和作用。

　　在教学内容深浅度的把握上,本教材适当降低"门槛",少一些"为什么",多一些实用、适时的"是什么"。在知识框架、知识点的把握上,构建相对宽而浅的适应社会发展态势的知识结构。

　　这里就教材的内容和特点作一些说明,供使用本教材的师生参考:

　　第一,在确定教材内容时,我们贯彻了"弹性原则"。按照原课程基本要求的说明,本教材是五年制高职非化学化工类专业通用的公共课教材,课时数为 60～90 课时。这次修改,字数虽减少了 3～5 万字,但知识点没减少。这既有利于适应各院校的不同情况(如教学要求、课时数、教学条件等),也为学生的个性需求提供了条件。即使是三年制高职生,也可把本书用作教材,将应用知识作为重点,从职业需求和社会热点出发来组合教材内容,有利于提高学生的综合素质和适应能力。

　　第二,本教材的另一特点是在编写时运用了"难点分散"的原则。例如,将有关非金属元素氮、卤素、硅酸盐的内容分别编入第 2、3、6 章;将有关金属元素碱金属和铁、铝、铜、锰、钛的内容分别放入第 3、6 章;电化学中原电池和电解池的内容放在第 4 章;金属的腐蚀与防护的内容放在第 6 章。这样既减少了重复,又自成体系,兼顾了教与学的可操作性。

　　第三,编写时创设了"知识拓展"、"信息链接"、"学以致用"、"温故知新"、"讨论与交流"等栏目。这些栏目的功能虽各有侧重,但都力图使教材内容衔接适当,形式生动活泼,可读性、实用性更强。对栏目部分的教学,教师应高度重视,让教与学成为一个互动过程,

*1*

使之起到锦上添花的作用。

第四,在习题"思考与练习"的设计、选择上,增加了综合性、实用性较强而难度较小的趣味性题目,减少了难度较大、推理演绎较多而实用性较小的题目。适当增加了填空、选择、判断等题型的题目,这些题目约占总题量的60％以上(还有计算题、问答题、综合题)。

第五,在实验方面,我们贯彻绿色化学的理念,倡导化学实验绿色化。在实验内容的选择上,适当增加实用性强、操作简便易行而又安全环保的趣味性实验,减少甚至不设耗量大、污染大、易损害健康的实验,减少验证性实验。

本教材(含实验)第一版由湖南大学徐仲榆教授主审,湖南冶金职业技术学院戴大模主编,沈志平(南通纺织职业技术学院)、蒙保俐(四川电力职业技术学院)、杨大圣(湖南冶金职业技术学院)、许雅周(河南工业职业技术学院)、陈彬(郑州铁路职业技术学院)、贺昌海(湖北轻工职业技术学院)参加编写。

本次修订由戴大模任主编,蒙保俐任副主编。参加本次修订的有陈彬(修订第2、7章)、蒙保俐(修订第4章、实验)、杨大圣(修订第5章)、许雅周(修订第6章)、戴大模(修订第1、3、8章和实验)。

华东师范大学出版社朱建宝编辑一直关心、指导本教材的修订,参与修订工作的老师们在编写、修订过程中参考了大量的书刊资料,在此一并表示衷心的感谢。

教材的编写和修订,如同作家感慨自己的作品是"遗憾的艺术",也常常会有遗憾。我们深深感到,修订的过程是一个不断学习、探究和提炼的过程。限于我们的水平和经验,书中错误和疏漏之处在所难免,恳请广大教师、读者朋友提出修改意见和建议。

编　者
2009 年 5 月

2

# 第5章　有机化合物简介

# 第6章　材料与化学

# 第7章　环境与化学

# 第8章　健康与化学

# 绪　言

世界是物质的，物质由元素组成。我们生活在这个不断运动和变化着的物质世界里。

化学是在分子、原子或离子等层次上来研究物质的组成、结构、性质、相互变化及变化过程中能量关系的科学。也是一门以实验和应用为主的，不断更新完善的科学。

"实用化学基础"课程则兼有传授化学的基础知识和技能，以及培养能力、提高素质的功能。它力图将化学基础知识及其在社会、生产、日常生活中的应用有机地结合起来，成为一门融传授知识、培养能力和提高素质为一体的课程。它分为基础部分、应用部分和实验部分。该课程的教学内容涉及以物质的量及其单位摩尔为基础的化学计量，化学反应速率和化学平衡，物质结构简介，化学元素的周期性，电解质溶液，有机化合物，以及资源、能源、材料、环境、健康等现代文明的热门话题与化学。

至于开设本课程的必要性，我们不妨换一个角度——从人在物质世界的基本属性：社会人、职业人和自然人——来加以阐明。

作为专科层次的"社会人"，学习了本课程后，在面对"国民经济是一个有机的整体"、"有机结合"、"能量平衡"、"生命在于平衡"、"心理平衡"、"生态平衡"、"微量元素"、"绿色食品、绿色时装、绿色化学"、"白色污染"、"水体富营养化"等一系列现代社会用语时，你就不会感到陌生。当你在审视社会、进行人际交往时，这些带化学味的用语就会帮助你认识社会，并在交往中引起情感上的共鸣，收到良好的效果。

作为应用型的"职业人"，如果你对材料（如金属材料、硅酸盐材料、有机高分子合成材料、复合材料等）的组成、性能、应用一无所知，对能源、资源和我国的能源结构及政策知之甚少，对材料的腐蚀和防护以及循环回收、循环经济等还没有形成明晰的概念，对使用法定计量单位的重要性认识不足，也不能正确地使用和表示量与单位，那你的职业能力就有明显缺陷，更不用说具有对某项工程技术作出较全面评价的能力和个人的可持续发展能力了。

作为21世纪的"自然人"，必须具有适应21世纪衣、食、住、行所需要的科学素养。如关于健康的现代概念，吸烟、酗酒的危害和对策，均衡膳食，Fe、Zn、I等微量元素对人体的重要功能，二噁英、亚硝胺、甲醇、甲醛对人体的危害……本课程将通过多种形式让这些与化学有关的实用知识走进你的生活，使你受益，有助于使你成为一个生活质量更高的人。反之，不具备实用的化学基础知识和意识，我们的生活就会陷入盲目性，生活质量可能降低，甚至被"水变油"、"点石成金"、"有病不用治疗和吃药"等伪科学所愚弄或误导。

由此可见，"实用化学基础"作为五年制高等职业教育的一门必修公共课是其他课程所不能替代的。

怎样学习"实用化学基础"呢？除了要遵循学习一般理化类课程的原则，如认真刻苦、重视实验、重视实践之外，一定要明确我们的培养目标不是培养科学家，而是培养具有现代科学文化素养的技术应用型人才。所以，我们要特别强调理论联系实际，即联系社会、职业和生活实际，学以致用。例如，在学习放热反应概念时，我们不仅应该知道甲烷、煤的燃烧产物以及化学能转变成热能或其他形式的能而给人类带来的现代文明，同时我们还应看到它给我们带来了诸如"温室效应"加剧、酸雨、空气污染等环境问题，从而影响到社会的可持续发展。为此，我们必须学会评价和选择能源和资源。

再如，学习铝的性质和用途时，我们不仅应该知道铝是轻而活泼的两性金属，还可根据木制门窗、铝合金门窗、塑钢门窗的特点，进行综合评价和选择。如果我们认真地做了市场调查，在进行综合比较并结合地区特点得出结论后，我们的知识水平、调研能力、语言和文字表述能力都将有质的飞跃。当然，这是以勤奋好学为前提的。换言之，我们在学习中，要由被动地从课堂、书本上接受知识转变为主动地通过社会实践获取有用知识。培养出这种能力就达到了变"授人以鱼"为"授人以渔"的境界。

要学好"实用化学基础"还必须重视实验和作业（主要指完成"思考与练习"和"目标检测"）这两个环节。本次教材修订，我们每节都选编了填空、选择题，为教师和学生提供了更为宽广的训练平台。在实验方面，我们贯彻化学实验绿色化的理念，引入了微型化学实验。

此外，每个章节我们都创设了一些紧密联系教学内容的栏目。它们是教学内容的重要组成部分，其理念、资料都是"与时俱进"的，互动性和可读性很强。认真研读这些栏目内容，联系实际，必将能拓展您的视野、启迪思维，提高您的综合素质和能力。

总之，如果我们能在作业、实践（包括实验）等环节上狠下功夫，把基础知识的学习、实验方法、技能的培养和提高综合素质有机地结合起来，做到生活科学化，科学技术（包括化学）生活化，"实用化学基础"必将使您受益终生。

# 第1章
## 化学基础知识及计算

**学习目标**

1. 初步理解引入物质的量及其单位摩尔在物质计量中的重要性。

2. 初步掌握物质的量系列概念(摩尔质量、气体摩尔体积、物质的量浓度、质量浓度等),以及相关量和单位的相互换算。

3. 明确化学反应的分类方法;初步建立氧化还原反应的系列概念(氧化、还原、氧化剂、还原剂等);知道化学能与热能的相互转换及有关计算。

4. 初步掌握涉及化学方程式与物质的量系列相关量之间的计算。

在初中化学课程中,我们已经知道物质是由原子、分子或离子等微粒构成的。而一些物质间所发生的化学反应,既是可称量物质间按一定质量关系进行的,也是原子、分子或离子间按一定数目关系进行的。在原子、分子或离子这些不可数的也难以称量的单个微粒与可称量的对应物质之间必然存在着某种关系。本章将要讨论这种称之为"物质的计量"的关系。进而联系化学反应的类型,介绍一些化学基础知识和有关计算,为后续内容的学习打下基础。

## 1.1 物质的计量

人们常用一些物理量来描述物质或客观事物的性质。例如,质量的多少,距离的长短,温度的高低,速度的快慢等。此时,人们根据不同的情况使用不同的计量单位(简称单位)。例如,作为物理量的长度、质量、时间的基本单位分别是米、千克、秒,当然,还有其分数和倍数单位。要在可称量的物质与现在不能直接称量的原子、分子或离子等微粒间建立联系,就必须建立一个新的物理量。为此,在1971年举行的第14届国际计量大会上引入了一个以含有特定数目的微粒集体为单位的新物理量——物质的量,其单位为摩尔。

### 1.1.1 物质的量及其单位摩尔

物质的量的物理意义实际上就是表示含有一定数目微粒的集体。它是国际单位制中的七个基本物理量之一,其符号为 $n$。和其他基本量相似,物质的量的计量仍是选一个已知量标准与未知量作比较。国际单位制中规定物质的量是以"摩尔(mol)"作为基本单位来表示某系统中微粒数目多少的一个物理量。摩尔的定义是:**摩尔是一系统的物质的量,该系统中所包含的基本单元数与 0.012 kg $^{12}$C(即碳-12)的原子数目相等,那么该系统的物质的量就定义为 1 mol**。科学实验测得 0.012 kg $^{12}$C 所含的原子数约为 $6.02 \times 10^{23}$。此值称为阿伏伽德罗常数[①],用符号 $N_A$ 表示。在使用摩尔时,基本单元应予指明。基本单元可以是原子、分子、离子、电子及其他粒子,或是这些粒子的特定组合,例如,$n(H_2O)$、$n(H)$、$n(H_2)$ 分别指水分子、氢原子、氢分子的物质的量。用"B"表示基本单元时,则可记作 $n_B$,若基本单元指有化学式的微粒,则要注明化学式。物质的量与质量是不同的基本物理量。

综上所述,物质的量是表示一定数目的微粒集合体,符号是 $n$ 或 $n_B$。物质的量的基本单位是摩尔,符号是 mol,简称摩。在使用摩尔时,应该用化学式或规定的符号指明基本单元——微粒的种类和状态,而不使用该微粒的中文名称。例如,1 mol O 或 $n(O)=$ 1 mol,不应表示为 1 摩〔尔〕的氧;1 mol $K^+$ 或 $n(K^+)=1$ mol,不应表示为 1 摩〔尔〕钾;0.5 mol $e^-$ 或 $n(e^-)=0.5$ mol,不应表示为 0.5 摩〔尔〕电子。因为"1 摩的氧"未指明其基本单元是氧原子或氧分子。同理,"1 摩钾"亦未指明其基本单元是钾原子或钾离子。

从摩尔的定义可以推知,**1 mol 任何物质所含基本单元的数目都等于阿伏伽德罗常数之值,即 $6.02 \times 10^{23}$**。例如:

1 mol $H_2O$ 中约含有 $6.02 \times 10^{23}$ 个 $H_2O$(水分子);

1 mol C 中约含有 $6.02 \times 10^{23}$ 个 C(原子);

1 mol $H_2$ 中约含有 $6.02 \times 10^{23}$ 个 $H_2$(分子),或约含有 2 mol H(原子),即 $2 \times 6.02 \times 10^{23}$ 个 H(原子);

1 mol $SO_4^{2-}$ 中约含有 $6.02 \times 10^{23}$ 个 $SO_4^{2-}$。

同时,根据摩尔的定义也可将物质的量 $n_B$、阿伏伽德罗常数 $N_A$ 和基本单元 B 的数目 $N_B$ 间的关系表示如下:

$$n_B = N_B / N_A \tag{1-1}$$

利用式(1-1)可以进行 $n_B$ 与 $N_B$ 间的计算。例如,0.5 mol $Na_2SO_4$ 中含有

$$N(Na_2SO_4) = n(Na_2SO_4) \times N_A = 0.5 \times 6.02 \times 10^{23} = 3.01 \times 10^{23}$$

$$N(Na) = n(Na) \times N_A = 2 \times 0.5 \times 6.02 \times 10^{23} = 6.02 \times 10^{23}$$

$$N(S) = n(S) \times N_A = 0.5 \times 6.02 \times 10^{23} = 3.01 \times 10^{23}$$

$$N(O) = 4n(Na_2SO_4) \times N_A = 4 \times 0.5 \times 6.02 \times 10^{23} = 1.204 \times 10^{24}$$

---

[①] 实验测出的阿伏伽德罗常数的精确值为 $N_A = (6.022\ 136\ 7 \pm 0.000\ 003\ 6) \times 10^{23}$ $mol^{-1}$,通常采用 $6.02 \times 10^{23}$ $mol^{-1}$ 这一近似值。

摩尔同其他计量单位一样,也可用其倍数或分数单位。例如,

$$1 \text{ mol} = 10^3 \text{ mmol} = 10^{-3} \text{ kmol} = 10^{-6} \text{ Mmol}$$

或 $$1 \text{ Mmol} = 10^6 \text{ mol} = 10^3 \text{ kmol}$$

上式中的"M"是倍数单位"兆"的符号,表示 $10^6$ 倍。

1 mol $^{12}$C 的质量为 12 g,这是能称量的,而 1 mol $^{12}$C 所含碳原子数为 $6.02×10^{23}$,这样,通过物质的量就把可称物质的质量与微观粒子的数目联系起来了,据此,可以导出很多有用的量。

但应注意,物质的量及其单位摩尔仅用于构成物质的基本单元——微粒,而不能用来表示宏观物体,如汽车、桌椅等。

### 物质的量的单位——摩尔的由来和作用

20 世纪 40 年代以来,人们注意到书刊中关于克分子、克分子量、克原子、克原子量、克当量、克当量数、摩尔、摩尔数等概念含混不清,使用混乱。20 世纪 60 年代以来在欧美国家进行了热烈的讨论。1971 年 10 月,41 个国家的代表在第 14 届国际计量大会上做出决议——国际单位制中增加一个基本单位:物质的量的单位"摩尔"。

摩尔起着统一克分子、克当量、克离子、克原子等微粒度量的功能。物理学上的光子、电子、质子、中子和其他粒子或粒子群的物质的量也可以用摩尔表示。于是,物理、化学等领域在计量不可数的微粒时有了统一的单位。

顺便说一句,"物质的量"作为一个物理量的中文术语是一个整体,即使听起来不太顺耳,也不能分开。

## 1.1.2 摩尔质量

### 1.1.2.1 摩尔质量的定义、表示和求法

**物质 B 的质量 $m_B$ 除以其物质的量 $n_B$,称为物质 B 的摩尔质量 $M_B$。定义式为:**

$$M_B = m_B/n_B \qquad\qquad (1-2)$$

摩尔质量的基本单位为 kg·mol$^{-1}$,在化学上常用 g·mol$^{-1}$。使用摩尔质量时,也应注明基本单元,亦即用相应的化学式表示。例如:

$Cl_2$ 的摩尔质量为 71 g·mol$^{-1}$,或 $M(Cl_2)$=71 g·mol$^{-1}$;

Cl 的摩尔质量为 35.5 g·mol$^{-1}$,或 $M(Cl)$=35.5 g·mol$^{-1}$;

$NH_3$ 的摩尔质量为 17 g·mol$^{-1}$,或 $M(NH_3)$=17 g·mol$^{-1}$;

$CuSO_4·5H_2O$ 的摩尔质量为 249.7 g·mol$^{-1}$,或 $M(CuSO_4·5H_2O)$=249.7 g·mol$^{-1}$。

一般情况下,只要确定了基本单元 B,其摩尔质量即可求出。对于同一物质,规定的基本单元不同,摩尔质量亦不相同。例如:

$$M(\mathrm{H_2SO_4}) = 98 \ \mathrm{g \cdot mol^{-1}}$$

$$M\left(\frac{1}{2}\mathrm{H_2SO_4}\right) = 49 \ \mathrm{g \cdot mol^{-1}}$$

但物质的质量不随基本单元变化,而随物质种类变化,故质量 $m$ 可以不用角标。

那么,摩尔质量从何而来呢?

根据摩尔的定义,1 mol $^{12}$C 原子的质量为 12 g,1 mol 其他原子的质量也可推知。因为元素的相对原子质量是以 1 个 $^{12}$C 质量的 1/12 作标准,其他元素原子的质量与之比较所得的数值。例如,氧的相对原子质量是 16。1 个 $^{12}$C 与 1 个 O 原子的质量比为 12∶16,显然,1 mol $^{12}$C 与 1 mol O 原子的质量之比也应为 12∶16。由于 1 mol $^{12}$C 的质量为 12 g,所以 1 mol O 原子的质量为 16 g。同理可以推知,**1 mol 任何原子的质量,都是以克作单位,数值上等于该原子的相对原子质量**。例如:

硫的相对原子质量是 32,1 mol S 的质量为 32 g;

钠的相对原子质量是 23,1 mol Na 的质量为 23 g。

对于分子,**1 mol 任何分子的质量,都是以克作单位,数值上等于该分子的相对分子质量**。例如:

$\mathrm{O_2}$ 的相对分子质量是 32,1 mol $\mathrm{O_2}$ 的质量为 32 g;

$\mathrm{H_2O}$ 的相对分子质量是 18,1 mol $\mathrm{H_2O}$ 的质量为 18 g。

同理,也可推算 **1 mol 任何物质的质量,都是以克作单位,数值上等于该物质的化学式量**(简称式量)。例如:

NaCl 的式量是 58.5,1 mol NaCl 的质量为 58.5 g;

$\mathrm{HNO_3}$ 的式量是 63,1 mol $\mathrm{HNO_3}$ 的质量为 63 g;

$\mathrm{SO_4^{2-}}$ 的式量是 96[①],1 mol $\mathrm{SO_4^{2-}}$ 的质量为 96 g;

$\mathrm{CO_2}$ 的式量是 44,1 mol $\mathrm{CO_2}$ 的质量为 44 g。

但要注意,若将 1 mol $\mathrm{CO_2}$ 的质量表示为"1 mol $\mathrm{CO_2}$ = 44 g"则是错误的。若表示为"1 mol $\mathrm{CO_2}$ 的质量 $m(\mathrm{CO_2})$ = 44 g"就正确了。

既然通过化学式量可以推知 1 mol 物质或微粒的质量,根据摩尔质量的定义 $M_B = m_B/n_B$,就不难理解并推算出其摩尔质量了。例如,1 mol $\mathrm{H_2O}$ 的质量为 18 g,即 $m(\mathrm{H_2O})$ = 18 g,$n(\mathrm{H_2O})$ = 1 mol,则:

$$M(\mathrm{H_2O}) = m(\mathrm{H_2O})/n(\mathrm{H_2O}) = 18 \ \mathrm{g}/1 \ \mathrm{mol} = 18 \ \mathrm{g \cdot mol^{-1}}$$

同理, $\qquad M(\mathrm{N_2}) = m(\mathrm{N_2})/n(\mathrm{N_2}) = 28 \ \mathrm{g}/1 \ \mathrm{mol} = 28 \ \mathrm{g \cdot mol^{-1}}$

因此,不难归纳得出:**摩尔质量以 g · mol$^{-1}$ 为单位,在数值上等于该物质的式量**。对分子、原子等微粒可表示为:

$$M(分子) = Mr(分子)\mathrm{g \cdot mol^{-1}} \qquad\qquad (1-3)$$

---

① 离子是由原子得失电子后生成的微粒,由于电子质量极小,因此,原子在得到或失去电子后的质量仍近似地等于原子的质量。

$$M(原子) = Ar(原子)g \cdot mol^{-1} \qquad (1-4)$$

式中,$Mr$(分子)表示分子的相对分子质量;$M$(分子)表示分子的摩尔质量;$Ar$(原子)表示原子的相对原子质量;$M$(原子)表示原子的摩尔质量。

#### 1.1.2.2 物质的量的有关计算

综合(1-1)式和(1-2)式,可以清楚地看到物质的量像一座桥梁,把肉眼看不见的微粒(如原子、分子或离子)与可称量的物质联系起来,它们的关系可表示如下:

$$\boxed{物质的质量\ m}\ \underset{\times M_B}{\overset{\div M_B}{\rightleftarrows}}\ \boxed{物质的量\ n_B}\ \underset{\div N_A}{\overset{\times N_A}{\rightleftarrows}}\ \boxed{基本单元的数目\ N_B}$$

$$(或 \quad m_B/M_B = n_B = N_B/N_A)$$

例如:

| | $2H_2$ | $+$ | $O_2$ | $=$ | $2H_2O$ |
|---|---|---|---|---|---|
| 分子数比 | 2 | : | 1 | : | 2 |
| (化学计量数比) | $2\times6.02\times10^{23}$个分子 | | $6.02\times10^{23}$个分子 | | $2\times6.02\times10^{23}$个分子 |
| | $\times N_A \Vert \div N_A$ | | $\times N_A \Vert \div N_A$ | | $\times N_A \Vert \div N_A$ |
| 物质的量比 | 2 mol | : | 1 mol | : | 2 mol |
| | $\div M(H_2) \Vert \times M(H_2)$ | | $\div M(O_2) \Vert \times M(O_2)$ | | $\div M(H_2O) \Vert \times M(H_2O)$ |
| 质量比 | 4 g | : | 32 g | : | 36 g |

不难看出,$m_B$、$n_B$、$N_B$ 三个量中,只要知道其中任一个量,都可以利用(1-1)式和(1-2)式算出另外两个量。至于涉及化学方程式的计算,运用物质的量往往更加方便(见1.4.3),因为反应中物质的量比等于其系数化,而且比例关系较之质量关系简单得多。同学们可尝试一下,必有所得。

**例1-1** 已知 $n(CO_2) = 0.5\ mol$,求 $m(CO_2) = ?$

**解**:已知 $Mr(CO_2) = 44$

因而 $\qquad\qquad\qquad\qquad M(CO_2) = 44\ g \cdot mol^{-1}$

则 $\qquad\qquad\qquad m(CO_2) = M(CO_2) \cdot n(CO_2)$
$$= 44\ g \cdot mol^{-1} \times 0.5\ mol$$
$$= 22\ g$$

**答**:$m(CO_2) = 22\ g$,即 $0.5\ mol\ CO_2$ 的质量为 22 g。

**例1-2** 多少千克 $NH_4NO_3$(硝酸铵)与 12 kg $CO(NH_2)_2$(尿素)所含的氮原子数相等?

**解**:$NH_4NO_3$ 与 $CO(NH_2)_2$ 中的氮原子数若相等,说明二者的氮原子物质的量相等。从化学式可知:

$$n(NH_4NO_3) = n[CO(NH_2)_2] = \frac{1}{2}n(N)$$

而
$$n[CO(NH_2)_2] = \frac{m[CO(NH_2)_2]}{M[CO(NH_2)_2]} = \frac{12 \times 10^3 \text{ g}}{60 \text{ g} \cdot \text{mol}^{-1}}$$
$$= 200 \text{ mol}$$

则
$$n(NH_4NO_3) = 200 \text{ mol}$$
$$m(NH_4NO_3) = n(NH_4NO_3) \times M(NH_4NO_3)$$
$$= 200 \text{ mol} \times 80 \text{ g} \cdot \text{mol}^{-1}$$
$$= 16\ 000 \text{ g} = 16 \text{ kg}$$

**答**:16 kg $NH_4NO_3$ 与 12 kg $CO(NH_2)_2$ 所含的氮原子数相等。

**例 1-3**　在通常情况下,3.6 mL 水中,水的分子数有多少?

**解**:因为通常情况下水的密度 $\rho = 1 \text{ g} \cdot \text{mL}^{-1}$,而 $\rho = m/V$

则
$$m(H_2O) = \rho \cdot V(H_2O) = 1 \text{ g} \cdot \text{mL}^{-1} \times 3.6 \text{ mL}$$
$$= 3.6 \text{ g}$$

因
$$M(H_2O) = 18 \text{ g} \cdot \text{mol}^{-1}$$

所以
$$n(H_2O) = \frac{m(H_2O)}{M(H_2O)} = \frac{3.6 \text{ g}}{18 \text{ g} \cdot \text{mol}^{-1}}$$
$$= 0.20 \text{ mol}$$
$$N(H_2O) = n(H_2O) \cdot N_A$$
$$= 0.20 \text{ mol} \times 6.02 \times 10^{23} \text{ mol}^{-1}$$
$$= 1.2 \times 10^{23}$$

**答**:在通常情况下,3.6 mL 水中,水分子数为 $1.2 \times 10^{23}$。

**例 1-4**　已知 $Al_2(SO_4)_3$ 的质量 $m = 85.5 \text{ g}$,求 $n(Al^{3+})$、$n(SO_4^{2-})$ 及 $n(O)$。

**解**:因 $M[Al_2(SO_4)_3] = 342 \text{ g} \cdot \text{mol}^{-1}$

则
$$n[Al_2(SO_4)_3] = \frac{m[Al_2(SO_4)_3]}{M[Al_2(SO_4)_3]} = \frac{85.5 \text{ g}}{342 \text{ g} \cdot \text{mol}^{-1}} = 0.25 \text{ mol}$$

又因为,在 $n[Al_2(SO_4)_3] = 1 \text{ mol}$ 时,其中:

$$n'(Al^{3+}) = 2 \text{ mol}, \quad n'(SO_4^{2-}) = 3 \text{ mol}, \quad n'(O) = 12 \text{ mol}$$

因此,在 0.25 mol 的 $Al_2(SO_4)_3$ 中:

$$n(Al^{3+}) = 0.25 \text{ mol} \times \frac{2 \text{ mol}}{1 \text{ mol}} = 0.5 \text{ mol}$$

$$n(SO_4^{2-}) = 0.25 \text{ mol} \times \frac{3 \text{ mol}}{1 \text{ mol}} = 0.75 \text{ mol}$$

$$n(O) = 0.25 \text{ mol} \times \frac{12 \text{ mol}}{1 \text{ mol}} = 3 \text{ mol}$$

**答**:在 85.5 g 的 $Al_2(SO_4)_3$ 中,$n(Al^{3+}) = 0.5 \text{ mol}$、$n(SO_4^{2-}) = 0.75 \text{ mol}$、$n(O) = 3 \text{ mol}$。

**知识链接**

### 法定计量单位掠影

计量单位是用以度量(或比较)同类量大小的一个标准量(或参考量)。计量单位亦称测量单位。法定计量单位是由国家以法令的形式规定使用的计量单位。

法定计量单位是计量单位,但计量单位不一定是法定计量单位。如:米、千米、厘米、毫米、丈、尺、寸、里、埃、码、英寸等都可作为度量长度、宽度、高度、距离、波长等这一类长度量的标准量,上述单位均是长度量的计量单位。但是作为国际单位制单位及我国法定计量单位,长度量的单位只有米及其十进倍数和分数单位千米、厘米、毫米等,其他计量单位都是已废除的非法定计量单位。

国际单位制在1960年第11届国际计量大会上正式通过,很快便成为全世界范围内的"法定计量单位制"。1963年我国开始着手国际单位制的推行准备工作,1984年2月,国务院发布了《关于在我国统一实行法定计量单位的命令》,规定:我国的计量单位一律采用"中华人民共和国法定计量单位",并从命令公布之日起生效,同时颁布了《中华人民共和国法定计量单位》。至此,我国有了一套既以国际单位制为基础,又结合我国实际情况的、科学的、实用的法定计量单位。

1994年,我国又发布了国家强制性标准《量和单位》GB 3100～3102—93。要求1995年7月1日以后出版的所有科技书刊、报纸、新闻稿件、教材、产品铭牌、产品说明书等,在使用量和单位名称时均应符合该标准的规定。

但应注意,我国法定计量单位中,也选定了一些非国际单位制单位。例如,工农业上常用的质量单位吨(t)和化学及日常生活中常用的体积单位升(L)。

**思考与练习**

**1.** 下列说法中哪些是错误的?并说明理由。

(1) 任何物质只要物质的量相同,所含的微粒数一定相等。

(2) 1 mol 物质的质量叫摩尔质量。

(3) 1 mol 任何物质所含的基本单元数必定相等。

(4) 物质的量是表示物质微粒数的一个基本量。

(5) 物质的量是表示物质质量的物理量。

(6) 摩尔是既表示物质中所含基本单元数,又表示物质质量的单位。

**2.** 填空题。

(1) 0.25 mol C 的质量是_____g;2 mmol NaCl 质量是_____mg;195 mg $K^+$ 的物质的量是_____mmol;30.5 mg $HCO_3^-$ 的物质的量是_____mmol。

(2) 1 mol $H_2SO_4$ 含_____mol H;_____mol S;_____mol O。

(3) 4 g $O_2$ 和 0.5 g $H_2$ 中,_____原子数多;_____g $CO_2$ 与 72 g $H_2O$ 的分子数相同。

（4）$^{12}C$ 的 1/12 的质量是 $1.661×10^{-27}$ kg，1 个 Na 原子的质量是 $3.82×10^{-26}$ kg，$M(Na)=$ _____。

**3.** 选择题。

（1）下列关于摩尔质量的正确叙述是（　　）。

A. 使用摩尔质量应注明基本单元

B. 氧的摩尔质量是以 $g·mol^{-1}$ 为单位时，数值上等于其相对分子质量

C. 摩尔质量为常量

D. 摩尔质量的单位不能用 $kg·mol^{-1}$

（2）1 mol $Fe_2O_3$ 的质量是（　　）。

A. $160\ g·mol^{-1}$        B. 160

C. 0.16 kg          D. 160 mg

（3）下列关于摩尔的正确叙述是（　　）。

A. 摩尔是既表示物质中的微粒数，又表示物质质量的单位

B. 摩尔是物质质量的基本单位

C. 摩尔是表示物质的量的一个标准量

D. 摩尔是物质的量的单位，使用摩尔必须注明基本单元

## 1.2 气体摩尔体积

**温故知新**

从 1.1 可知，1 mol 任何物质都含有相同的基本单元数，即 $6.02×10^{23}$。但 1 mol 任何物质的质量则各异，因为其摩尔质量各异。1 mol 不同物质的体积是否相同呢？

对于 1 mol 固体或液体物质的体积，在相同温度和压强下是不同的。因为组成固体或液体的微粒相互间紧密结合在一起，微粒间的距离很小（见图 1-1）。换言之，固体和液体的体积主要取决于原子、分子或离子的大小，它们的大小各异，所以体积不同。

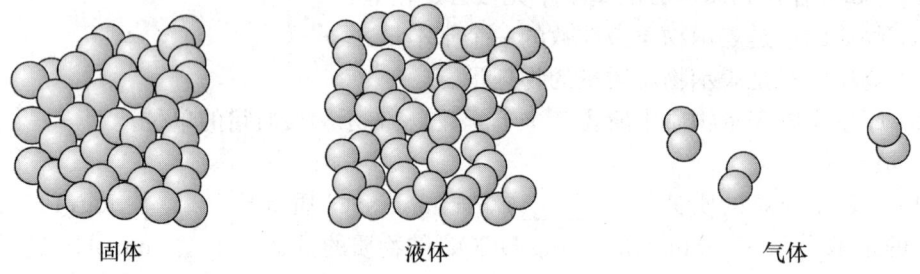

固体　　　　　　　　液体　　　　　　　　气体

**图 1-1　固体、液体、气体分子之间距离比较示意图**

例如：20℃时，实验测得 1 mol 铁的体积是 $7.1\ cm^3$，1 mol 铝的体积是 $10\ cm^3$，1 mol

铅的体积是 18.3 $cm^3$（见图 1 - 2）；1 mol 水的体积是 18.0 mL，1 mol 纯硫酸的体积是 54.1 mL，1 mol 蔗糖的体积是 215.5 $cm^3$（见图 1 - 3）。

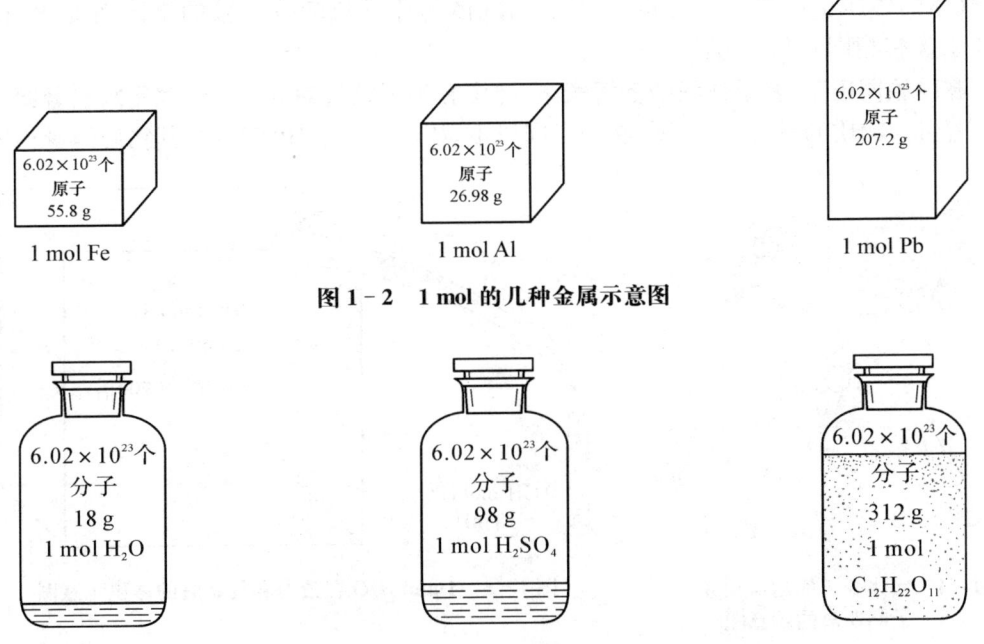

图 1 - 2　1 mol 的几种金属示意图

图 1 - 3　1 mol 的几种化合物示意图

## 讨论与交流

在初中物理中学过物质质量、体积、密度三者的关系，即 $\rho = m/V$。你能否算出 20℃时，Fe、Al、Pb、$H_2O$ 的密度？

对于 1 mol 气体物质的体积，由于气体分子具有较大的可压缩性而需另行讨论。

### 1.2.1　气体的计量　气体摩尔体积

#### 1.2.1.1　气体的计量

对于气体，无疑也可以用物质的量来计量气体。但是，实际上往往用体积来计量。用体积计量气体时，要注意应在一定的温度和压强下进行。因为，气体分子一般在较大的空间内运动，分子间的平均距离较大，因而具有扩散性和较大的可压缩性（见图 1 - 4）。在通常状况下，气体分子间的平均距离约为 4 nm，是分子直径的 10 倍左右。所以，在通常状况下，气态物质的体积要比它在固态或液态时的体积大 1 000 倍左右（见图 1 - 5）。因此，对于一定量的气体，其体积的大小主要决定于气体分子间的平均距离，而不是分子本身体积的大小。而气体分子间的平均距离与温度、压强等外界条件的关系非常密切。温度升高，气体分子间的平均距离增大；温度降低，气体分子间的平均距离减小。压强增大，气体分子间的平均距离减小；压强减小，气体分子间的平均距离增大。所以,用气体体积来计量气体时,就必须在一定温度和压强下进行才有意义。在不同的温度和压强下,一定量的同种气体,由于分子间的平均距离不同,气体的体积也不相同;在相同的温度和压强下,一定量的不同种气体,由于分子间的平均距离约相等,气体的体积也约相同。在同温同压下,气体的体积只随分子数的不同而变化,相同的体积含有相同数目的分子,即:

**在同温同压下,相同体积的任何气体,都含有相同数目的分子。这就是阿伏伽德罗定律。**若引入物质的量的概念,则:在同温同压下,相同体积的任何气体,其物质的量相等。

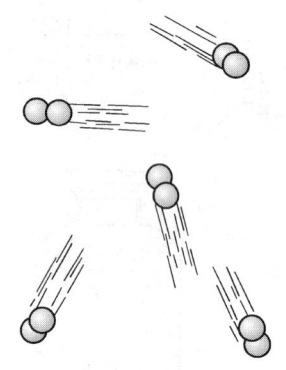

图 1 - 4　气体分子的运动和分
　　　　子间距离的示意图

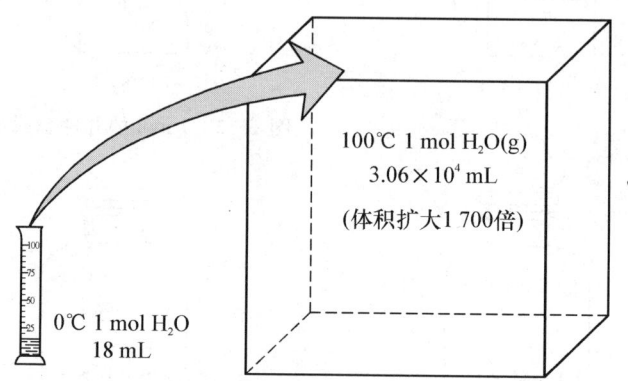

100℃ 1 mol H$_2$O(g)

3.06×10$^4$ mL

(体积扩大1 700倍)

0℃ 1 mol H$_2$O
18 mL

图 1 - 5　1 mol H$_2$O 在液态和气态时的体积示意图

### 1.2.1.2　气体摩尔体积

在一定的温度和压强下,气体的体积 $V_B$ 除以气体的物质的量 $n_B$ 称为气体摩尔体积 $V_m$,即

$$V_m = \frac{V_B}{n_B} \tag{1-5}$$

**气体摩尔体积的基本单位为 m$^3$·mol$^{-1}$,一般常用的单位为 L·mol$^{-1}$ 或 dm$^3$·mol$^{-1}$。**

根据阿伏伽德罗定律可知,在相同温度和压强下,1 mol 任何气体的体积都约相同。因此,由气体摩尔体积的定义可以得出一个重要结论:在相同温度和压强下,任何气体(包括混合气体)的气体摩尔体积都约相同。

为了方便起见,人们通常研究在标准状况(温度为 0℃,压强为 1.013 3×10$^5$ Pa)下气体的摩尔体积。经过大量的实验证实:在标准状况下,对于任何气体(包括混合气体),气体的摩尔体积都约为 22.4 L·mol$^{-1}$[①],并称之为标准状况时的气体摩尔体积(见图 1 - 6)。

标准状况时的气体摩尔体积亦可通过计算得到相近的数据。仍从(1 - 5)式的定义式

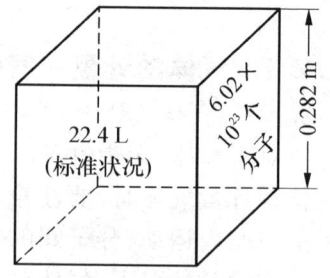

6.02×10$^{23}$个分子

22.4 L
(标准状况)

0.282 m

图 1 - 6　标准状况时的气体
　　　　摩尔体积示意图

---

①　22.4 L·mol$^{-1}$这一量值,严格地说,是标准状况下理想气体的摩尔体积,用 $V_{m,0}$ 表示。

出发：

$$V_m = \frac{V_B}{n_B} = \frac{m_B / \rho_B}{m_B / M_B} = \frac{M_B}{\rho_B}$$

即气体摩尔体积约等于气体摩尔质量与气体密度的比值。在标准状况时，$\rho(H_2) = 0.089\,9\ g \cdot L^{-1}$，$\rho(O_2) = 1.429\ g \cdot L^{-1}$，$\rho(CO_2) = 1.977\ g \cdot L^{-1}$。

$H_2$ 之  $$V_m = \frac{M(H_2)}{\rho(H_2)} = \frac{2.016\ g \cdot mol^{-1}}{0.089\,9\ g \cdot L^{-1}} = 22.4\ L \cdot mol^{-1}$$

$O_2$ 之  $$V_m = \frac{M(O_2)}{\rho(O_2)} = \frac{32.0\ g \cdot mol^{-1}}{1.429\ g \cdot L^{-1}} = 22.4\ L \cdot mol^{-1}$$

$CO_2$ 之  $$V_m = \frac{M(CO_2)}{\rho(CO_2)} = \frac{44\ g \cdot mol^{-1}}{1.977\ g \cdot L^{-1}} = 22.3\ L \cdot mol^{-1}$$

据此可知，**在标准状况下，1 mol 任何气体的体积都约为 22.4 L。**

### 1.2.2　有关气体摩尔体积的计算

**例** 1-5　在标准状况下，$5.6\ L\ CO_2$ 的质量是多少？

**解**：因为在标准状况下，可得：

$$V_m = 22.4\ L \cdot mol^{-1}$$

又因  $$M(CO_2) = 44\ g \cdot mol^{-1}$$

则  $$m(CO_2) = \frac{V(CO_2)}{V_m} \times M(CO_2)$$
$$= \frac{5.6\ L}{22.4\ L \cdot mol^{-1}} \times 44\ g \cdot mol^{-1}$$
$$= 11\ g$$

**答**：在标准状况下，$5.6\ L\ CO_2$ 的质量是 11 g。

**例** 1-6　通常状况下，液氯的密度为 $1.57\ g \cdot mL^{-1}$。已知一罐液氯的质量为 $30\ kg$，问在标准状况下氯气的体积是通常状况下液氯体积的多少倍？这罐液氯中含有多少个 $Cl_2$ 分子？

**解**：因为 $M(Cl_2) = 71\ g \cdot mol^{-1}$

所以  $$n(Cl_2) = \frac{m(Cl_2)}{M(Cl_2)} = \frac{30\ kg \times 1\,000\ g \cdot kg^{-1}}{71\ g \cdot mol^{-1}} = 422.5\ mol$$

在标准状况下，氯气的体积 $V(Cl_2)$ 为：

$$V(Cl_2) = n(Cl_2) \times V_m$$
$$= 422.5\ mol \times 22.4\ L \cdot mol^{-1} = 9\,464\ L$$

在通常状况下，液氯的体积 $V'(Cl_2)$ 为：

$$V'(Cl_2) = m(Cl_2)/\rho(Cl_2)$$

$$= \frac{30 \text{ kg} \times 1\,000 \text{ g} \cdot \text{kg}^{-1}}{1.57 \text{ g} \cdot \text{mL}^{-1}}$$

$$= 19\,108 \text{ mL} \approx 19 \text{ L}$$

所以
$$\frac{V(Cl_2)}{V'(Cl_2)} = \frac{9\,464 \text{ L}}{19 \text{ L}} = 498$$

这罐液氯中，
$$N(Cl_2) = n(Cl_2) \times N_A$$

$$= 422.5 \text{ mol} \times 6.02 \times 10^{23} \text{ mol}^{-1}$$

$$= 2.54 \times 10^{26}$$

**答**：在标准状况下，氯气的体积是通常状况下液氯体积的 498 倍，这罐液氯中含有 $2.54 \times 10^{26}$ 个 $Cl_2$ 分子。

**例 1-7**  在标准状况下，0.5 L 某气体的质量是 0.625 g，试求这种气体的相对分子质量。

**解**：因为是在标准状况下，所以可得：

$$V_m = 22.4 \text{ L} \cdot \text{mol}^{-1}$$

所以
$$n_B = V_B/V_m = \frac{0.5 \text{ L}}{22.4 \text{ L} \cdot \text{mol}^{-1}} = 0.022 \text{ mol}$$

$$M_B = m_B/n_B = \frac{0.625 \text{ g}}{0.022 \text{ mol}} = 28 \text{ g} \cdot \text{mol}^{-1}$$

此题也可按 $M_B = \rho \cdot V_m$ 求得。

根据任何分子的摩尔质量以 $\text{g} \cdot \text{mol}^{-1}$ 为单位时，数值上等于该种分子的相对分子质量，所以该种气体的相对分子质量为 28。

**答**：这种气体的相对分子质量为 28。

### 阿伏伽德罗常数

A·阿伏伽德罗（1776—1856），意大利物理学家。1796 年，年仅 20 岁的阿伏伽德罗获法学博士学位，1806 年任意大利都灵大学物理学教授，1819 年当选为都灵科学院院士。

1811 年他发表了一篇题为《论测定物质中原子相对重量及其化合物中数目比例的一种方法》的论文。文章指出，原子是参加化学反应的最小质点，分子则是游离态单质或化合物能独立存在的最小质点。分子由原子组成，单质分子可以由相同元素的多个原子组成，化合物分子则由不同元素的若干原子组成。认为"在同温同压下，相同体积的不同气体具有相同数目的分子。"根据阿伏伽德罗的假说，只要承认任何物质可以独立存在的最小微粒是分子，那么单个的气体分子就不一定是单个的原子，而可能是由两个或两个以上的原子所构成，这样跟道尔顿的原子学说就没有矛盾了，跟实验事实也统一起来了。可是阿伏伽德罗的分子假说并未获得化学界的承认。1814 年，他发表了第二篇关于阐述分子假说的论文,仍然没有引起反响。1821 年,他又发表了阐述分子假说的第三篇论文。尽管阿伏伽德罗前后三论分子假说,作了最大的努力,但还是没有获得人们的认可。

1860 年 9 月,来自世界各国的 140 位化学家在德国的卡尔斯鲁厄召开了国际化学会议,确认了阿伏伽德罗分子假说的普遍正确性。从 1811 年到 1860 年,化学家经过 50 来年的曲折历程,阿伏伽德罗的伟大贡献终于在他逝世四年后被确认,从而成为扭转化学界混乱局面的理论武器。

为了纪念这位杰出的科学家所作的贡献,科学界一致确定:0.012 kg $^{12}C$ 所含的碳原子数,以 $mol^{-1}$ 作单位的数值叫阿伏伽德罗常数,用 $N_A$ 或 $L$ 表示。

### 思考与练习

**1.** 下列说法中哪些是错误的? 并说明理由。

(1) 1 mol 任何气体的体积都约是 22.4 L 或 0.022 4 $m^3$。

(2) 1 mol $H_2$ 和 1 mol $H_2O$ 所含的分子数相同,在标准状况时所占体积都约是 22.4 L。

(3) 同温同压下,1 L $H_2$ 和 1 L $O_2$ 的物质的量相等。

**2.** 填空题。

(1) 5 mol $CO_2$ 的质量是_____,在标准状况下的体积是_____,其中含有_____mol氧原子,含有_____个 $CO_2$ 分子。

(2) 原子个数相等的 CO 和 $CO_2$,在标准状况下的体积比为_____。

(3) 在标准状况下,有 0.011 kg $CO_2$、0.5 mol $H_2$、10 L $N_2$,其中_____质量最大,_____质量最小;_____分子数最多,_____分子数最少;_____体积最大,_____体积最小。

(4) 在加压下,每个钢瓶可容 0.5 kg 氢气,这些氢气在标准状况下占有的体积是_____。

## 1.3 表示溶液组成的物理量

在日常生活、工作和科学实验中,经常要使用溶液(通常,在溶液中进行的化学反应易于进行),往往要确切地知道这些溶液中溶质和溶剂间量的关系。作为化学上常用的基本量——物质的量,由于其在化学反应中的关系较之化学反应中的质量关系简明得多,所以,对在溶液中进行的化学反应,利用物质的量来计算也是非常方便的。本节将介绍常用的表示溶液组成的物理量及其相互换算。

### 1.3.1 溶液组成的几种表示法

溶液组成的表示法有多种,现将几种最常用的表示法分述如下。使用时,务必注意用准确规范的语言和符号。

### 1.3.1.1　溶质B的物质的量浓度 $c_B$

**溶质B的物质的量 $n_B$ 除以溶液的体积 $V$ 称为B的物质的量浓度,简称B的浓度,符号为 $c_B$,即**

$$c_B = n_B/V \qquad (1-6)$$

$c_B$ 的标准单位为 $mol \cdot m^{-3}$,常用单位为 $mol \cdot L^{-1}$,$1 \ mol \cdot L^{-1} = 10^3 \ mol \cdot m^{-3}$。按照规定,物质B的基本单元必须予以指明。

例如,在 2 L 溶液中含有 1 mol $H_2SO_4$,则:

$$c(H_2SO_4) = \frac{n(H_2SO_4)}{V} = \frac{1 \ mol}{2 \ L} = 0.5 \ mol \cdot L^{-1}$$

### 1.3.1.2　溶质B的质量分数 $\omega_B$

**溶质B的质量 $m_B$ 与溶液的质量 $m$ 之比称为B的质量分数,即**

$$\omega_B = m_B/m \qquad (1-7)$$

过去我们用质量百分比浓度表示溶液浓度的方法现已废弃,改用"质量分数"。

知识链接

**质量分数概念的推陈出新**

用质量分数来表示检测结果时,有三种形式。如测铜矿中的氧化铜含量,检测结果可表示为 $\omega(CuO) = 0.2548$ 或 $\omega(CuO) = 25.48 \times 10^{-2}$ 或 $\omega(CuO) = 25.48\%$。以前对于微量或痕量组分的表达,习惯上用"ppm"或"ppb"作为"单位"来表示,事实上它们并不是单位。"ppm"是百万分之一的英文(partspermillion)缩写,同样"ppb"是十亿分之一的英文(partsperbillion)缩写。"ppm"与"ppb"实际上就是"$10^{-6}$"与"$10^{-9}$",改用后者不仅更为科学,而且符合法定计量单位,所以 ppm 与 ppb 已不再使用。如,

$\omega(Zn) = 98.3 \times 10^{-6}$ 代替过去的 98.3 ppm;

$\omega(Au) = 2.6 \times 10^{-9}$ 代替过去的 2.6 ppb。

### 1.3.1.3　溶质B的质量浓度 $\rho_B$

**溶质B的质量 $m_B$ 除以溶液的体积 $V$ 称为B的质量浓度,即**

$$\rho_B = m_B/V \qquad (1-8)$$

$\rho_B$ 的基本单位为 $kg \cdot m^{-3}$,常用单位为 $g \cdot L^{-1}$、$mg \cdot L^{-1}$、$\mu g \cdot L^{-1}$、$g \cdot mL^{-1}$。

质量浓度在临床生物化学检测及环境监测中应用较多。如生理盐水质量浓度为 $9 \ g \cdot L^{-1}$,输液用葡萄糖质量浓度为 $50 \ g \cdot L^{-1}$,正常人血糖含量为 $800 \sim 1\ 200 \ mg \cdot L^{-1}$。空气中有害物质的最高允许浓度:$\rho(CO) = 3.00 \ mg \cdot m^{-3}$,$\rho(SO_2) = 0.50 \ mg \cdot m^{-3}$,$\rho(H_2S) = 0.01 \ mg \cdot m^{-3}$,$\rho(Cl_2) = 0.03 \ mg \cdot m^{-3}$。我国污水最高允许排放浓度:总汞为 $0.05 \ mg \cdot L^{-1}$,总砷为 $0.5 \ mg \cdot L^{-1}$,总铅为 $1.0 \ mg \cdot L^{-1}$。

在使用质量浓度时,要注意与溶液密度的区别,两者之间的关系是:$\rho_B = \rho \cdot \omega_B$。式中 $\rho$ 为溶液的密度。

**1.3.1.4 溶质 B 的体积分数 $\varphi_B$**

溶质 B 的体积 $V_B$ 与溶液的体积 $V$ 之比称为 B 的体积分数 $\varphi_B$,即

$$\varphi_B = V_B / V \tag{1-9}$$

这种表示法常用于表示溶质为气体或液体的溶液成分。如空气中,各种气体的体积分数分别为:$\varphi(N_2) = 78\%$, $\varphi(O_2) = 21\%$, $\varphi(CO_2) = 0.03\%$。又如乙醇试剂标明的乙醇含量采用的是体积分数,如 95% 的乙醇、无水乙醇(含量不低于 99.5%)等标出的均是体积分数。但应注意,$\varphi(C_2H_5OH) = 95\%$,表示 100 mL 该溶液含无水乙醇 95 mL,但溶剂水的体积却大于 5 mL。

### 1.3.2 物质的量浓度

物质的量浓度在生产实践、日常生活及科学研究中,因其取用溶液和化学计算的方便,所以被普遍采用。这里我们重点介绍物质的量浓度的有关计算。

**1.3.2.1 溶质、溶剂和物质的量浓度间的计算。**

**例 1-8** 临床上纠正酸中毒常使用乳酸钠($NaC_3H_5O_3$)注射液,其规格是每支 20 mL 注射液中含乳酸钠 2.24 g,求该溶液中乳酸钠的浓度。

**解**:因为 $M(NaC_3H_5O_3) = 112$ g·mol$^{-1}$

$$n(NaC_3H_5O_3) = \frac{m(NaC_3H_5O_3)}{M(NaC_3H_5O_3)} = \frac{2.24 \text{ g}}{112 \text{ g·mol}^{-1}} = 0.02 \text{ mol}$$

则

$$c(NaC_3H_5O_3) = \frac{n(NaC_3H_5O_3)}{V} = \frac{0.02 \text{ mol}}{0.02 \text{ L}} = 1 \text{ mol·L}^{-1}$$

**答**:该溶液中乳酸钠的浓度为 1 mol·L$^{-1}$。

**例 1-9** 氯化钙溶液在医疗上用作止血剂,今欲配制 100 mL 0.23 mol·L$^{-1}$ CaCl$_2$ 溶液的口服止血剂,需要称取氯化钙晶体($CaCl_2 \cdot 6H_2O$)多少克?

**解**:因为 $n(CaCl_2 \cdot 6H_2O) = c(CaCl_2) \cdot V = 0.23$ mol·L$^{-1} \times 0.1$ L $= 0.023$ mol

又因 1 mol $CaCl_2 \cdot 6H_2O$ 中含有 1 mol $CaCl_2$

则

$$n(CaCl_2 \cdot 6H_2O) = n(CaCl_2) = 0.023 \text{ mol}$$

而

$$M(CaCl_2 \cdot 6H_2O) = 219 \text{ g·mol}^{-1}$$

所以

$$m(CaCl_2 \cdot 6H_2O) = n(CaCl_2 \cdot 6H_2O) \cdot M(CaCl_2 \cdot 6H_2O)$$
$$= 0.023 \text{ mol} \times 219 \text{ g·mol}^{-1} = 5 \text{ g}$$

计算熟练后,也可以用 $m(CaCl_2 \cdot 6H_2O) = c(CaCl_2) \cdot V \cdot M(CaCl_2 \cdot 6H_2O)$ 直接求算。

**答**：需要称取氯化钙晶体($CaCl_2 \cdot 6H_2O$)5 g。

1.3.2.2 有关溶液稀释的计算。

有关溶液稀释的计算的依据就是：稀释前后溶质的物质的量或质量不变。

**例 1-10** 现要配制 250 mL 的 $0.2 \text{ mol} \cdot L^{-1}$ NaOH 溶液，问需 $0.5 \text{ mol} \cdot L^{-1}$ NaOH 溶液多少毫升？

**解**：由于稀释前后溶质的物质的量不变，则：

$$c_1 V_1 = c_2 V_2 \tag{1-10}$$

式中   $c_1$——稀释前溶质的物质的量浓度；

    $V_1$——稀释前溶液的体积；

    $c_2$——稀释后溶质的物质的量浓度；

    $V_2$——稀释后溶液的体积。

根据题意，已知 $c_1 = 0.2 \text{ mol} \cdot L^{-1}$，$V_1 = 250 \text{ mL}$，$c_2 = 0.5 \text{ mol} \cdot L^{-1}$，求 $V_1 = ?$

$$V_1 = \frac{c_2 V_2}{c_1} = \frac{0.2 \text{ mol} \cdot L^{-1} \times 250 \text{ mL}}{0.5 \text{ mol} \cdot L^{-1}} = 100 \text{ mL}$$

**答**：需要 $0.5 \text{ mol} \cdot L^{-1}$ NaOH 溶液 100 mL。

**例 1-11** 计算配制 500 mL $1 \text{ mol} \cdot L^{-1}$ 的硫酸溶液，需密度为 $1.84 \text{ g} \cdot mL^{-1}$、质量分数为 98% 的浓 $H_2SO_4$ 多少毫升？

**解**：根据稀释前后溶质的质量不变，则有：

$$\rho \cdot V_1 \cdot \omega(H_2SO_4) = c(H_2SO_4) \cdot V_2 \cdot M(H_2SO_4) \tag{1-11}$$

式中   $V_1$——稀释前溶液的体积，即要加入浓 $H_2SO_4$ 的体积；

    $\rho$——稀释前溶液的密度；

    $\omega_B$——稀释前溶质的质量分数；

    $V_2$——稀释后溶液的体积；

    $c_B$——稀释后溶质的物质的量浓度；

    $M_B$——溶质的摩尔质量。

根据题意，已知 $\rho = 1.84 \text{ g} \cdot mL^{-1}$，$\omega(H_2SO_4) = 98\%$，$V_2 = 500 \text{ mL} = 0.5 \text{ L}$，$c(H_2SO_4) = 1 \text{ mol} \cdot L^{-1}$，$M(H_2SO_4) = 98 \text{ g} \cdot mol^{-1}$，求 $V_1 = ?$

$$V_1 = \frac{c(H_2SO_4) \cdot V_2 \cdot M(H_2SO_4)}{\rho \cdot \omega(H_2SO_4)}$$

$$= \frac{1 \text{ mol} \cdot L^{-1} \times 0.5 \text{ L} \times 98 \text{ g} \cdot mol^{-1}}{1.84 \text{ g} \cdot mL^{-1} \times 98\%}$$

$$= 27.2 \text{ mL}$$

**答**：需要浓 $H_2SO_4$ 27.2 mL。

**思考与练习**

**1.** 下列说法中哪些是错误的？并说明理由。

（1）配制 100 mL 0.1 mol·L⁻¹ ZnSO₄ 溶液，若没有 100 mL 容量瓶，可用 200 mL 容量瓶配成 0.2 mol·L⁻¹ ZnSO₄ 溶液，取其一半使用即可。

（2）1 L 水溶液中含有 0.1 mol NaCl 和 0.1 mol MgCl₂，该溶液中 Cl⁻ 的物质的量浓度为 0.2 mol·L⁻¹。

（3）配制 500 mL 1 mol·L⁻¹ BaCl₂ 溶液，称取 0.5 mol BaCl₂·2H₂O，加 0.5 L 纯水溶解即成。

**2.** 填空题。

（1）将 3.2 g NaOH 固体溶于水配制成 500 mL 溶液，则 NaOH 的物质的量浓度是_____。取出 50 mL，则该取出液中 NaOH 的物质的量浓度是_____，其中含 NaOH _____mol。将取出液加水稀释至 1 L，稀释后 NaOH 的物质的量浓度是_____，其中含 NaOH _____g。

（2）质量分数为 0.37 的浓盐酸的密度为 1.18 kg·L⁻¹，其物质的量浓度为_____ mol·L⁻¹。

（3）下列溶液均为 500 mL，则：

① 2 mol·L⁻¹ H₂SO₄ 溶液中含 H₂SO₄ _____g；

② 50 g·L⁻¹葡萄糖溶液含葡萄糖（C₆H₁₂O₆）_____g；

③ 体积分数为 0.50 的酒精溶液，含酒精（C₂H₅OH）_____mL。

\* **3.** 已知空气中 N₂ 的体积分数为 78％，O₂ 的体积分数为 21％，空气的相对平均分子质量为 29。试用质量分数表示空气中 N₂ 和 O₂ 的含量。

**4.** 选择题。

（1）配制 2 L 1.5 mol·L⁻¹的 Na₂SO₄ 溶液需固体 Na₂SO₄（　　）。

A. 213 g                           B. 426 g

C. 284 g                           D. 142 g

（2）人体中血糖（血液中葡萄糖）的质量分数为 0.1％，若血液的密度 $\rho=1$ g·mL⁻¹，则血糖的物质的量浓度是（　　）。

A. $5.5 \times 10^{-6}$ mol·L⁻¹              B. $5.5 \times 10^{-6}$ mmol·L⁻¹

C. $5.5 \times 10^{-6}$ mol·mL⁻¹            D. $5.5 \times 10^{-9}$ mol·L⁻¹

## 1.4　化学反应的类型

化学反应数不胜数，我们不仅要关注新物质的生成，还应关注伴随反应发生的能量变化，以便更好地把握反应的规律，全面评价和利用化学反应。本书将纷繁的化学反应分类介绍。

### 1.4.1　化学反应的分类

从不同的角度，化学反应有不同的分类方法，常见的有以下三种分类方式。

#### 1.4.1.1 按反应物形式上的变化来分

在初中化学里，我们已经学过的化合反应、分解反应、复分解反应、置换反应正是按反应物形式上的变化来分的。

### 讨论与交流

举例说明复分解反应和置换反应发生的条件。

#### 1.4.1.2 按反应前后元素化合价是否变化来分

（1）氧化还原反应：某些元素的化合价发生改变的反应称为氧化还原反应。

（2）非氧化还原反应：任何元素的化合价均不改变的反应称为非氧化还原反应。这种分类法有助于讨论化学反应方程式的配平及反应的规律。我们将在"1.4.2"中进一步介绍。

#### 1.4.1.3 按反应前后能量变化来分

（1）放热反应：在反应过程中能放出热量的反应叫放热反应。如碳的燃烧反应，这是化学能转变为热能的过程。

（2）吸热反应：在反应过程中需吸收热量的反应叫吸热反应。如 $KClO_3$ 受热分解的反应，这是将热能转变为化学能"贮存"起来的过程。

反应之所以放热或吸热，从微观角度看，破坏反应物的化学结构要消耗能量（吸热），生成新物质的化学结构要放出能量（放热）。反应究竟是放热还是吸热，取决于二者的能量差。图 1-7 是化学反应中能量变化与放热、吸热反应的关系示意图。

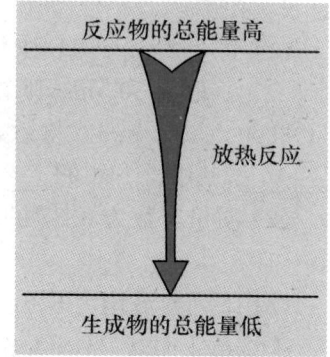

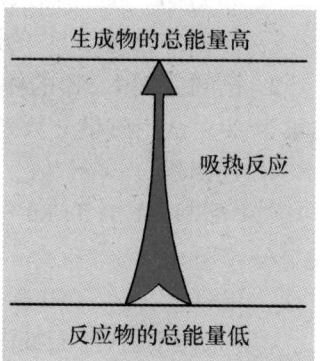

**图 1-7 化学反应中的能量变化示意图**

### 学以致用

#### 化学反应热量的估算

研究化学反应的能量变化，对于如何评价、合理利用能源、开发能源意义重大。初中化学介绍过热值的概念，即：一定量的燃料在一定温度和压强下(25℃、101 kPa)完全燃烧时所放出的热量，常用 $kJ \cdot g^{-1}$ 或 $kJ \cdot kg^{-1}$ 表示。若引入物质的量概念后，也可以用 $kJ \cdot mol^{-1}$ 表示。例如，$H_2$ 的热值为 121 $kJ \cdot g^{-1}$ 或 242 $kJ \cdot mol^{-1}$；$CH_4$ 的热值为 56 $kJ \cdot g^{-1}$ 或 896 $kJ \cdot mol^{-1}$。工业上也可将 $H_2$、$CH_4$ 的热值分别换算为 $1.21 \times 10^5$ $kJ \cdot kg^{-1}$、$5.6 \times 10^4$ $kJ \cdot kg^{-1}$。我们可以利用燃料或其他能量物质（如葡萄糖、脂肪）的热值进行有关计算。

例如，太阳每秒钟传到地球表面的热量约为 $1.7 \times 10^{14}$ kJ，某原煤的热值为 2.1×

$10^4$ kJ·kg$^{-1}$,则太阳每秒钟传给地球的热相当于 $8.1×10^6$ t 原煤完全燃烧时所放出的热量。

### *1.4.2 氧化还原反应的基本概念及其化学方程式的配平

#### 1.4.2.1 氧化还原反应的基本概念

判断一个化学反应是否为氧化还原反应,往往要看反应物及生成物中各对应元素的化合价是否发生变化。

例如,Na 和 $Cl_2$ 反应生成 NaCl。在反应中,1 个钠原子失去 1 个电子,化合价从 0 价变到 +1 价,化合价升高;1 个氯原子得到 1 个电子,化合价从 0 价变到 -1 价,化合价降低。元素化合价的升高或降低是由于元素的原子失去或得到电子的缘故。在反应中元素化合价升高的值(即失去电子的总数)和降低的值(即得到电子的总数)相等。可以用下式把上述反应中电子得失和元素化合价的升降情况表示出来:

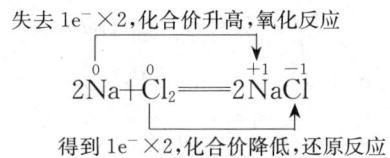

又如,$H_2$ 和 $Cl_2$ 反应生成 HCl,在这个反应中,氯和氢的化合价的升降不是由于得失电子的缘故,而是由于共用电子对偏移引起的。在 HCl 分子中,由于氯吸引电子能力大于氢吸引电子的能力,共用电子对偏向氯原子一方。氯原子的化合价从 0 价降到 -1 价,氢原子的化合价从 0 价升到 +1 价。电子对偏移和元素化合价的升降情况可用下式表示:

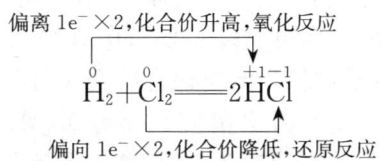

由此可以得出结论:**有电子得失或共用电子对偏移的反应叫氧化还原反应**。即氧化还原的实质是在反应物之间发生了电子的得失或偏移[①]。元素失去电子或共用电子对偏离的反应是氧化反应;元素得到电子或共用电子对偏向的反应是还原反应。在一个化学反应中,当某一元素失去电子的同时,必然有另一元素得到电子,而且得失电子的总数相等,所以氧化反应和还原反应总是同时进行的。在反应中,元素得失电子或共用电子对偏移表现在元素化合价的升高和降低上,并且化合价升高和降低的总数相等。氧化还原反应中电子得失与化合价升降的关系,如图 1-8 所示。

在氧化还原反应中,失去电子或共用电子对偏离的物质(包括分子、原子或离子)叫做还原剂,还原剂使反应中的某些物质还原,而本身发生氧化反应(或被氧化),化合价升高,还原剂发生氧化反应的产物叫氧化产物;得到电子或共用电子对偏向的物质(包括分子、

---

① 见第 3 章 3.1 之共价键部分。

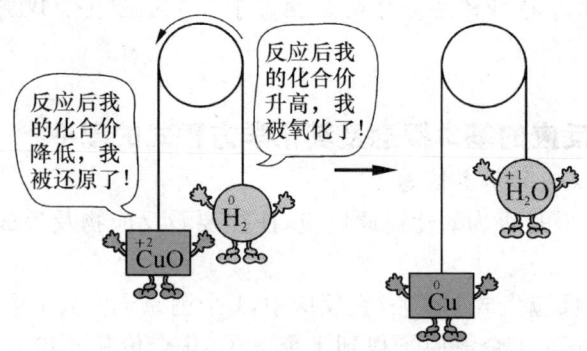

**图 1-8 氧化还原反应与元素化合价升降关系的示意图**

原子或离子)叫氧化剂,氧化剂使反应中的某些物质氧化,而本身发生还原反应(或被还原),化合价降低,氧化剂发生还原反应的产物叫还原产物。如铁与硫酸铜溶液的反应:

得到 2e$^-$,化合价降低

$$Fe + CuSO_4 = FeSO_4 + Cu$$

失去 2e$^-$,化合价升高

| 还原剂 | 氧化剂 | 氧化 | 还原 |
|---|---|---|---|
| 被氧化 | 被还原 | 产物 | 产物 |

在反应中,Fe 失去电子,Fe 是还原剂,具有还原性,使溶液中 $Cu^{2+}$ 还原为 Cu,而本身被氧化为 $Fe^{2+}$,$Fe^{2+}$ 为氧化产物;溶液中 $Cu^{2+}$ 得到电子,$Cu^{2+}$ 是氧化剂,具有氧化性,使 Fe 氧化为 $Fe^{2+}$,而本身被还原为 Cu,Cu 为还原产物。

通常,物质失去电子能力越强,还原性越强;得电子能力越强,氧化性越强。在实际应用中,常用的还原剂有活泼的金属单质以及 C、$H_2$、CO 等,它们往往具有较低的化合价,比较容易失去电子或发生电子对偏离而使化合价升高,所以具有还原性。常用的氧化剂有活泼的非金属单质(如氧气和卤素单质)、$Na_2O_2$、$H_2O_2$、HClO、NaClO、$HNO_3$、$KClO_3$、$KMnO_4$、浓 $H_2SO_4$、$K_2Cr_2O_7$ 等,它们往往具有较高的化合价,在化学反应中比较容易得到电子而使化合价降低,所以具有氧化性。

## 讨论与交流

有人说:有单质参加的化合反应和有单质生成的分解反应,所有的置换反应以及复分解反应都属于氧化还原反应。试分析这些说法的对与错,并举例说明。

\*1.4.2.2 氧化还原反应化学方程式的配平

氧化还原反应的本质是电子的得失或共用电子对的偏移,原子间的电子转移可以用元素化合价的升降来表示。因此,氧化还原反应方程式的配平可根据氧化还原反应的氧化剂与还原剂中相应元素化合价的降低和升高的总数或氧化剂得电子总数与还原剂失电子总数必须相等为原则,来确定反应物与生成物化学式前面的系数。

在氧化还原反应中,确定元素化合价的原则是:

(1) 通常氧是 $-2$ 价(过氧化物或氟化物中的氧除外),氢是 $+1$ 价;

(2) 单质是 0 价;

(3) 金属与非金属元素形成的化合物中,金属显正价,非金属显负价;

(4) 化合物中元素正、负化合价的代数和等于零。

**例 1-12** 配平铜跟稀硝酸反应的化学方程式。

**解:** (1) 写出反应物和生成物的正确化学式:

$$Cu + HNO_3(稀) \longrightarrow Cu(NO_3)_2 + NO\uparrow + H_2O$$

(2) 确定反应前后变价元素的化合价并标在元素符号上方:

$$\overset{0}{Cu} + H\overset{+5}{N}O_3(稀) \longrightarrow \overset{+2}{Cu}(NO_3)_2 + \overset{+2}{N}O\uparrow + H_2O$$

(3) 按化合价升高值的总数和降低值的总数(即最小公倍数)相等,确定还原剂、氧化剂及其相应的氧化产物、还原产物的化学式前面的系数:

$$3\overset{0}{Cu} + 2H\overset{+5}{N}O_3(稀) \longrightarrow 3\overset{+2}{Cu}(NO_3)_2 + 2\overset{+2}{N}O\uparrow + H_2O$$

化合价升高 $2\times3$ / 化合价降低 $3\times2$

(4) 用观察法配平其他物质的系数。在这个反应里,有 2 个 $NO_3^-$ 被还原成 NO,有 6 个 $NO_3^-$ 没有参加氧化还原反应,所以 $HNO_3$ 的系数应是 8(2+6)。又根据 8 个 $HNO_3$ 中含有 8 个氢和有 2 个 $NO_3^-$ 还原成 2 个 NO,多了 4 个氧原子,因此,水分子的系数应该是 4。

$$3Cu + 8HNO_3(稀) \longrightarrow 3Cu(NO_3)_2 + 2NO\uparrow + 4H_2O$$

(5) 最后检查反应前后各元素原子数目都相等后,把"——"改成等号:

$$3Cu + 8HNO_3(稀) =\!=\!= 3Cu(NO_3)_2 + 2NO\uparrow + 4H_2O$$

有的反应只有氧化剂和还原剂及其相应的还原产物和氧化产物,因而在配平步骤中,不需要配平其他物质的系数这个步骤,如例 1-13。

**例 1-13** 800℃时,在催化剂铂的作用下,氨被氧化成 NO 和 $H_2O$(氨氧化法制 $HNO_3$ 的关键反应)。请写出此化学方程式并配平。

**解:** (1) $NH_3 + O_2 \xrightarrow[800℃]{Pt} NO + H_2O$

(2) $\overset{-3}{N}H_3 + \overset{0}{O_2} \xrightarrow[800℃]{Pt} \overset{+2-2}{NO} + \overset{-2}{H_2O}$

(3) $4\overset{-3}{N}H_3 + 5\overset{0}{O_2} \xrightarrow[800℃]{Pt} 4\overset{+2-2}{NO} + 6\overset{-2}{H_2O}$

化合价升高 $5\times4$ / 化合价降低 $4\times5$

$$(4)\ 4NH_3 + 5O_2 \xrightarrow[800℃]{Pt} 4NO + 6H_2O$$

### 1.4.3 化学反应中的计算

涉及化学反应的计算,通常要正确地写出化学方程式。化学方程式可以表明反应中各分子、原子、离子间量的关系,即化学计量数(系数)的关系。若以物质的量为桥梁,可以进行反应物、生成物及相关物质的质量、气体体积、溶液浓度、甚至产生的能量的换算。

**例 1-14** 完全分解 1 mol $KClO_3$,理论上可制得标准状况下的氧气多少升?

**解法一**:设可制得 $O_2$ 的物质的量为 $n(O_2)$,则:

$$2KClO_3 \xrightarrow[\triangle]{MnO_2} 2KCl + 3O_2 \uparrow$$

$$\begin{array}{cc} 2\ \text{mol} & 3\ \text{mol} \\ 1\ \text{mol} & n(O_2) \end{array}$$

则有:$2\ \text{mol} : 3\ \text{mol} = 1\ \text{mol} : n$

$$n(O_2) = 1.5\ \text{mol}$$

所以,在标准状况下,可制得 $O_2$ 的体积为:

$$V(O_2) = n(O_2) \cdot V_m = 1.5\ \text{mol} \times 22.4\ \text{L} \cdot \text{mol}^{-1} = 33.6\ \text{L}$$

**解法二**:设可制得标准状况下 $O_2$ 的体积为 $V(O_2)$,则:

$$2KClO_3 \xrightarrow[\triangle]{MnO_2} 2KCl + 3O_2 \uparrow$$

$$\begin{array}{cc} 2\ \text{mol} & 3\ \text{mol} \times 22.4\ \text{L} \cdot \text{mol}^{-1} = 67.2\ \text{L} \\ 1\ \text{mol} & V(O_2) \end{array}$$

则有:$2\ \text{mol} : 67.2\ \text{L} = 1\ \text{mol} : V(O_2)$

$$V(O_2) = 33.6\ \text{L}$$

可见解法二更为简便。

**答**:理论上可制得标准状况下的氧气 33.6 L。

**例 1-15** 将 60 L(0℃,$1.013\ 3 \times 10^5$ Pa)CO 通入 80 g 赤热的 $Fe_2O_3$ 中,可还原出多少克铁?

**解**:设可还原 Fe 的质量为 $m$,则有:

$$Fe_2O_3 + 3CO \xrightarrow{高温} 2Fe + 3CO_2$$

$$\begin{array}{cccc} 160\ \text{g} & 67.2\ \text{L} & 112\ \text{g} \\ 80\ \text{g} & 60\ \text{L} & m \end{array}$$

因为 $\dfrac{80\ \text{g}}{160\ \text{g}} < \dfrac{60\ \text{L}}{67.2\ \text{L}}$,所以 CO 过量,应按 $Fe_2O_3$ 的量进行计算:

$$160\ \text{g} : 112\ \text{g} = 80\ \text{g} : m$$

$$m = 56 \text{ g}$$

**答**:可还原出 56 g Fe。

由上可知,按化学方程式进行计算时,应注意以下几点:

(1) 化学方程式必须配平。

(2) 列比例式时,必须注意左右关系相当,上下单位相同。

(3) 在已知两种或两种以上反应物的量时,可通过比较各反应物的"$\dfrac{\text{实有量}}{\text{理论量}}$"的值判断它们哪种过量,其中"理论量"是根据化学方程式确定的。比值大的反应物过量,在列比例式时,不能采用过量反应物的比值。

**例 1–16** 将足量的石灰石置于 500 mL 盐酸(密度为 1.12 g·mL$^{-1}$)中,反应完全后,在标准状况下收集到 41.44 L CO$_2$,求此盐酸的浓度和质量分数。

**解**:设盐酸的浓度为 $c$,则有:

$$2HCl + CaCO_3 \Longrightarrow CaCl_2 + H_2O + CO_2\uparrow$$

$$\begin{array}{ll} 2 \text{ mol} & 22.4 \text{ L} \\ 0.5 \text{ L} \cdot c & 41.44 \text{ L} \end{array}$$

则有 $\qquad\qquad$ 2 mol : 22.4 L = (0.5 L · $c$) : 41.44 L

$$c = 7.4 \text{ mol} \cdot \text{L}^{-1}$$

因盐酸溶液密度

$$\rho = 1.12 \text{ g} \cdot \text{mL}^{-1} = 1.12 \times 10^3 \text{ g} \cdot \text{L}^{-1}$$

所以 $\qquad\qquad$
$$\begin{aligned} \omega(HCl) &= \frac{m(HCl)}{m} = \frac{c(HCl) \cdot M(HCl) \cdot V}{\rho \cdot V} \times 100\% \\ &= \frac{c(HCl) \cdot M(HCl)}{\rho} \times 100\% \\ &= \frac{7.4 \text{ mol} \cdot \text{L}^{-1} \times 36.5 \text{ g} \cdot \text{mol}^{-1}}{1.12 \times 10^3 \text{ g} \cdot \text{L}^{-1}} \times 100\% \\ &= 24.1\% \end{aligned}$$

**答**:此盐酸的浓度为 7.4 mol·L$^{-1}$,质量分数为 24.1%。

**例 1–17** 已知:完全燃烧 1 mol 甲烷能放出 890.3 kJ 的热量。问完全燃烧 1 m$^3$ 甲烷(标准状况下)能放出多少热量?

**解**:设 1 m$^3$ 的甲烷完全燃烧时,能放出的热量为 $Q$。生成的水为液态,故在其分子式后用"l"表示其物态,其余气体用"g"表示其物态。CH$_4$ 完全燃烧的化学方程式如下:

$$CH_4(g) + 2O_2(g) \Longrightarrow CO_2(g) + 2H_2O(l) + 890.3 \text{ kJ} \cdot \text{mol}^{-1}$$

$$\begin{array}{ll} 22.4 \text{ L} & 890.3 \text{ kJ} \\ 1\,000 \text{ L(即 1 m}^3\text{)} & Q \end{array}$$

$$22.4 \text{ L} : 890.3 \text{ kJ} = 1\,000 \text{ L} : Q$$

$$Q = 3.97 \times 10^4 \ kJ$$

**答**：完全燃烧 1 m³ 甲烷能产生 $3.97 \times 10^4$ kJ 的热量。

### 思考与练习

**1.** 下列说法中哪些是错误的？并说明理由。

（1）有人说，科学实验证实：质量和能量是不能相互转化的，因为它们分别遵循质量守恒定律和能量守恒定律。

（2）在氧化还原反应中，氧化反应和还原反应是同时发生的且得失电子的总数相等。

*（3）化学反应热除与反应的温度、压强、物态有关外，还与反应的化学方程式的计量系数有关。

**2.** 填空题。

（1）在下列有水参加的反应中，水仅作氧化剂的是 _____，水仅作还原剂的是 _____，水既作氧化剂又作还原剂的是 _____，水既不作氧化剂又不作还原剂的是 _____。

A. $2F_2 + 2H_2O == 4HF + O_2 \uparrow$          B. $2Na + 2H_2O == 2NaOH + H_2 \uparrow$

C. $CaO + H_2O == Ca(OH)_2$          D. $2H_2O \xrightarrow{通电} 2H_2 \uparrow + O_2 \uparrow$

（2）$H_2$ 与硫蒸气可直接化合成 $H_2S$ 气体，若有 16 g 硫被还原，则还原剂 _____ 转移的电子总数为 _____，氧化剂 _____ 得到的电子总数为 _____。

（3）能量指 _____ 本领。太阳能以 _____ 形式照亮地球；_____ 可使机器运转；不同种类的能量可以在一定条件下 _____。当反应物的总能量大于生成物的总能量，该反应是 _____ 反应；当反应物的总能量小于生成物的总能量，该反应是 _____ 反应。

**3.** 选择题。

（1）下列反应中属于氧化还原反应的是（     ）。

A. $CaO + H_2O == Ca(OH)_2$

B. $CaCO_3 \xrightarrow{高温} CaO + CO_2 \uparrow$

C. $Fe_2O_3 + 3CO \xrightarrow{高温} 2Fe + 3CO_2$

D. $CaCO_3 + 2HCl == CaCl_2 + H_2O + CO_2 \uparrow$

（2）在盐酸溶解铁片的反应中，盐酸（     ）。

A. 是氧化剂          B. 是还原剂          C. 是还原产物          D. 被还原

# 本 章 小 结

**一、介绍了化学中物质的计量方法,引入了物质的量。物质的量像一座桥梁,把物质微粒与可称量的物质联系起来,通过它可以实现与相关各物理量之间的换算。因而在生产和科学实验中被普遍运用。本章所介绍的各物理量之间的关系如下:**

1. 物质的量浓度、基本单元的数目、物质的质量、气体的体积(标准状况下)和物质的量之间的关系如下:

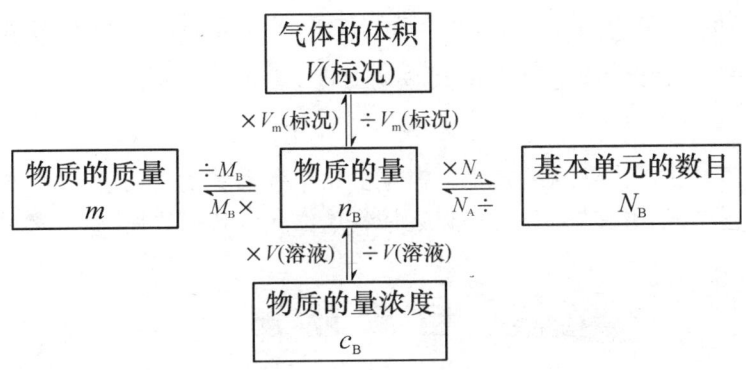

2. 溶液稀释时各物理量的关系。

稀释前后溶质的物质的量相等:

$$c_1 \cdot V_1 = c_2 \cdot V_2$$

或稀释前后溶质的质量相等:

$$\rho \cdot V_1 \cdot \omega_B = c \cdot V_2 \cdot M_B$$

3. 物质的量浓度与质量分数、质量浓度的关系。

$$c_B = \frac{\rho \omega_B}{M_B} = \frac{\rho_B}{M_B}$$

通过本章的学习,培养学生准确、规范地运用化学语言的能力及查询、运用涉及一般化学知识的技术规范或标准的初步能力。

**二、介绍了化学反应的基础知识和化学反应中的有关计算,为今后的学习打下必要的基础。**

在化学反应的基础知识中介绍了以下几个方面:

1. 化学反应的类型。

化学反应可按不同的方式分类,常用的有三种。按反应物的种类和形式上的变化来分,可分为化合反应、分解反应、复分解反应、置换反应;按反应前后元素化合价的变化来分,可分为氧化还原反应与非氧化还原反应;按反应前后能量变化来分,可分为放热反应与吸热反应。

2. 氧化还原反应的概念与配平。

有电子得失或共用电子对偏移的反应叫氧化还原反应。在氧化还原反应中，还原剂发生氧化反应，失去电子或发生共用电子对偏离，元素化合价升高，其产物为氧化产物；氧化剂发生还原反应，得到电子或发生共用电子对偏向，元素化合价降低，其产物为还原产物。氧化还原反应方程式的配平可根据氧化剂和还原剂中相应元素化合价的降低和升高的总数必须相等的原则。

3. 应用化学反应的计算。

在化学反应的有关计算中，一定要注意在列比例式时必须满足：左右关系相当，上下单位相同；不能采用过量反应物的比值来进行计算；在判断反应物哪种物质过量时，可通过比较"$\frac{实有量}{理论量}$"值的大小，比值大的反应物过量，其中"理论量"是根据化学方程式确定的。

在化学计算时应尽力做到规范化。需写出化学方程式的先写出化学方程式，能用公式运算的尽量用公式，并按"列公式→带数据和单位→运算→结果"的步骤进行。

## 目 标 检 测

1. 填空题。

（1）按表内要求填空。

| 化 学 式 | 化学式量 | 摩尔质量 | 物质质量 | 物质的量 | 微粒数目 |
|---|---|---|---|---|---|
| $N_2$ | | | | 3 mol | |
| $H_2O$ | | | | | $3.01 \times 10^{24}$ |
| $HNO_3$ | | | 94.5 g | | |
| $NaOH$ | | | 500 g | | |
| $CuSO_4 \cdot 5H_2O$ | | | | 2.5 mol | |
| $C_{12}H_{22}O_{11}$（蔗糖） | | | | | $6.02 \times 10^{23}$ |

（2）1 mol=_____mmol=_____kmol；

1 g·mol$^{-1}$=_____kg·mol$^{-1}$；

1 m$^3$·mol$^{-1}$=_____L·mol$^{-1}$；

1 mol·m$^{-3}$=_____mol·L$^{-1}$=_____mmol·L$^{-1}$；

1 kg·m$^{-3}$=_____g·L$^{-1}$=_____mg·L$^{-1}$=_____g·mL$^{-1}$。

（3）中和 0.1 mol NaOH，需要 $H_2SO_4$ _____mol。

（4）在同温同压下，质量相同的 $N_2$、$CO_2$、$O_2$ 气体所占的体积由大到小的顺序排列为_____。

（5）_____mol $CO_2$ 的质量为 44 g，含有_____个 $CO_2$ 分子，在标准状况下的体

积是_____L。

(6) 有下列溶液 500 mL,如果:

① 含 NaHCO$_3$ 8.4 g,物质的量浓度为_____。

② 含 NaCl 4.5 g,质量浓度为_____。

③ 含 C$_2$H$_5$OH(酒精)375 mL,体积分数为_____。

(7) 配制 500 mL 1 mol·L$^{-1}$ HNO$_3$ 溶液,需要 16 mol·L$^{-1}$ HNO$_3$ 溶液的体积是_____。

(8) 已知在 1 L MgCl$_2$ 溶液中含有 0.02 mol Cl$^-$,此溶液中 MgCl$_2$ 的物质的量浓度为_____。

(9) 在氯碱工业中,可把多余的 Cl$_2$ 通入消石灰中制得漂白粉。化学方程式如下:

$$2Cl_2 + 2Ca(OH)_2 === Ca(ClO)_2 + CaCl_2 + 2H_2O$$

在这个反应中,氧化剂是_____,还原剂是_____,氧化产物是_____,还原产物是_____。

**2. 选择题。**

(1) 1 g H$_2$ 所含 H$_2$ 分子的基本单元数是(    )。

A. 1　　　　　　B. 0.5　　　　　　C. 6.02×10$^{23}$　　　　D. 3.01×10$^{23}$

(2) 硫酸根离子的摩尔质量为(    )。

A. 96　　　　　　B. 96 g　　　　　C. 96 g·mol$^{-1}$　　　D. 98 g·mol$^{-1}$

(3) 下列物质各 1 mol,质量最大的是(    )。

A. CO$_2$　　　　　B. CO　　　　　C. O$_2$　　　　　　D. H$_2$

(4) 下列物质各 10 g,物质的量最大的是(    )。

A. H$_2$O　　　　　B. H$_2$SO$_4$　　　　C. HNO$_3$　　　　D. H$_3$PO$_4$

(5) 在标准状况下,与 4.4 g CO$_2$ 体积相等的是(    )。

A. 0.1 mol C　　　B. 2.24 L O$_2$　　　C. 4.4 g H$_2$　　　D. 0.2 mol H$_2$O

(6) 两种物质的量相同的气体,在相同的温度和压强下,它们必然(    )。

A. 体积均为 22.4 L　　　　　　　B. 具有相同的体积

C. 是双原子分子　　　　　　　　D. 具有相同的原子数目

(7) 配制 2 L 1.5 mol·L$^{-1}$Na$_2$SO$_4$ 溶液,需要固体 Na$_2$SO$_4$ 的质量是(    )。

A. 426 g　　　　　B. 400 g　　　　C. 284 g　　　　D. 213 g

(8) 下列说法中,正确的是(    )。

A. 氧化剂发生氧化反应

B. 还原剂是反应中较易夺得电子的物质

C. 氧化还原反应的实质是得氧失氧

D. 反应前后元素化合价是否发生变化是判断氧化还原反应的依据

(9) 物质的某些性质在日常生活中被利用,下述情况中利用了物质的氧化性的是(    )。

A. 用食盐腌渍食物　　　　　　　B. 用盐酸清洗铁钉表面的铁锈

C. 用汽油擦洗衣服上的油污　　　　D. 用漂白精漂洗白色衣物

（10）分析测得 200 mL 海水样品中含食盐 0.8 g，对该海水密度 $\rho(NaCl)$ 的错误数据是（　　）。

A. 4 mg·mL$^{-1}$　　　B. 4 g·L$^{-1}$　　　C. 4 kg·m$^{-3}$　　　D. 4％

**3.** 某一定量的葡萄糖（$C_6H_{12}O_6$）中氧原子数 $N(O)=7.224\times10^{24}$，则葡萄糖的质量是多少？

**4.** 一个成人一昼夜要呼出 1 300 g $CO_2$，这些气体在标准状况下的体积是多少？

**5.** 在标准状况下，16.8 L NO 的质量是多少？

**6.** 200 mL 某气体（标准状况下）的质量是 0.304 g，计算这种气体的相对分子质量。

**7.** 配制 2 000 mL 40 g·L$^{-1}$ 的 $NaHCO_3$ 溶液作为敌敌畏中毒患者的催吐剂，问需要称取 $NaHCO_3$ 多少克？

**8.** 对高热病人进行物理降温常用体积分数为 50％ 的酒精进行擦浴，问 500 mL 这种酒精溶液中含纯酒精多少毫升？

**9.** 在标准状况下，有 CO 和 $CO_2$ 的混合气体 39.2 L，质量为 61 g，问 CO 和 $CO_2$ 的质量各为多少？CO 和 $CO_2$ 的体积分数各为多少？

**10.** 0.5 mol·L$^{-1}$ 盐酸是实验室常用试剂，配制这种试剂 250 mL，需取质量分数为 36％ 的盐酸溶液（密度为 1.18 g·mL$^{-1}$）多少毫升？怎样配制？

*****11.** 在标准状况下，1 体积水能溶解 560 体积氨气，所得的氨水密度为 0.91 g·mL$^{-1}$，求氨水的质量分数和物质的量浓度。（提示：氨溶于水后与水形成氨水合物，但在有关溶液的计算中，溶质的质量一律按无水物计算）

*****12.** 在商品检查时 $CH_3CH_2OH$（酒精）的体积分数称为酒精度，即酒中 $CH_3CH_2OH$ 所占的体积分数是多少，这种酒就称为多少度（°）酒。如 38°酒相当于 38 mL $CH_3CH_2OH$ 加水稀释到 100 mL。若已知酒精密度为 0.789 g·mL$^{-1}$，某 38°酒的密度为 0.950 g·mL$^{-1}$，试求这种酒中 $CH_3CH_2OH$ 的物质的量浓度、质量分数和质量浓度。

**13.** 判断下列反应哪些是氧化还原反应，哪些是非氧化还原反应。

（1）$H_2SO_4 + 2NaOH == Na_2SO_4 + 2H_2O$

（2）$2FeCl_3 + SnCl_2 == 2FeCl_2 + SnCl_4$

（3）$CaCO_3 \xrightarrow{\triangle} CaO + CO_2\uparrow$

（4）$2HClO == 2HCl + O_2\uparrow$

**14.** 在标准状况下制取 11.2 L 二氧化碳气体，至少需多少升 1.5 mol·L$^{-1}$ 的盐酸溶液与足量的碳酸钙反应？

**15.** 在防毒面具、潜水艇、高空飞行中，常用 $Na_2O_2$ 作供氧剂和 $CO_2$ 的吸收剂。其反应的化学方程式为：$2Na_2O_2 + 2CO_2 == 2Na_2CO_3 + O_2$。已知在一天内，一个人呼出约 1.3 kg $CO_2$，为了消除由三名宇航员在 6 天的月球探险中所产生的 $CO_2$，需 $Na_2O_2$ 的质量是多少？

**16.** 多少二氧化锰与浓盐酸反应，所生成的氯气才恰好和 0.1 mol Mg 与盐酸反应生成的氢气完全化合为氯化氢？$MnO_2$ 与浓盐酸反应的化学方程式为：

$$MnO_2 + 4HCl(浓) \xrightarrow{\triangle} MnCl_2 + Cl_2\uparrow + 2H_2O$$

**17.** 人体葡萄糖代谢的复杂过程,在化学上常简化为葡萄糖的氧化:$C_6H_{12}O_6 + 6O_2 \xrightarrow{\text{酶}} 6CO_2 + 6H_2O$。1 mol 葡萄糖完全氧化放出 2 880 kJ 热量,若一个人摄入 10 g 葡萄糖,这些葡萄糖最多能提供多少能量?人需吸入多少升空气(标准状况下)?

# 第 2 章
## 化学反应速率和化学平衡

**学习目标**

1. 掌握氮气、氨气、氨水及铵盐的性质和用途。
2. 理解化学反应速率的概念、表示方法。
3. 掌握浓度、温度及催化剂对化学反应速率的影响。
4. 理解化学平衡的概念,了解平衡常数的意义,掌握化学平衡移动原理。

## 2.1 氮气、氨气、氨水和铵盐

### 2.1.1 氮气

氮是一种重要的非金属元素。氮气是氮元素的单质,以双原子分子存在于大气中,约占空气总体积的 78% 或总质量的 75%。氮元素也以化合态存在于很多无机物(如硝酸盐、铵盐等)和有机物(如蛋白质、核酸等)中。工业上用分离液化空气的方法制取氮气。

氮气是一种无色无味的气体。比空气稍轻,在标准状况下的密度为 $1.25\ g \cdot L^{-1}$。氮气在压强为 $1.013 \times 10^5\ Pa$、温度为 $-195.8\ ℃$ 时,变成无色的液体;在 $-209.86\ ℃$ 时,凝成雪花状的固体。在通常情况下,1 体积水中约可溶解 0.02 体积的氮气。

在通常情况下,氮气的性质很稳定,一般不易跟其他物质发生化学反应。但在高温或放电条件下,氮气能与氢、氧、金属等物质发生化学反应。如:

在高温、高压和催化剂存在的条件下,氮气能与氢气合成氨气:

$$N_2 + 3H_2 \underset{\text{高温、高压}}{\overset{\text{催化剂}}{\rightleftharpoons}} 2NH_3$$

在放电条件下,氮气能与氧气化合生成无色的一氧化氮:

$$N_2 + O_2 \xrightarrow{\text{放电}} 2NO$$

在高温条件下,氮气能与 Mg、Ca、Ba 等金属化合。例如:

$$N_2 + 3Mg \xrightarrow{\text{点燃}} Mg_3N_2$$

氮气是合成氨和制造硝酸的原料,也常用来填充灯泡,防止灯泡中钨丝氧化。液氮冷冻技术在工农业生产和科学研究中也有广泛应用。

### 2.1.2　氨和氨水　铵盐

#### 2.1.2.1　氨和氨水

氨是氮的氢化物。自然界中的氨主要是由动植物体内的蛋白质(含氮)腐败而产生的。实验室通常用氯化铵和消石灰的混合物加热来制取氨,如图 2-1 所示。

[演示实验2-1]　装置如图 2-1 所示。在干燥的试管里分别加入一药匙的氯化铵和一药匙的消石灰粉末,混合后微热,用干燥倒立的试管收集 $NH_3$(为什么?)。把湿润的红色石蕊试纸放在试管口,观察试纸颜色的变化。

氨是一种无色、具有刺激性气味的气体。在标准状况下,氨的密度为 $0.771\ \text{g}\cdot\text{L}^{-1}$,比同体积的空气轻。氨容易液化,在常压下冷却到 $-33.35℃$ 或在常温下加压到 $7\times10^5 \sim 8\times10^5\ \text{Pa}$ 时,气态氨就凝结成为无色的液体,同时放出大量的热。液态氨气化时,要吸收大量的热,能使它周围物质的温度急剧降低,因此,氨常用作制冷剂。

氨极易溶于水。在常温常压下,1 体积水约能溶解 700 体积的氨。氨的水溶液叫氨水。市售浓氨水中氨的质量分数约为 25%。

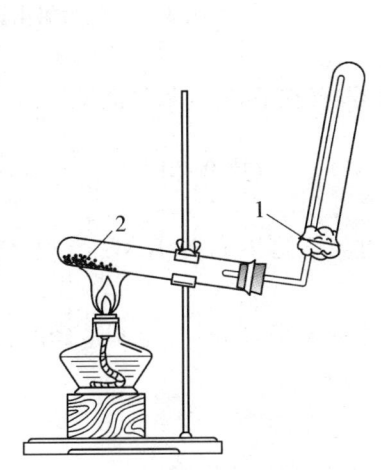

**图 2-1　氨的实验室制法**
1—棉花　2—氯化铵+消石灰

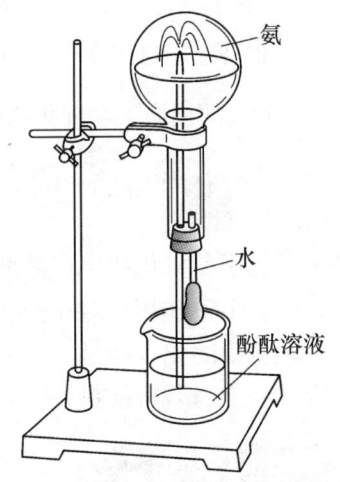

**图 2-2　氨易溶于水的实验**
1—酚酞溶液　2—氨

[演示实验2-2]　装置如图 2-2 所示。干燥的圆底烧瓶里充满氨气,用带有玻璃管和滴管(滴管里预先吸入水)的塞子塞紧瓶口。立即倒置烧瓶,使玻璃管插入盛有水的烧杯里(水里事先加入少量酚酞试液),挤压滴管的胶头,使少量水进入烧瓶。烧杯里的水即由玻璃管喷入烧瓶形成红色的喷泉。

产生红色喷泉的原理是:氨易溶于水,溶解后形成负压,使烧杯中的水不断通过玻璃管喷出,氨溶于水后显碱性,遇酚酞呈现红色,产生红色喷泉现象。

在适当条件下,氨能与水、酸、氧气等发生化学反应。

(1)氨跟水的反应。氨溶于水中,大部分与水结合成一水合氨($NH_3 \cdot H_2O$)。$NH_3 \cdot H_2O$ 可以少部分电离成 $NH_4^+$ 和 $OH^-$,所以氨水呈弱碱性,能使无色酚酞溶液变红色。氨在水中的反应用下式表示:

$$NH_3 + H_2O \Longrightarrow NH_3 \cdot H_2O \Longrightarrow NH_4^+ + OH^-$$

$NH_3 \cdot H_2O$ 很不稳定,受热就会分解而生成氨和水:

$$NH_3 \cdot H_2O \overset{\triangle}{=\!=\!=} NH_3 + H_2O$$

(2)氨与酸的反应。

**[演示实验 2-3]** 如图 2-3 所示,拿一根玻璃棒在浓氨水里蘸一下,另一根玻璃棒在浓盐酸里蘸一下,使这两根玻璃棒接近(不要接触),观察发生的现象。

实验中我们可以看到有大量的白烟产生,这白烟是氨水里挥发出的氨跟浓盐酸中挥发出的氯化氢化合所生成的氯化铵微粒:

$$NH_3 + HCl \Longrightarrow NH_4Cl$$

氨同样能与硝酸、硫酸等其他的酸化合成相应的铵盐。例如:

$$NH_3 + HNO_3 \Longrightarrow NH_4NO_3$$
$$2NH_3 + H_2SO_4 \Longrightarrow (NH_4)_2SO_4$$

**图 2-3　氨与氯化氢起反应**

(3)氨跟氧气的反应。在催化剂(如铂、氧化铁等)存在下,氨与氧气能发生如下反应:

$$4NH_3 + 5O_2 \xrightarrow[\triangle]{催化剂} 4NO + 6H_2O \quad (放热\ 907\ kJ)$$

这是工业上用氨氧化法生产硝酸的原理。通过氨氧化生成 $NO$,$NO$ 与 $O_2$ 作用生成 $NO_2$,$NO_2$ 再与 $H_2O$ 作用生成 $HNO_3$ 和 $NO$。

氨是一种重要的化工产品。它不仅是氮肥工业的基础,同时又是制造硝酸、铵盐、纯碱、炸药、合成纤维、塑料、染料、药物等的重要原料。

**学以致用**

### 氨对人体的危害及其来源

氨气极易溶于水,对眼、喉、上呼吸道作用快,刺激性强,轻者引起充血和分泌物增多,进而可引起肺水肿。长时间接触低浓度氨,可引起喉炎、声音嘶哑。

写字楼和家庭室内空气中的氨,主要来自建筑施工中使用的混凝土外加剂。混凝土外加剂的使用有利于提高混凝土的强度和施工速度,但是却会留下氨污染隐患。另外,室内空气中的氨还可来自室内装饰材料,比如家具涂饰时用的添加剂和增白剂大部分都用氨水。

一般来说,氨污染释放比较快,不会在空气中长期积存,对人体的危害相对小一些,但也应引起大家的注意。

### 2.1.2.2　铵盐

氨与酸作用可以生成铵盐。铵盐是由铵离子($NH_4^+$)和酸根离子构成的化合物。铵盐都是晶体,能溶解于水。铵盐的化学性质如下:

(1) 铵盐受热分解。铵盐受热时分解生成氨和相应的酸,冷却时,它们又重新结合生成相应的铵盐,例如:

$$NH_4Cl \xrightarrow{\triangle} NH_3\uparrow + HCl\uparrow$$
$$NH_3 + HCl == NH_4Cl$$

$NH_4NO_3$ 若在 $300℃$ 以上时,分解出的 $NH_3$ 与 $HNO_3$ 还会发生复杂的氧化还原反应,生成 $N_2$、$N_2O$ 等气体,量大时可能发生爆炸。

碳酸氢铵受热时,分解生成氨、水和二氧化碳:

$$NH_4HCO_3 \xrightarrow{\triangle} NH_3\uparrow + H_2O + CO_2\uparrow$$

(2) 铵盐与碱的反应。铵盐能与碱起反应放出氨气。例如:

$$2NH_4Cl + Ca(OH)_2 \xrightarrow{\triangle} CaCl_2 + 2NH_3\uparrow + 2H_2O$$
$$(NH_4)_2SO_4 + 2NaOH \xrightarrow{\triangle} Na_2SO_4 + 2NH_3\uparrow + 2H_2O$$

这是铵盐的通性。实验室里就是利用这个性质来制取氨气的。同时也可以利用此反应来检验 $NH_4^+$ 离子的存在。

铵盐在工农业生产上有着重要的用途。大量的铵盐用作氮肥,硝酸铵还可用来制炸药。氯化铵常用作印染和干电池的原料,它还可用在金属的焊接上,以除去金属表面的氧化薄层。

信息链接

## 氮 的 固 定

在大自然中,经常会有雷电交加的天气。你可曾想到,在闪电时会有很多氮气转变成宝贵的氮肥呢!在闪电时,空气中的氮气和氧气会在电火花的作用下发生化学反应生成 NO,生成的 NO 又能继续被空气中的氧气氧化生成 $NO_2$。$NO_2$ 溶解在雨水中转变成硝酸,降落到土壤里变成硝酸盐,成了植物生长所需的氮肥。据统计,每年因雷电而降落至大地的氮肥约有 4 亿吨。

在自然界,氮气转变成氮肥还有另一种途径,即通过植物根瘤中的根瘤菌来转化。如豌豆、大豆等豆科植物的根瘤中含有根瘤菌,根瘤菌中含有特殊催化能力的酶,它能促使氮气在土壤中发生变化,转变成能被植物吸收的氨。

上述这些把空气中的氮气转变成氮的化合物的过程叫做氮的固定,简称"固氮"。

仅仅依靠自然固氮形成的氮化合物还不能满足人类的需要。数十年来,世界各国的科学家致力于人工固氮的研究,并取得了一些成果。我国著名化学家卢嘉锡等在化学模拟生物固氮等领域里有着较突出的贡献。把实验规模的"仿生固氮"即用特殊催化剂实现常温常压下固氮,发展为工业规模的固氮已成为当今世界的热门话题。

思考与练习

**1.** 写出下列各组反应的化学方程式。

(1) 以 $H_2$、$N_2$、$O_2$ 为原料合成 $HNO_3$。

(2) 以 $H_2$、$N_2$、$HCl$ 为原料合成 $NH_4Cl$。

**2.** 回答下列问题。

(1) 怎样检验铵盐中的 $NH_4^+$ 离子?

(2) 铵盐类氮肥为什么不能与草木灰共同使用?

## 2.2 化学反应速率

### 2.2.1 化学反应速率及其表示方法

不同的化学反应,其反应速率也不同,如炸药爆炸、酸碱中和等反应能在瞬间完成,而煤和石油的生成要经过千万年才行。

化学反应速率是指化学反应进行的快慢程度。对于某些反应,可以通过观察反应物消失的快慢或生成物出现的快慢,定性地比较反应速率。例如,在相同浓度的盐酸溶液中分别加入镁带和铝片,镁带消失比较快,产生气泡(氢气)也比较快,说明镁与盐酸溶液反应的速率比较大。

怎样定量地表示化学反应速率呢? **通常用单位时间内某种反应物浓度的减少或者某种生成物浓度的增大来表示**,即:浓度的变化除以所需的时间。表示式为:

$$v = \frac{|\Delta c|}{\Delta t} = \frac{|c_2 - c_1|}{t_2 - t_1}$$

式中,$\Delta t$ 表示反应变化所需要的时间,单位为 s(秒)、min(分)、h(小时);$\Delta c$ 表示 $t_1$ 到 $t_2$ 时间内某反应物或生成物浓度变化的值,单位为 $mol \cdot L^{-1}$。$v$ 为反应速率,单位是:$mol \cdot L^{-1} \cdot s^{-1}$、$mol \cdot L^{-1} \cdot min^{-1}$ 或 $mol \cdot L^{-1} \cdot h^{-1}$。

对同一个化学反应,若用不同物质的浓度变化来表示其反应速率,则数值可能是不同的。例如,在给定条件下,氮气和氢气在密闭容器里合成氨气,各物质的浓度变化如下:

$$N_2 + 3H_2 \rightleftharpoons 2NH_3$$

| | | | |
|---|---|---|---|
| 起始浓度/mol·$L^{-1}$ | 1.0 | 3.0 | 0.0 |
| 2 s 后浓度/mol·$L^{-1}$ | 0.8 | 2.4 | 0.4 |

以 $N_2$ 的浓度变化表示的合成氨的反应速率 $v(N_2)$ 是：

$$v(N_2) = \frac{(1.0 - 0.8)\ mol \cdot L^{-1}}{2\ s} = 0.1\ mol \cdot L^{-1} \cdot s^{-1}$$

以 $H_2$ 的浓度变化表示的合成氨的反应速率 $v(H_2)$ 是：

$$v(H_2) = \frac{(3.0 - 2.4)\ mol \cdot L^{-1}}{2\ s} = 0.3\ mol \cdot L^{-1} \cdot s^{-1}$$

以 $NH_3$ 的浓度变化表示的合成氨的反应速率 $v(NH_3)$ 是：

$$v(NH_3) = \frac{(0.4 - 0.0)\ mol \cdot L^{-1}}{2\ s} = 0.2\ mol \cdot L^{-1} \cdot s^{-1}$$

因此，表示某一反应速率时，必须标明是采用哪种物质的浓度来表示的。此外，我们介绍的反应速率是平均速率，而非瞬时速率。

### 2.2.2  影响反应速率的因素

化学反应速率首先取决于反应物的本性。例如，酸碱中和能在瞬间完成，而合成氨反应就要慢得多。其次，外界条件对化学反应速率也有一定的影响。同一个化学反应，若浓度、压强、温度、催化剂、表面积等外界条件不同时，反应速率也不同。

2.2.2.1　浓度对反应速率的影响

把快要熄灭的火柴插入盛有氧气的集气瓶中，火柴又重新剧烈地燃烧起来。显然，火柴在纯氧中的燃烧要比在空气中的燃烧进行得更快，更剧烈。这是因为纯氧中氧分子的浓度比空气中氧分子的浓度大的缘故。反之，当空气中混入二氧化碳，使空气中含氧量下降至一定的临界浓度时，在空气中燃烧的火焰就将熄灭。二氧化碳灭火就是利用灭火器内的液态二氧化碳气化后稀释空气中的氧气而达到灭火的目的的。又如，硫代硫酸钠（$Na_2S_2O_3$）和硫酸的反应：

$$Na_2S_2O_3 + H_2SO_4 \longrightarrow Na_2SO_4 + SO_2 + S\downarrow + H_2O$$

由于反应析出硫，溶液变浑浊，故反应速率的大小可借助从混合到出现浑浊现象的时间长短来定性衡量。

**[演示实验 2-4]**  取两支大试管，在第一支中加入 0.1 mol·$L^{-1}$ $Na_2S_2O_3$ 溶液 4 mL，在第二支中加入 0.1 mol·$L^{-1}$ $Na_2S_2O_3$ 溶液和蒸馏水各 2 mL。

另取两支试管，各加入 0.1 mol·$L^{-1}$ $H_2SO_4$ 溶液 4 mL，同时分别倒入上述盛有 $Na_2S_2O_3$ 溶液的试管中。

结果，在第一支试管中很快出现浑浊现象，第二支试管经片刻后才出现浑浊现象。

许多实验都表明，**当其他条件不变时，增大反应物浓度，可以增大反应速率；减小反应**

物浓度，可以减小反应速率。

### 2.2.2.2　压强对反应速率的影响

对有气体参加的反应来说，当温度一定时，一定量气体的体积与其所受的压强成反比。这就是说，如果气体的压强增大一倍，气体的体积就缩小一倍，单位体积内的分子数就增加一倍。**所以增大压强，就是增加反应物的浓度，因而可以增大反应的速率。反之，减小压强，气体体积就扩大，浓度就减小，因而反应速率减小。**

如果参加反应的物质是固体、液体，由于改变压强对它们的体积改变很小，因而对它们浓度的改变也很小，因此，可以认为压强的变化与它们的反应速率无关。

### 2.2.2.3　温度对反应速率的影响

我们知道，许多化学反应都是在加热的情况下发生的。例如，在常温下，煤在空气里甚至在纯氧里都不能燃烧，只有加热达到一定温度时才能燃烧。又如氢气和氧气合成水的反应，常温下几乎不能进行，但当温度达到 600℃时，反应将迅速进行，甚至能产生猛烈爆炸。物质在溶液里进行的反应也有类似的情况。

[**演示实验 2-5**]　取两支大试管，各加入 4 mL 0.1 mol·L$^{-1}$ Na$_2$S$_2$O$_3$ 溶液，另取两支大试管，各加入 4 mL 0.1 mol·L$^{-1}$ H$_2$SO$_4$ 溶液，把一支盛有 Na$_2$S$_2$O$_3$ 溶液和一支盛有 H$_2$SO$_4$ 溶液的试管插入热水中，把另外两支试管插入冷水中。片刻，分别把两组试管的溶液混合，并仔细观察插在热水和冷水里盛有混合溶液的试管中出现混浊现象的情况。

实验结果表明，插在热水中盛有混合溶液的试管里首先出现混浊，而插在冷水中盛有混合溶液的试管里出现混浊所需的时间长。

许多实验证明，**在其他条件不变的情况下，升高温度，可以增大反应速率；降低温度，可以减小反应速率。**

在日常生活中，人们可以用高压锅的高温缩短煮熟食物所需的时间，用冰箱的深冷来延长易腐食物的保存时间，就是利用温度对反应速率影响的原理。

### 2.2.2.4　催化剂对反应速率的影响

[**演示实验 2-6**]　在一支大试管里加入 10％H$_2$O$_2$ 溶液 10 mL 和 3～4 滴合成洗涤剂（使产生的气泡现象明显），观察产生气泡的现象；然后向试管里加入少量 MnO$_2$，观察产生气泡的现象。用带火星的火柴梗伸入试管，观察火柴梗的变化。

H$_2$O$_2$ 的分解反应是：　　$2H_2O_2 = 2H_2O + O_2\uparrow$

实验表明，加入 MnO$_2$ 之前，气泡产生得少而慢；加入 MnO$_2$ 后，迅速放出氧气产生大量气泡。该气体能使带火星的火柴梗复燃。显然，MnO$_2$ 的加入改变了 H$_2$O$_2$ 的分解速率。人们把这种**能改变化学反应速率，而本身质量和化学性质在反应前后仍保持不变的物质叫催化剂**。加快反应速率的催化剂，称为正催化剂；而减慢反应速率的催化剂，称为负催化剂。

催化剂在现代化工生产中占有极重要的地位，据统计，约有 85％的化学反应需要使用催化剂。如在纺织工业上，利用各种酶的催化作用进行纺织物的酶退浆、酶脱胶、酶水洗等。又如为了防止橡胶制品老化，掺入一些防老化剂；为了延缓金属腐蚀而使用的缓蚀剂等都是利用催化剂来延缓反应速率的。在生命过程中催化剂也起着极其重要的作用，生物体内的各种化学反应几乎都是在酶的催化作用下进行的。

2.2.2.5　表面积对反应速率的影响

大家知道,点燃大块木头是不容易的,但点燃刨花就较容易,说明可燃物质分散得越细小,燃烧就越快,越剧烈。实验表明,反应物表面积越大,反应物彼此间接触面就越大,反应速率也就越大。生产加工诸如面粉或糖粉等粉状易燃物质时,不允许这些高分散物质在空气中飞扬,更不允许周围有火花产生,否则糖粉、煤粉、面粉以及铝的粉尘等将发生爆炸。

以上讨论了影响反应速率的一些重要因素,除此之外,还有光、超声波、电磁波、溶剂等,也可以不同程度地影响反应速率。

**氨氧化法生产 HNO$_3$ 的反应速率问题**

用氨作为原料生产 HNO$_3$,称为氨氧化法制硝酸。它是将氨与过量空气混合,在高温下通过 Pt-Rh(铂-铑)合金丝网进行催化氧化进行的。

在 NH$_3$ 氧化为 NO 的过程中,主要发生下列两个反应:

$$4NH_3(g) + 5O_2(g) \rightleftharpoons 4NO(g) + 6H_2O(g) \quad (放出 907 \text{ kJ} 热量)$$
$$4NH_3(g) + 3O_2(g) \rightleftharpoons 2N_2(g) + 6H_2O(g) \quad (放出 1\,273 \text{ kJ} 热量)$$

为了制备 HNO$_3$,只希望第一个反应充分进行,而抑制第二个反应的发生。实验证明用 Pt-Rh 催化剂可使第一个反应大大加速,使 NH$_3$ 氧化时主要是生成 NO 和 H$_2$O,这里是利用催化剂的选择性。其次,从反应速率来看,只有在高温下氨的氧化反应速率才比较快。但它是一个放热反应,温度过高,对平衡不利,所以温度只能控制在 900℃左右。

**思考与练习**

**1.** 填空题。

(1) 化学反应速率通常用＿＿＿＿＿＿＿＿＿来表示。其常用单位是＿＿＿＿或＿＿＿＿或＿＿＿＿。

(2) 为了加快反应速率,工业上一般可采用＿＿＿＿反应物的浓度,＿＿＿＿压强,＿＿＿＿温度,和使用＿＿＿＿等措施。

(3) 在一定条件下,合成氨的反应中,N$_2$ 和 H$_2$ 的起始浓度分别是 1 mol·L$^{-1}$ 和 2 mol·L$^{-1}$,2 s 末测得 NH$_3$ 的浓度为 0.2 mol·L$^{-1}$。此时,用 H$_2$ 和 NH$_3$ 表示的反应速率为:$v(H_2) = $＿＿＿＿、$v(NH_3) = $＿＿＿＿。

**2.** 选择题。

(1) 决定化学反应速率快慢的内在原因是(　　)。

A. 催化剂　　　　B. 浓度　　　　C. 温度　　　　D. 反应物的性质

（2）对于合成氨反应：$N_2 + 3H_2 \Longrightarrow 2NH_3$，下列说法正确的是（　　）。

A．使用催化剂不能加快反应速率　　　B．改变压强能加快反应速率

C．升高温度能加快反应速率　　　　　D．改变温度能加快反应速率

（3）增大压强，不能改变化学反应速率的反应是（　　）。

A．$CO + H_2O(g) \Longrightarrow CO_2 + H_2$　　　　B．$2H_2S + 3O_2 \Longrightarrow 2SO_2 + 2H_2O(g)$

C．$4NH_3 + 5O_2 \Longrightarrow 4NO + 6H_2O(g)$　　D．$HCl + NaOH \Longrightarrow NaCl + H_2O$

## 2.3　化学平衡

我们在研究物质的化学反应时，不仅要注意反应的速率，而且还要了解反应进行的程度，即有多少反应物可以转化为产物，这就是化学平衡问题。

### 2.3.1　可逆反应与不可逆反应

**在同一条件下，既能向一个方向进行又能向相反方向进行的反应，叫做可逆反应。** 例如，二氧化碳在一定条件下的密闭容器里能与氢气反应，生成一氧化碳和水蒸气。在同样条件下，一氧化碳也能和水蒸气反应，生成二氧化碳和氢气，即：

$$CO_2 + H_2 \Longrightarrow CO + H_2O$$

为了表示化学反应的可逆性，在化学方程式中用"$\Longrightarrow$"表示。

**在可逆反应中，从左到右的反应，叫做正反应；从右到左的反应，叫做逆反应。** 几乎所有化学反应都能往返进行，反应的可逆性是化学反应的普遍特征。但对有些反应来说，两个相反反应进行的趋势相差很大。例如：

$$2KClO_3 \xrightarrow[\triangle]{MnO_2} 2KCl + 3O_2\uparrow$$

$KClO_3$ 在高温下分解为 $KCl$ 和 $O_2$ 的反应很容易进行，而相反的反应，在目前所能达到的条件下几乎不能进行，像这种几乎只能朝一个方向进行的反应，叫做不可逆反应。在化学方程式中用"$\Longrightarrow$"表示。

### 2.3.2　化学平衡

可逆反应在密闭容器中往往不能进行到底，即反应物不能完全变成生成物，现仍然以 $CO_2$ 与 $H_2$ 的可逆反应为例进行讨论。

$$CO_2 + H_2 \Longrightarrow CO + H_2O(g)$$

在 $1\,200\,℃$ 时，把 $0.01\ mol\ CO_2$ 和 $0.01\ mol\ H_2$ 放在容积为 $1\ L$ 的密闭容器中，开始时，反应物 $CO_2$ 和 $H_2$ 的浓度最大，正反应速率（$v_正$）最大；而此时 $CO$ 和 $H_2O(g)$ 的浓度为零，所以逆反应速率（$v_逆$）为零。随着反应的进行，$CO_2$ 和 $H_2$ 的浓度逐渐降低，正反应速率（$v_正$）也逐渐变小。同时，由于 $CO$ 和 $H_2O(g)$ 的不断生成，$CO$ 和 $H_2O(g)$ 的浓度逐

渐增大,逆反应速率逐渐变大。最后,正反应速率($v_正$)必定会等于逆反应速率($v_逆$)。如图 2-4 所示。

如果条件不变,这时反应物和生成物的浓度都不再随时间的改变而改变。实验测得 $CO_2$ 和 $H_2$ 的浓度分别为 $0.004$ $mol \cdot L^{-1}$,而 $CO$ 和 $H_2O(g)$ 的浓度则各为 $0.006$ $mol \cdot L^{-1}$。我们把这种**在可逆反应中,正、逆反应速率相等,反应混合物中各成分的含量(质量分数或体积分数)保持不变的状态,叫做化学平衡**。

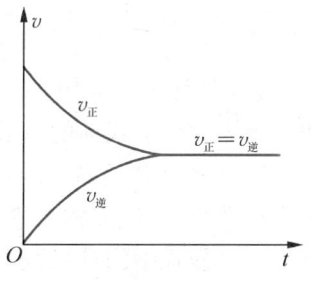

图 2-4 正、逆反应速率与
化学平衡的关系

化学平衡状态的主要特点是:

(1) 正、逆反应仍在进行,只是速率相等而已,因而化学平衡是一种动态平衡。

(2) 化学平衡状态是可逆反应进行的最大限度,各反应物和生成物浓度保持恒定,称为平衡浓度,这也是建立平衡的标志。

(3) 化学平衡是在一定条件下的暂时的平衡,一旦条件改变,平衡将遭到破坏。

### 2.3.3 化学平衡常数

在体积为 1 L 的密闭容器中,分别加入不同数量的 $CO_2$、$H_2$、$CO$ 和 $H_2O(g)$,见表 2-1 中起始浓度一栏。将密闭容器加热至 $800℃$,经过一定的时间使反应达到了平衡状态。将实验测得的四组分的平衡浓度的数据列于表 2-1 的第二栏里。

表 2-1　$CO_2 + H_2 \rightleftharpoons CO + H_2O(g)$ 的实验数据($800℃$)

| 编号 | 起始浓度/mol·L⁻¹ | | | | 平衡浓度/mol·L⁻¹ | | | | $\dfrac{c(CO) \cdot c(H_2O)}{c(CO_2) \cdot c(H_2)}$ |
|---|---|---|---|---|---|---|---|---|---|
| | CO | H₂O | CO₂ | H₂ | CO | H₂O | CO₂ | H₂ | |
| 1 | 0.01 | 0.01 | 0 | 0 | 0.005 | 0.005 | 0.005 | 0.005 | 1.0 |
| 2 | 0 | 0 | 0.02 | 0.01 | 0.006 7 | 0.006 7 | 0.013 3 | 0.003 3 | 1.0 |
| 3 | 0.002 5 | 0.03 | 0.007 5 | 0.007 5 | 0.002 1 | 0.029 6 | 0.007 9 | 0.007 9 | 1.0 |
| 4 | 0.01 | 0.03 | 0 | 0 | 0.002 5 | 0.022 5 | 0.007 5 | 0.007 5 | 1.0 |

分析上面的实验数据,可以得出如下结论:

在恒温下,可逆反应无论从正反应开始,还是从逆反应开始,最后都能达到平衡。从各组分的平衡浓度来看,反应只能进行到某种程度,便处于平衡状态。这时,产物的浓度乘积除以反应物浓度的乘积,便得到一个常数,这个常数叫做该反应的平衡常数 $K$。如果起始浓度相同,$K$ 的值越大,在平衡混合物中产物就越多,达到平衡时反应进行得越完全。这就是可逆反应所具有的另一重要特点。$K$ 的值是随温度的不同而改变的,和浓度无关。

总结许多实验结果,对任何一个可逆反应:

$$aA + bB \rightleftharpoons gG + hH$$

在一定温度下,达到平衡时,体系中各物质的浓度间有如下关系:

$$\frac{c^g(G) \cdot c^h(H)}{c^a(A) \cdot c^b(B)} = K$$

其中 A、B 代表反应物, G、H 代表生成物。$a$、$b$、$g$、$h$ 分别表示化学方程式中各反应物和生成物的化学式前的系数。

$K$ 是通过实验测得的, 所以称为实验平衡常数。由上式可见, 在一定温度下, 可逆反应达到平衡时, 生成物的浓度以反应方程式中化学计量数为指数幂的乘积与反应物浓度以反应方程式中的计量数为指数幂的乘积之比是一常数。

平衡常数的物理意义是:

(1)平衡常数是反应的特性常数, 它不随物质的初始浓度而改变, 仅取决于反应的本性。一给定的反应, 只要温度一定, 平衡常数就是定值。

(2)平衡常数不仅和物质的初始浓度无关, 而且与反应是从正向开始进行还是从逆向开始进行无关。

(3)平衡常数的大小可以衡量反应进行的程度。一个反应的平衡常数值越大, 说明平衡时生成物的浓度越大, 反应物剩余的浓度越小(起始浓度相同)。

(4)平衡常数值的大小与反应速率的大小之间没有必然的联系。

(5)平衡常数表达式中, 只包括气体和液体物质的浓度, 不包括固体。例如:

$$CO_2 + C(s) \rightleftharpoons 2CO$$

它的平衡常数表达式为: $\qquad K = \dfrac{c^2(CO)}{c(CO_2)}$

**例 2-1** 反应 $N_2 + 3H_2 \rightleftharpoons 2NH_3$, 在某温度下达到平衡时, 测得各物质的浓度分别为: $c(N_2) = 3 \ mol \cdot L^{-1}$, $c(H_2) = 9 \ mol \cdot L^{-1}$, $c(NH_3) = 4 \ mol \cdot L^{-1}$, 计算在该温度下合成氨反应的平衡常数。

**解**: 根据反应 $\qquad\qquad N_2 + 3H_2 \rightleftharpoons 2NH_3$

可得 $\qquad\qquad K = \dfrac{c^2(NH_3)}{c(N_2) \cdot c^3(H_2)} = \dfrac{4^2}{3 \times 9^3} = 0.007\ 3$

**答**: 该反应在此温度下的平衡常数是 0.007 3。

## 思考与练习

1. 填空题。

(1)在同一条件下, 既能向_____方向进行, 同时又能向_____方向进行的反应叫做可逆反应。

(2)对一定条件下密闭容器中的可逆反应, 当_____相等, 且_____不再随时间而变化时所建立的动态平衡, 称为化学平衡。

(3)在一定条件下, 可逆反应达到平衡时的五个特点是: _____、_____、_____、_____、_____。

**2.** 选择题。

(1) 当可逆反应处于平衡状态时,下列说法正确的是(    )。

A. 正反应与逆反应已经终止

B. 正反应速率和逆反应速率不相等

C. 反应物和生成物浓度不再随时间变化

D. 反应物的耗量和生成物的总量相等

(2) 能够改变处于平衡状态下可逆反应的平衡常数 $K$ 的方法是(    )。

A. 改变反应物浓度　　　　　　　　B. 改变平衡体系的温度

C. 改变平衡体系的压强　　　　　　D. 使用催化剂

(3) 在 $N_2 + 3H_2 \rightleftharpoons 2NH_3$ 反应中,下列状态达到平衡状态的是(    )。

A. $N_2$、$H_2$、$NH_3$ 的分子个数比为 1∶3∶2 的状态

B. $N_2$、$H_2$、$NH_3$ 的物质的量比为 1∶1∶1 的状态

C. $N_2$ 和 $H_2$ 反应生成 $NH_3$ 的速率与 $NH_3$ 分解的速率相等时的状态

D. $N_2$ 和 $H_2$ 停止反应时的状态

# 2.4  化学平衡的移动

　　化学平衡只是反应在一定条件下建立的一种有条件的、暂时的、相对稳定的状态,**若外界条件发生了改变,则原来的平衡就会被破坏,平衡时混合物各组分的浓度就会发生变化,直到在新的条件下建立起新的平衡为止,这个过程叫化学平衡的移动。**下面着重讨论浓度、压强、温度的改变对化学平衡的影响。

## 2.4.1  浓度对化学平衡的影响

　　当一个反应达到平衡时,其他的反应条件不变,只要改变其中任何一个反应物或生成物的浓度,就会改变正反应或逆反应速率,使它们不再相等,从而使平衡移动。

　　**[演示实验 2-7]**　在一只小烧杯里,加入 10 mL 0.01 mol·L$^{-1}$ FeCl$_3$ 溶液,再加入 10 mL 0.01 mol·L$^{-1}$ KSCN(硫氰化钾)溶液,摇匀。把这红色溶液分装在三支试管里,在第一支试管里加入几滴饱和 FeCl$_3$ 溶液,在第二支试管里加入几滴饱和 KSCN 溶液,并振荡之,观察这两支试管里溶液颜色的变化,并跟第三支试管相比较。

　　可以观察到第一、二支试管中溶液的血红色明显加深了。

　　当 FeCl$_3$ 溶液和 KSCN 溶液混合时,立即反应生成血红色的 Fe[(SCN)$_3$](硫氰化铁)和另一产物 KCl,并建立了化学平衡,即 $v_{正} = v_{逆}$。

$$FeCl_3 + 3KSCN \rightleftharpoons Fe[(SCN)_3] + 3KCl$$
$$（血红色）$$

　　在该平衡体系中加入 FeCl$_3$ 溶液或 KSCN 溶液,增大了反应物浓度,使正反应速率增大,从而使正反应速率大于逆反应速率,原平衡被破坏,反应向着生成 Fe[(SCN)$_3$]和

KCl 的方向进行,溶液颜色就变深了。然而随着生成物浓度逐渐增大,反应物浓度逐渐减小,逆反应速率逐渐增大,正反应速率逐渐减小,直到正、逆反应速率再次相等时,反应便达到了新的平衡。在新的平衡体系中,生成物的浓度比原来的增大了,所以说平衡向右(或向正反应方向)移动。

实验证明:在达到平衡的反应体系里,增大任何一种反应物浓度或减小任何一种生成物浓度,平衡就会向正反应方向移动;反之,增大任何一种生成物浓度或减小任何一种反应物浓度,平衡就会向逆反应方向移动。

### 2.4.2 压强对化学平衡的影响

对有气体参加的可逆反应来说,在反应达到平衡时,如果反应前后气体的总体积不相等,在其他条件不变时,增大或减小反应的压强可能会使平衡发生移动。

**[演示实验2-8]** 用一个 50 mL 医用注射器(如图 2-5),吸入约 20 mL $NO_2$ 和 $N_2O_4$ 的混合气体(使注射器的活塞处在位置Ⅰ),吸入气体后将细管用橡皮塞加以封闭,然后把注射器的活塞往外拉到Ⅱ处。观察当活塞反复从Ⅱ到Ⅰ及从Ⅰ到Ⅱ处时,管内混合气体颜色的变化。

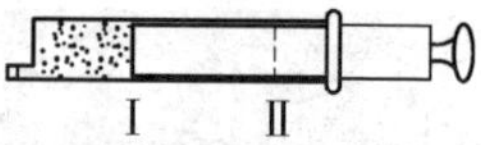

$NO_2$ 和 $N_2O_4$ 在一定条件下,处于化学平衡状态。即:

$$2NO_2 \rightleftharpoons N_2O_4$$

（红棕色）　（无色）

图 2-5　压强对化学
平衡的影响

从上面实验可以看出,当把注射器活塞往外拉到Ⅱ处时,混合气体的颜色先变浅又逐渐变深,这是因为注射器内体积增大,导致颜色变浅;逐渐变深是因为化学平衡向着生成 $NO_2$ 的逆反应方向移动,生成了更多的 $NO_2$。当把注射器活塞往里推到Ⅰ处时,混合气体的颜色先变深又逐渐变浅。这是因为注射器内体积减小,浓度也增大,导致颜色变深;逐渐变浅是因为化学平衡向着生成 $N_2O_4$ 的正反应方向移动,生成了更多的 $N_2O_4$。

压强对化学平衡的影响其实质仍然是浓度对化学平衡的影响。对于可逆反应: $2NO_2 \rightleftharpoons N_2O_4$ ,若压强增大 1 倍,则体系的体积缩小 1 倍, $NO_2$ 和 $N_2O_4$ 的浓度各增加 1 倍,这时二者的比值是:

$$\frac{2c(N_2O_4)}{[2c(NO_2)]^2} = \frac{2c(N_2O_4)}{4c^2(NO_2)} = \frac{c(N_2O_4)}{2c^2(NO_2)}$$

显然　　　　　　$$\frac{c(N_2O_4)}{2c^2(NO_2)} < \frac{c(N_2O_4)}{c^2(NO_2)} = K$$

即　　　　　　　$$\frac{c(N_2O_4)}{2c^2(NO_2)} < K$$

但是,在一定温度下,平衡常数是一定的,若要保持这个定值, $c(N_2O_4)$ 必然要增大,就是说,平衡必将朝着生成 $N_2O_4$ 的方向移动。在反应过程中,随着 $N_2O_4$ 浓度的增大和 $NO_2$ 浓度的减小,最后达到一个新的平衡。

由此可见,**在其他条件不变的情况下,增大压强,能使化学平衡向着气体体积缩小的方向移动;减小压强,能使化学平衡向着气体体积增大的方向移动。**

在有些可逆反应里,反应前后气态物质总体积没有变化。例如:

$$2HI(g) \rightleftharpoons H_2(g) + I_2(g)$$

在这种情况下,增大或减小压强,化学平衡不发生移动。

固态或液态物质的体积,受压强的影响很小,可以忽略不计。因此,平衡混合物都是固体或液体时,改变压强,化学平衡不发生移动。

### 2.4.3 温度对化学平衡的影响

化学反应总是伴随着能量的变化。对于可逆反应来说,如果正反应是放热反应,则逆反应就是吸热反应。反之,正反应是吸热反应,则逆反应就是放热反应,而吸收的热量与放出的热量相等。例如:

$$2NO_2 \underset{吸热}{\overset{放热}{\rightleftharpoons}} N_2O_4 \qquad (放热\ 56.9\ kJ)$$

（红棕色）　　（无色）

在这个可逆反应里,正反应放出 56.9 kJ 热量,逆反应吸收 56.9 kJ 热量。

**[演示实验2-9]** 装置如图 2-6 所示,在两个连通的烧瓶里,盛有 $NO_2$ 和 $N_2O_4$ 达到平衡的混合气体。然后用夹子夹住橡皮管,把一个烧瓶放进热水里,把另一个烧瓶放入冰水(或冷水)里,观察混合气体的颜色变化。

从上面实验可以看出,浸入热水中的烧瓶内混合气体受热后颜色变深,说明 $NO_2$ 浓度增大,平衡向逆反应(吸热反应)方向移动。而浸入冷水中的烧瓶内气体颜色变浅,说明 $NO_2$ 浓度减小,平衡向正反应(放热反应)方向移动。

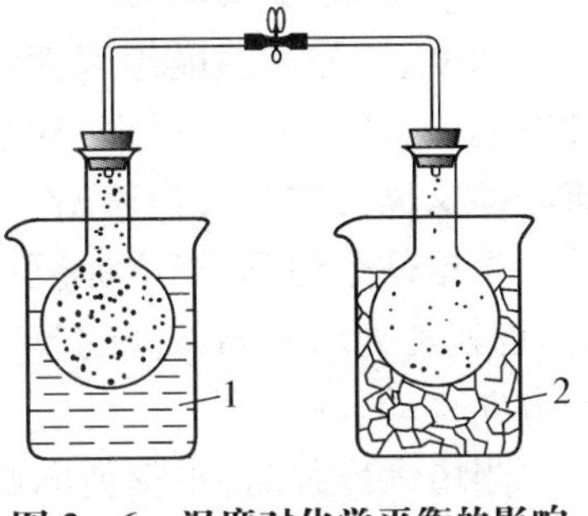

**图 2-6 温度对化学平衡的影响**
1—热水　2—冰水

由此可见,**在气体条件不变的情况下,温度升高,会使化学平衡向着吸热反应的方向移动;温度降低,会使化学平衡向着放热反应的方向移动。**

以上我们讨论了影响化学平衡的主要因素,至于催化剂,它只能增加正、逆反应的速率,缩短达到平衡所需的时间,但不影响化学平衡。因为,在一定条件下,催化剂能以同样的倍数改变正、逆反应的速率。

### ❓ 思考与练习

**1.** 填空题。

(1) 在其他条件不变时,增大压强,平衡向气体＿＿＿＿＿移动;在气体反应中,若反应物和生成物的＿＿＿＿＿相等,则改变压强,对平衡无影响。

(2) 对一定条件下达到平衡的可逆反应:$A + B \rightleftharpoons C$,若加热能使平衡向右移动,则该反应为_____热反应;若增大压强,对体系平衡几乎无影响,则 A、B 中至少有一个是_____态或_____态。

(3) 对于合成氨反应:$N_2 + 3H_2 \rightleftharpoons 2NH_3$,当反应体系达到平衡时,若增大体系压强,平衡向_____移动,混和体系的总物质的量_____。

**2.** 选择题。

(1) 下列平衡体系,若改变压强,平衡不发生移动的是(　　)。

A. $CO + H_2O(g) \rightleftharpoons CO_2 + H_2$ 　　　　B. $2NO + O_2 \rightleftharpoons 2NO_2$

C. $N_2 + 3H_2 \rightleftharpoons 2NH_3$ 　　　　D. $2SO_2 + O_2 \rightleftharpoons 2SO_3$

(2) 将盛有 $N_2O_4$ 和 $NO_2$ 混合气体的密闭烧瓶放入热水中加热时,烧瓶中混合气体的颜色加深,此现象说明(　　)。

A. 生成 $NO_2$ 的反应是吸热反应 　　　　B. 生成 $NO_2$ 的反应是放热反应

C. 反应是可逆反应 　　　　D. 生成 $N_2O_4$ 的反应是吸热反应

(3) 对下列可逆反应,当达到平衡时,加压和降温,平衡移动方向一致的是(　　)。

A. $N_2 + O_2 \rightleftharpoons 2NO$　(吸热) 　　　　B. $2NO_2 \rightleftharpoons 2NO + O_2$　(吸热)

C. $H_2 + CO_2 \rightleftharpoons CO + H_2O(g)$　(吸热)　D. $H_2 + I_2(g) \rightleftharpoons 2HI$　(放热)

## 2.5　平衡移动原理及其重要意义

### 2.5.1　平衡移动原理

浓度、压强和温度等因素对化学平衡的影响,可以概括成一个原理来表示,这就是勒沙特列(1850—1936)原理:**若改变平衡体系的条件之一,如浓度、压强或温度,平衡就向能够减弱这种改变的方向移动**。这个规律也叫做平衡移动原理。

根据这个原理,当增加反应物浓度时,平衡就向减少反应物浓度的方向(即向右)移动,也就是力求减弱条件的改变。同理,在减少生成物浓度时,平衡就向增加生成物浓度的方向移动。

当增大压强时,平衡就向减小压强(即减小气体体积)的方向移动;当减小压强时,平衡就向增大压强(即增大气体体积)的方向移动。

当升高温度时,平衡就向吸热的方向移动;当降低温度时,平衡就向放热的方向移动。

勒沙特列原理是一条普遍的规律,它不仅适用于化学平衡体系,而且也适用于所有的动态平衡体系。

### 2.5.2　平衡移动原理在合成氨工业中的应用

在实际生产中,人们必须从反应完全程度(平衡角度)和反应速率来综合考虑各种条件,以便提高生产效率和经济效益。例如氨的合成反应:

$$N_2 + 3H_2 \rightleftharpoons 2NH_3 \quad (放热 92\ kJ)$$

根据反应式可知,氨的合成是一个放热的、气体体积减小的可逆反应。从勒沙特列原理来看,降低温度、增大压强都会使平衡向着生成氨的方向移动,提高平衡混合物中氨的含量。

下面我们比较具体地讨论改变压强、温度以及使用催化剂等条件来提高反应速率和氨的含量的情况。

### 2.5.2.1 压强

前面已经讲过,氨的合成是一个气体体积减小的可逆反应。因此,在温度一定时,增大反应体系的压强有利于氨的合成,许多实验数据足以证明这一点。但是,压强越大,需要的动力就会越大,对材料的强度和设备的制造要求也越高。因此一般合成氨厂采用的压强是 $2 \times 10^7 \sim 5 \times 10^7$ Pa。

### 2.5.2.2 温度

由于合成氨的反应是放热反应,因此当压强一定时,将体系的温度升高,氨的平衡浓度会降低。所以理论上,氨的合成反应在较低的温度下进行较完全。但是,若温度过低,则反应速率将很慢,需要很长的时间才能达到平衡。如在室温时几乎没有 $NH_3$ 生成,这在工业上是很不经济的。所以,在实际生产中,合成氨反应是在 500℃ 左右的温度下进行的。

### 2.5.2.3 催化剂

在一般条件下氮和氢是极不容易化合的。采用高压、高温虽然可以加快反应速率,但反应速率仍然很慢。因此,为了加快氮与氢的合成反应速率,通常需采用催化剂。目前,合成氨工业上普遍采用的催化剂是以铁为主体的、含少量氧化铝和氧化钾的"铁触媒"。合成氨的铁触媒经实践证实,在 500℃ 时催化效果最好。

在实际生产中,还需将生成的氨及时从混合气体中分离出来,并且不断地向循环气中补充氮气和氢气来提高产量。

综上所述,合成氨生产应在高温、高压、催化剂条件下进行,并在生产中及时将 $NH_3$ 从混合气体中分离出来,同时,不断补充氮气和氢气。必须指出,任何生产条件,如具体的温度、浓度、压强、催化剂用量等都需通过反复实践,并综合考虑材料、设备、能源、环境、经济效益等因素而定。

平衡移动原理是人们通过实践总结出来的一条普遍规律,它在工农业生产、生态环境、生命科学等领域中都有极其广泛的应用。

**知识链接**

#### 合成氨的发明及其重要意义

氨是氮肥的基础,也是生产硝酸、炸药、医药的基本原料。人类找到用氮气直接合成氨的方法,大约经历了 150 年的时间。

1900 年,法国化学家勒沙特列(1850—1936)首先进行了 $N_2$ 与 $H_2$ 在高压下直接合成 $NH_3$ 的试验。由于混入了空气,在实验中发生了爆炸,在没有查明原因的情况下,他放弃了这项试验。

德国物理学家、化学家哈伯(1868—1934)仍坚持合成氨的研究。他研究出用锇(Os)

和铀(U)作催化剂,在 $500 \sim 600\,℃$ 和 $1.75 \times 10^7 \sim 2.00 \times 10^7$ Pa 的条件下,$N_2$ 和 $H_2$ 反应能产生大于 6% 的 $NH_3$。但他在实验室做示范表演,介绍他所取得的成果时,混合气体从设备密封处冲出,发出惊人的呼啸声,在第二天又发生了爆炸,但哈伯没有被困难吓倒仍坚持进行研究。

1908 年由化学家波施(1874—1940)将哈伯的成果设法付诸生产。他用五年的时间解决了三个方面的问题:第一,确定了由铁触媒代替锇或铀作催化剂;第二,建造了能够耐高温和高压的合成氨装置;第三,解决了原料 $N_2$ 和 $H_2$ 的提纯和未能转化完全的气体中 $NH_3$ 的分离等技术问题。经过努力,于 1913 年在德国建立了日产 30 t 的合成氨厂,促进了肥料、炸药等制造业的发展。

合成氨技术的发明,不仅对化学的发展和应用有着划时代的意义,同时,科学家们为追求真理所表现出来的开拓精神、坚韧不拔的意志品质、实事求是的科学态度,也为我们留下了一笔宝贵的精神财富。哈伯与波施为此分获 1918 年和 1931 年的诺贝尔化学奖。

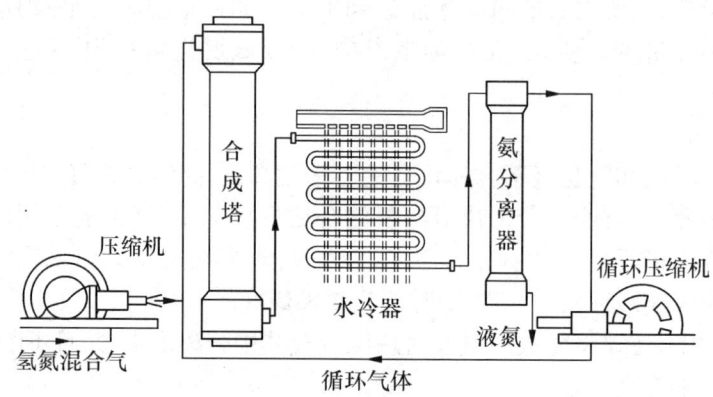

**图 2-7 合成氨生产过程简图**

**思考与练习**

**1.** 填空题。

(1) 对于合成氨反应,根据化学平衡移动原理,_____ 压强,_____ 温度,有利于 $NH_3$ 的合成。但在实际生产中,一般采用_____ Pa 压强、_____ ℃左右的温度较好。

(2) 对于达到平衡状态的下列各反应,若改变某一条件,平衡将向哪一方向移动?

| 平衡移动的方向　　可逆反应 | 加 压 | 升 温 | 降低产物浓度 |
|---|---|---|---|
| $N_2 + 3H_2 \rightleftharpoons 2NH_3$ （放热） | | | |
| $N_2 + O_2 \rightleftharpoons 2NO$ （吸热） | | | |
| $2NO_2 \rightleftharpoons N_2O_4$ （放热） | | | |

**2.** 选择题。

(1) 在合成氨生产中,催化剂铁触媒的作用是(　　)。

A. 使平衡向正反应方向进行　　　　B. 提高 $NH_3$ 的转化率

C. 加快反应速率,缩短达到平衡的时间　D. 增大 $NH_3$ 的浓度

(2) 对于合成氨反应,下列说法正确的是(　　)。

A. 合成氨反应是放热反应,所以为了 $NH_3$ 的合成,反应的温度越低越好

B. 升高温度,吸热反应的反应速率增大,放热反应的反应速率降低

C. 催化剂铁触媒的使用,只能缩短反应达到平衡所需要的时间,对 $NH_3$ 的转化率没有影响

D. 增大压强,平衡向物质的量增大的方向移动

# 本 章 小 结

1. 氮及其化合物。

(1) 氮性质稳定,但在一定条件下可与氢、氧、金属等发生化学反应。

(2) 氨是氮的氢化物。氨极易溶于水,氨的水溶液称为氨水,它呈弱碱性。

氨能与氧发生化学反应,这是氨氧化法制备硝酸的基础。氨能与各种酸作用生成相应的铵盐。

(3) 铵盐能与强碱作用产生氨气,这是实验室制备氨气的方法,也是检验 $NH_4^+$ 存在的常用方法。

氮气、氨、氨水和铵盐都有广泛的用途。

2. 化学反应速率。

(1) 概念:化学反应进行的快慢程度,用单位时间内反应物或生成物浓度的变化来表示。单位为 $mol \cdot L^{-1} \cdot s^{-1}$、$mol \cdot L^{-1} \cdot min^{-1}$ 或 $mol \cdot L^{-1} \cdot h^{-1}$。

注意:同一反应,用不同物质的浓度变化来表示,其反应速率的数值可能不同。

(2) 影响因素:①内因,由反应物性质决定;②外因,浓度、压强、温度、催化剂、固体表面积等。

3. 化学平衡。

(1) 可逆反应:在同一条件下,能同时向正、逆两个方向进行的反应。常用"$\rightleftharpoons$"表示。

(2) 化学平衡状态:

① 概念:在一定条件下的密闭容器内的可逆反应,当 $v_{正} = v_{逆}$ 时,达到化学平衡状态。

② 特征:逆(可逆反应)、等(正、逆反应速率相等)、动(动态平衡)、定(反应物和生成物浓度恒定)、变(平衡随条件改变而改变)。

③ 平衡常数:反应处于平衡时,生成物浓度的幂乘积与反应物浓度的幂乘积的比值。用 $K$ 表示,它仅受温度影响,不受浓度影响。

(3) 影响化学平衡的因素。

| 条 件 改 变 | 反应速率 | 化 学 平 衡 | 平衡常数 |
|---|---|---|---|
| 恒温恒压增加反应物浓度 | 加快 | 向生成物方向移动 | 不变 |
| 恒温增加压强(气体体积) | 加快 | 向气体体积减小的方向移动 | 不变 |
| 恒压恒浓度升高温度 | 加快 | 向吸热方向移动 | 改变 |
| 恒温恒压恒浓度加催化剂 | 加快 | 不变 | 不变 |

(4) 化学平衡移动原理。

若改变平衡系统的条件之一,如浓度、压强或温度,平衡就向能够减弱这种改变的方向移动。

**目 标 检 测**

**1.** 填空题。

(1) 在反应 $2SO_2 + O_2 \rightleftharpoons 2SO_3$ 中,假设 $SO_2$ 的起始浓度为 $2\ mol \cdot L^{-1}$,2 min 后,$SO_2$ 的浓度为 $1.6\ mol \cdot L^{-1}$,则用 $SO_2$ 浓度变化表示的反应速率是_____。

(2) 在一个密闭的玻璃容器中充满红棕色的 $NO_2$ 和无色的 $N_2O_4$ 混合气体,$2NO_2 \rightleftharpoons N_2O_4$(放热),处于平衡状态时:

① 当气体总压强增大时,化学平衡向_____移动;

② 当温度升高时,化学平衡向_____移动,反应混合物的颜色_____(变深、变浅或不变)。

(3) 反应 $2NO + O_2 \rightleftharpoons 2NO_2$(放热),达到平衡时,减小压强,化学平衡向_____移动;增大 $O_2$ 的浓度,化学平衡向_____移动;减小 $NO_2$ 的浓度,化学平衡向_____移动;降低温度,化学平衡向_____移动。

(4) 在 $CO + NO_2 \rightleftharpoons CO_2 + NO$ 反应的平衡体系中,若升高温度,反应混合物的颜色加深,正反应是_____(吸热或放热)反应;若改变压强,化学平衡_____移动。

(5) 在某温度时,反应 $2A \rightleftharpoons B + C$ 达到了平衡,问:

① 若升高温度时,平衡向右移动,则正反应是_____热反应;

② 若减小或增加 B 物质,平衡不发生移动,则 B 物质的物理状态是_____态;

③ 若 B 为气态,当增加平衡体系的压强时,平衡不发生移动,则 A 为_____态,C 为_____态。

**2.** 选择题。

(1) 可逆反应处于平衡状态的特点是( )。

A. 逆反应停止 B. 反应物与生成物浓度相等

C. 正反应与逆反应都停止 D. 正反应速率等于逆反应速率

(2) 反应达到平衡时,加入催化剂,生成物的浓度( )。

A. 增大 B. 减小 C. 不变 D. 无法判断

(3) 已知反应,$2NO(g) + O_2(g) \rightleftharpoons 2NO_2(g)$ 放热,处于平衡状态,升高温度时氧气的量( )。

A. 增大 B. 减小 C. 不变 D. 无法判断

(4) 已知反应,$CO + H_2O(g) \rightleftharpoons CO_2 + H_2$(放热),处于平衡状态,若要提高 $H_2$ 的产率,可采取的措施是( )。

A. 增大 CO 的浓度 B. 升高温度

C. 增大压强 D. 加入催化剂

(5) 增大压强,平衡不发生移动的是( )。

A. $C(s) + O_2 \rightleftharpoons CO_2$ B. $2NO + O_2 \rightleftharpoons 2NO_2$

C. $N_2O_4 \rightleftharpoons 2NO_2$ D. $CaCO_3(s) \rightleftharpoons CaO(s) + CO_2$

(6) 已知反应 $AB(s) \rightleftharpoons A(g) + B(g)$ 放热,欲使平衡向右移动应采用以下( )

方法。

    A．降低温度、减小压力　　　　　　B．温度不变、增大压力

    C．压力不变、升高温度　　　　　　D．增大压力、升高温度

（7）对于可逆反应来说，正反应和逆反应的平衡常数之间的关系是（　　）。

    A．总是相等　　　　B．积等于1　　　　C．和等于1　　　　D．没有关系

**3．计算题。**

（1）已知反应：$CO + H_2O(g) \rightleftharpoons CO_2 + H_2$，在 800℃ 达到平衡时，$c(CO) = 0.25\ mol \cdot L^{-1}$，$c(H_2O) = 2.25\ mol \cdot L^{-1}$，$c(CO_2) = 0.75\ mol \cdot L^{-1}$，$c(H_2) = 0.75\ mol \cdot L^{-1}$。求 $K$ 值。

*（2）下列反应：$FeO(s) + CO \rightleftharpoons Fe(s) + CO_2$，在 1 000℃ 时 $K = 0.5$，如果 CO 起始浓度为 $0.05\ mol \cdot L^{-1}$，问 CO、$CO_2$ 的平衡浓度各为多少？

*（3）在一密闭容器中，通入一定量 $N_2$ 和 $H_2$ 来合成 $NH_3$，当反应 $N_2 + 3H_2 \rightleftharpoons 2NH_3$ 在一定温度和压强下达到平衡时，$c(N_2) = 2.0\ mol \cdot L^{-1}$，$c(H_2) = 2.0\ mol \cdot L^{-1}$，$c(NH_3) = 0.8\ mol \cdot L^{-1}$，求平衡常数 $K$ 和氢气、氮气的最初浓度。

（4）用 10.7 g 氯化铵和过量氢氧化钙反应，在标准状况下可以制得多少升氨气？如果把这些氨气溶于水，配成 500 mL 氨水，这种溶液的物质的量浓度为多少？

**4．综合题。**

（1）写出下列物质反应的化学方程式：

① 氮气和氢气在一定条件下合成氨气　　　② 氨跟水反应

③ 氨跟硫酸反应　　　　　　　　　　　　④ 氨跟氧气（在催化剂和高温下）反应

⑤ 碳酸氢铵分解　　　　　　　　　　　　⑥ 氯化铵跟烧碱溶液反应

（2）有一种白色晶体 A，它和 NaOH 共热放出一种无色气体 B，气体 B 可使湿润的红色石蕊试纸变蓝；A 与浓 $H_2SO_4$ 共热则放出一种无色有刺激性气味的气体 C，该气体能使湿润的蓝色石蕊试纸变红。若使 B、C 两种气体相遇即产生白烟。试判断原来的白色晶体可能是何物质？写出相关反应的化学方程式。

# 第 **3** 章
## 物质结构、元素的周期性

### 学习目标

1. 进一步熟悉物质的分类及其宏观和微观组成；明确分子、原子、离子的概念及其之间的关系。

2. 初步认识、理解核外电子的运动状态和排布规律。

3. 知道同位素（核素）的概念、表示和主要应用。

4. 初步理解共价键、离子键的形成和相互关系。能运用化学键来描述常见物质的化学结构和化学变化与能量的关系。

5. 熟悉卤素的性质及其变化规律。理解氯碱工业的含义、用途，认识氯碱平衡的重要性。

6. 熟悉元素周期律和元素周期表。知道 1～20 号元素的原子序数和电子层结构、金属性、非金属性强弱。能用短周期元素、卤素和碱金属来说明元素性质的周期性变化。

自然界由物质组成，不同物质由于其组成、结构不同，所以性质也不同。例如，煤能燃烧，而 $N_2$ 却可灭火；Zn 与稀 $H_2SO_4$ 反应能放出 $H_2$，Cu 与稀 $H_2SO_4$ 却不发生反应——因为它们的组成不同。而乙醇和二甲醚的分子式都是 $C_2H_6O$，但乙醇能与 Na 反应放出 $H_2$，二甲醚与 Na 不反应——因为它们的化学结构不同。本章将要介绍物质的组成、结构、性质之间的辩证关系以及化学键的类型和特点。再以卤素和碱金属及短周期元素为实例介绍元素周期律、周期表及其应用。为引导同学们从化学角度认识物质世界、培养同学们科学思维方式和创新精神奠定基础。

## 3.1 物质的组成和结构

物质由化学元素组成，而化学元素又以游离态或化合态的形式存在于不同的物质之中。我们将在初中化学的基础上，进一步简单介绍物质的组成和结构方面的知识，确立以物质的组成、结构决定物质性质，而从物质性质又可以推断其组成和结构的科学思维方法。

### 3.1.1 物质的分类和组成

物质的分类方法有多种,如从纯度、状态、组成、性质等方面可分为纯净物与混合物,有机物与无机物,金属与非金属,单质与化合物……不论如何分类,构成物质的分子、原子或离子都有原子核和核外电子等微粒。

联系日常生活或生产实际,说明物质的组成、结构和性质间的关系。

#### 3.1.1.1 构成物质的微粒

通过初中化学的学习,我们知道:构成物质的微粒可以是分子、原子或离子。水是由水分子构成的,氧气是由氧分子构成的;有些物质,像稀有气体氦、氖、氩,是由原子直接构成的;还有一些物质是由离子构成的,如氯化钠是由带正电荷的阳离子($Na^+$)和带负电荷的阴离子($Cl^-$)构成的。物质的宏观组成和构成物质的微粒之间(即物质的微观结构)的关系如图3-1所示:

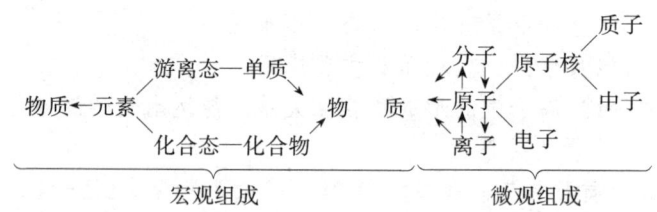

**图3-1 物质的宏观组成和构成物质微粒的关系**

由于原子是化学变化中的最小微粒,经过多年的研究,原子的组成已较为清晰,现概述如下:

(1)原子由原子核和电子组成,它是一种电中性的微粒,直径约 $10^{-10}$ m。原子由一个带若干($Z$)个正电荷的原子核和 $Z$ 个带负电荷的核外电子组成。如果把原子看成是一个乒乓球,则处于球心的原子核只有针头那样大小。电子的直径约 $10^{-14}$ m,可见原子核和电子仅占原子体积的极小部分,原子内部绝大部分是空的。电子绕核作高速运动。原子呈电中性,且核外电子数等于质子数(核电荷数)。

(2)原子核是由 $Z$ 个质子和 $N$ 个不带电的中子组成的复杂结合体。电子的质量为 $9.109\ 1 \times 10^{-31}$ kg,质子、中子的质量分别为电子的 1 836 倍和 1 839 倍。可见,原子的质量几乎全部集中在原子核上。

(3)若电子的相对质量忽略不计,原子的相对质量的整数部分就等于质子相对质量的整数部分和中子相对质量的整数部分之和,这个数叫做质量数,用符号 $A$ 表示,则:

$$质量数(A) = 质子数(Z) + 中子数(N)$$

例如, $_{15}^{31}P$,表示这种磷原子的质量数为 31,质子数为 15,而中子数($N$)=质量数($A$)-质子数($Z$)=31-15=16。

由于在化学反应中原子核外的电子会发生得失或共用,而原子核并没有发生变化,所以,研究原子核外电子的排布就显得十分必要。

### 知识拓展

#### 卢瑟福与原子核

卢瑟福(1871—1937)是一位出生在新西兰,长期在英国工作的物理学家。1908年因在放射性领域的出色成就而获得诺贝尔化学奖。1907年他和学生在进行散射实验时,发现带正电的α粒子穿射金箔时,有少数α粒子偏角很大,好像一个炮弹射在一张纸上被弹了回来一样。他的两名学生对实验写了总结性论文,上报皇家科学院就不管了。但卢瑟福以他敏锐的直觉和深邃的洞察力紧紧抓住这个"反常"现象。他认为原子处在一个强电场中……。1911年5月,他发表了《α和β粒子被物质散射和原子结构》的论文,认为原子中有一个体积很小、质量很大的带正电荷的原子核(当时还没发现中子),正是原子核对带正电荷的α粒子产生很强的排斥力使之发生大角度偏转。原子核体积很小,核外是很大的空间,带负电荷的、质量比核轻得多的电子在这个空间绕核运动。卢瑟福的推断通过多人的实验得到证实。

#### 3.1.1.2 原子核外电子的排布

原子核外电子的排布,指的是核外电子分层运动规律的粗略描述。

在原子中,原子核外的电子绕核作高速运动。在含有多个电子的原子里,电子的能量并不相同,能量低的电子在离核近的区域运动,能量高的电子在离核远的区域运动。人们通常用电子层来表示运动着的电子离核的远近。能量最低,离核最近的为第一层,能量较高、离核较远的为第二层,依次类推,由近及远分别为三、四、五、六、七层,依次命名为K、L、M、N、O、P、Q层。科学研究表明,电子是在能量不同的电子层上运动,核外电子是依能量不同分层排布的,表3-1和表3-2是核电荷数从1到18的元素和6种稀有气体元素原子的电子层排布情况。

**表3-1 1~18号元素原子的电子层排布**

| 核电荷数 | 元素名称 | 元素符号 | 各电子层的电子数 | | | | 核电荷数 | 元素名称 | 元素符号 | 各电子层的电子数 | | | |
|---|---|---|---|---|---|---|---|---|---|---|---|---|---|
| | | | K | L | M | N | | | | K | L | M | N |
| 1 | 氢 | H | 1 | | | | 10 | 氖 | Ne | 2 | 8 | | |
| 2 | 氦 | He | 2 | | | | 11 | 钠 | Na | 2 | 8 | 1 | |
| 3 | 锂 | Li | 2 | 1 | | | 12 | 镁 | Mg | 2 | 8 | 2 | |
| 4 | 铍 | Be | 2 | 2 | | | 13 | 铝 | Al | 2 | 8 | 3 | |
| 5 | 硼 | B | 2 | 3 | | | 14 | 硅 | Si | 2 | 8 | 4 | |
| 6 | 碳 | C | 2 | 4 | | | 15 | 磷 | P | 2 | 8 | 5 | |
| 7 | 氮 | N | 2 | 5 | | | 16 | 硫 | S | 2 | 8 | 6 | |
| 8 | 氧 | O | 2 | 6 | | | 17 | 氯 | Cl | 2 | 8 | 7 | |
| 9 | 氟 | F | 2 | 7 | | | 18 | 氩 | Ar | 2 | 8 | 8 | |

表 3-2　稀有气体元素原子的电子层排布

| 核电荷数 | 元素名称 | 元素符号 | 各电子层的电子数 | | | | | |
| --- | --- | --- | --- | --- | --- | --- | --- | --- |
| | | | K | L | M | N | O | P |
| 2 | 氦 | He | 2 | | | | | |
| 10 | 氖 | Ne | 2 | 8 | | | | |
| 18 | 氩 | Ar | 2 | 8 | 8 | | | |
| 36 | 氪 | Kr | 2 | 8 | 18 | 8 | | |
| 54 | 氙 | Xe | 2 | 8 | 18 | 18 | 8 | |
| 86 | 氡 | Rn | 2 | 8 | 18 | 32 | 18 | 8 |
| 每层最多可容纳电子数 = $2n^2$ | | | 2 | 8 | 18 | 32 | 50 | 72 |

从表 3-1 和表 3-2 可以归纳出核外电子排布的几条规律：

（1）核外电子一般总是从能量低的电子层逐步向能量高的电子层排布。如氯原子有 17 个核外电子，首先，K 层排 2 个，L 层排 8 个，剩余 7 个当然排入 M 层。

（2）每个电子层可以容纳的最多电子数是 $2n^2$ 个，$n$ 表示电子层序数。如 $n = 3$，即 M 层最多可容纳 $2 \times 3^2 = 18$ 个电子；$n = 4$，即 N 层最多可容纳 $2 \times 4^2 = 32$ 个电子。

（3）最外层电子数不得超过 8 个（K 层只能容纳 2 个），次外层电子数不得超过 18 个，倒数第三层电子数不超过 32 个。

以上三条规律是从科学实验的结果中归纳出来的，**它是能量最低原理[①]在核外电子排布中的体现**。在理解时，应相互联系起来。例如，当第三层即 M 层不是最外层而是次外层时，它最多可容纳 18 个电子；当其为最外层时，则最多可容纳 8 个电子。再看看稀有气体氡（Rn）的电子排布，它的最外层排了 8 个，而次外层即 O 层不能超过 18 个，但 O 层最多可容纳 50 个电子。

由于电子的质量和体积很小，而运动速度接近光速，所以，电子在原子核外运动的情况是很复杂的。除第一层较为"简单"外，其他层上的同一层中的电子所具有的能量和运动情况也不完全相同，人们对核外电子运动状态的研究还在进行，在此我们必须明确，元素的性质与原子结构和核外电子的排布关系尤为密切。

为方便起见，元素的原子结构可以用示意图来表示：

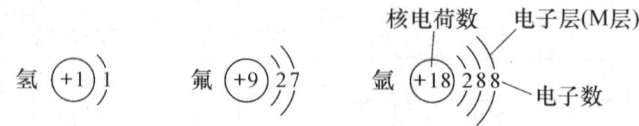

① 能量最低原理是指任何一种物质系统都想使自身处于最稳定的状态即能量最低的状态。在电子排布中，电子总是尽量先排在能量最低——即离核较近的电子层上。在一定条件下，核外电子也可以被激发到能量较高的不稳定的状态。

我们应熟练地画出核电荷数从 1 到 20 的元素的原子结构示意图和常见的简单离子（如 $Na^+$、$Cl^-$、$Ca^{2+}$、$Mg^{2+}$、$S^{2-}$、$O^{2-}$）的离子结构示意图。

从表 3-1 和表 3-2 还可以推知，稀有气体性质稳定是由于它们的原子具有最外层电子数为 8 的相对稳定结构（氦除外）；其他元素的原子之所以相对不稳定，与其最外层电子数小于 8 密切相关（见 3.1.2）。

### 3.1.1.3　同位素及其应用

同种元素的原子具有相同的质子数，它们的中子数是否相同？实验证实，它们的中子数不一定相同。

**我们把质子数相同，而中子数不同的同一种元素的原子统称为同位素，亦称某元素的核素。**

例如，我们发现自然界里有三种不同的氢原子：氕、氘、氚。这三种原子的原子核内都只有 1 个质子、核外都是 1 个电子；但核内所含的中子数分别为 0、1、2，即它们的质量数分别为 1、2、3。我们可以把它们分别表示为 $^1_1H$、$^2_1H$、$^3_1H$。元素符号的左下角标记核电荷数，左上角标记质量数。$^1_1H$ 即普通氢原子；$^2_1H$ 俗称重氢，也用 D 表示；$^3_1H$ 俗称超重氢，也可用 T 表示。原子能工业中用重水（$D_2O$）作核反应堆的减速剂。重氢可通过电解重水或者通过重水与 Zn、Fe、Ca、U 等金属的反应而制得。一般氢气中含重氢约 $0.02\%$。重氢和超重氢是制造氢弹的材料。**同一元素的各种同位素虽然质量数不同，但它们的化学性质几乎完全相同。** 在天然存在的某种元素里，不论是游离态还是化合态，各种同位素原子所占的原子质量分数一般是不变的，如在自然界中氯有两种同位素原子，$^{35}_{17}Cl$ 占 $75.77\%$，$^{37}_{17}Cl$ 占 $24.23\%$，分别测得它们的相对原子质量为 34.969 和 36.966，它们的相对平均原子质量为：

$$34.969 \times 75.77\% + 36.966 \times 24.23\% = 35.453$$

现在我们使用的相对原子质量、化学式量，都是根据各元素同位素原子的原子质量分数算出的平均值。

目前已发现的 112 种元素中，不少元素有多种同位素原子，总数已达 2 500 种以上。其中稳定同位素有 300 多种，其余为放射性同位素。放射性同位素的原子核不稳定，能自发地放出某种射线，蜕变为其他元素的同位素。例如，$^{14}_6C$ 是一种放射性同位素，它的原子核内的一个中子可以转变为质子，同时放出 β-射线（由电子组成的负电荷流），本身变为 $^{14}_7N$：

$$^{14}_6C \xrightarrow{\text{裂变}} {}^{14}_7N + e^-$$

放射性同位素广泛应用于核动力、医疗、工农业生产和科研等领域。例如，钴-60 和铯-137 常用于人体的放射性治疗（杀死癌细胞）。据报导：清华大学为海关商检研制的钴-60 探测仪能在 3 min 内不开箱情况下检查出集装箱中夹带的香烟，对被检物产生的辐射仅及人体受一次 X 射线照射的 $1\%$。

### 碳素断代法

考古学上利用测定物体中 $^{14}_{6}C$ 的含量来确定它的年龄,这种方法称为碳素断代法。大气中 $^{14}_{6}C$ 是与氧结合以 $^{14}CO_2$ 形式存在的。通过植物光合作用,这种 $^{14}CO_2$ 被植物吸收,合成植物体内的淀粉、纤维素……动物吃了植物后, $^{14}_{6}C$ 又转入动物体内。放射性同位素 $^{14}_{6}C$ 与稳定同位素 $^{12}_{6}C$ 的比例,在大气、动植物体内都保持一定; $^{12}_{6}C$、 $^{13}_{6}C$、 $^{14}_{6}C$ 的原子质量分数分别为 98.898 1%、1.108%、 $12 \times 10^{-10}$ %。当动植物死亡后,它们与外界的物质交换停止了, $^{14}_{6}C$ 的供应也就停止了。从这时候起,生物遗体内的 $^{14}_{6}C$ 不断放出射线,含量逐渐减少,每经过 5 730±40 年, $^{14}_{6}C$ 的含量减少一半(这个时间叫做放射性同位素的半衰期)。只要用仪器——放射性同位素测定仪测出古代遗址中某文物的 $^{14}_{6}C$ 含量,就可以推算出它的年代了。

### 3.1.2 化学键

从化学反应中能量变化的事实可知,相邻原子或离子间存在着强烈的相互作用,这也是原子或离子间发生联结的主要因素,破坏它要消耗较多的能量。这种**相邻的两个或多个原子(离子)间强烈的相互作用,叫做化学键。**本章主要介绍化学键中的离子键和共价键,金属键将在第 6 章中介绍。

#### 3.1.2.1 共价键

(1)概念。非金属元素的原子容易获得外来的电子,形成相对稳定的原子结构和分子结构。而非金属单质是如何形成分子的呢? 现以最简单的 $H_2$ 的形成加以说明。由于氢原子仅有 1 个电子,而要满足稀有气体原子的电子层结构,只能是两个氢原子各自拿出 1 个电子,组成 1 个共用电子对,这个电子对既使双方都达到稳定结构,又受两个原子核的共同吸引,使氢分子处于相对稳定的状态。氢原子形成 $H_2$ 也可用电子式表示:

$$H^{\times} + {}_{\times}H \longrightarrow H^{\times}_{\times}H$$

同理,氯原子形成 $Cl_2$ 也可用电子式表示:

$$\overset{\times\times}{\underset{\times\times}{Cl}}{}^{\times} + \cdot \overset{\cdot\cdot}{\underset{\cdot\cdot}{Cl}}{:} \longrightarrow \overset{\times\times}{\underset{\times\times}{Cl}}{}^{\times}_{\cdot} \overset{\cdot\cdot}{\underset{\cdot\cdot}{Cl}}{:}$$

式中的"×"或"·"表示氯原子的最外层电子,实际上它们并无区别。它们共用一对电子,使各自都达到最外层为 8 个电子的相对稳定结构,使 $Cl_2$ 处于相对稳定的状态。

像 $H_2$、$Cl_2$ 那样,原子间通过共用电子对所形成的化学键叫做共价键。

$N_2$、$O_2$、$F_2$ 等单质分子中两原子间都分别有 3 对、2 对、1 对共用电子对,即分别形成 3 个、2 个、1 个共价键。为简便起见,常用短线"—"表示一个共价键,即共用一对电子。$N_2$ 可表示为 $\overset{\times\times}{N}\overset{\times\times}{:}N:$ 或 $N \equiv N$,$O_2$ 可表示为 $\overset{\times\times}{O}\overset{\cdot\cdot}{:}\overset{\cdot\cdot}{O}:$ 或 $O = O$。

对于不同的非金属单质，如 $H_2$ 和 $Cl_2$ 可以发生反应——氢气在氯气中燃烧，生成氯化氢：

$$H_2 + Cl_2 \xrightarrow{\text{点燃或光照}} 2HCl$$

**[演示实验3-1]** 如图3-2(a)所示，把燃着的氢气导管伸入盛满氯气的瓶里，我们可以看到氢气在氯气中燃烧，并产生苍白色火焰和白雾。如图3-2(b)所示，准备 $H_2$、$Cl_2$ 各一瓶，口对口，抽去瓶口间玻璃片，上下颠倒几次，使气体混匀。取其中一瓶混合气体，用塑料片盖好，在靠近集气瓶处点燃镁条。当镁条燃烧时产生的强光照射 $H_2$ 和 $Cl_2$ 的混合气体时，可以观察到因瓶里的 $H_2$ 和 $Cl_2$ 迅速发生反应而爆炸，把瓶口的塑料片向上推起见图3-2(c)。

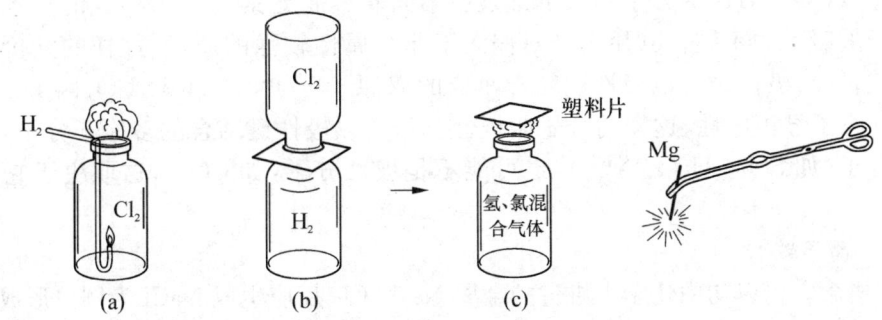

**图3-2 氯化氢的生成**

从微观的角度来分析氯化氢的形成过程：

首先，$Cl_2 \xrightarrow{\text{光}} \overset{\times\times}{\underset{\times\times}{\overset{\cdot\cdot}{Cl}}}{}^{\times} + \cdot \overset{\cdot\cdot}{\underset{\cdot\cdot}{Cl}}{:}$（吸收能量破坏共价键）

$H_2$ 发生类似反应，吸收能量变成氢原子。

不稳定的氢原子和氯原子结合成氯化氢，达到各自的稳定结构，处于相对稳定状态：

$$H^\times + \cdot\overset{\cdot\cdot}{\underset{\cdot\cdot}{Cl}}{:} \longrightarrow H \overset{\cdot\cdot}{\underset{\cdot\cdot}{\times}} \overset{\cdot\cdot}{\underset{\cdot\cdot}{Cl}}{:}（放出大量热）$$

**只以共价键（共用电子对）形成的化合物叫共价化合物。** 由不同非金属元素相互结合而成的化合物和大多数有机化合物（如甲烷、乙醇）都属于共价化合物。

（2）共价键的特点。一个原子的单电子与另一个原子的单电子配对成键后，就不能再与第三个电子配对成键。所以，一个原子能形成的共价键数目不是任意的，而是决定于原子中的单电子数[①]。具体地说，H、O、N、F、Cl 的单质分子都是双原子分子，而不是三原子或别的原子数目。氯化氢只能是 HCl，氨分子只能是 $NH_3$。

（3）共价化合物中元素的化合价。在双原子组成的单质分子中，两原子核对共用电子对的吸引力相等，电子对没有偏移，所以其化合价为零。

在不同元素组成的共价化合物中，化合价等于共用电子对数。非金属性较强的原子

---

① 关于单电子数的概念和确定，不属于我们进一步讨论的范畴。一般而言，非金属元素的单电子数＝8－原子的最外层电子数，记住 F、Cl 为1，O、S 为2，N、P 为3，C、Si 为4就可以了。

吸引电子能力较强,共用电子对向非金属性强的原子偏移,故其化合价为负;非金属性较弱的原子其化合价为正。例如,HCl 中,氢为 +1,氯为 -1;$NH_3$ 中,有 3 个 N—H 键,共用电子对偏向于氮原子一方,因此 N 为 -3 价,氢为 +1 价。同理,也可推知 $CO_2$、$P_2O_5$ 这类含氧的共价化合物中,因为氧原子非金属性较 C、P 原子强,所以,氧为 -2 价、碳为 +4 价、磷为 +5 价。可见元素化合价是元素在单质和化合物中表现出的一种性质,这有助于我们理解化合价的实质和运用化合价规则。

(4) 键的极性。根据共用电子对偏移与否,共价键可区分为极性共价键和非极性共价键。

在 $H_2$、$Cl_2$、$N_2$、$O_2$ 等单质分子中,成键原子相同,两原子核吸引电子对的能力相同,共用电子对不偏向任何一个原子核,这样的共价键叫做非极性共价键,简称非极性键。

HCl、$H_2O$、$NH_3$ 等分子的共价键是由不同非金属元素的原子构成的。不同原子核对电子的吸引力不同。共用电子对偏向于非金属性较强的原子,这样的共价键叫极性共价键,简称极性键。以极性键结合而成的双原子分子,如 HCl、CO,因 H、C 原子较 Cl、O 原子显正电性,这样的分子叫极性分子。以极性键结合的多原子分子,也可能是极性分子(如 $SO_2$、$H_2O$、$NO_2$),也可能不是极性分子(如 $CO_2$),这取决于它们的分子结构。

### 3.1.2.2 离子键

(1) 概念。仍以初中化学中讲过的金属 Na 和 $Cl_2$ 反应生成 NaCl 为例。形成过程用示意图表示如下:

当钠与氯原子反应时,钠原子最外电子层的 1 个电子容易失去,转移到氯原子最外电子层上去,分别形成带正电荷的 $Na^+$ 和带负电荷的 $Cl^-$,使各自的电子层结构与稀有气体氖或氩一致而处于相对稳定状态。$Na^+$ 和 $Cl^-$ 之间的静电引力使其相互靠近。此外,还有两离子中的电子间、核与核之间的相互排斥作用。当两种离子接近到一定距离时,吸引和排斥作用达到平衡,形成了氯化钠,并放出大量的热。像氯化钠那样,**由阴、阳离子间强烈的相互作用所形成的化学键,叫做离子键**。

活泼的金属(如 K、Na、Ca 等)与活泼非金属(如 $Cl_2$、$Br_2$、$O_2$ 等)容易形成离子键。**以离子键结合的化合物叫离子化合物。在室温下,这类化合物以离子晶体形式存在**。在氯化钠晶体中,每个 $Na^+$ 周围同时吸引着 6 个 $Cl^-$,每个 $Cl^-$ 周围也吸引着 6 个 $Na^+$,它们在空间延伸,形成离子晶体。$Na^+$ 与 $Cl^-$ 的物质的量比或个数比为 1:1,故化学式为 NaCl,这并不表示氯化钠晶体里存在单个的氯化钠分子。实验证明,只有在气态时(高温),才有单个氯化钠分子存在。氯化钠的晶体[①]结构见图 3-3。

---

① 自然界的固态物质按内部结构可分为晶体和非晶体。晶体有固定熔点,而非晶体(如玻璃)只有一个软化过程。晶体可分为原子晶体(如金刚石)、分子晶体(如 $CO_2$、$H_2O$)、离子晶体(如 NaCl)和金属晶体。各晶体的微粒间作用力不同,故熔点、沸点、溶解性、硬度等性质不同。

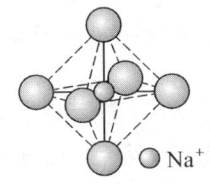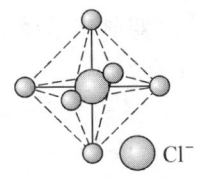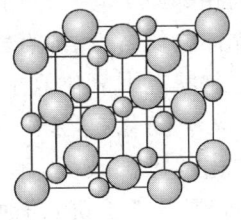

**图3-3 氯化钠的晶体结构**

氯气的化学性质与氯原子的活动性密切相关。氯原子容易得到电子,金属原子容易失去电子,所以,氯气能跟绝大多数金属发生反应,生成物大多为离子化合物。

显然,离子化合物中,各元素的化合价就是它所带的电荷数。例如,NaCl 中,$Na^+$ 带一个正电荷,钠为 $+1$ 价;$Cl^-$ 带 1 个负电荷,氯为 $-1$ 价。比较 $K_2S$、$CaCl_2$、MgO 等离子化合物的形成和结构,不难看出 K、S、Cl、Ca、Mg、O 等元素的化合价,同时也说明化合价是物质组成结构的体现。

(2) 离子键与共价键的区别和联系。①离子键和共价键虽然是两种不同类型的化学键,但其本质都是核与核外电子的相互作用。典型的离子键当然具有很强的极性,而由同种元素原子形成的共价键,如 $H_2$、$Cl_2$ 是没有极性的。在典型的离子键与非极性的共价键之间,存在着一系列处于过渡状态的极性键。如 HI、HBr、HCl、HF。图 3-4 说明了键的极性由量变到质变的关系。

② 共价化合物中不含离子键,而离子化合物中可能仅含有离子键,也可能还含有共价键。例如,水、氨、二氧化碳等共价化合物中都没有电子得失,仅有电子对共

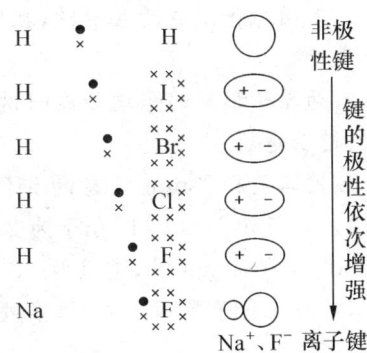

**图3-4 非极性键过渡到离子键示意图**

用的形式,其电子式分别为 H×Ö×H、H×N×H 和 :Ö×C×Ö: ;或用短线表示共用电子对,则分别为 H—O—H 、 H—N—H 和 O=C=O 。
$$\overset{\displaystyle |}{\underset{\displaystyle H}{}}$$

NaOH 是离子化合物,由 $Na^+$ 和 $OH^-$ 构成,但氢氧根的电子式为 〔×Ö×H〕$^-$ 或 [O—H]$^-$,"。"表示从钠原子中转移而来的电子,氢氧之间是一个极性共价键。很多含氧酸盐,如 $KMnO_4$、$KClO_3$、$Na_2SO_4$,它们的结构中,既有共价键[①],也有离子键,但都是离子化合物。离子化合物的形成也可用电子式表示。

③ 离子化合物中因存在着较强的离子键,因此,一般离子化合物的熔点、沸点较高,硬度、密度较大。例如 NaCl 晶体的熔点为 801℃,沸点为 1 413℃;$CaCl_2$ 晶体的熔点为 782℃,沸点为 1 600℃。

---

① 共价键中还有一类是由成键原子单方面提供共用电子对的,这类特殊的共价键叫配位键,见 4.4 中有关内容。

共价化合物相邻原子间的作用力较强，而共价化合物分子间的作用力较弱（不是化学键），故形成的晶体物质熔点、沸点较低。如氯化氢熔点为 $-114.8℃$，沸点为 $-84.9℃$，由此不难理解在通常状况下氯化氢是气态物质了。

综上所述，**化学变化是物质中化学键的变化，即核外电子运动状态的变化**。首先，是反应物的化学键被破坏，形成原子或"自由"的离子，然后，原子或"自由"离子再形成新的共价键或离子键，进而构成新物质。从能量观点看，化学键的断裂要消耗能量，化学键的生成要释放能量。二者的差值就是反应热。从化学平衡的角度看，新旧化学键的破坏与形成在一定条件下可以建立平衡，形成反应进行程度不同的可逆反应。

**知识拓展**

### 共价键的键参数简介

不同原子形成的共价键，在伸展方向和稳定程度上不同，常用键长、键角、键能等键参数表示。

两原子核间的平均距离叫键长。两原子间的键长越短，键越牢固。显然，原子半径越小，键长越短。

键能是指1 mol气态的共价分子断开为原子所需的能量（在25℃和101 kPa条件下）。如断开1 mol $H_2$ 分子为2 mol氢原子，需吸收436 kJ能量；断开1 mol HCl分子为1 mol H和1 mol Cl，需吸收431 kJ能量。一般键长越短，键能越大，生成的共价键越稳定，对应的分子越易生成（越难被破坏）。

**思考与练习**

**1.** 判断题。

(1) 氯化钠由钠离子和氯离子构成。　　（　）
(2) 五氧化二磷由2个磷原子和5个氧原子构成。　　（　）
(3) 水这种物质是由2个氢元素和1个氧元素组成。　　（　）
(4) $CO_2$ 分子是由碳、氧两元素组成的。　　（　）
(5) 水是由氢、氧两种元素组成的物质。　　（　）
(6) CaO分子中有钙、氧两种原子。　　（　）
(7) 质量数是质子质量和中子质量之和。　　（　）
(8) 混合物是由多种物质组成的，组成不固定，其性质与组成有关。　　（　）
(9) 物质由分子构成，分子由原子构成。　　（　）
(10) 原子是构成物质的最小微粒。　　（　）
(11) 原子核外的电子是分层排布的，离核越近，能量越高，所以，电子是从外层依次向里排列的。　　（　）
(12) 元素的性质与原子的核外电子数尤其是最外层电子数密切相关。　　（　）

(13) 在天然存在的同位素原子中,不论是单质还是化合物,各种同位素原子所占的原子质量分数(又称丰度)一般是不变的。　　　　　　　　　　　　　　( )

**2.** 选择题。

(1) 美英科学家于 1996 年研制出新的碳素多面体 $C_{60}$ 晶体,它在超导、润滑等方面性能优异,下列关于 $C_{60}$ 的叙述中不正确的是( )。

A. 它的相对分子质量为 720

B. 它是碳的同位素原子

C. 它是碳的单质,与石墨、金刚石是同素异形体

D. 它具有空心的类似足球表层的结构

(2) 下列各组物质中互为同位素的是( )。

A. 纯碱和烧碱　　　　　　　　　　　B. 重水和自来水

C. 石墨和金刚石　　　　　　　　　　D. $^{12}_{6}C$ 和 $^{14}_{6}C$

(3) 下列关于 $^{18}_{8}O$ 的叙述中错误的是( )。

A. 质量数为 18　　　　　　　　　　　B. 摩尔质量为 $0.018\ kg \cdot mol^{-1}$

C. 中子数为 10　　　　　　　　　　　D. 核外电子数为 10

(4) 某 -2 价阴离子,核外有 18 个电子,质量数为 32,则中子数为( )。

A. 18　　　　　　B. 14　　　　　　C. 12　　　　　　D. 16

(5) 下列分子中,有 3 个原子核和 10 个电子的是( )。

A. HF　　　　　　B. $NH_3$　　　　　C. $SO_2$　　　　　D. $H_2O$

(6) 有一种粒子,其核外电子排布为 2、8、8,这种粒子是( )。

A. $S^{2-}$　　　　　B. $Ca^{2+}$　　　　C. Ar 原子　　　　D. 难以确定

(7) 某元素原子 M 层上有 2 个电子,则它的 L 层含有的电子数是( )。

A. 无法确定　　　　　　　　　　　　B. 18

C. 8　　　　　　　　　　　　　　　　D. 2

(8) 下列关于化学键的叙述中,错误的是( )。

A. 共价键是指原子间通过共用电子对所形成的化学键

B. 从化学键的角度来看,化学反应的实质是旧化学键的破坏和新化学键的形成

C. 物质的分子、原子或离子之间,除了化学键这种强的作用力之外,没有别的作用力了

D. 某些化合物中,可能既有离子键,又有共价键

**3.** 填空题。

(1) $^{14}_{6}C$、$^{23}_{11}Na$、$^{6}_{3}Li$、$^{14}_{7}N$、$^{7}_{3}Li$、$^{24}_{12}Mg$ 六种微粒中:互为同位素原子的是_____和_____;质量数相等,但不能互称同位素的是_____和_____;中子数相等,但质子数不相等的是_____和_____。

(2) 将核电荷数 1~18 的元素作如下判断:

① 某元素的原子核外有 3 个电子层,最外层电子数是核外电子总数的 1/6;该元素的元素符号是_____,原子结构示意图是_____。

② 核电荷数为 6 和 14 的一组原子,它们的_____相同,_____不相同;核电荷

数为 15 和 16 的一组原子,它们的_____相同,_____不相同;核电荷数为 10 和 18 的一组原子,它们的最外层电子数为_____,它们是_____元素的原子,通常情况下化学性质_____。

（3）下列关于氢元素的微粒中,2H 表示_____;$H_2$ 表示_____;$2H^+$ 表示_____;${}_1^2H$ 表示_____,它与_____和_____互称同位素原子,_____和_____是制造氢弹的材料。

## 3.2 卤族元素和氯碱工业简介

氟、氯、溴、碘、砹五种元素总称为卤族元素,简称卤素。卤素是成盐元素的意思,因为它们能与金属直接化合成典型的盐类。

卤素在自然界中分布广泛,以卤化物的形态存在。地壳中、海水中,甚至人体内部都含有卤素。如人的齿骨中含有氟化物;氯在胃液中以盐酸的形式存在;溴化物存在于脑下垂体的内分泌腺中;碘化物存在于甲状腺内等。因此,卤素是人体不可缺少的元素。砹是极微量的放射性元素,本节不予讨论。本节主要学习氯、溴、碘和它们的化合物,尤其是众所周知的食盐,它不仅是人体必需的物质,还是氯碱工业的重要原料。

### 3.2.1 卤族元素简介

#### 3.2.1.1 卤素的原子结构和卤素单质的物理性质

卤素在自然界都以化合态存在,它们的单质可由人工制取。卤素的单质都是双原子分子（$X_2$）。卤素的原子结构和卤素单质的物理性质如表 3-3 所示。

从表 3-3 可以看出,卤族各元素原子的最外层电子数目是相同的,都是 7 个电子。从氟到碘,随着核电荷数的递增,原子的电子层数也逐渐增加,致使原子半径随着电子层数的增多而逐渐增大。

从表 3-3 还可以看出,卤素单质的物理性质既有差别,又呈现规律性的变化。例如它们的状态,常温下氟、氯是气体,溴是液体,碘是固体。单质的颜色由浅黄绿色到紫黑色,逐渐变深。沸点和熔点依次升高。

氟、氯、溴、碘都是具有刺激性气味和毒性。液体溴容易挥发成溴蒸气。吸入这类气体,都会引起咽喉和鼻腔粘膜的炎症,吸入过多会中毒致死。因此闻氯气的时候,应该用手在瓶口轻轻扇动,以减少氯气吸入量。

氯、溴、碘都能溶解于水,但溶解度不大。在常温下,100 g 水中只能溶解 310 $cm^3$ 的氯气,或 4.17 g 溴,或 0.029 g 碘。溴和碘都容易溶于酒精、汽油、四氯化碳、氯仿等有机溶剂中。利用这一性质,很容易把溴和碘单质从水中提取出来。例如,将溴水和无色汽油混合后振荡,就可以把大部分溴转移到汽油的液层中。医疗上用的碘酊就是碘的酒精溶液。

表 3 - 3  卤素的原子结构和单质的物理性质

| 元素名称 | 元素符号 | 核电荷数 | 电子层结构 | 单质分子式 | 常温下状态 | 颜色 | 常温时密度 | 沸点/℃ | 熔点/℃ |
|---|---|---|---|---|---|---|---|---|---|
| 氟 | F | 9 | 2 7 | $F_2$ | 气体 | 淡黄绿色 | $1.690\ g \cdot L^{-1}$ | -188.1 | -219.6 |
| 氯 | Cl | 17 | 2 8 7 | $Cl_2$ | 气体 | 黄绿色 | $3.214\ g \cdot L^{-1}$ | -34.6 | -101 |
| 溴 | Br | 35 | 2 8 18 7 | $Br_2$ | 液体 | 深棕红色 | $3.119\ g \cdot cm^{-3}$ | 58.78 | -7.2 |
| 碘 | I | 53 | 2 8 18 18 7 | $I_2$ | 固体 | 紫黑色 | $4.930\ g \cdot cm^{-3}$ | 184.6 | 113.3 |

碘在常温下加热,不经过熔化就可直接变成紫色蒸气;碘蒸气在冷却时,也不经过液态就可重新凝结成固体。这种固态物质不经过转变成液态而直接变成气态的现象,叫做升华。利用碘的升华性质,可以对碘进行精制,以除去碘中不挥发的杂质。

人体中需要一定量的碘。饮用水或食物中长期缺少碘化物,就可能发生甲状腺肿大症。所以,我国内地普遍食用加碘盐。

#### 3.2.1.2　卤素单质的化学性质

氟、氯、溴、碘的原子最外层都是 7 个电子,都倾向于获得 1 个电子而成为—1 价的阴离子。因而它们都是活泼的非金属元素。卤素单质能与许多金属、非金属直接化合,并能与水和碱发生反应。

（1）卤素单质和金属的反应。氟、氯、溴、碘的单质都能和钠等金属发生反应,生成金属卤化物。金属卤化物的稳定性,随氟化物、氯化物、溴化物、碘化物的顺序而递减。例如,金属钠能在氯气中剧烈燃烧,生成氯化钠晶体:

$$2Na + Cl_2 \xrightarrow{\text{点燃}} 2NaCl$$

氯气不但易和钠等活泼金属直接化合,而且还能和铜等不活泼金属发生反应。例如,把一束细铜丝灼烧红热后,立刻放入盛有氯气的集气瓶中,可以看到红热的铜丝在氯气中燃烧起来,生成棕色的烟状氯化铜晶体颗粒:

$$Cu + Cl_2 \xrightarrow{\text{高温}} CuCl_2$$

氯气还能和铁、锡、锑等金属反应生成相应的氯化物。

（2）卤素和氢气的反应。卤素和氢气反应可生成卤化氢,分别叫做氟化氢、氯化氢、溴化氢和碘化氢。例如把氯气和氢气在一个透明的集气瓶内混合后,用强光照射,它们就会迅速化合,生成氯化氢,并且发生猛烈爆炸:

$$H_2 + Cl_2 \xrightarrow{\text{光照}} 2HCl$$

纯净的氢气也能在氯气中燃烧，生成氯化氢（见演示实验 3-1）。

氯化氢是一种无色、有刺激性气味的气体，易溶于水，在 10℃ 时，1 体积的水大约能够溶解 500 体积的氯化氢。

氯化氢的水溶液叫做氢氯酸，俗名盐酸。盐酸的性质在初中化学里已经学过。它是强酸，具有酸的通性，它能够使酸碱指示剂变色；能够跟金属活动顺序表中氢以前的金属起置换反应；能够跟碱起中和反应；能够跟盐起复分解反应而生成不溶性或挥发性的物质。

人的胃液中也含有少量盐酸，这是消化食物所必需的。

和氯气一样，氟、溴、碘都能直接和氢气化合，生成卤化氢。但反应的剧烈程度按氟、氯、溴、碘的顺序而依次减弱。

氟的性质比氯更活泼，氟和氢气的反应不需要光照，在暗处就能剧烈化合，并发生爆炸：

$$H_2 + F_2 == 2HF$$

溴的性质不如氯活泼，溴和氢气的反应在温度达到 500℃ 时才较明显地进行：

$$H_2 + Br_2 \xrightarrow{500℃} 2HBr$$

碘比溴活泼性差，碘和氢气的反应必须在不断加强热的条件下才能缓慢进行，而且生成的碘化氢很不稳定，生成的同时就会发生分解：

$$H_2 + I_2 \xrightarrow{\triangle} 2HI$$

卤素和氢气化合，不但反应的剧烈程度有差别，而且反应后生成的气态氢化物对热的稳定性也不同，其稳定性依照 HF、HCl、HBr、HI 的顺序而急剧下降。

卤化氢都是无色气体，有刺激性气味，其中氟化氢的毒性最大，并有强烈的腐蚀性。卤化氢都易溶于水，水溶液总称为氢卤酸，分别叫做氢氟酸、氢氯酸（盐酸）、氢溴酸和氢碘酸。它们都具有酸的通性。

（3）卤素和水的反应。卤素的单质都能和水发生反应，但反应的剧烈程度依氟至碘的顺序而减弱。氟遇水发生剧烈反应，生成氟化氢和氧气：

$$2F_2 + 2H_2O == 4HF + O_2 \uparrow$$

氯气溶于水而成氯水，氯水中的一部分氯气能和水反应，生成盐酸和次氯酸：

$$Cl_2 + H_2O == HCl + HClO$$

次氯酸不稳定，容易分解放出氧气。当氯水受日光照射时，次氯酸的分解就大大加快：

$$2HClO \xrightarrow{\text{光}} 2HCl + O_2 \uparrow$$

所以氯水要保存在棕色瓶中，放冷暗处。次氯酸是一种强氧化剂，能杀死水中的细菌，因此常用氯气来消毒饮用水。次氯酸还能将染料和有机色质氧化成无色的化合物而使其褪色。所以氯气可用作布匹和纸浆的漂白剂。氯气漂白作用的原理可以通过以下的实验说明。

[**演示实验3-2**] 取干燥和湿润的有色布条各一条,分别放在两个盛有氯气的集气瓶里,用玻璃片盖好。

可以看到,湿润的布条褪了色,而干燥的布条却没有褪色。可见,起漂白作用的是次氯酸而不是氯气。所以氯气的漂白实际上是氯气和水反应生成次氯酸的氧化作用。

溴和水的反应比氯和水的反应要弱一些,碘和水的反应就更微弱了。

(4) 卤素和碱反应。氯气和碱溶液起反应,能生成次氯酸盐。次氯酸盐比次氯酸稳定,故容易保存。工业上用氯气和消石灰作用,可制取漂白粉。漂白粉的有效成分是次氯酸钙:

$$2Ca(OH)_2 + 2Cl_2 == Ca(ClO)_2 + CaCl_2 + 2H_2O$$

次氯酸钙

漂白粉是带有氯气的刺激性气味的白色粉末,受光、受热容易分解,放入水中也能分解而产生少量的次氯酸。

$$Ca(ClO)_2 + 2HCl == CaCl_2 + 2HClO$$
$$Ca(ClO)_2 + CO_2 + H_2O == CaCO_3 \downarrow + 2HClO$$

所以,漂白粉的漂白原理实际上与氯气的漂白原理是一样的。漂白粉不仅可以用来漂白棉、麻、纸浆等,还可以用来消毒饮水、污水坑和厕所等。

溴跟碱反应生成溴酸盐,碘跟碱反应生成碘酸盐。

(5) 卤素之间的置换反应。从上述一些反应可以看出,卤素单质在化学性质上有相似之处,但是在化学活动性上也有差异。这种差异在卤素单质的置换顺序上能够明显地表现出来。

[**演示实验3-3**] 在两支试管中分别加入 2 mL 0.1 mol·$L^{-1}$ NaBr 溶液和 0.1 mol·$L^{-1}$ KI溶液,然后各加入少量氯水,振荡,再加入少量四氯化碳,振荡,静置,观察四氯化碳层和溶液颜色的变化。

实验结果表明,在 NaBr 溶液中加入氯水,四氯化碳层有棕黄色的单质溴生成;在 KI 溶液中加入氯水,四氯化碳层有紫红色的单质碘生成。

如果在 KI 溶液中加入溴水,再加入四氯化碳,也可以观察到在四氯化碳层有紫红色的单质碘生成。

以上事实说明,氯可以把溴或碘从它们的化合物中置换出来,溴可以把碘从碘化物中置换出来。上述反应的化学方程式如下:

$$2NaBr + Cl_2 == 2NaCl + Br_2$$
$$2KI + Cl_2 == 2KCl + I_2$$
$$2KI + Br_2 == 2KBr + I_2$$

但是,溴不能置换氯化物中的氯,碘不能置换溴化物中的溴。可以通过实验证明,氟能把氯、溴、碘从它们的化合物中置换出来。从卤素单质的置换顺序可以看出来,卤素的非金属活动性即其单质的氧化能力按氟、氯、溴、碘的顺序依次减弱。

（6）碘单质与淀粉的显色反应。碘单质遇淀粉显蓝色，这是碘的特殊反应。利用碘的这个特性，可以检验碘单质或淀粉的存在。

**[演示实验3-4]** 碘与淀粉的显色反应。在试管中加入10滴质量分数为1%的淀粉溶液，1滴碘水。

可以观察到溶液变成蓝色。

从卤素的化学性质可以看出，它们既相似，又有差别。相似的原因是卤原子最外电子层上都有7个电子，在化学反应中易于得到1个电子，所以卤素是活泼的非金属元素，易与金属、氢气、水等发生反应。有差别的原因是随着氟、氯、溴、碘各原子的核电荷数的递增，核外电子层数依次增多，原子半径依次增大，原子核对最外层电子的吸引力依次减弱，元素的非金属性依次减弱。

此外，它们的卤化物，AgF、AgCl、AgBr、AgI 的溶解度依次减小（AgF 溶于水，而 AgCl、AgBr、AgI 既不溶于水，也不溶于稀 $HNO_3$）；卤化物的颜色，AgCl 为白色，AgBr 为淡黄色，AgI 为黄色，这种规律性的变化也为我们检验可溶性卤化物提供了依据。

AgCl、AgBr、AgI 的沉淀见光后会逐渐变黑，这是它们在光的作用下分解为极微小的银粒的缘故。这种性质叫感光性。利用这个性质，AgX 常用作摄影胶卷和感光材料。常用的变色镜里也含有 AgX、CuO 和稀土金属元素。

#### 发现氟的悲壮历程简介

由于单质 $F_2$ 性质太活泼，毒性、腐蚀性大，自1768年德国化学家马格拉夫发现氢氟酸后，直到1886年法国化学家莫瓦桑（1852—1907）在前人和自己多年探索的基础上，用 HF＋KF 的混合物浸入 −23℃的冷却剂中（用不被 HF 或 $F_2$ 腐蚀的萤石作容器），以铂铱合金作电极进行电解，终于制得了单质 $F_2$。从发现氢氟酸到制得单质 $F_2$，历时118年，堪称化学元素史上参加人数最多、危险最大、工作最难的课题。在这当中，不少化学家为此损害了健康，至少有三人为此献出了生命。莫瓦桑在十余年的试验研究中亦多次中毒，四次中断实验。他的百折不挠终于获得成功，并获得1906年的诺贝尔化学奖。

### 3.2.2 氯碱工业和氯碱平衡

氯碱工业是指以食盐为主要原料生产氯气、烧碱（NaOH）、盐酸、聚氯乙烯等一系列化工产品的工业。其主要反应是饱和食盐水电解：

$$2NaCl + 2H_2O \xrightarrow{\text{电解}} 2NaOH + H_2\uparrow + Cl_2\uparrow$$

$$\text{电解槽内} \quad \text{阴极} \quad \text{阳极}$$

氢氧化钠用于造纸工业制浆（用量很大），精制芳香族化合物，制肥皂、磺酸型表面活性剂，纺织工业中制粘胶纤维和用作印染工业中的退浆、丝光处理剂和印染助剂。此外，烧碱在农药、医药、冶金、选矿、石油化工等方面，也有广泛用途。据报导，全世界每年约生产 4 000 多万吨烧碱,我国每年约生产 500 万吨(20 世纪末)。如果我们把烧碱作为电解食盐水的主产品,$Cl_2$ 和 $H_2$ 则是副产品,按方程式推算,为得到 500 万吨烧碱,就要消耗至少 731 万吨食盐,得到副产品 12.5 万吨 $H_2$ 和 443.8 万吨 $Cl_2$。现在的问题是:

① 世界的食盐资源如何? 按目前消耗情况,它可使人类食用 150 亿年以上,供人类使用 6 亿年以上。我国海盐和岩盐储量丰富,价格低廉,若合理使用不存在食盐资源枯竭问题。我国在 20 世纪末食盐年产量约 2 000 万吨,近 50% 用于氯碱工业,10% 用于纯碱制造(见第 4 章)。

② $H_2$ 用途广泛,如用作还原剂,制合成氨,精制石油,制氯化氢和盐酸,用作燃料,等等

③ $Cl_2$ 用途广泛,如制氯化氢和盐酸,用作净化自来水的消毒剂,制漂白粉,生产高纯硅和锗半导体材料,生产有机氯(卤代烃)、聚氯乙烯塑料、氯丁橡胶。另外,氯气也是生产溶剂、染料、油漆和农药的原料。由于氯气严重危害人体健康和污染环境、破坏生态平衡,我国规定,居住区空气中氯气最高允许浓度每小时平均不超过 0.1 mg·$m^{-3}$(其在空气中的质量分数约为 $2.3×10^{-8}$ 或 $2.3×10^{-6}$%)。在储运和使用氯气时都必须十分小心,严格遵守危险品储运和使用规则。

在 20 世纪初,烧碱的用量明显大于氯气用量,而用电解法生产烧碱,必然有 $H_2$ 和 $Cl_2$ 产生,若 $Cl_2$ 用不完,而 $Cl_2$ 又不能排放到空气中,这就制约了烧碱的生产。发达国家的氯碱工业曾为此付出了高昂的代价,也为我国发展氯碱工业提供了宝贵的经验。这个经验概括起来就是"氯碱平衡"。即在规划生产时,不以烧碱需用量定产,而应以氯气的需用量定产,即按"氯产品"需多少氯气而"副产"多少烧碱,这就符合可持续发展的经济战略观点。当然,这样的平衡又会带来烧碱供需量的不平衡,制约国民经济的发展。然而不平衡不仅是化学反应的推动力,也是人类寻求发展的动力。通过人类不懈地追求,不少国家的氯气需用量早已"喧宾夺主",超过了烧碱需用量,而使烧碱过剩。我国目前也处于氯气紧俏,烧碱过剩的状态。这种新的不平衡又促使人们进行新的探索,寻求更加科学合理的"氯碱平衡"。

### 思考与练习

**1.** 选择题。

(1) 氯气用于消毒和漂白的原因是( )。

A. 干燥的氯气能与毒物或色素反应

B. 氯气和水反应生成的次氯酸具有强氧化性

C. 氯气和水反应生成的次氯酸具有强还原性

D. 原因正在研讨证实之中

(2) 在一种卤化钠(无色)溶液中加入少量氯水,再加入淀粉,溶液呈蓝色,该卤化钠为( )。

A. NaI  　　　　B. NaBr  　　　　C. NaCl  　　　　D. NaF

(3) 能检验碘离子存在的试剂是( )。

A. $AgNO_3$ 水溶液  　　　　　　B. 淀粉溶液

C. NaCl 溶液  　　　　　　　　D. $Cl_2$-淀粉溶液

（4）按氟、氯、溴、碘的排序，卤素原子结构和性质的变化规律是（　　）。

A．电子层数依次增加　　　　　　B．单质得电子能力增强

C．卤化物的稳定性依次增强　　　D．$X^-$的还原能力依次减弱

（5）下列关于卤素的叙述中，错误的是（　　）。

A．单质的熔点、沸点随核电荷数的增加而升高

B．单质的颜色随核电荷数的增加逐渐加深

C．单质的氧化性随核电荷数的增加依次增强

D．除$F^-$外，$Cl^-$、$Br^-$、$I^-$都能与$AgNO_3$溶液生成不溶于水和稀硝酸的AgX沉淀

**2．填空题。**

（1）卤素包括＿＿＿＿＿五种元素，卤素可用符号＿＿＿＿＿表示。卤原子最外层有＿＿＿＿＿个电子，反应中容易＿＿＿＿＿1个电子，所以，卤素是性质＿＿＿＿＿的＿＿＿＿＿元素。

（2）氯气与水反应，生成＿＿＿＿＿和＿＿＿＿＿。其中＿＿＿＿＿不稳定，见光、受热易＿＿＿＿＿。

（3）$X_2$与$H_2$反应时，从易至难的顺序是＿＿＿＿＿，生成的HX的稳定性由强到弱的顺序是＿＿＿＿＿。

（4）能使淀粉-KI溶液变蓝的卤素是＿＿＿＿＿。能使淀粉溶液变蓝的是＿＿＿＿＿。

（5）卤化银（除AgF外）都＿＿＿＿＿溶于＿＿＿＿＿和＿＿＿＿＿。

**3．问答题。**

什么是氯碱工业和氯碱平衡？通过氯碱工业和氯碱平衡的学习，你对平衡和平衡移动原理的应用有什么认识和体会？

## 3.3　元素周期律

　　随着人们对元素的性质和原子结构认识的逐步深入，发现元素的性质和元素的核电荷数——核内质子数密切相关。人们按核电荷数由小到大的顺序给元素编号，这个序号叫做该元素的原子序数。显然，原子序数、核电荷数、质子数、核外电子数，对同一元素的原子而言，应该是相等的。例如，我们知道氯原子的核外电子数为17，则其原子序数、核电荷数、核内质子数均为17。

　　为了认识元素间存在的联系和规律性，我们将按原子序数的顺序来研究元素性质的变化规律。

### 3.3.1　元素性质的周期性变化

#### 3.3.1.1　原子半径

　　如果将元素按原子序数由小到大的顺序排列，各元素的原子半径是否发生变化？这种变化有何规律？图3-5表示了原子序数1～18号元素的原子半径，随着原子序数的递增而变化的情况。

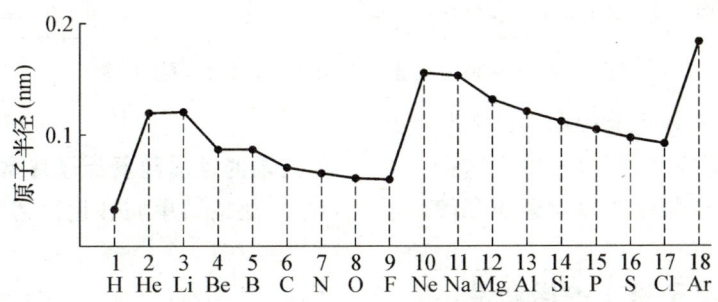

**图 3-5 1~18 号元素的原子半径**

如果以稀有元素氦(He)、氖(Ne)、氩(Ar)为界,从图 3-5 中前一部分(3~9 号元素)构成的图形可以看到,随着原子序数的递增,元素的原子半径逐渐减小。后一部分(11~17 号元素)构成的图形和 3~9 号元素的变化趋势相似,整个图形随着原子序数的递增重复出现相似的形状。假如进一步扩大到 54 号元素(19~36 号,37~54 号)同样可以看到与前面 18 号元素相似的变化。也就是说,元素的原子半径随着原子序数的递增而呈现周期性变化。

#### 3.3.1.2 元素的主要化合价

图 3-6 清楚地告诉我们,从第 11 号元素到第 18 号元素在极大程度上重复着从第 3 号元素到第 10 号元素所表现出的化合价的变化——正价从 +1(Na)逐渐递变到 +7 (Cl),从中部的元素开始有负价,负价从 -4(Si)递变到 -1(Cl)。如果研究第 18 号元素以后的元素的化合价,同样可以看到和前面 18 号元素有相似的变化。也就是说,元素的化合价随着原子序数的递增也呈现周期性的变化。

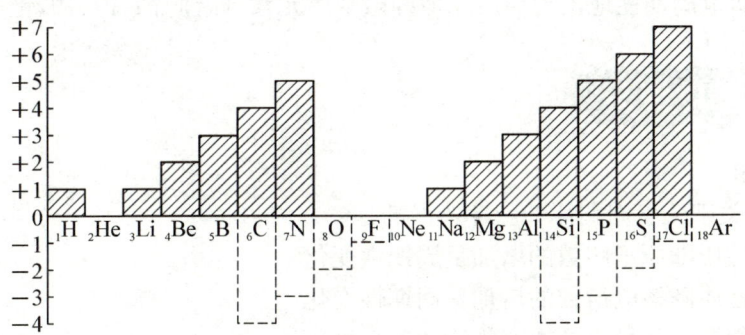

**图 3-6 1~18 号元素的主要化合价**

#### 3.3.1.3 元素的金属性、非金属性

碱金属元素[①]是典型的金属元素,卤族元素是典型的非金属元素。如果按原子序数由小到大的顺序排列,我们可以发现,碱金属元素和卤族元素都会周期性地重复出现(图 3-7)。注意,这种周期性的重复是一种相似性的重现,而不是一成不变的重现,它包含着量变到质变的哲理。

---

[①] 碱金属元素,指 Li、Na、K、Rb、Cs 等容易失去电子、形成 +1 价阳离子的活泼金属元素,它们的氢氧化物,如 NaOH、KOH 都是强碱。

| H | He | Li | Be | B | C | N | O | F | Ne | Na | Mg | Al | Si | P | S | Cl | Ar | K | Ca |
|---|---|---|---|---|---|---|---|---|---|---|---|---|---|---|---|---|---|---|---|

图 3-7 1~20 号元素中的碱金属元素和卤族元素

同样,稀有气体元素也会周期性地重复出现。

从以上大量事实,可以归纳出这样一条规律:**元素的性质随着原子序数的递增而呈周期性的变化,这个规律叫做元素周期律**。元素的性质泛指其单质和化合物的性质。

### 3.3.2 核外电子排布的周期性

为什么元素的性质随着原子序数的递增会呈周期性的变化?因为物质的性质与其组成、结构有关,画出 1~18 号元素的原子结构示意图,或结合表 3-2 就可找出它们最外电子层上电子数的变化规律。

原子序数从 1~2 的元素,即从氢到氦,有 1 个电子层,电子数由 1 增到 2,达到稳定结构。原子序数从 3~10 的元素,即从锂到氖,有 2 个电子层,最外层电子数从 1 递增到 8,达到稳定结构。原子序数从 11~18 的元素,即从钠到氩,有 3 个电子层,最外层电子数也从 1 递增到 8,达到稳定结构。如果我们对 18 号以后的元素继续研究下去,同样可以发现,每隔一定数目的元素,会重复出现原子最外层电子数从 1 递增到 8 的情况,并随着原子最外电子层上电子数的变化,元素的性质发生了根本变化。也就是说,**随着原子序数的递增,元素原子最外层电子排布呈周期性的变化。正是这种变化引起了元素性质的周期性变化**。例如,随着原子序数递增,最外层电子数周期性地出现 7 个电子,导致周期性地出现性质相似的卤族元素,即氟、氯、溴、碘等易与活泼金属生成盐的典型非金属元素。同理,随着原子序数的递增,也周期性地出现性质相似的碱金属元素,即锂、钠、钾、铷、铯等。

## 思考与练习

**1.** 选择题。

(1) 下列关于元素周期律的叙述错误的是( )。

A. 元素性质随原子序数的增加呈周期性变化

B. 元素性质随核电荷数的增加呈周期性变化

C. 元素周期律是量变到质变规律的典型例证

D. 元素性质随相对原子质量的增加而呈周期性变化

(2) 元素性质随原子序数的递增呈周期性变化的原因是( )。

A. 原子的核外电子排布呈周期性变化

B. 原子的电子层数呈周期性变化

C. 元素的化合价呈周期性变化

D. 原子的得失电子能力呈周期性变化

(3) 原子序数从 3~10 的元素,随核电荷数依次增大的是( )。

A. 电子层数                 B. 电子数

C. 原子半径                 D. 化合价

**2.** 填空题。

（1）元素从 1 号排列到 18 号元素，其原子半径呈现_____的规律性变化，这种变化是因为_____排布呈周期性变化所致。

（2）Na 和 $Na^+$ 的组成和结构中，相同的是_____，不同的是核外_____、和_____。

（3）原子序数 11～17 的元素，金属性依次_____，非金属性依次_____。

## 3.4 元素周期表及其应用简介

人们已经发现了一百多种元素。为了寻找一种简单明了的形式揭示各种元素的内在联系，科学家们在元素周期律的基础上创造出多种形式的元素周期表。因此，元素周期表是元素周期律的表现形式。

如果把 1～20 号元素按原子序数递增的顺序从左到右排成横行，根据元素原子核外电子排布的周期性变化分成四部分，各部分分别含有 1 个、2 个、3 个、4 个电子层。

再把四个部分作为表格的四条横行，把不同横行中性质相似、最外电子层的电子数相同的元素上下对齐，并按电子层数递增的顺序由上而下排成纵行，就可得出如表 3-4 所示的部分元素周期表。

**表 3-4 元素周期表的一部分（1～20 号元素）**

| | | | | | | | |
|---|---|---|---|---|---|---|---|
| ₁H (+1) 1 | | | | | | | ₂He (+2) 2 |
| ₃Li (+3) 2 1 | ₄Be (+4) 2 2 | ₅B (+5) 2 3 | ₆C (+6) 2 4 | ₇N (+7) 2 5 | ₈O (+8) 2 6 | ₉F (+9) 2 7 | ₁₀Ne (+10) 2 8 |
| ₁₁Na (+11) 2 8 1 | ₁₂Mg (+12) 2 8 2 | ₁₃Al (+13) 2 8 3 | ₁₄Si (+14) 2 8 4 | ₁₅P (+15) 2 8 5 | ₁₆S (+16) 2 8 6 | ₁₇Cl (+17) 2 8 7 | ₁₈Ar (+18) 2 8 8 |
| ₁₉K (+19) 2 8 8 1 | ₂₀Ca (+20) 2 8 8 2 | | | | | | |

氦元素最外电子层只有 2 个电子，之所以不排在铍元素上面，而排在氖元素的上面是因为氦是稀有气体，性质与氖、氩等稀有气体相似，而不是与较活泼的铍元素相似。

按照上述的编排原则，把 112 种元素加以排列，则可得到最常见的元素周期表（见书末）。元素周期表反映了元素之间相互联系的规律，为化学的学习和研究提供了一个元素分类的方法和工具。

### 3.4.1 元素周期表的结构

#### 3.4.1.1 周期

我们把具有相同电子层数而又按照原子序数递增的顺序排列的一系列元素，称为一个周期。元素周期表有7个横行，也就是有7个周期。周期的序数就是该周期元素原子具有的电子层数。

各周期里元素的数目不一定相同，第一周期只有2种元素；第二、三周期各有8种元素；第四、五周期各有18种元素；第六周期有32种元素。我们把含有元素较少的第一、二、三周期叫短周期，把含有元素较多的四、五、六周期叫长周期。第七周期有24种元素，还没有填满，叫不完全周期。除第一和第七周期外，每个周期的元素都是从碱金属元素开始，到稀有气体元素结束。

#### 3.4.1.2 族

元素周期表有18个纵行。除第8、9、10三个纵行叫做第Ⅷ族元素外，其余15个纵行，每个纵行称作一族。

族可分主族和副族。由短周期和长周期元素共同构成的族，叫做主族；完全由长周期元素构成的族，叫做副族。族的序数习惯用罗马数字表示，主族元素在族序数后面标一个A字，如ⅠA、ⅡA……副族元素标一个B字，如ⅠB、ⅡB……稀有气体元素原子在通常状况下难以发生化学反应，一般把它们的化合价看作0，因而叫做0族①。因此，在整个周期表里有7个主族，7个副族，1个第Ⅷ族，1个0族，共16个族。

显然，同一主族的元素最外层电子数相同，且最外层电子数（价电子数）等于族序数，也等于该元素的最高正价。例如，卤族元素，即ⅦA族，最外层有7个电子，最高正价为+7，如 $HClO_4$、$HIO_4$ 中的氯、碘均为+7价。

在彩色的元素周期表中，用红线框着的元素习惯上被称为过渡元素，它们是表中的中部从ⅢB族到ⅡB族10个纵行，共65种元素，包括了第Ⅷ族和全部副族元素，它们分属于第四周期到第七周期。过渡元素都是金属元素，所以人们又把它们叫做过渡金属。它们原子的最外层电子数不超过2个，容易失去电子，显示金属元素的性质。

第六周期中，57号元素镧La到71号元素镥Lu，共15种元素，它们彼此的电子层结构和性质十分相似，总称镧系元素。为了使表的结构紧凑，将镧系元素放在周期表的同一格里，并按原子序数递增的顺序，把它们另列在表的下方。

第七周期中，89号元素锕Ac至103号元素铹Lr，共15种元素，它们彼此的电子层结构和性质也十分相似，总称锕系元素。同样把它们放在周期表的同一格里，并按原子序数递增的顺序另列在表的下方镧系元素的下面。锕系元素铀后面的元素多数是人工进行核反应制得的元素，叫做超铀元素。

### 3.4.2 元素性质的递变规律

在元素周期表中，同一主族的元素性质和同一周期元素性质存在着一定的递变规律。

---

① 在一定条件下，某些稀有气体元素的原子能与活泼的非金属单质氟反应，因此有些周期表里把稀有气体称为ⅧA族，把第8、9、10三个纵行称为ⅧB族。

章
**物质结构、元素的周期性**

下面我们从元素的原子半径、元素的金属性和非金属性，以及化合价的变化等方面加以讨论，了解这些递变规律和原子结构的关系。

### 3.4.2.1 元素的原子半径

图3-8列出的是周期表中主族元素的原子相对大小的示意图[①]。从图中可以看出同一主族和同一周期中的主族元素的原子半径大小的递变规律。在同一主族中，元素的原子半径大小主要决定于电子层数；自上而下，原子的电子层数逐渐增多，原子半径逐渐增大。副族元素的原子结构较主族元素复杂，不讨论。

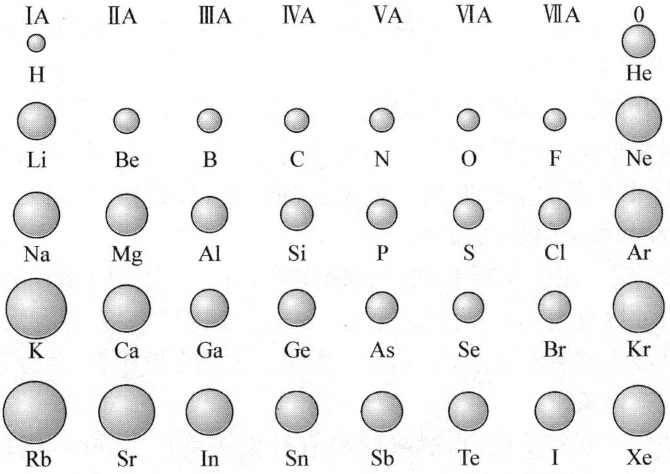

**图3-8 主族元素原子半径的变化示意图（共价半径）**

在同一周期中的主族元素的原子半径[②]一般说来，随着原子序数的递增，原子半径依次减小。这是因为同一周期中主族元素的原子电子层数相同，但核电荷数却随着原子序数增大而增多，因而核对外层电子的吸引力增大，导致原子半径缩小。

### 3.4.2.2 元素的金属性和非金属性

元素的原子得失电子的能力反映了元素金属性和非金属性的强弱。**元素的原子得电子能力越强，即氧化能力越强，则元素的非金属性越强。反之，元素的原子失电子能力越强，即还原能力越强，则元素的金属性越强。**

（1）同主族元素金属性和非金属性的递变。以ⅦA族为例，从3.2的介绍和实验可知，卤素单质的氧化能力为：

$$F_2 > Cl_2 > Br_2 > I_2$$

而卤素阴离子的还原能力为：

$$I^- > Br^- > Cl^- > F^-$$

---

① 稀有气体元素原子半径跟邻近的非金属元素相比显得特别大，这是由于测定稀有气体元素原子半径的根据和其他元素不同。

② 影响副族元素的原子半径大小的因素比较复杂，这里不作讨论。

利用氯、溴、碘的氧化还原性,可以鉴别 $Cl^-$、$Br^-$、$I^-$。

[演示实验3-5]　切绿豆粒大小的一块金属钾,放在装有冷水的烧杯中,迅速用玻璃漏斗盖好。观察现象,并与钠在水中反应进行比较(见演示实验3-6)。

可以看到,钾与水反应比跟钠更剧烈,能使生成的氢气燃烧,并发生轻微爆炸。在与水的反应中,两种金属单质都是失去电子的,这表明 IA族元素随着原子序数的增加,金属性依次增强。即单质的还原能力为:

$$Cs > Rb > K > Na > Li$$

研究其他主族也能发现:同一主族元素从上到下,金属性逐渐增强,非金属性逐渐减弱。

这种规律是因为同一主族的元素,从上到下电子层数增多,原子半径增大,失去电子能力逐渐增强,得电子能力逐渐减弱,所以元素的金属性逐渐增强,非金属性逐渐减弱。

(2)同一周期中元素的金属性和非金属性的递变。以第三周期元素为例,来研究同一周期元素金属性和非金属性的递变。

[演示实验3-6]　用一块带有缺口的橡皮片(或一小团卫生纸)塞入已穿底的小试管中,用镊子夹取如绿豆大小一粒金属钠投入试管。试管口装上带有尖口玻璃导管的橡皮塞,然后把试管浸入盛有蒸馏水(事先滴入酚酞试液)的烧杯中,经过几秒钟,用燃着的火柴接近导管,观察现象。

可以看到,钠与水剧烈反应,点燃导管口有轻微爆鸣声。同时,烧杯中的溶液变红。反应的化学方程式为:

$$2Na + 2H_2O == 2NaOH + H_2\uparrow$$

[演示实验3-7]　取两支试管,各加入 5 mL 蒸馏水(滴入两滴酚酞),取镁条、铝条各一段,用砂纸擦去表面氧化膜,铝条浸入 $6\ mol \cdot L^{-1}$ NaOH 溶液处理,用水洗净后,投入试管中,观察反应情况,然后加热。观察有何现象。

镁不易与冷水起反应,但加热后能与水作用使酚酞呈微红色,铝与水的反应比镁更弱不能使酚酞变色。反应的化学方程式为:

$$Mg + 2H_2O == Mg(OH)_2 + H_2\uparrow$$
$$2Al + 6H_2O == 2Al(OH)_3 + 3H_2\uparrow$$

以上实验说明,钠是活泼的金属,镁的金属性比钠弱,而铝的金属性比镁更弱。

第14~17号元素硅、磷、硫、氯都是非金属元素,它们的原子都有得到电子形成稳定结构的倾向,硅、磷、硫、氯随着核电荷数增大而得电子能力逐渐变大,非金属性逐渐增强。

第18号元素氩的原子最外电子层已经达到稳定结构。

综上所述,第三周期中11~18号元素,从金属性最强的碱金属钠开始,逐渐过渡到非金属性最强的卤族元素氯,元素的金属性逐渐减弱,非金属性逐渐增强,最后以稀有气体元素结束。除第三周期外,如果对其他元素的金属性和非金属性逐一进行探讨,也会得到同样的结论,即:

**在同一周期的主族元素,从左到右,核电荷依次增多,原子半径逐渐减小,失电子能力**

逐渐减弱，得电子能力逐渐增强，因此金属性逐渐减弱，非金属性逐渐增强。

一般地说，在周期表中，**同一主族元素从下到上，同一周期元素从左到右，都存在这样的递变规律：元素的金属性逐渐减弱，非金属性逐渐增强**（见表3-5）。

表3-5　主族元素金属性和非金属性的递变

| 族\周期 | ⅠA | ⅡA | ⅢA | ⅣA | ⅤA | ⅥA | ⅦA |
|---|---|---|---|---|---|---|---|
| 1 2 3 4 5 6 7 |  | | | | | | |

（表中标注：金属性逐渐增强；非金属性逐渐增强；金属性逐渐增强；非金属性逐渐增强）

根据主族元素性质的递变规律，在周期表中，非金属元素应集中在右上部分，金属元素应集中在左下部分。周期表中右上角的氟是非金属性最强的元素，左下角的铯是金属性最强的元素（钫是放射性元素，不能稳定地存在）。在周期表中，硼、硅、砷、碲、砹跟铝、锗、锑、钋之间划一条虚线，这就是金属元素和非金属元素的分界线，虚线左面是金属元素，右面是非金属元素（见表3-6）。位于分界线附近的元素，既表现某些金属的性质，又表现某些非金属的性质。例如，B、Si、Ge、As等元素都是重要的半导体材料。

表3-6　金属元素和非金属元素的划分

| | ⅠA | ⅡA | ⅢA | ⅣA | ⅤA | ⅥA | ⅦA |
|---|---|---|---|---|---|---|---|
| 1 | | | | | | | |
| 2 | | | B | | | | F |
| 3 | | | Al | Si | | | |
| 4 | | | | Ge | As | | |
| 5 | | | | | Sb | Te | |
| 6 | Cs | | | | | Po | At |

**讨论与交流**

元素周期表中，最活泼的金属元素和最活泼的非金属元素是什么？若将它们的单质直接反应，情况如何？生成物的热稳定性怎样？简要说明之。

### 3.4.2.3 主族元素的化合价

主族元素的最高正化合价等于它所在族的序数。非金属元素的最高正化合价和它的负化合价绝对值之和等于8。在一般情况下，化合物中氢元素是 +1 价，氧元素是 -2 价。表3-7列出了主族元素化合价的变化以及气态氢化物、最高价氧化物的通式。

表3-7 主族元素化合价的变化

| | ⅠA | ⅡA | ⅢA | ⅣA | ⅤA | ⅥA | ⅦA |
|---|---|---|---|---|---|---|---|
| 主要化合价 | +1 | +2 | +3 | +4<br>-4 | +5<br>-3 | +6<br>-2 | +7<br>-1 |
| 气态氢化物的通式 | — | | | $RH_4$ | $RH_3$ | $H_2R$ | HR |
| 最高价氧化物的通式 | $R_2O$ | RO | $R_2O_3$ | $RO_2$ | $R_2O_5$ | $RO_3$ | $R_2O_7$ |

### *3.4.2.4 元素化合物性质递变规律

在同一周期或同一主族中，不仅元素的基本性质呈规律性的变化，而且，由这些元素所形成的化合物的性质也具有一定的变化规律。

例如，在第三周期中，第11、12、13号元素钠、镁、铝，它们的氧化物对应的水化物中，氢氧化钠是强碱，氢氧化镁是中强碱，而氢氧化铝是两性氢氧化物，$Al(OH)_3$ 既溶于强酸，又溶于强碱。

表3-8列出了第三周期元素最高价氧化物对应的水化物的酸碱性以及气态氢化物的热稳定性。

表3-8 第三周期元素的化合物性质

| 族 | ⅠA | ⅡA | ⅢA | ⅣA | ⅤA | ⅥA | ⅦA |
|---|---|---|---|---|---|---|---|
| 元素 | Na | Mg | Al | Si | P | S | Cl |
| 氧化物 | $Na_2O$ | MgO | $Al_2O_3$ | $SiO_2$ | $P_2O_5$ | $SO_3$ | $Cl_2O_7$ |
| 水化物 | NaOH | $Mg(OH)_2$ | $Al(OH)_3$ | $H_4SiO_4$ | $H_3PO_4$ | $H_2SO_4$ | $HClO_4$ |
| 酸、碱性 | 强碱 | 中强碱 | 两性 | 弱酸 | 酸 | 强酸 | 最强酸 |
| 气态氢化物的热稳定性比较 | — | — | — | $SiH_4$<br>很不稳定 | $PH_3$<br>不稳定 | $H_2S$<br>较稳定 | HCl<br>稳定 |

从表3-8中我们可以知道，**在同一周期中，从左到右，主族元素最高价氧化物对应水化物的碱性逐渐减弱，酸性逐渐增强；它们的气态氢化物的热稳定性逐渐增强。**

在同一主族中，自上而下，元素最高价氧化物对应水化物的酸性逐渐减弱，碱性逐渐增强。因此，在所有的氢氧化物中，碱性最强的是第ⅠA族的氢氧化铯（CsOH）；在所有的含氧酸中，酸性最强的是高氯酸（$HClO_4$）。

根据卤族元素的气态氢化物的热稳定性递变规律可以得出，**在同一主族中，自上而下，元素气态氢化物的热稳定性逐渐递减。**

**讨论与交流**

根据元素性质的递变规律,我们不妨讨论如下问题:

(1) 同浓度的硝酸和磷酸,哪一种酸性强?

(2) 同浓度的氢氧化钙溶液和氢氧化钡溶液,哪一种碱性强?

(3) 比较硒化氢($H_2Se$)和氯化氢的热稳定性。

由于 N、P 均为 VA 族元素,N 在 P 之上,N 的非金属性比 P 强,所以,$HNO_3$ 比 $H_3PO_4$ 酸性强。同浓度 $HNO_3$ 和 $H_3PO_4$ 溶液的 pH 相比,$HNO_3$ 较小。

而 Ca、Ba 均为 ⅡA 族元素,Ca 在 Ba 之上,所以 $Ba(OH)_2$ 的碱性较 $Ca(OH)_2$ 强。$H_2Se$ 的热稳定性比 HCl 差,也是递变规律的必然结论。

### 3.4.3 元素周期律和元素周期表的应用

元素周期律和元素周期表,无论在过去、现在还是将来,对化学的研究、工农业生产都具有重要的指导作用。

俄国化学家门捷列夫于 1869 年完成了元素周期表的排布,他为此大约考虑了 20 年。科学工作者在元素周期律的指导下,对元素的性质进行了系统的研究,推动了物质结构理论的发展。在实践过程中,原来的元素周期律和周期表不断被补充和完善。人们对物质结构、元素性质、周期表之间的关系的认识还在不断发展和完善之中。

人们运用元素周期律在周期表中一定区域内寻找特定性质的物质。例如,在农药中通常含氟、氯、硫、磷、砷等元素,这些元素都位于周期表的右上角。对于这个区域元素化合物的研究,有助于找到对

**图 3-9  门捷列夫**
(1834—1907)

人畜安全的高效农药。又如,可以在金属与非金属分界线附近寻找半导体材料,在过渡元素中去寻找催化剂以及耐高温、耐腐蚀的合金材料。这种方法还广泛地应用在寻找新的超导材料以及氟里昂的替代物等方面。

**知识拓展**

**制冷剂的探索**

1930 年,美国化学家托马斯·米奇成功地获得一种新型制冷剂——二氟二氯甲烷($CCl_2F_2$),即氟里昂 12。这项成果得益于元素周期律和周期表的指导。

在 1930 年以前,一些气体如氨、二氧化硫、氯乙烷、氯甲烷等,被相继用作制冷剂。米奇根据元素周期表的研究,分析了各种元素的单质及其化合物易燃性和毒性的递变规律。他发现在第三周期中,Na 比 Mg 易燃,Mg 又比 Al 易燃;在第二周期中 $CH_4$ 比 $NH_3$ 易燃,$NH_3$ 又比 $H_2O$ 易燃;而在第五主族中 $As_3H$ 和 $PH_3$ 比 $NH_3$ 要毒一些;在第六主族中,$H_2S$ 是有毒的,$H_2O$ 却无毒。这样的变化趋势说明了在元素周期表中,从左到右,自

下而上,元素的单质或化合物的可燃性和毒性应逐渐减弱,他认准了元素周期表右上角氟元素的化合物可能是理想的无毒、不易燃的制冷剂。

接着他又根据元素周期表分析了化合物的沸点变化规律。要使合成的氟化合物的沸点比四氟化碳高,比四氯化碳低。这样的化合物无疑应含有相对原子质量较小的氟,又含有相对原子质量较大的氯。根据这些原则,并经过较长时间的反复试验,一种全新的制冷剂 $CCl_2F_2$(氟里昂12)终于问世了。

20世纪80年代,科学家们发现氟里昂会破坏大气层中的臭氧层,危害人类的健康和生态环境,因此它被逐步淘汰。人们又在元素周期表的指导下去寻找新一代的制冷剂,无氟制冷剂及相应的制冷设备,如无氟冰箱现已逐步推广。

综上所述,元素周期表是概括元素化学知识的宝库。对某个元素,可以从周期表中直接获得元素的名称、符号、原子序数、相对原子质量、电子排布、族和周期数;也可判断元素是非金属还是金属;还可比较其密度、原子半径、原子体积、化合价等。周期表所包含的大量信息将随着人类科技的进步,尤其是化学知识的不断增加而更加丰富。

### 思考与练习

**1.** 填空题。

(1) 元素周期表中共有_____个横行,即_____个周期。周期数等于_____数。其中_____叫短周期。

(2) 除第一和第七周期外,每一周期都是从_____元素开始,到_____元素结束。

(3) 同一周期的主族元素,从左到右,核电荷数逐渐_____,原子半径逐渐_____,失电子能力逐渐_____,金属性逐渐_____,得电子能力逐渐_____,非金属性逐渐_____。

(4) 同一主族元素,从上到下原子半径逐渐_____,失电子能力逐渐_____,金属性逐渐_____,得电子能力逐渐_____,非金属性逐渐_____。

(5) 主族元素最高化合价一般等于其_____数,一般非金属元素的负化合价绝对值等于_____。

**2.** 选择题。

(1) 现代的元素周期表是元素周期律的表现形式,它是(　　　)。

A. 俄国化学家门捷列夫 1869 年首先发现的

B. 俄国化学家门捷列夫在前人探索的基础上发现编制的

C. 20世纪有了原子理论之后逐渐发展成现在的形式

D. 1865 年英国人纽兰兹发现编制的

(2) 原子序数从3～10的元素中,随核电荷数的递增而逐渐增大是(　　　)。

A. 电子层数　　　　　　　　　　B. 原子半径

C. 电子数　　　　　　　　　　　D. 化合价

（3）下列元素中最高化合价最大的是（　　）。

A. Ar　　　　　　B. Cl　　　　　　C. P　　　　　　D. Na

（4）X 为卤族元素，对于 $H_2 + X_2 \rightleftharpoons 2HX$ 的反应，平衡常数最大的 HX 是（　　）。

A. HI　　　　　　B. HCl　　　　　　C. HBr　　　　　　D. HF

# 本 章 小 结

本章力求通过对卤素、碱金属的介绍,使同学们对常见物质的组成、结构、性质以及应用间的辩证关系有明确认识,以利于培养同学们科学的世界观和创新精神。

### 一、物质的分类和组成、结构

物质的分类和组成、结构概括如下:

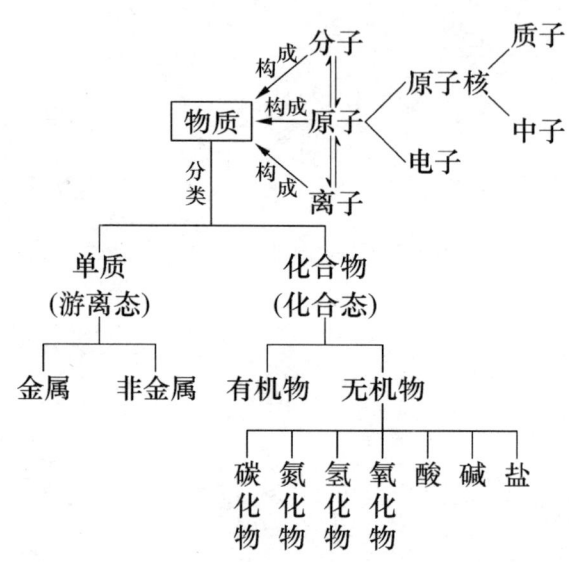

### 二、原子

原子在化学反应中不能再分,是参加化学反应的基本微粒。构成原子的微粒关系如下:

$$核电荷数＝核内质子数＝核外电子数＝原子序数$$

电子的质量很小,仅为质子质量的 1/1 836。原子的质量集中在原子核,且:

$$质量数(A)＝质子数(Z)＋中子数(N)$$

原子核外的电子绕核不停地作高速运动。核外电子按能量从低到高分层排布,每个电子层最多容纳 $2n^2$ 个电子,而且,最外层不超过 8 个电子,次外层不超过 18 个电子。

### 三、同位素

质子数相同而中子数不同的一类原子称为同位素原子。同种元素的各种同位素的化学性质几乎完全相同,不论是单质还是化合态,各种同位素所占的原子的质量分数是不变的。大多数元素都有同位素原子,目前,元素种类是 112 种,而各种元素的同位素原子,迄今已达 1 900 余种。其中放射性同位素有 1 600 多种。放射性同位素广泛应用于核动力、医疗、工农业生产、检测探伤和科研等领域。

### 四、化学键

相邻两原子或离子间强烈的相互作用叫做化学键。通过阴、阳离子之间静电作用而形成的化学键叫离子键;原子间通过共用电子对相互作用而形成的化学键称为共价键。离子键和共价键虽然是两种不同的化学键,但本质上都是原子核与核外电子的相互作用。典型的离子键具有很强的极性,如 $NaF$、$NaCl$;而由同种元素的原子形成的共价键,如 $H_2$、$Cl_2$ 则没有极性。在这两者之间,存在着一系列处于过渡状态的极性共价键,如 HI、HBr、HCl、HF。

从化学键的观点来看,化学变化的实质就是核外电子的运动状态发生了变化,即旧的化学键被破坏(消耗能量)和新的化学键形成(放出能量),二者的能量差即是反应热。

### 五、卤素和氯碱工业简介

1. 卤素包括氟、氯、溴、碘、砹五种元素。由于砹是放射性元素,一般不讨论。而单质 $F_2$ 太活泼,不多讨论。一般介绍氯、溴、碘,重点是氯和碘的单质及其化合物的性质。

2. 卤素原子结构相似之处在于最外层电子数相同,易得到 1 个电子形成—1 价阴离子的相对稳定的电子层结构。它们化学性质相近,都是活泼的非金属元素。如能与金属、氢气、水和碱反应。

3. 卤素各元素的差异在于随核电荷数的递增,电子层数增加、原子半径增大,得电子能力递减,因而非金属性减弱,单质的氧化能力亦递减。所以,$Cl_2$ 可置换 $Br^-$,$I^-$ 离子,$Br_2$ 可氧化 $I^-$。这为溴、碘的鉴别提供了依据。

4. 除 $AgF$ 溶于水外,$AgCl$、$AgBr$、$AgI$ 既不溶于水也不溶于稀 $HNO_3$,且颜色不同,可用此法鉴别可溶性卤化物。卤化银具有感光性,$AgBr$ 是最常用的感光材料。

5. 氯碱工业和氯碱平衡是一个重要的化工生产实例。建议同学们从循环经济和可持续发展战略的高度,应用平衡与不平衡的辩证观点深化认识,必将体验到学习实用化学基础的愉悦滋味。

### 六、元素周期律

元素的性质随原子序数的递增而呈周期性的变化,这就是元素周期律。

元素性质(如原子半径、化合价、金属性和非金属性)随原子序数的递增呈周期性变化是其核外电子排布呈周期性变化的必然结果。

元素周期律的发现,推动了人们对物质的组成、结构、性质之间辩证关系的认识,它不仅对化学的发展有很大的影响,也为我们提供了科学研究的一种模式和科学思维的一些方法。

### 七、元素周期表

元素周期表是元素周期律的具体表现形式。它反映了原子结构与元素性质之间的相互关系及其变化的规律。

1. 元素周期表的结构

周期:元素周期表的每一个横行。即电子层数相同,而又按原子序数递增的顺序排列的一系列元素叫做一个周期。除第一周期和第七周期外,都是从碱金属元素开始到相应的稀有气体元素结尾。共有 7 个周期。

族:元素周期表中,每个纵行叫做 1 族(第Ⅷ族包括 3 个纵行),共有 16 个族。包括短周期元素在内的同一纵行元素叫做主族元素。如 H、Li、Na、K、Rb、Cs、Fr 和 F、Cl、Br、I、At 分别叫ⅠA族和ⅦA族(即碱金属和卤族元素),这是我们讨论的重点。

2. 元素性质的递变规律

同周期主族元素，从左至右，元素的原子半径依次减小，金属性逐渐减弱，非金属性逐渐增强。同一主族的元素，从上至下，元素的原子半径依次增大，金属性逐渐增强，非金属性逐渐减弱。

此外，主族元素的最高正价等于其族序数，也等于其最外层电子数；非金属元素的最高正价和它的负价的绝对值之和等于8。

元素周期表包含了很多化学信息，是化学和材料科学的重要工具，对国民经济的可持续发展，也有一定的指导作用。但它不可能是"包治百病"的灵丹妙药，要继续在科学实践中不断发展、完善。

 **目 标 检 测**

**1.** 填写下表：

| 元素符号 | 核电荷数 | 质子数 | 中子数 | 质量数 | 核外电子数 |
| --- | --- | --- | --- | --- | --- |
| C | 6 | | | 12 | |
| Mg | | 12 | 12 | | |
| Br | 35 | | | 80 | |
| Cl | 17 | | 18 | | |

**2.** 填空题。

(1) $_{20}^{40}\text{Ca}$ 代表质子数是_____，中子数是_____，质量数是_____的原子，在 $0.5\ \text{mol}\ \text{Ca}^{2+}$ 中，含有_____ mol 质子、_____ 个中子和_____ mol 电子。

(2) 符号 $_{18}^{40}\text{Ar}$、$_{19}^{40}\text{K}$、$_{8}^{16}\text{O}$、$_{19}^{41}\text{K}$、$_{8}^{18}\text{O}$ 代表_____种元素，_____种原子，互为同位素的是_____。

(3) $\text{Cl}_2$、$\text{HClO}$(次氯酸)、$\text{H}_2\text{O}_2$、$\text{O}_3$ 这四种物质中，处于游离态的元素是_____，处于化合态的元素是_____。

(4) 在标准状况下，$\text{H}_2$ 和 $\text{D}_2$(即$_1^2\text{H}$)的密度分别是_____和_____。$\text{D}_2\text{O}$ 的摩尔质量为_____。$36\ \text{g}\ \text{H}_2\text{O}$ 和 $90\ \text{g}$ 重水分别与钠完全反应时(标准状况下)，所放出气体的体积比是_____，质量比是_____。

(5) 画出下列微粒的电子结构示意图；$_{18}\text{Ar}$ _____；$_{19}\text{K}^+$ _____；$_{17}\text{Cl}^-$ _____。它们在结构上的相似之处为_____ 不同之处为_____。

(6) 一般化学反应的实质，从微观结构上看，是_____排布的改变，而_____并未改变。也可以说，反应中旧的_____要被破坏，并形成_____化学键。

(7) 从能量的观点看，化学反应时，旧键的断裂，要_____能量；新键的形成，要_____能量。反应的热效应就是_____。

(8) 元素 R 的气态氢化物化学式为 $\text{H}_2\text{R}$，它的最高价氧化物含氧 $60\%$，该元素的原子中含有 16 个中子，其相对原子质量为_____，它位于_____周期、_____族，元素名称是_____。

(9) 在周期表中，Mg 周围的四个元素是_____,它们最高价氧化物对应的水化物的化学式分别是_____,比 Mg 的金属性强的是_____,比 Mg 金属性弱的是_____。

*(10) $Al(OH)_3$、$HClO_4$、$H_2SO_4$、$Mg(OH)_2$、KOH 按碱性渐弱、酸性渐强的顺序排列为_____。

(11) 某元素原子序数为 7,它位于_____周期、第_____族、元素符号是_____。其最高价氧化物对应的水化物的化学式是_____,它的水溶液呈_____性;气态氢化物的化学式是_____,它的水溶液呈_____性。

(12) 一般非金属离子(如 $Cl^-$)的半径,比其原子的半径_____,因为_____;而一般金属阳离子(如 $Na^+$)的半径比其原子半径_____,因为_____。

(13) 同周期主族元素,从左至右,非金属性逐渐_____,同一主族元素,从上至下,金属性逐渐_____。周期表中_____是金属性最强的元素,_____是非金属性最强的元素,它们_____化合(难易),生成典型的_____化合物,化学式为_____。

(14) 元素周期律是指元素的_____和_____的性质随_____而呈周期性变化的规律。

(15) X 和 Y 两元素分别在 ⅢA 族和 ⅥA 族,它们形成的化合物的化学式是_____。

(16) X 和 Y 的原子序数都小于 18,两种原子的核外电子总数是 30。X 的单质是金属,它跟 Y 能形成化合物 $XY_3$,X 的元素符号是_____,Y 的元素名称是_____。X 的最高价氧化物的化学式是_____,其对应水化物的化学式为_____。

(17) 填写下表中空格:

| 原子序数 | 原子结构示意图 | 在周期表中位置 | 是金属还是非金属 | 最高价氧化物的水化物的化学式和酸碱性 | 气态氢化物分子式 |
|---|---|---|---|---|---|
| 15 | | | | | |
| | (+56) 2 8 18 18 8 2 | | | | |
| | | 第三周期、ⅦA族 | | | |

**3.** 选择题。

(1) 某微粒有 3 个电子层,最外层有 3 个电子,它应是(　　)。

A. $Al^{3+}$　　　　　B. Ca　　　　　C. Al　　　　　D. $Mg^{2+}$

(2) 下列说法中错误的是(　　)。

A. 金属原子失去电子后,必为阳离子

B．金属阳离子所带电荷数等于其正化合价

C．放射性同位素危害人体健康

D．现已发现各种元素的同位素原子共约 1 900 种

（3）下列化学方程式正确的是（　　）。

A．$2NaCl + Br_2 =\!=\!= 2NaBr + Cl_2$  　　　B．$2KBr + I_2 =\!=\!= 2KI + Br_2$

C．$AgI + NaCl =\!=\!= AgCl + NaI$  　　　D．$2KI + Cl_2 =\!=\!= 2KCl + I_2$

（4）元素的非金属性随原子序数递增而逐渐增强的是（　　）。

A．Na、K、Rb 　　　B．N、P、As 　　　C．O、S、Se 　　　D．P、S、Cl

（5）下列气态氢化物中最不稳定的是（　　）。

A．$NH_3$ 　　　　　B．$H_2S$ 　　　　　C．$H_2O$ 　　　　　D．$PH_3$

（6）下列离子中，核外电子排布和氩原子相同的是（　　）。

A．$Cl^-$ 　　　　　B．$F^-$ 　　　　　C．$Ba^{2+}$ 　　　　　D．$Na^+$

（7）下列说法正确的是（　　）。

A．元素最高化合价等于其族序数或最外层电子数

B．所有元素都有正、负价，它们的绝对值之和等于 8

C．非金属元素的负价，等于原子最外层达到 8 个电子稳定结构所需得到的电子数

D．元素周期律是内因与外因、量变到质变的辩证关系的典型例证

（8）保存 K、Na 等活泼金属的适宜措施是（　　）。

A．纯水覆盖 　　　　　　　　　B．干砂覆盖

C．煤油覆盖 　　　　　　　　　D．阴凉通风干燥处

**4．** 下列各组物质能否共存，说明理由。

（1）食盐和溴水（含 $Br_2$） 　　　　　（2）溴化钠和氯化钾

（3）氯水（含 $Cl_2$）与碘化钠 　　　　（4）氯气与 NaOH 溶液

（5）溴水和碘化钾 　　　　　　　　（6）$I_2$ 和 KBr 溶液

（7）$F_2$ 与氯水 　　　　　　　　　（8）碘化钾与 $AgNO_3$ 溶液

**5．** 下列说法是否正确？若不正确，请改正。

（1）物质发生化学变化的动力，在于使自身处于能量较低的稳定状态，即：使自身的原子结构与对应稀有气体的原子结构相同。

（2）使 1 mol $H_2$ 或 $N_2$ 变成原子，由于 $N_2$ 有 3 个共价键，而 $H_2$ 中仅有 1 个共价键，所以 $N_2$ 变成原子比 $H_2$ 变成原子更困难，消耗能量更大，即 $N_2$ 较不活泼。

（3）元素性质发生周期性变化，是因为主要化合价呈现周期性变化。

（4）周期表中有 18 个纵行，即 18 个族。

（5）同周期中的 ⅠA、ⅡA、ⅢA 族元素分别失去 1 个、2 个、3 个电子后，其核外电子层结构都与同一周期稀有气体元素原子的电子层结构相同。

（6）因为钠原子在反应中失去 1 个电子，而 Mg 失去 2 个电子，可见镁原子失去电子的能力比钠原子强，所以，镁比钠活泼。

**6．** 计算氧元素的相对平均原子质量，已知 $^{16}_{8}O$、$^{17}_{8}O$、$^{18}_{8}O$ 同位素原子的相对原子质量依次为 15.994 9、16.999 1、17.999 1，原子质量分数依次为 99.76%、0.037%、

0.204％。

**7.** 以电子式表示 $H_2S$、$KBr$、$CaCl_2$ 的形成过程。

**8.** 某元素 A 的最高正价和负价的绝对值相等,该元素在气态氢化物中占 87.5％,该元素原子核内的质子数和中子数相等,它是什么元素?并简要说明其推断过程。

**9.** 根据元素在周期表中的位置,判断下列各组化合物的水溶液,哪个酸性较强,或者哪个碱性较强,为什么?

(1) $H_2CO_3$ 和 $H_3BO_3$            (2) $H_3PO_4$ 和 $H_2SO_4$

(3) $Ca(OH)_2$ 和 $Mg(OH)_2$      (4) $KOH$ 和 $RbOH$

**10.** 某元素 R,它的最高正价氧化物的分子式是 $RO_2$,气态氢化物里含氢 25％,又知该元素的原子核含有 6 个中子,试求:(1)该元素的相对原子质量;(2)元素名称及在周期表中的位置。

**11.** 某金属 A 0.9 g 和足量稀盐酸反应生成 $ACl_3$,同时置换出 1.12 L $H_2$(标准状况);A 的原子核里有 14 个中子,根据计算结果画出 A 的原子结构简图,说明它是什么元素,指出它在周期表中的位置。

**12.** 某化工厂生产盐酸,每天氯气耗量为 42.6 t,氢气耗量为 1.45 t,问该厂每年能生产工业盐酸(质量分数为 31％)多少 t? $H_2$ 与 $Cl_2$ 的耗量配比说明什么问题?(从经济的可持续发展角度来分析)

**13.** 实验室常用 $MnO_2$ 与浓盐酸制 $Cl_2$,反应的化学方程式为: $MnO_2(s) + 4HCl \xrightarrow{\triangle} MnCl_2 + Cl_2\uparrow + 2H_2O$,若在某 100 $m^3$ 的实验室里,有 1 g $Cl_2$ 泄漏在空间,其浓度多大?是否超过国家标准?若要使 $Cl_2$ 不泄漏在空气中,可采取什么有效措施?

*14. 氯水具有漂白作用,而干燥的氯气没有漂白作用,你能设计一个实验来证实吗?氯气溶于水形成氯水的反应如下:

$$Cl_2 + H_2O \rightleftharpoons HCl + HClO$$

你能用实验证实是 $HCl$,还是 $HClO$(次氯酸)具有漂白作用吗?

*15. 已知自然界中铱(Ir)元素的原子核外电子数为 77,与原计划实现全球卫星通讯需发射 77 颗卫星的数字相等,因此后者被称为"铱星计划"。而铱又有质量数为 191 和 193 的两种同位素,其相对平均原子质量为 192.22,求:

(1) 这两种同位素的原子数比;

(2) 这两种同位素所含中子数。

**16.** 已知 $C + O_2 \rightleftharpoons CO_2$,1 mol 碳完全燃烧放出 393.5 kJ 热,而 1 g U-235 裂变放出的能量为 $8 \times 10^7$ kJ,试计算 1 000 g U-235 完全裂变时放出的能量与多少吨煤(按含碳 100％计)完全燃烧时放出的能量相当。

**17.** 每年我国用电解饱和食盐水的方法生产 $1.40 \times 10^9$ $m^3$(标准状况时)的氯气,问:每年可得质量分数为 40％的副产品液碱多少吨?若每年以 300 个生产日计,平均每天需要含 NaCl 质量分数为 98％的工业食盐多少吨?

# 第 **4** 章
## 电解质溶液中的平衡及其应用

1. 掌握强弱电解质的概念,理解弱电解质的离解平衡以及水的离解对电解质溶液酸碱性的影响。

2. 掌握溶液 pH 的相关知识,理解离子反应的概念,掌握离子方程式的正确书写方法,理解盐的水解,了解盐的水解的应用。

3. 认识难溶电解质的沉淀溶解平衡,理解溶度积原理,了解硬水及软化的相关知识。

4. 了解氧化还原反应与电化学的关系,理解电能与化学能相互转换的原理,掌握原电池、电解池的基本结构,了解一些常见化学电源以及电解在工业生产中的应用。

5. 认识配合物的概念、组成,了解配合物的命名,了解配合物在生产、生活中的应用。

在初中学习的有关电解质溶液基础知识及理解物质结构、化学平衡理论的基础上,本章将进一步学习和讨论电解质溶液中的平衡知识,这对于我们更好地认识电解质溶液的性质,理解电解质溶液知识在生产、生活中的应用都有着十分重要的意义。

## 4.1 酸碱平衡及其应用

溶液的酸碱性是溶液的一个重要性质,溶液酸碱性的改变,涉及电解质溶液的酸碱平衡。学习讨论本节内容,将有助于我们认识酸、碱、盐在水溶液中的反应,认识酸碱平衡及其应用。

### 4.1.1 电解质及其电离

**电解质的离解**

化学上,把在水溶液中或熔融状态下能导电的化合物称为电解质,而把不能导电的化合物称为非电解质。酸、碱、盐等无机化合物都是电解质,而大多数有机化合物都是非电解质。

电解质的离解(即电解质的电离)是指电解质在水溶液中或熔融状态下离解形成自由移动离子的过程。离解是一个自发过程。若我们把 NaCl 加入水中或加热至熔融状态,NaCl 就会自发地离解为自由移动的 $Na^+$、$Cl^-$。电解质的离解为电解质溶液导电提供了载体。

[**演示实验 4 - 1**]　按图 4 - 1 的装置把仪器连接好,在五个瓶中分别加入 $0.1\ mol \cdot L^{-1}$ 的盐酸溶液、醋酸溶液、氢氧化钠溶液、氯化钠溶液、氨水,接通电源,观察五个灯泡发光的亮度。

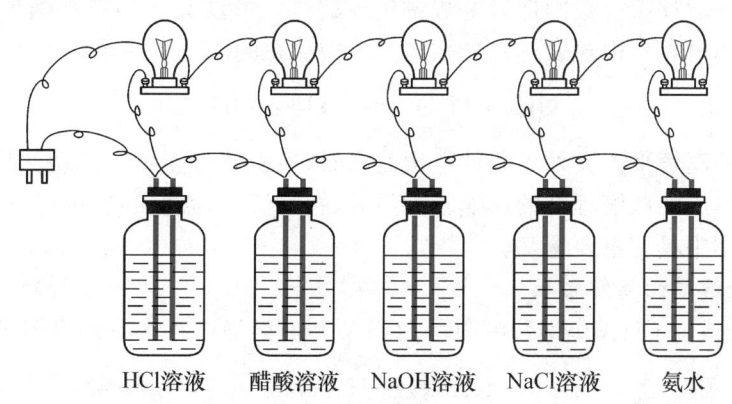

HCl溶液　　醋酸溶液　　NaOH溶液　　NaCl溶液　　氨水

**图 4 - 1　电解质溶液导电能力比较**

通过对同浓度的不同电解质溶液的导电情况进行比较,我们不难发现:导电实验中灯泡的亮度是不相同的,这就说明了同浓度的不同电解质溶液的导电能力是不相同的。

电解质溶液之所以能够导电,是由于电解质在水溶液中通过离解,形成了能够自由移动的离子,这些离子在外加电场的作用下发生定向移动的结果。电解质溶液导电能力的强弱是由电解质溶液中产生自由移动离子的多少决定的,同体积同浓度的不同电解质溶液中,自由移动的离子数目越多,其导电能力越强;反之,其导电能力越弱。

根据电解质在水溶液中导电能力的强弱,电解质可分为强电解质和弱电解质。我们把在水溶液中或熔融状态下能够全部离解的电解质称为强电解质,而把部分离解的电解质称为弱电解质。酸、碱、盐等无机化合物都是电解质,其中,强酸、强碱和典型的盐都是强电解质;弱酸、弱碱和某些盐(如氯化汞)是弱电解质,有机化合物中的羧酸、酚、胺等都是弱电解质。

强电解质在水溶液中能够全部离解;而弱电解质却只能部分离解,且离解是一个可逆过程,在弱电解质溶液中实际还存在着大量未离解的分子。电解质的离解过程在化学上一般用电离方程式表达,用"——→"或"=="表示强电解质的完全离解,用"⇌"表示弱电解质的离解。例如：

$$HCl \Longrightarrow H^+ + Cl^-$$
$$NaOH \Longrightarrow Na^+ + OH^-$$
$$CH_3COOH \Longrightarrow CH_3COO^- + H^+$$
$$NH_3 \cdot H_2O \Longrightarrow NH_4^+ + OH^-$$

### 4.1.2 弱电解质的离解平衡

弱电解质在水溶液中只有少部分的分子离解成离子,大部分电解质仍以分子状态存在,它们的离解是一个可逆过程,当弱电解质的离解进行到一定的程度(即分子离解成离子的速率与离子重新结合成分子的速率相等)时,就会建立起一种动态平衡,这种平衡具有化学平衡的一般特点。我们把**弱电解质在离解过程中建立的动态平衡叫做离解平衡**。离解平衡仍然用电离方程式表达。如氨水溶液中存在的离解平衡可以表示为:

$$NH_3 \cdot H_2O \Longrightarrow NH_4^+ + OH^-$$

弱电解质的离解平衡在外界条件发生改变时,平衡就可能发生移动。其中,离子浓度的变化对弱电解质的离解程度的影响较为显著,在常温下,温度的影响可以忽略。这在电解质溶液的应用中具有重要意义。

#### 4.1.2.1 弱电解质的离解常数

醋酸(分子式为 $CH_3COOH$,可简写为 HAc),其溶液中存在下列离解平衡:

$$HAc \Longrightarrow H^+ + Ac^-$$

当离解达到平衡时,离解产生的 $H^+$、$Ac^-$ 离子浓度的乘积与未离解的 HAc 分子浓度的比值是一个常数,这个常数被称为离解平衡常数,简称离解常数,一般用 $K$ 表示。也可以用 $K_a$、$K_b$ 分别表示弱酸、弱碱的离解常数,还可以采用在 $K$ 的右下标注明分子式的方法示之。

醋酸的离解常数可用以下三种方法表示:

$$(1) \quad K = \frac{c(H^+)c(Ac^-)}{c(HAc)} \tag{4-1}$$

$$(2) \quad K_a = \frac{c(H^+)c(Ac^-)}{c(HAc)}$$

$$(3) \quad K_{HAc} = \frac{c(H^+)c(Ac^-)}{c(HAc)}$$

式中的 $c(H^+)$、$c(Ac^-)$、$c(HAc)$ 分别表示平衡时溶液中 $H^+$、$Ac^-$ 和未离解的 HAc 分子的浓度,其单位为 $mol \cdot L^{-1}$。

离解常数的大小,反映了弱电解质的相对强弱。在一定的温度下,弱电解质离解常数越大,达到离解平衡时离子浓度越大,电解质离解能力亦越强,反之亦然。比较同类型的弱酸、弱碱的相对强弱,只需比较它们的 $K$ 值大小即可。离解常数可通过实验测定。表 4-1 给出了一些常见弱电解质的 $K$ 值。一般说来,$K_a$ 介于 $10^{-1} \sim 10^{-7}$ 之间的酸称为弱酸,小于 $10^{-7}$ 的酸为极弱酸,弱碱亦如此。

表 4-1 一些常见弱电解质的离解常数

| 电解质 | 分子式 | 离 解 平 衡 | 温度/℃ | $K$ |
|---|---|---|---|---|
| 醋 酸 | $CH_3COOH$ | $CH_3COOH \rightleftharpoons CH_3COO^- + H^+$ | 25 | $1.76 \times 10^{-5}$ |
| 碳 酸 | $H_2CO_3$ | $H_2CO_3 \rightleftharpoons H^+ + HCO_3^-$ <br> $HCO_3^- \rightleftharpoons H^+ + CO_3^-$ | 25 <br> 25 | $K_1 = 4.30 \times 10^{-7}$ <br> $K_2 = 5.61 \times 10^{-11}$ |
| 氢硫酸 | $H_2S$ | $H_2S \rightleftharpoons H^+ + HS^-$ <br> $HS^- \rightleftharpoons H^+ + S^{2-}$ | 18 <br> 18 | $K_1 = 9.1 \times 10^{-9}$ <br> $K_2 = 1.1 \times 10^{-12}$ |
| 氢氰酸 | HCN | $HCN \rightleftharpoons H^+ + CN^-$ | 25 | $4.93 \times 10^{-10}$ |
| 甲 酸 | HCOOH | $HCOOH \rightleftharpoons H^+ + HCOO^-$ | 20 | $1.77 \times 10^{-1}$ |
| 次氯酸 | HClO | $HClO \rightleftharpoons ClO^- + H^+$ | 18 | $3.0 \times 10^{-6}$ |
| 氢氟酸 | HF | $HF \rightleftharpoons H^+ + F^-$ | 25 | $3.53 \times 10^{-4}$ |
| 亚硝酸 | $HNO_2$ | $HNO_2 \rightleftharpoons H^+ + NO_2^-$ | 12.5 | $4.6 \times 10^{-4}$ |
| 氨 水 | $NH_3 \cdot H_2O$ | $NH_3 \cdot H_2O \rightleftharpoons NH_4^+ + OH^-$ | 25 | $1.77 \times 10^{-5}$ |

　　电离常数不随溶液的浓度而改变,但受温度的影响会发生改变。当温度一定时,弱电解质的离解常数都有确定的值。一般来说,当温度变化不大时,不考虑温度对弱酸、弱碱离解常数的影响。

　　醋酸、氨水等一元弱酸、弱碱的离解是一步完成的,而像碳酸、磷酸等多元弱酸(或弱碱)的离解则是分步进行的,每步都有相应的离解常数,分别用 $K_1$,$K_2$,$K_3$ 等表示。一元弱酸(弱碱)的离解平衡原理,完全适用于多元弱酸(弱碱)的离解平衡。

　　通过对表 4-1 的比较,我们不难看出二元弱酸的 $K_1 \gg K_2$,说明多元弱酸的第二步离解较第一步更难。因此,在比较多元弱酸(弱碱)的相对强弱时,大多只需比较它们的 $K_1$ 即可。

### 4.1.2.2　弱电解质的离解度

　　电解质的离解常数仅反映了弱电解质电离能力的相对强弱,弱电解质实际离解的程度通常用离解度来定量描述。**离解度是指弱电解质在溶液中达到离解平衡时,溶液中已离解的电解质分子数占原有电解质分子总数(包括已离解的分子数和未离解的分子数)的百分数**,通常用符号 $\alpha$ 表示:

$$\alpha = \frac{\text{已离解的电解质分子数}}{\text{溶液中原有电解质分子总数}} \times 100\% \qquad (4-2)$$

　　例如:25℃时,在 $0.1\ mol \cdot L^{-1}$ 醋酸溶液中每 10 000 个醋酸分子中有 132 个分子离解成离子,则醋酸的离解度为:

$$\alpha(HAc) = \frac{132}{10\ 000} \times 100\% = 1.32\%$$

　　表 4-2 列出了常见弱电解质溶液(25℃,$0.1\ mol \cdot L^{-1}$)的离解度:

**表 4-2  常见弱电解质的离解度**(0.1 mol·L$^{-1}$,25℃)

| 电解质 | 分子式 | $\alpha/\%$ | 电解质 | 分子式 | $\alpha/\%$ |
|---|---|---|---|---|---|
| 醋　酸 | $CH_3COOH$ | 1.32 | 亚硝酸 | $HNO_2$ | 7.16 |
| 氢氰酸 | $HCN$ | 0.01 | 甲　酸 | $HCOOH$ | 4.24 |
| 氢氟酸 | $HF$ | 8.00 | 氨　水 | $NH_3 \cdot H_2O$ | 1.33 |

　　离解度 $\alpha$ 的大小,可以表示弱电解质的相对强弱。一般说来,电解质越弱,$\alpha$ 值越小。离解度不仅与电解质的性质有关,还跟溶液的浓度、温度等因素有关。

　　为了使用方便,离解度还可以用如下式子表示:

$$\alpha = \frac{\text{已离解的电解质浓度}}{\text{电解质总浓度}} \times 100\% \qquad (4-3)$$

### 4.1.3　水的离解平衡

　　溶液的酸碱性与水的离解有直接的关系,要从本质上认识溶液的酸碱性,首先应研究水的离解。通常认为纯水是不导电的,但精确实验表明,纯水有微弱的导电能力,在纯水中也有离子存在,水是一种极弱的电解质,水分子的离解过程如图 4-2 所示:

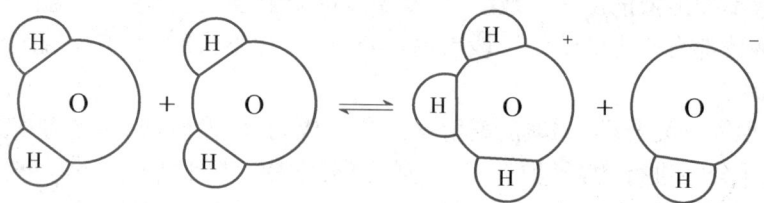

**图 4-2　水分子的离解过程**

　　水的离解用离子方程式可表示为:

$$H_2O + H_2O \Longrightarrow H_3O^+ + OH^- \qquad (H_3O^+ \text{ 叫水合氢离子})$$

　　简写为:

$$H_2O \Longrightarrow H^+ + OH^-$$

　　在一定温度下,其离解常数 $K$ 可表示为:

$$K = \frac{c(H^+)c(OH^-)}{c(H_2O)}$$

　　实验测得 25℃时,一升纯水(相当于 55.6 mol 水)中:

$$c(H^+) = c(OH^-) = 1 \times 10^{-7} \text{ mol} \cdot L^{-1}$$

即是说 55.6 mol 的水中,仅有 $1 \times 10^{-7}$ mol 的水分子发生了离解,因此未离解的水的浓度 $c(H_2O) = 55.6$ mol·L$^{-1}$ $- 1 \times 10^{-7}$ mol·L$^{-1}$ $\approx 55.6$ mol·L$^{-1}$,可视为定值,则:

$$c(H_2O) \cdot K = c(H^+)c(OH^-)$$

　　若令

$$c(H_2O) \cdot K = K_w$$

故 $$K_w = c(H^+) \cdot c(OH^-) \qquad (4-4)$$

式 4-4 的意义是：**在一定的温度下，纯水中的氢离子浓度与氢氧根离子浓度的乘积是一个常数 $K_w$，叫做水的离子积常数**[①]**，简称水的离子积**。值得注意的是，水的离子积不仅适用于纯水，也适用于其他稀溶液，溶液酸碱性的变化不影响水的离子积常数。这对于定量描述稀溶液中 $H^+$、$OH^-$ 浓度带来了方便。

### 4.1.3.1 溶液的酸碱性及其 pH

在 25℃时，纯水 $c(H^+) = c(OH^-) = 1 \times 10^{-7}$ mol·$L^{-1}$，但在纯水中加入少量酸或碱，都将引起氢离子或氢氧根离子浓度的改变，这一变化将导致溶液酸碱性的改变。

溶液酸碱性是溶液的一个重要性质。溶液酸碱性的改变实质是溶液中氢离子浓度与氢氧根离子浓度的变化：

当 $c(H^+) > c(OH^-)$ 即 $c(H^+) > 1 \times 10^{-7}$ mol·$L^{-1}$ 时，溶液呈酸性；

当 $c(H^+) = c(OH^-)$ 即 $c(H^+) = 1 \times 10^{-7}$ mol·$L^{-1}$ 时，溶液呈中性；

当 $c(H^+) < c(OH^-)$ 即 $c(H^+) < 1 \times 10^{-7}$ mol·$L^{-1}$ 时，溶液呈碱性。

$c(H^+)$ 越大表明溶液的酸性越强，$c(OH^-)$ 越大则溶液的碱性越强。

在实践中，我们常用到氢离子浓度较小的溶液，这给计算带来了不便。为了简便，在化学上，**通常用氢离子浓度的负对数来表示溶液的酸碱性，称为溶液的 pH**：

$$pH = -\lg c(H^+) \qquad (4-5)$$

经过简单的数学推算，可以看出溶液酸碱性与 pH 之间的关系：

酸性溶液中，$c(H^+) > 10^{-7}$ mol·$L^{-1}$，pH < 7；

中性溶液中，$c(H^+) = 10^{-7}$ mol·$L^{-1}$，pH = 7；

碱性溶液中，$c(H^+) < 10^{-7}$ mol·$L^{-1}$，pH > 7。

溶液的酸性越强，pH 越小，溶液的碱性越强，则 pH 越大。因此，可以用 pH 表示溶液的酸、碱性的强弱。

需要指出的是，当溶液中 $c(H^+)$ 或 $c(OH^-)$ 大于 1 mol·$L^{-1}$ 时，一般不用 pH 表示溶液的酸碱性，而直接用 $c(H^+)$ 或 $c(OH^-)$ 来表示，所以 pH 的范围是 1~14。

$c(H^+)$、pH 与溶液酸碱性之间的关系通过图 4-3 可以得到说明：

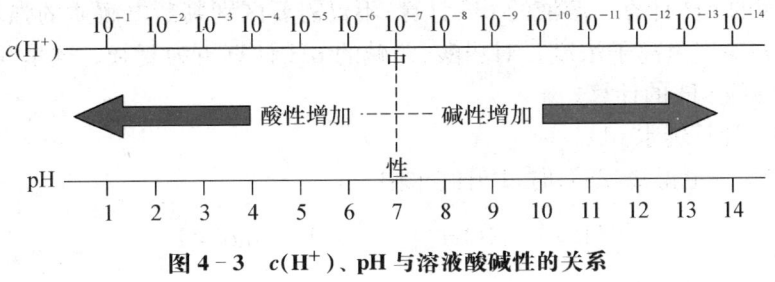

**图 4-3 $c(H^+)$、pH 与溶液酸碱性的关系**

---

① 水的离解是吸热反应，温度升高，水的离解度增大，水的离子积也会增大，100℃时 $K_w$ 为 $1 \times 10^{-12}$。常温下，$K_w$ 一般认为是 $1 \times 10^{-14}$。

生活中一些常见水溶液的 pH 列入表 4-3 中,供学习时参考。

表 4-3　一些常见水溶液的 pH

| 水溶液 | pH | 水溶液 | pH |
|---|---|---|---|
| 柠檬汁 | 2.2～2.4 | 乳　酪 | 4.8～6.4 |
| 葡萄酒 | 2.8～3.8 | 海　水 | 8.3 |
| 食　醋 | 3.0 | 饮用水 | 6.5～8.0 |
| 啤　酒 | 4～5 | 人的血液 | 7.3～7.5 |
| 蕃茄汁 | 3.5 | 人的唾液 | 6.5～7.5 |
| 牛　奶 | 6.3～6.6 | 人的尿液 | 4.8～8.4 |

学以致用

### pH 的应用

　　溶液的 pH 在工农业生产、科学研究、日常生活中应用广泛。在工业生产上,许多化学反应需要适时控制 pH,以达到化学反应的有效利用。农业生产中,定期测量土壤的 pH 并适时调节,以有利于农作物的生长。人体中的各种体液都有一定的 pH 范围,它是维持生理活动的基本条件,同时通过机体的自我生理调节,维持体液酸碱平衡。倘若体液酸碱平衡遭到破坏,人体就会生病,甚至威胁生命。例如正常人血液的 pH 在 7.3～7.5 范围内,当人体受到各种原因的伤害时,就会引起血液 pH 变化,导致机体病变,医学上称为酸中毒或碱中毒,严重威胁人体健康甚至使人失去生命。日常生活中,各种调味品广泛使用,通过在烹调过程中的控制加入,以达到调整食物 pH、改善食物口味之目的。在环境保护中,监测雨水的 pH,便可以监测大气是否受到污染。

#### 4.1.3.2　溶液的 pH 计算和测定

　　(1) 溶液的 pH 计算。溶液的 pH 计算,不仅需要区别判断电解质的强弱,还需要通过水的离子积确定氢离子浓度。对弱酸、弱碱的 pH 计算更为复杂。这里我们只讨论一元强酸和强碱的 pH 的计算。

　　**例 4-1**　计算纯水 pH。

　　**解:**从实验测定得知,25℃时,1 升纯水中:

$$c(\mathrm{H^+}) = c(\mathrm{OH^-}) = 1 \times 10^{-7}\ \mathrm{mol \cdot L^{-1}}$$

根据 $\mathrm{pH} = -\lg c(\mathrm{H^+})$

故纯水的 $\mathrm{pH} = -\lg c(\mathrm{H^+}) = -\lg(1 \times 10^{-7}) = 7$

　　**答:**纯水的 pH 为 7。

　　**例 4-2**　计算 $0.01\ \mathrm{mol \cdot L^{-1}}$ 盐酸溶液的 pH。

**解**:据题意,盐酸为一元强酸,其离解过程及量的关系如下:

$$HCl \Longrightarrow H^+ + Cl^-$$

单位/mol·L$^{-1}$　0.01　　0.01　0.01

0.01 mol·L$^{-1}$盐酸完全离解为 H$^+$、Cl$^-$,故 $c(H^+)=0.01$ mol·L$^{-1}$

根据

$$pH = -\lg c(H^+)$$

盐酸溶液的 pH $= -\lg c(H^+) = -\lg 0.01 = -\lg(1 \times 10^{-2}) = 2$

**答**:0.01 mol·L$^{-1}$盐酸溶液的 pH 为 2。

对碱性溶液的 pH 计算,要先确定出 $c(OH^-)$,再根据 $K_w = c(H^+) \cdot c(OH^-)$ 换算出溶液中 $c(H^+)$,由 pH 定义式即可推算出溶液的 pH。

**例4-3**　计算 0.01 mol·L$^{-1}$KOH 溶液的 pH。

**解**:由题意可知,KOH 为一元强碱,其离解过程及量的关系如下:

$$KOH \Longrightarrow K^+ + OH^-$$

单位/mol·L$^{-1}$ 0.01　　　0.01　0.01

KOH 在水溶液中完全离解为 K$^+$、OH$^-$,故:

$$[OH^-] = 0.01 \text{ mol·L}^{-1}$$

根据

$$K_w = c(H^+) \cdot c(OH^-)$$

故

$$c(H^+) = \frac{K_w}{c(OH^-)} = \frac{1 \times 10^{-14}}{0.01} = 1 \times 10^{-12} \text{ mol·L}^{-1}$$

KOH 溶液的 pH $= -\lg c(H^+) = -\lg(1 \times 10^{-12}) = 12$

**答**:0.01 mol·L$^{-1}$KOH 溶液的 pH 为 12。

弱酸、弱碱溶液的 pH 仍然可以计算,只是过程较为复杂,这里不再介绍。

pH 的测定与控制在生产、科学实验、生命活动和医疗等方面都很重要。例如在氯碱工业生产中,所用食盐水的 pH 要控制在 12 左右,以除去其中的 Ca$^{2+}$ 和 Mg$^{2+}$ 等杂质;人体血液的 pH 一般在 7.35～7.45 范围之内,如果超出这个范围,便属于酸碱不平衡的病态,重者为酸中毒或碱中毒;测定雨水的 pH,可判断是否是酸雨 (pH <5.6 为酸雨),并据此推测大气被 SO$_2$、NO$_2$ 等酸性气体污染的程度以及金属受腐蚀的速度。

测定溶液 pH 的方法很多,常用酸碱指示剂、pH 试纸来测定。若需要准确测定溶液 pH,可使用 pH 计。

酸碱指示剂通常是弱的有机酸或弱的有机碱,有的是两性物质。它们在不同的 pH 范围内呈现不同的颜色,由此可以很方便地确定溶液的酸碱性。甲基橙、石蕊、酚酞是常用的酸碱指示剂,每一种指示剂都有一定的变色范围。**使指示剂发生颜色变化的 pH 范围称为指示剂的变色范围**。常用的几种酸碱指示剂的变色范围列于表 4-4。

表 4 - 4　几种常用酸碱指示剂的变色范围

| 指示剂 | pH 变色范围 | | |
|---|---|---|---|
| 甲基橙 | <3.1 红色 | 3.1~4.4 橙色 | >4.4 黄色 |
| 石　蕊 | <5 红色 | 5.0~8.0 紫色 | >8 蓝色 |
| 酚　酞 | <8 无色 | 8~10 粉红色 | >10 玫瑰红 |

　　例如,在某种溶液中滴入几滴酚酞指示剂,溶液呈现玫瑰红色,说明溶液的 pH > 10,溶液为碱性。

　　测定溶液 pH 的较简单的方法是使用 pH 试纸。

　　pH 试纸由多种指示剂混合溶液浸制而成,遇到不同溶液,会显示不同的颜色。只要将待测溶液滴在试纸上,就会发生颜色变化,将变化后的试纸与标准比色板加以比较,就可以简便地知道溶液的 pH。若定性的测定溶液酸碱性,还可以使用石蕊试纸。碱性溶液使红色石蕊试纸变蓝,酸性溶液使蓝色石蕊试纸变红。常用的 pH 试纸有广范 pH 试纸和精密 pH 试纸两种规格。广范 pH 试纸测定的范围较广,但精度较差,只能识别一个 pH 单位以上的差别,而精密 pH 试纸可以判别 0.2~0.3 个 pH 单位的差异。使用中应根据需要选择合适的 pH 试纸。

　　酸度计可以精确测定溶液的 pH,可按照仪器说明书中介绍的使用方法使用。

**利用植物色素制作酸碱指示剂**

　　许多植物、蔬菜富含色素,且在 pH 不同的溶液中会呈现不同的颜色,据此利用植物色素可以制作一些酸碱指示剂。例如,将红萝卜皮刮下,用 95% 酒精溶液浸泡 24 h,过滤后按 5 mL 加 5 滴浸泡液,可以得到红萝卜皮酸碱指示剂标准样品。测试某溶液 pH 时,同样按照每 5 mL 加 5 滴浸泡液,再与标准样品颜色比较便可测定出该溶液 pH 的大致范围(pH 在 6 以下显红色,pH 在 6~8 显紫红色,pH 在 8~10 显绿色,pH 在 10 以上显黄色)。还如,用 50% 酒精溶液浸泡植物紫草可以制成紫色紫草酒精溶液,再分别加入稀盐酸、氢氧化钠溶液即得到红色和蓝色紫草试液,用滤纸分别浸红色和蓝色紫草试液,晾干后可代替红色和蓝色石蕊试纸使用(使用方法和变色范围与石蕊试纸相同)。

## 4.1.4　离子反应与离子方程式

### 4.1.4.1　离子反应、离子方程式的概念

　　我们知道,电解质溶于水后能全部或部分地离解成为离子,因此电解质在溶液里进行的化学反应,实际上是离子之间的反应,而不是分子间的反应,**这种溶液中离子之间的反应称为离子反应。**

　　例如,盐酸、氯化钠溶液分别与硝酸银反应时,由于都是强电解质,在溶液中都能够全部离解成离子,溶液中没有分子存在,它们之间的反应可以用离子的形式表示如下:

$$H^+ + Cl^- + Ag^+ + NO_3^- = AgCl\downarrow + H^+ + NO_3^-$$
$$Na^+ + Cl^- + Ag^+ + NO_3^- = AgCl\downarrow + Na^+ + NO_3^-$$

从以上两个反应可以看出,反应中实际只有 $Ag^+$ 和 $Cl^-$ 结合生成了难溶于水的 AgCl 沉淀,$H^+$、$Na^+$、$NO_3^-$ 都没有参加反应,仍留在了溶液里。若消去未参加反应的离子符号,可以得到简化的离子反应方程式:

$$Ag^+ + Cl^- = AgCl\downarrow$$

这种用**实际参加反应的离子符号写成的化学方程式叫做离子方程式**。上述离子方程式代表了任何可溶性银盐与可溶性氯化物的普遍反应。因此,离子方程式能够表示一类反应的实质。

#### 4.1.4.2 离子方程式的书写方法

离子方程式应该如何写呢? 现以氢氧化钠与盐酸的反应为例来说明离子方程式的书写步骤。

第一步,写出反应的化学方程式:

$$NaOH + HCl = NaCl + H_2O$$

第二步,将易溶强电解质改写成离子的形式,难溶物质(如 AgCl、$BaSO_4$ 等)、非电解质(如气体单质等)及弱电解质(如水、氨水、醋酸等)仍以分子形式表示:

$$Na^+ + OH^- + H^+ + Cl^- = Na^+ + Cl^- + H_2O$$

第三步,消去式中实际未参加反应的离子,即等式两边相同的离子,在该反应中为 $Na^+$ 和 $Cl^-$。

$$H^+ + OH^- = H_2O$$

第四步,检查方程式中左右两边各元素的原子数和电荷数是否相等。

同样,按照上述方法步骤,可以写出碳酸钠与盐酸反应的离子方程式:

$$CO_3^{2-} + 2H^+ = H_2O + CO_2\uparrow$$

#### 4.1.4.3 离子反应进行的条件

在溶液中进行的反应,都要考虑离子反应的问题,但不是所有的离子反应都能进行。溶液中离子间发生反应必须至少具备以下三个条件中的一个:

① 在离子反应的生成物中,有沉淀生成。

例如,硫酸钠溶液与氯化钡溶液的反应:

$$Na_2SO_4 + BaCl_2 = BaSO_4\downarrow + 2NaCl$$
$$SO_4^{2-} + Ba^{2+} = BaSO_4\downarrow$$

② 在离子反应的生成物中,有气体生成。

例如,盐酸溶液和碳酸钠溶液的反应:

$$2HCl + Na_2CO_3 = 2NaCl + H_2O + CO_2\uparrow$$
$$2H^+ + CO_3^{2-} = H_2O + CO_2\uparrow$$

③ 在离子反应的生成物中,有弱电解质生成。

例如,盐酸溶液和氢氧化钠溶液的反应:

$$HCl + Na_2OH \Longrightarrow NaCl + H_2O$$

$$H^+ + OH^- \Longrightarrow H_2O$$

根据上述三个条件,可以据此判断离子反应能否进行。

### 判断离子反应能否进行

讨论、判断下列四个离子反应能否进行,若能进行离子反应,尝试写出其离子方程式。

（1）氯化钠与硝酸钾溶液;

（2）硝酸银与盐酸溶液;

（3）氢氧化钠与盐酸溶液;

（4）碳酸钙与盐酸溶液。

### 4.1.5 盐的水解及其应用

盐是一类重要的化合物,可视为酸碱中和后的产物。根据成盐酸碱的强弱,一般把盐划分成为四种类型,即强酸强碱盐(如 $NaCl$、$KNO_3$ 等)、强酸弱碱盐(如 $NH_4Cl$、$CuSO_4$ 等)、强碱弱酸盐(如 $Na_3CO_3$、$NaAc$ 等)、弱酸弱碱盐(如 $NH_4Ac$、$Al_2S_3$ 等)。什么是盐的水解呢? 我们通过以下实验来说明。

**[演示实验4-2]** 取少量氯化铵($NH_4Cl$)、氯化钠($NaCl$)、醋酸钠($NaAc$)固体,分别放在三支试管中用少量蒸馏水溶解,然后用 pH 试纸测定溶液的 pH。

实验表明,用 pH 试纸测定不同盐溶液的 pH,其值是不相同的。由此可见,不同盐的水溶液呈现不同的酸碱性。这是盐在水中水解所致。

4.1.5.1　几种类型盐的水解

（1）强酸弱碱盐的水解。氯化铵是由强酸($HCl$)和弱碱($NH_3 \cdot H_2O$)中和生成的盐,在其水溶液中存在下列离解及离解平衡:

$$NH_4Cl \longrightarrow Cl^- + NH_4^+$$
$$+$$
$$H_2O \Longrightarrow H^+ + OH^-$$
$$\Downarrow$$
$$NH_3 \cdot H_2O$$

显然,在氯化铵水溶液中存在着四种离子 $H^+$、$Cl^-$、$NH_4^+$、$OH^-$。其中,$NH_4^+$ 能够与水电离出来的 $OH^-$ 结合,生成弱电解质 $NH_3 \cdot H_2O$,并建立如下平衡:

$$NH_4^+ + OH^- \Longrightarrow NH_3 \cdot H_2O$$

其结果是消耗了部分氢氧根离子,破坏了水的离解平衡,促使水的离解平衡向右移动,导

致 $c(\mathrm{H^+}) > c(\mathrm{OH^-})$，溶液呈现酸性。

这种在水溶液中盐的离子跟水离解出来的 **H⁺** 或 **OH⁻** 结合，生成弱电解质的反应，**称为盐类的水解反应**。盐的水解反应可看作是酸碱中和反应的逆反应：

$$酸 + 碱 \underset{水解}{\overset{中和}{\rightleftharpoons}} 盐 + 水$$

$\mathrm{NH_4Cl}$ 水解的方程式可写为：

$$\mathrm{NH_4Cl + H_2O \rightleftharpoons NH_3 \cdot H_2O + HCl}$$

离子方程式可表示为：

$$\mathrm{NH_4^+ + H_2O \rightleftharpoons NH_3 \cdot H_2O + H^+}$$

同类型的其他盐，如 $\mathrm{Cu(NO_3)_2}$、$\mathrm{(NH_4)_2SO_4}$、$\mathrm{AlCl_3}$ 等在水溶液中水解过程相似，其溶液显酸性。

（2）强碱弱酸盐的水解。醋酸钠（NaAc）是一元强碱弱酸盐，在水溶液中存在下列离解及离解平衡：

$$\begin{array}{c}\mathrm{NaAc \longrightarrow Na^+ + Ac^-}\\ +\\ \mathrm{H_2O \rightleftharpoons OH^+ + H^+}\\ \Updownarrow\\ \mathrm{HAc}\end{array}$$

溶液中，$\mathrm{Ac^-}$ 能够与水离解出来的 $\mathrm{H^+}$ 结合成弱电解质 HAc，因此醋酸钠能够发生水解反应，其离子方程式如下：

$$\mathrm{Ac^- + H_2O \rightleftharpoons HAc + OH^-}$$

显然，溶液中 $c(\mathrm{OH^-}) > c(\mathrm{H^+})$，溶液显碱性。

同类型的盐如 $\mathrm{NaCN}$、$\mathrm{Na_2CO_3}$、$\mathrm{Na_3PO_4}$ 等在水溶液中水解同样显碱性。$\mathrm{Na_2CO_3}$ 等强碱弱酸盐水解过程分步进行，这里不再讨论。

（3）弱酸弱碱盐的水解。如醋酸铵（$\mathrm{NH_4Ac}$）在水溶液中的电离：

$$\begin{array}{ccc}\mathrm{NH_4Ac \rightleftharpoons NH_4^+} & + & \mathrm{Ac^-}\\ + & & +\\ \mathrm{H_2O \rightleftharpoons OH^-} & + & \mathrm{H^+}\\ \Updownarrow & & \Updownarrow\\ \mathrm{NH_3 \cdot H_2O} & & \mathrm{HAc}\end{array}$$

这种盐的水解程度较大，其水解的离子方程式为：

$$\mathrm{NH_4^+ + Ac^- + H_2O \rightleftharpoons NH_3 \cdot H_2O + HAc}$$

水解后，溶液的酸碱性取决于弱酸 HAc 和弱碱 $\mathrm{NH_3 \cdot H_2O}$ 的相对强弱，由于 $K_{\mathrm{HAc}}$ 和 $K_{\mathrm{NH_3 \cdot H_2O}}$ 都约为 $1.76 \times 10^{-5}$，因此溶液呈现中性。

应当指出,一般盐的水解程度较小,而对应的中和反应的程度一般都较大。例如,$NH_3 \cdot H_2O + HCl \Longrightarrow NH_4Cl + H_2O$,这个反应可视为不可逆,即平衡常数较大($1.8 \times 10^9$),而其逆反应,即 $NH_4Cl$ 的水解程度却非常小,其水解平衡常数约为 $5.6 \times 10^{-10}$。正因为如此,$NH_4Cl$ 水解才不致产生氯化氢气体和氨气。但是,当两种水解程度都不大的盐溶液,如 $Al_2(SO_4)_3$ 与 $NaHCO_3$ 混合时,它们可以相互促进水解,反应如下:

混合前:

$$Al^{3+} + 3H_2O \Longrightarrow Al(OH)_3 + 3H^+ \text{(溶液显酸性,但无白色 } Al(OH)_3 \text{ 絮状沉淀)}$$

$$HCO_3^- + H_2O \Longrightarrow H_2CO_3 + OH^- \text{(溶液显碱性,但无 } CO_2 \text{ 逸出)}$$

混合后(将两个不完全的水解反应相加并整理):

$$Al^{3+} + 3HCO_3^- \Longrightarrow Al(OH)_3 \downarrow + 3CO_2 \uparrow \text{(反应完全)}$$

由于 $Al_2(SO_4)_3$ 与 $NaHCO_3$ 水解产生的 $H^+$ 和 $OH^-$ 结合成难电离的 $H_2O$ 而使各自的水解平衡被破坏,平衡右移,生成更多的 $Al(OH)_3$ 和 $H_2CO_3$(达到饱和,分解放出 $CO_2$),于是促进了 $Al_2(SO_4)_3$ 和 $NaHCO_3$ 的完全水解。水解的化学方程式为:

$$Al_2(SO_4)_3 + 6NaHCO_3 \Longrightarrow 2Al(OH)_3 \downarrow + 6CO_2 \uparrow + 3Na_2SO_4$$

这个反应曾广泛用于"酸碱泡沫式灭火器"中。现已被更方便、更安全的新型灭火器所替代。

显然,一种能产生 $H^+$ 的水解性盐与另一种能产生 $OH^-$ 的水解性盐的水溶液相混合,必将相互促进水解,而使反应更加完全,这类反应叫做"双水解"。

用"双水解"反应原理,可以解释为什么 $Al_2(CO_3)_3$ 在水溶液中不存在;为什么制备 $Al_2S_3$ 可以用铝和硫粉在高温下直接化合,而不能用 $Al_2(SO_4)_3$ 与 $Na_2S$ 水溶液的反应。

(4)强酸强碱盐。此类盐如 $NaCl$、$KNO_3$、$Na_2SO_4$ 等在水溶液中不水解,溶液显中性。

另外,对于多元弱酸或多元弱碱生成的盐(如 $Na_2CO_3$、$Na_3PO_4$、$FeCl_3$、$AlCl_3$),由于其水解情况较为复杂,是分步进行的,这里不作介绍。

#### 4.1.5.2 盐类水解的应用

盐类水解程度的大小,主要由盐的本身性质决定,同时还要受到一些外界因素的影响,如温度、溶液的酸度等。一般说来,升高温度,水解程度加大;改变生成物的浓度,也会引起水解平衡的移动,可通过控制这些因素来控制水解的程度。

盐类水解有着广泛的用途,人们经常利用或抑制盐类水解来解决工农业生产和日常生活中遇到的一些实际问题。例如,碳酸钠水溶液呈碱性,在许多工业生产上用它代替烧碱使用,热的碳酸钠溶液常作为工业洗涤剂,应用于纺织、化工等工业。在农业生产上,长期施用硫酸铵会导致土壤酸化、板结,不利于农作物的生长,这就是由于硫酸铵在水溶液中水解的结果。为了改变这种情况,改良土壤,可在田间施用草木灰,因草木灰中含有 $K_2CO_3$,其水解后显碱性,能够中和一部分酸,达到改良土壤的目的。在自来水厂以及众多游泳池净水循环中广泛使用了氯化铝,其原理就是利用了氯化铝水解过程中产生絮状

Al(OH)₃胶体,这种胶体具有吸附水中悬浮杂质的作用,可以达到净水的目的。生活上,利用小苏打(NaHCO₃)水解后呈碱性的特点,去中和面粉发酵过程中产生的少量有机酸,改善面制品的品质。实验室在配制许多盐溶液时,往往需要注意避免盐的水解,如配制FeCl₃溶液时,一般要加入一定量的盐酸,抑制FeCl₃的水解。总之,我们在应用盐的溶液时,除强酸强碱盐之外,应考虑盐的水解问题。

### 4.1.5.3 纯碱和侯德榜制碱法简介

纯碱,即碳酸钠,又称苏打,也称面碱,是重要的化工原料,用途极为广泛。它可用作工业洗涤剂,也可用来生产烧碱和玻璃,等等。

纯碱的工业生产方法最早由法国勒布兰1788年提出,生产是以氯化钠、硫酸、石灰石为原料,并建立了完整的生产流程,且在当时形成了工业化生产。后来发现这种生产方法存在产品质量差、成本高、不能连续生产的弱点,最终退出工业生产领域。直到19世纪中叶,比利时人索尔维研究提出了氨碱法并投入生产,实现了连续生产,原料利用率达到了70%,产品质量得以提高。但由于此法仍然存在一些缺点,最后也被侯德榜制碱法(联合制碱法)所取代。联合制碱法流程示意图见图4-4。

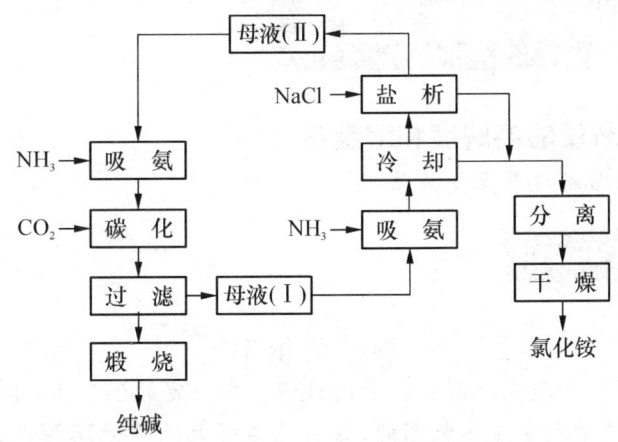

**图 4-4 联合制碱法生产流程示意图**

我国制碱专家侯德榜对氨碱法做了重大改革,提出的联合制碱的新方法,一直被用于工业生产至今。侯德榜是中国人的骄傲,他为我国民族工业的发展,为世界制碱工业作出了不可磨灭的贡献。

联合制碱法将食盐利用率从70%提高到95%以上,是大型化工生产中"循环经济"的典范。

### 思考与练习

**1.** 判断下列物质中哪些是强电解质,哪些是弱电解质。

HCl　HCN　H₂O　HAc　KNO₃　NH₄Cl　NaAc　NH₃·H₂O

**2.** 比较二元弱酸碳酸(H₂CO₃)和氢硫酸(H₂S)的相对强弱。

**3.** 填空题。

(1) $NaHCO_3$ 的离解过程用离子方程式可表示为_____。

(2) 弱电解质在离解过程中建立起来的动态平衡称为_____。

**4.** 是非判断题。

(1) 金属铜可以导电，但由于它是单质，所以铜仍然是非电解质。

(2) 任何酸碱之间发生的中和反应，其离子方程式都为 $H^+ + OH^- = H_2O$。

**5.** 计算下列溶液的 pH。

(1) $0.01 \ mol \cdot L^{-1} HCl$；

(2) $0.01 \ mol \cdot L^{-1} KOH$；

(3) $c(H^+) = 1 \times 10^{-5} \ mol \cdot L^{-1}$ 的溶液；

(4) $c(OH^-) = 1 \times 10^{-8} \ mol \cdot L^{-1}$ 的溶液。

**6.** 农业生产中长期使用硫酸铵 $(NH_4)_2SO_4$ 化肥会导致土壤的酸化，为什么？实际应用中可用草木灰（含 $K_2CO_3$）改良土壤，又为什么？

## 4.2　沉淀溶解平衡及其应用

### *4.2.1　难溶电解质的溶解度和溶度积

4.2.1.1　电解质的溶解度及表示方法

温故知新

### 物质的溶解

我们知道，溶解是物质在溶剂中扩散的过程。在一定的温度下，不同物质在相同质量的溶剂中所能溶解的最大量是不相同的，这种性质叫做物质的**溶解性**。它与物质和溶剂的性质有关。通常用易溶、可溶、微溶和难溶来描述。在溶剂水中绝对不溶的物质是没有的。如氯化银通常认为在水中是不溶的，事实上仅是难溶而已，在氯化银固体表面的离子或多或少地会扩散到水中而溶解。

物质的溶解性可以定量地用溶解度表示。**一定温度下，某种物质在 100 克溶剂里达到饱和时（即溶解平衡）所溶解该物质的克数叫做该物质在这种溶剂里的溶解度。**[1] 通常所说的溶解度就是物质在水里的溶解度。例如，20℃时，氯酸钾的溶解度是 7.4 克，表明在 20℃时，100 克水里最多能够溶解 7.4 克的氯酸钾。

物质的溶解度与温度有关，大部分固态物质的溶解度随温度的升高而增大，所以加热一般有利于固态物质的溶解。气态物质的溶解度随温度的升高而减小，此外溶解度还与该气体在液面上的压强有关。一般说来，气态物质的溶解度随压强的增大

---

[1]　溶解度有多种表示方法，除 $m_B/100 \ g \ H_2O$ 这种常见表示法外，还常用物质的量浓度、质量浓度、体积分数等形式。当然，表示时均应注明溶解时的温度，对气体溶质，还应注明压强。

而增大。

### 4.2.1.2　难溶电解质的溶度积

对于难溶电解质,其溶解能力较弱,因此难溶电解质的溶解性常用溶度积来进行描述。将固态 AgCl 加入到水中时,AgCl 固体表面上的部分 $Ag^+$ 和 $Cl^-$ 离子在水分子的作用下,能够离开固体物质的表面而进入水中;同时,溶解到水中的部分 $Ag^+$ 和 $Cl^-$ 也会从水中回到固体物质的表面析出。在一定的条件下(达到饱和时),当其溶解和沉淀速度相等时,溶液中的离子和沉淀(固态物质)之间便会建立如下平衡:

$$AgCl(s) \underset{沉淀}{\overset{溶解}{\rightleftharpoons}} Ag^+ + Cl^-$$

$$未溶解固体 \qquad 溶液中的离子$$

**这种建立在固体和溶液中离子之间的动态平衡,称为沉淀溶解平衡。**

根据平衡原理,可以推导出上述平衡的平衡常数表达式为:

$$K = c(Ag^+) \cdot c(Cl^-)$$

为了表明这一平衡常数的特殊性,常以 $K_{sp}$ 代替 $K$,以示区别,则上式可写成:

$$K_{sp} = c(Ag^+) \cdot c(Cl^-)$$

此式表明:当温度一定时,在难溶电解质的饱和溶液中,以该离子的系数为幂指数的离子浓度(用物质的量浓度表示)的乘积为一常数,这个常数叫做溶度积常数,简称**溶度积**,用 $K_{sp}$ 表示。

同理:

$$BaSO_4 \underset{沉淀}{\overset{溶解}{\rightleftharpoons}} Ba^{2+} + SO_4^{2-}$$

$$K_{sp}(BaSO_4) = c(Ba^{2+}) \cdot c(SO_4^{2-})$$

$$Ag_2CrO_4 \underset{沉淀}{\overset{溶解}{\rightleftharpoons}} 2Ag^+ + CrO_4^{2-}$$

$$K_{sp}(Ag_2CrO_4) = c^2(Ag^+) \cdot c(CrO_4^{2-})$$

用一般形式表示为:

$$A_m^{x+}B_n^{y-} \underset{沉淀}{\overset{溶解}{\rightleftharpoons}} mA^{x+} + nB^{y-}$$

$$K_{sp}(A_m^{x+}B_n^{y-}) = c^m(A^{x+}) \cdot c^n(B^{y-})$$

溶度积能够表示难溶物质的溶解能力。对同类型的难溶电解质(如 AgCl 和 AgBr,$BaSO_4$ 和 $BaCO_3$),在相同温度下,$K_{sp}$ 越大,溶解度也越大。但不同类型的难溶电解质不能直接用 $K_{sp}$ 的大小比较其溶解能力。溶度积的大小与物质的溶解性有关,受温度等因素的影响。

表 4-5 给出了一些常见物质的溶度积,供我们使用和查阅。

表 4 - 5　一些常见物质的溶度积(18～25℃)

| 难溶物质 | 化学式 | $K_{sp}$ | 难溶物质 | 化学式 | $K_{sp}$ |
|---|---|---|---|---|---|
| 氯化银 | AgCl | $1.8 \times 10^{-10}$ | 氢氧化铁 | $Fe(OH)_3$ | $4 \times 10^{-38}$ |
| 溴化银 | AgBr | $4.95 \times 10^{-13}$ | 氢氧化钙 | $Ca(OH)_2$ | $5.5 \times 10^{-6}$ |
| 碘化银 | AgI | $8.3 \times 10^{-17}$ | 氢氧化铝 | $Al(OH)_3$ | $1.3 \times 10^{-33}$ |
| 硫酸钡 | $BaSO_4$ | $1.1 \times 10^{-10}$ | 氢氧化镁 | $Mg(OH)_2$ | $1.8 \times 10^{-11}$ |
| 硫化铜 | CuS | $6.3 \times 10^{-36}$ | 硫酸钙 | $CaSO_4$ | $6.1 \times 10^{-6}$ |
| 硫酸铅 | $PbSO_4$ | $1.6 \times 10^{-8}$ | 碳酸钙 | $CaCO_3$ | $2.8 \times 10^{-9}$ |

#### 4.2.1.3　溶度积原理及其应用

利用溶度积,可以判断给定难溶电解质在一定条件下沉淀的生成或溶解。溶液中,**给定难溶电解质的离子浓度系数幂的乘积大于溶度积时,就会生成沉淀**,随着沉淀的析出,离子浓度减小,直到离子浓度系数幂的乘积等于溶度积便达到沉淀溶解平衡;**若溶液中离子浓度系数幂的乘积等于溶度积,则溶液处于饱和状态;若溶液中离子浓度系数幂乘积小于溶度积,则没有沉淀生成**,若原来有沉淀,沉淀会发生溶解,这就是**溶度积原理**。

对于难溶电解质 $A_m^{x+} B_n^{y-}$,在其溶液中:

当 $c^m(A^{x+}) \cdot c^n(B^{y-}) < K_{sp}$ 时,溶液未饱和,无沉淀析出;若原来有沉淀,则沉淀会溶解;

当 $c^m(A^{x+}) \cdot c^n(B^{y-}) = K_{sp}$ 时,溶液达饱和,无沉淀析出;

当 $c^m(A^{x+}) \cdot c^n(B^{y-}) > K_{sp}$ 时,溶液过饱和,析出沉淀。

根据溶度积原理,我们可以通过控制溶液中离子的浓度,使沉淀析出或沉淀溶解,但在应用时必须注意具体情况,这是由于溶度积原理的使用是有一定局限性的。

例如,向含有 $CaCO_3$ 难溶物的溶液中加入盐酸,由于 $H^+$ 能够和 $CO_3^{2-}$ 结合成碳酸,碳酸不稳定,分解放出 $CO_2$ 气体,降低了 $CO_3^{2-}$ 的浓度,使 $c(Ca^{2+}) \cdot c(CO_3^{2-}) < K_{sp}(CaCO_3)$,碳酸钙就溶解了。同理,如果在碳酸钙的饱和溶液中加入碳酸钠溶液,增大了 $CO_3^{2-}$ 浓度,使 $c(Ca^{2+}) \cdot c(CO_3^{2-}) > K_{sp}(CaCO_3)$,则溶解平衡就会向生成 $CaCO_3$ 沉淀方向移动,$CaCO_3$ 沉淀析出,钙离子浓度减小,直到溶液离子积等于 $K_{sp}(CaCO_3)$,便达到平衡。

**例 4 - 4**　判断把 20 mL 0.02 mol·$L^{-1}$ 的 $Na_2SO_4$ 溶液和 20 mL 0.02 mol·$L^{-1}$ $CaCl_2$ 溶液混合后有无沉淀析出?(已知 $K_{sp}(CaSO_4) = 6.1 \times 10^{-6}$)

**解:**两种溶液混合后,$Na_2SO_4$ 溶液和 $CaCl_2$ 溶液的物质的量浓度变为:

$$0.02 \times (20/40) = 0.01 \text{ mol} \cdot L^{-1}$$

故
$$c(SO_4^{2-}) = 0.01 \text{ mol} \cdot L^{-1}$$
$$c(Ca^{2+}) = 0.01 \text{ mol} \cdot L^{-1}$$

溶液中 $CaSO_4$ 的离子积为:

$$c(Ca^{2+}) \cdot c(SO_4^{2-}) = 0.01 \times 0.01 = 1 \times 10^{-4} > 6.1 \times 10^{-6}$$

根据溶度积原理可判断溶液混合后会析出 $CaSO_4$ 沉淀。

在生产实践中,溶液里常常同时含有多种离子,当加入某种试剂时,往往可以和多种离子生成难溶化合物。这种情况下,离子的沉淀按什么顺序进行呢?例如某溶液中同时含有同浓度的 $Ca^{2+}$ 和 $Ba^{2+}$,在溶液中逐滴加入 $Na_2SO_4$,可发生下列反应:

$$Ca^{2+} + SO_4^{2-} = CaSO_4 \qquad K_{sp}(CaSO_4) = 6.1 \times 10^{-6}$$
$$Ba^{2+} + SO_4^{2-} = BaSO_4 \qquad K_{sp}(BaSO_4) = 6.1 \times 10^{-10}$$

根据溶度积规则,显然是需要 $SO_4^{2-}$ 浓度较低的硫酸钡先沉淀,即**对同类型电解质来说,溶度积最小的先沉淀。这种先后沉淀的作用叫做分步沉淀。**

溶度积原理在工业生产上、化学分析中都有广泛的应用。

### 工业废水中汞的处理

工业废水中汞的处理,普遍利用沉淀法处理使废水中的含汞量由 $25\ mg \cdot L^{-1}$ 降至 $0.05\ mg \cdot L^{-1}$,达到国家排放标准以减少汞对环境的污染。其原理是:

以硫化钠为沉淀剂,将废水中的汞沉淀为极难溶的硫化汞($K_{sp} = 2 \times 10^{-52}$):

$$Hg^{2+} + S^{2-} \longrightarrow HgS\downarrow$$

在处理过程中为防止硫化钠过量而使硫化汞形成 $[HgS_2]^{2-}$ 重新溶解,一般在废水中添加适量的 $FeSO_4$,达到共同沉淀:

$$[HgS_2]^{2-} + Fe^{2+} \longrightarrow HgS\downarrow + FeS\downarrow$$

沉淀物"汞渣"过滤后,还可进行汞的回收。

## 4.2.2　硬水及其软化

工农业生产、日常生活用水都取自天然水。天然水是一种重要的自然资源,由于天然水与外界环境接触,在运动过程中,把大气、土壤、岩石中的许多物质通过溶解和挟持带入天然水中,因此天然水的成分十分复杂。其许多无机盐类,如钙、镁的酸式碳酸盐、硫酸盐和氯化物,也溶入水中。天然水中含有的主要阳离子有 $K^+$、$Na^+$、$Ca^{2+}$、$Mg^{2+}$ 等,主要阴离子有 $HCO_3^-$、$CO_3^{2-}$、$Cl^-$、$SO_4^{2-}$ 等。此外,天然水、自来水中还有一些细菌和微生物,有些还有固体悬浮物。

在工业上通常根据水中含有 $Ca^{2+}$、$Mg^{2+}$ 的多少把天然水划分为两种:**溶有较多 $Ca^{2+}$、$Mg^{2+}$ 的水被称为硬水;溶有少量或不含 $Ca^{2+}$、$Mg^{2+}$ 的水叫软水。**硬水又可分为暂时硬水和永久硬水。我们**把含有钙、镁酸式碳酸盐的硬水叫做暂时硬水**,暂时硬水经过煮沸,钙的酸式碳酸盐能够分解成不溶性的碳酸盐,从而很容易将 $Ca^{2+}$、$Mg^{2+}$ 从水中除去:

$$Ca(HCO_3)_2 \xrightarrow{\triangle} CaCO_3\downarrow + CO_2\uparrow + H_2O$$

含有钙、镁的硫酸盐或氯化物的硬水称为永久硬水。工业上用规定的标准来表示水的硬度。通常把 1 L 水中含有 10 mg CaO(或相当于 10 mg CaO)称为 1°,硬度在 8°以下称为软水,8°以上为硬水,大于 30°称为最硬水。

硬水不能满足许多工业部门的用水要求,也不利于日常生活使用。例如,工业锅炉若使用硬水,就会在锅炉内形成难溶沉淀,俗称"锅垢",使传热变慢而增加能耗,甚至会产生锅垢脱落,在传热面上造成"热斑"引起爆炸事故。

[**演示实验 4-3**]  用两个烧杯取少量硬水和软水,分别加入少量肥皂水,搅拌后静置一段时间,观察其变化。

通过实验,我们能观察到盛有硬水的烧杯中有少量絮状沉淀生成,产生的泡沫较少,而软水产生的泡沫较多。这是硬水中钙离子与肥皂形成不溶性的硬脂酸钙和硬脂酸镁的缘故所致。

$$2C_{17}H_{35}COONa + Ca(HCO_3)_2 \longrightarrow (C_{17}H_{35}COO)_2Ca\downarrow + 2NaHCO_3$$
$$\text{硬脂酸钠} \qquad\qquad\qquad\qquad \text{硬脂酸钙}$$

印染、化工、电厂、医药、食品制造等各工业部门都要求使用软水。因此,必须降低或除去硬水中钙、镁离子的浓度,满足生产需要。我们通常**把降低硬水中钙、镁离子的过程称为硬水的软化**。

### 自来水常识

城市和乡镇所用的自来水,由水厂取江河天然水,并按照国家 2006 年颁布的《生活饮用水卫生标准》(GB5749-2006),经过一系列净化、杀菌处理后供给。自来水虽然经过净化处理,但仍然含有较多的钙、镁离子,也有一定量的氯离子、硫酸根离子、碳酸根离子和碳酸氢根离子,属于硬水的范畴。自来水经过煮沸,我们能够观察到水中存有少量水垢,这是钙、镁离子形成难溶碳酸盐的结果。

硬水软化的常用方法主要有化学软化法和离子交换法。化学软化法主要是通过加入化学试剂(如碳酸钠、石灰、磷酸钠等),使硬水中溶解的钙、镁离子转化为难溶化合物而沉淀析出,达到软化的目的。离子交换法是用离子交换剂软化硬水的方法。离子交换剂是树脂(一种固态有机高分子化合物),可分为阳离子交换剂(用 $R^-H^+$ 表示)和阴离子交换剂(用 $R^+OH^-$ 表示),它能用自身所含有的阴离子 $OH^-$ 或阳离子 $H^+$ 和水中的阴阳离子发生交换,从而除去水中含有的杂质离子。其交换反应可表示为:

$$Ca^{2+} + 2R^-H^+ \longrightarrow CaR_2 + 2H^+$$
$$SO_4^{2-} + 2R^+OH^- \longrightarrow R_2SO_4 + 2OH^-$$

其处理过程如图 4-5 所示。

离子交换法因具有效果佳、设备少、占地小、离子交换剂能够重复使用的优点,在医药、酿造、化工,以及贵金属、稀有元素提取中被广泛应用。

一般把用阴阳离子交换剂处理过的水称为去离子水。离子交换剂使用一段时间后,交换能力下降,可用盐酸或氢氧化钠分别处理阳离子树脂和阴离子树脂,恢复其交换能力,工业上称这一过程为**再生**。

纯水是科学研究、实验以及工业生产中必不可少的物质之一。纯水的制备通常采用蒸馏法、离子交换法、电渗析法,都可以达到将原水中可溶性和非可溶性杂质全部去除的效果。

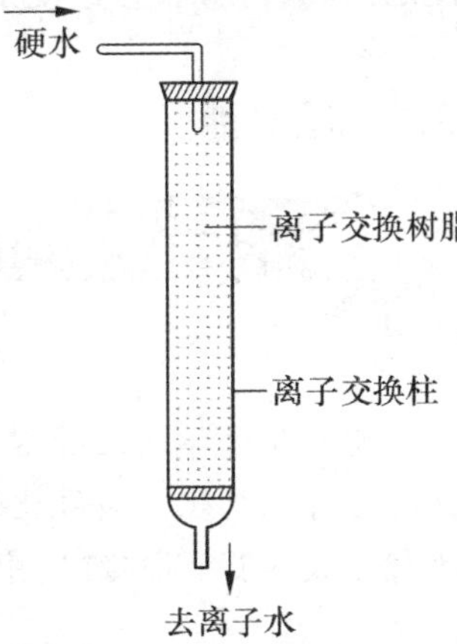

硬水 →

离子交换树脂

离子交换柱

↓
去离子水

**图 4 - 5　离子交换法示意图**

电渗析法是目前较为先进的纯水制备方法,这种方法能够制取电阻率为 $2\times10^{6}$ $\Omega\cdot cm(180℃)$ 的纯水。而一般去离子水的电阻率为 $5\times10^{5}$ $\Omega\cdot cm$,且较离子交换法设备和操作管理更为简单,也不需要用酸、碱进行离子交换剂的再生,有较大的实用价值。在应用实践中,由于提高电压存在一定困难,一般将电渗析法和离子交换法结合起来进行纯水制备。

### 思考与练习

**1.** 填空题。

(1) 固体物质的溶解度随温度的升高而_____,气态物质的溶解度随压强的升高而_____。

(2) 天然水中含有的主要阳离子有_____,主要阴离子有_____。工业上把_____的水称为硬水。

(3) 在一定条件下,当难溶电解质溶解和沉淀的速率相等时,固体和溶液中离子之间建立的动态平衡称为_____。

(4) 去离子水是指经过_____处理所获得的水,它广泛地用于生产和科学实验。

**2.** 举例说明生活中因使用硬水而出现的问题,简述硬水软化的意义。

**3.** 简述溶度积原理的主要内容。溶度积的大小说明什么? 它在应用上与溶解度有何不同?

## 4.3　氧化还原平衡及其应用

氧化还原反应是化学反应的重要类型。通过前面的学习,我们知道氧化还原反应存在化合价的升降,其本质是在反应物之间发生了电子的转移,物理学知识告诉我们电荷的定向移动就是电流,显然,通过氧化还原反应可以获得电流。氧化还原反应存在化学能与电能之间的转换问题,这便是电化学研究的内容。

### 4.3.1　原电池

#### 氧化还原反应中电子的转移

物质发生化学反应时常伴随着能量的变化,能量可以是化学能、热能、光能、电能,且相互之间可以转化。对氧化还原反应来说,在反应过程中同时发生着电子转移。例如,将一块锌片放入 $CuSO_4$ 溶液中,则发生如下氧化还原反应:

$$Zn + CuSO_4 = ZnSO_4 + Cu$$

用离子方程式表示:

$$Zn + Cu^{2+} = Zn^{2+} + Cu$$

反应中锌失去电子,被氧化成 $Zn^{2+}$ 进入溶液,$Cu^{2+}$ 获得电子被还原成铜沉积在锌片上,由于锌与溶液中 $Cu^{2+}$ 直接接触,电子的转移过程得以实现。

若按图 4-6 把氧化剂、还原剂隔开又会发生什么情况呢?

[**演示实验4-4**]　按图 4-6,将锌片和铜片分别插入盛有 $ZnSO_4$ 和 $CuSO_4$ 溶液的两个烧杯中,两个烧杯之间用盐桥(装有饱和 KCl 溶液和用琼胶做成冻胶的 U 形管)联结,锌片和铜片用导线连接,且串联一个安培计。

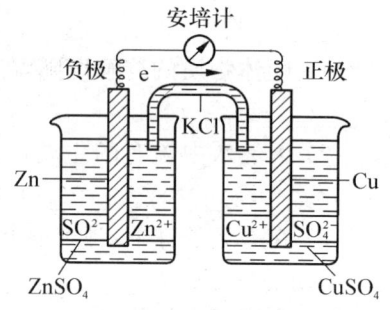

图 4-6　铜锌原电池装置

实验中可以观察到下列现象:

(1) 检流计指针发生偏转,说明导线中有电流通过,且电子流向是锌片流向铜片。

(2) 锌片不断溶解,铜片上有铜析出。

(3) 取出盐桥,检流计指针回到零位,放入后又发生偏转,盐桥起到了通路的作用。

上述现象说明,锌片上发生了氧化反应:$Zn - 2e^- = Zn^{2+}$。锌离子进入溶液后,锌片上的电子通过导线流向铜片,在 $CuSO_4$ 溶液中 $Cu^{2+}$ 从铜片上获得电子发生还原反应:

$$Cu^{2+} + 2e^- = Cu$$

通过上述装置把 Zn 的氧化和 $Cu^{2+}$ 的还原分开进行后,可以实现电子的定向运动,获得电流,也就可以实现化学能转变为电能。我们把这种**借助氧化还原反应,将化学能转变成电能的装置叫做原电池。**

### 电化学有关原电池的规定

1. 原电池的正、负极：电子流出的一极为负极，用"－"表示。电子流入的一极为正极，用"＋"表示。

2. 电极反应：在原电池中电极上发生的氧化或还原反应称为电极反应。负极发生的电极反应为失电子的氧化反应，正极发生的电极反应为得电子的还原反应。

3. 电子流向：原电池中电子从负极流向正极。

对 Cu－Zn 原电池，其电极反应：

$$（-）\quad Zn-2e^-=\!=\!=Zn^{2+} \quad （氧化反应）$$
$$（+）\quad Cu^{2+}+2e^-=\!=\!=Cu \quad （还原反应）$$

总的电池反应：$Zn+Cu^{2+}=\!=\!=Cu+Zn^{2+}$

电极反应不能单独进行，正极和负极反应必须伴同发生，即发生电池反应。

原电池装置可用电池符号表示，上述铜锌原电池表示如下：

$$（-）\ Zn\,|\,ZnSO_4\,\|\,CuSO_4\,|\,Cu（+）$$

式中（＋）、（－）表示电极符号，一般把负极写在左边、正极写在右边；Zn、Cu 表示两个电极；"‖"表示盐桥；"|"表示两个电极与电解质溶液间的接触界面；$CuSO_4$、$ZnSO_4$ 表示电解质溶液。有时还须注明组成半电池的物质的状态，如气体分压和溶液浓度等。

原则上任何一个能自发进行的氧化还原反应都可以组成原电池。例如，$SnCl_2$ 与 $FeCl_3$ 发生的氧化还原反应：

$$\overset{+2}{Sn}Cl_2+2\overset{+3}{Fe}Cl_3=\!=\!=\overset{+4}{Sn}Cl_4+2\overset{+2}{Fe}Cl_2$$

根据该氧化还原反应，我们可以在两个烧杯中分别盛放 $FeCl_3$ 溶液和 $SnCl_2$ 溶液（其中加入少量稀盐酸以增加其导电能力），用金属铂作辅助电极，用盐桥联结，即可形成原电池，获得电流。

电极反应：

$$负极\quad Sn^{2+}-2e^-=\!=\!=Sn^{4+} \quad （氧化反应）$$
$$正极\quad Fe^{3+}+e^-=\!=\!=Fe^{2+} \quad （还原反应）$$

总的电池反应：$Sn^{2+}+2Fe^{3+}=\!=\!=Sn^{4+}+2Fe^{2+}$

其组成的原电池符号为：

$$（-）Pt\,|\,Sn^{2+},\ Sn^{4+}\,\|\,Fe^{2+},\ Fe^{3+}\,|\,Pt（+）$$

在该原电池中，电极铂片仅起导体作用，自身未参加电极反应，这种电极叫做**惰性**

电极。

### 4.3.2 化学电源

化学电源是借助氧化还原反应,将化学能直接变为电能的装置。有一次(性)电池和二次电池之分,通常所说的"干电池"就是一次电池。二次电池是指可以通过充放电反复使用的电池。如铅蓄电池和目前广泛使用的各类手机电池都是二次电池。此外,还有以$H_2$、$CH_4$、$CO$等燃料在催化剂作用下与$O_2$反应的燃料电池。

#### 4.3.2.1 一次电池

(1)干电池是一种常用的一次电池,它的外壳用锌片制成筒状作为电池的负极,石墨碳棒作为电池正极,筒内装有氯化铵、氯化锌、二氧化锰、淀粉及其他填充物组成的糊状混合物作为电解质溶液,并用多孔纸包起来,使之与锌皮隔开,碳棒插在锌筒中间,用沥青或石蜡密封。其构造如图4-7所示。

电池符号可表示为:

$$(-)Zn \mid ZnCl_2, NH_4Cl \mid MnO_2, C(+)$$

使用放电时电极反应如下:

负极 $\quad Zn - 2e^- = Zn^{2+}$

正极 $\quad 2NH_4^+ + 2e^- = 2NH_3 + H_2$

$\quad\quad H_2 + 2MnO_2 = Mn_2O_3 + H_2O$

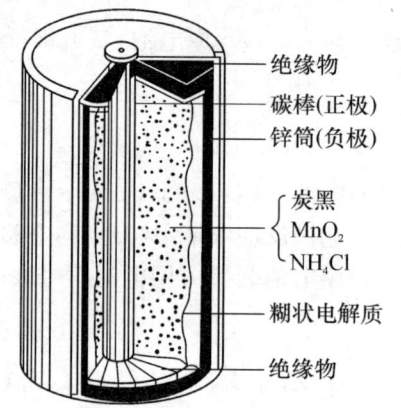

绝缘物
碳棒(正极)
锌筒(负极)

炭黑
$MnO_2$
$NH_4Cl$

糊状电解质
绝缘物

**图4-7 锌-锰干电池结构**

总反应为:

$$Zn + 2MnO_2 + 2NH_4^+ = Zn^{2+} + 2NH_3 + Mn_2O_3 + H_2O$$

干电池的电动势约为1.5 V。在使用过程中,电子从锌负极流向锰正极,锌皮逐渐消耗,电解液也不断被消耗,二氧化锰不断被还原,电压逐渐降低,最后电池失效。由于干电池具有价格低廉、携带方便等特点,广泛应用于手电筒、收录机、照相机以及电信仪表等。在使用中要注意忌曝晒、防潮湿。长时间不用应从电器中取出,防止锌皮因消耗变薄穿孔发生渗漏而引起电器损坏。干电池是一次性消费品,但锌皮不可能完全被消耗,所以可以利用旧电池回收金属锌,既回收了资源,又减少了对环境的污染。

(2)纽扣电池也是一种一次电池,它就是银锌电池,负极活性材料是锌合金,正极活性材料是氧化银和石墨混合物,电解液为浓氢氧化钠,尼龙注塑绝缘密封。其电池反应为:

$$Ag_2O + Zn = 2Ag + ZnO$$

纽扣电池具有体积小、能量大、电压高等特点,广泛用于电子表、助听器、电子计算器等精密仪器。

#### 4.3.2.2 二次电池

(1)铅蓄电池。我们在生活中见到的车船用电瓶、电动自行车电瓶都是可以反复充电放电的化学电源,这种能反复充电放电,重复使用的电池统称为二次电池。铅蓄电池是最常见的二次电池,其结构如图4-8所示。它由两组栅状极板和稀硫酸电解液组成,极板是铅合金制成的栅状格子,中间充满硫酸铅,栅状极板置于耐酸槽中,接通电源可充电。这是一个将电能转变为化学能的过程,通过测定硫酸的密度,可判断充电的程度。当硫酸的密度到达 $1.30\ g\cdot ml^{-1}$ 时,表示充电过程完成。充电过程的电极反应:

$$\text{阴极}\quad PbSO_4 + 2e^- =\!\!=\!\!= Pb + SO_4^{2-}$$

$$\text{阳极}\quad PbSO_4 + 2H_2O - 2e^- =\!\!=\!\!= PbO_2 + H_2SO_4 + 2H^+$$

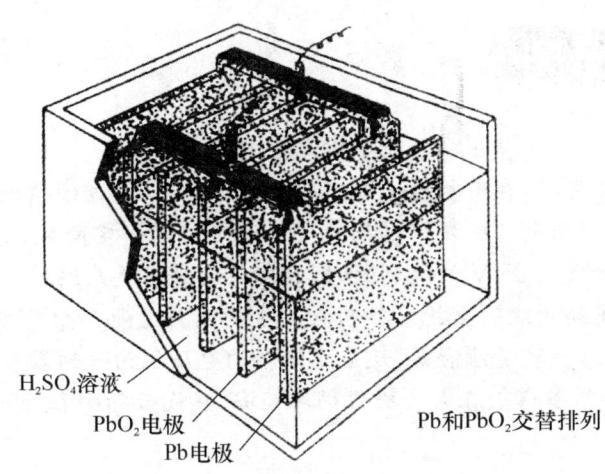

H₂SO₄溶液
PbO₂电极
Pb电极
Pb和PbO₂交替排列

**图 4-8　铅蓄电池**

蓄电池的使用过程是放电,是电能转化为化学能的过程。放电过程电池的电极反应为:

$$\text{负极}\quad Pb - 2e^- + SO_4^{2-} =\!\!=\!\!= PbSO_4$$

$$\text{正极}\quad PbO_2 + 4H^+ + SO_4^{2-} + 2e^- =\!\!=\!\!= PbSO_4 + 2H_2O$$

铅蓄电池每个单元电压为 $2.0\ V$ 左右,当使用一段时间,单元电压降到 $1.8\ V$ 或硫酸密度降到 $1.20\ g\cdot ml^{-1}$ 时,铅蓄电池不能继续使用,须进行充电,否则会引起电池的损坏。

铅蓄电池充电和放电过程的电极反应互为逆反应,合并写为:

$$2PbSO_4 + 2H_2O \underset{\text{放电}}{\overset{\text{充电}}{=\!\!=\!\!=}} Pb + PbO_2 + 2H_2SO_4$$

铅蓄电池具有电压高、放电稳定、使用温度范围宽、原料丰富、价格低廉的优点,被广泛用于汽车、船舶、飞机、矿山、军工等方面。在当今不同种类的电池生产中,就其总产量而言,铅蓄电池所占比重最大。这种电池的主要缺点是抗震性差,较为笨重,易溢出酸雾,铅和铅盐有毒,对人体健康影响大,携带和维护不便。针对这些问题,科技工作者正不断地从电极材料、隔板材料、电解液配方、电池槽体以及整体密封等方面进行改进,以克服铅蓄电池的缺点。

4.3.2.3 新型化学电池简介

生产和科学技术的发展,迫切要求科技工作者研制开发体积小、容量大、使用寿命长、安全高效、价廉的化学电池。正是在这样的背景下,新型化学电池得以开发并逐步投入应用。如镍-铁、镍-镉碱性蓄电池,用于人造卫星、宇宙火箭、空间电视转播站的银-锌电池(氧化银、锌作电极材料),用于心脏起搏器、手机的镍氢电池、锂离子高能电池,用于航天器的液氢高效燃料电池以及太阳能电池等都是新型化学电池。此外,锂-碘电池、锂-锰电池、锌-氧蓄电池、钠硫电池正在研制开发中。我们有理由相信,随着科学技术的发展,新型化学电池的开发和应用将有美好的前景。

 信息链接

### 微生物燃料电池

美国科学家研究发现,在有机废水处理的发酵过程中,通过细菌处理有机废水可以得到大量的氢,且氢的产率是传统发酵过程的 4 倍。发酵到一定阶段,分解过程将会停止,但在反应中给细菌加上 0.25 V 的电刺激,则可以促使分解反应继续进行,直至完全分解。科学家由此开发出了高效能微生物燃料电池。这种燃料电池不仅可以净化有机废水,而且,通过发酵处理可以获取清洁能源,反应中消耗的电压仅为普通燃料电池电解过程所需电压的 10%,可谓一举多得。在大力提倡循环经济、建设节约型社会的今天,这一研究成果无疑具有重要的意义。

## 4.3.3 电解及其应用

借助氧化还原反应,化学能能够转变为电能。那么,我们将直流电通入电解质溶液又会怎样呢?事实上,将直流电通入电解质溶液同样会引起化学变化,发生氧化还原反应,能够实现电能到化学能的转化。

### 4.3.3.1 电解原理

在这一节里,我们将讨论当电流通过电解质溶液时所发生的化学反应,以及这些反应在生产上的应用。

[**演示实验**4-5] 实验装置如图 4-9 所示,在一个 U 形管中装入饱和 $CuCl_2$ 溶液,用两根石墨碳棒作为电极,分别插入 U 形管中,用导线将两极碳棒分别与直流电源的正负极相连接,接通电源。

我们能够观察到下列现象:

(1)与电源负极相连接的碳棒上有红色的铜析出。

(2)与电源正极相连接的碳棒上有气泡析出,用润湿的淀粉-碘化钾试纸放在该管口,试纸变成蓝色,证明析出气体是氯气。

实验表明,电流通过 $CuCl_2$ 溶液时,$CuCl_2$ 分解成 $Cl_2$

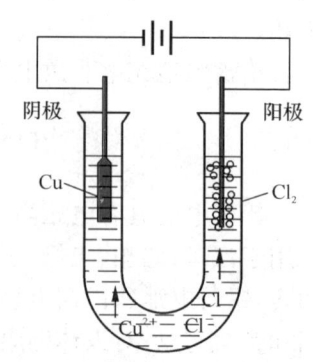

**图 4-9 电解氯化铜实验装置**

和 Cu,其反应为:

$$CuCl_2 \xrightarrow{\text{通电}} Cu\downarrow + Cl_2\uparrow$$

**这种使直流电通过电解质溶液(或熔融液)而引起氧化还原反应的过程叫做电解。**通过电解可以实现电能到化学能的转变。我们**把这种能够实现电能转化为化学能的装置叫做电解池或电解槽。**电解池由直流电源、电极、盛液器构成,并规定与电源负极连接的一端为阴极,与电源正极相连的一端为阳极。

再来分析一下电解的过程:

氯化铜是一种强电解质,溶于水后完全离解成 $Cu^{2+}$ 和 $Cl^-$:

$$CuCl_2 = Cu^{2+} + 2Cl^-$$

同时溶液中的水也能部分离解成 $H^+$、$OH^-$:

$$H_2O \rightleftharpoons H^+ + OH^-$$

在通入电流之前,$CuCl_2$ 溶液中存在四种离子,即 $Cu^{2+}$、$Cl^-$、$OH^-$、$H^+$,且做无规则自由移动,如图 4-10(a)所示。接通电源后,在外加电场的作用下,这些离子发生定向移动。阳离子 $Cu^{2+}$、$H^+$,向阴极聚集;阴离子 $Cl^-$、$OH^-$ 向阳极聚集,如图 4-10(b)所示。

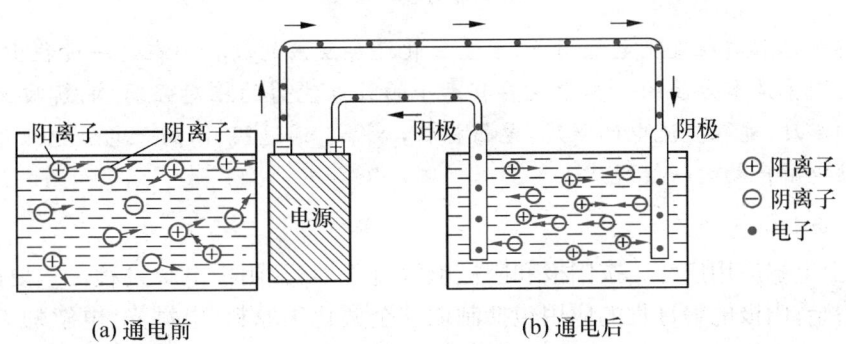

(a) 通电前          (b) 通电后

**图 4-10  电解过程示意图**

阳离子聚集到阴极后,从阴极获得电子,发生还原反应。对不同的离子来说,它们获得电子的能力各不相同。首先获得电子的是获得电子能力强的阳离子,$Cu^{2+}$ 和 $H^+$ 比较,$Cu^{2+}$ 获得电子的能力较强,因此在阴极上 $Cu^{2+}$ 获得电子还原成为 Cu 析出:

阴极反应:$Cu^{2+} + 2e^- = Cu\downarrow$ （还原反应）

另一方面阴离子聚集到阳极后,失去电子发生氧化反应。同样,只有失去电子能力较强的阴离子首先在阳极上放出电子。$Cl^-$ 与 $OH^-$ 比较,$Cl^-$ 失去电子的倾向更大些。因此,在阳极上,$Cl^-$ 放出电子成为中性原子,两个氯原子结合成 $Cl_2$ 从阳极析出:

阳极反应:$2Cl^- - 2e^- = Cl_2\uparrow$ （氧化反应）

在直流电的作用下 $CuCl_2$ 不断地分解成 Cu 和 $Cl_2$。

从以上分析,不难看出电解的实质就是电解质溶液在直流电的作用下,发生氧化还反应。电解过程中电子从电源负极流入电解池阴极,然后从电解池的阳极离开回到电源的正极,因此,**在电解池阴极上发生还原反应,在阳极上发生氧化反应**。

电解过程中,离子在阴极和阳极上获得或失去电子的过程称为**放电**。

### 阴、阳离子的放电顺序

阴离子在阳极放电,阳离子在阴极放电是有规律的。一般说来,金属越活泼,其离子的放电能力越弱。

放电能力逐渐减弱(在阴极得电子)

$$\xleftarrow{\hspace{8cm}}$$

$$K^+ , Ca^{2+} , Mg^{2+} , Al^{3+} , (H^+) Zn^{2+} , Fe^{2+} , Cu^{2+} \ Ag^+ , Au^{3+}$$

放电能力逐渐增强

阳极若是活泼金属做电极,则电极金属单质溶解,被氧化成离子,移动到阳极的阴离子不放电。若是惰性电极,则是阴离子放电,其放电顺序为:

放电能力逐渐减弱(在阳极失电子)

$$\xleftarrow{\hspace{8cm}}$$

$$SO_4^{2-} , NO_3^- , OH^- , Cl^- , Br^- , I^- , S^{2-}$$

放电能力逐渐增强

电解是电解质在直流电作用下,发生氧化还原反应的过程。在这一过程中,影响电解产物的因素是多方面的。其中主要有离子的放电能力的相对强弱,电解质溶液中各种离子的浓度,通入直流电的强度,电极材料,等等。通过阴、阳离子的放电顺序分析可总结归纳电解产物的一般规律。

#### 4.3.3.2 电解的应用

工业上电解应用广泛。按阳极和阴极电解过程划分,阴极电解过程最重要的应用是电镀、电冶金;阳极电解过程的应用包括制取非金属化工原料、电抛光、电解加工、阳极氧化等。

电解应用 {
  阴极电解 {
    电镀(包括电铸),如镀 Cr、Cu、Ni、Zn、Au、Ag 等金属
    电冶金 {
      电解提取金属
      电解精炼金属
    } 如制取 Cu、Pb、Zn、Al、K、Na、Au、Ag 等金属
  }
  阳极电解 {
    惰性电极电解 {
      制取非金属化工原料,如电解食盐水制取 $H_2$、$Cl_2$ 和烧碱等
      电解抛光
    }
    金属电极电解 {
      电解加工
      阳极氧化
    }
  }
}

例如,电解食盐水,用石墨做惰性电极(只导电,不参与电极反应),电极反应为:

$$阴极:2H^+ + 2e^- = H_2 \uparrow$$

$$阳极:2Cl^- - 2e^- = Cl_2 \uparrow$$

电解总反应:

$$2NaCl + 2H_2O \xrightarrow{\text{电解}} Cl_2\uparrow + H_2\uparrow + 2NaOH$$

电解食盐水的实际生产过程中,在电解槽内一般还采用石棉隔膜将阳极区和阴极区隔离开来,形成阴极室和阳极室。一方面防止阴极室溶液向阳极室扩散,另一方面,防止氢气和氯气混合后可能产生的爆炸(氯气中含氢气的爆炸极限为 $35\% \sim 97\%$)。因此,电解生产中,设备结构较为复杂。这就是第3章提到的氯碱工业的主要反应。

## 思考与练习

**1.** 组成原电池的条件是什么?怎样判断原电池的正负极?

**2.** 简述铅蓄电池的充放电原理。

**3.** 电解在工业生产中有何应用?举例说明。

**4.** 选择题。

(1) 现有 A、B、C、D 四种金属,若将 A、B 用导线连接,浸入稀硫酸溶液中,A 上有气体产生;若把 D 放入 B 的硝酸盐溶液中,D 表面被 B 覆盖;若在含 A、C 两种离子的盐溶液中进行电解,阴极上析出 C。由此可知,这四种金属的活动性大小顺序是( )。

A. A>B>C>D

B. D>B>A>C

C. C>A>B>D

D. B>C>D>A

(2) 以粗铜作阳极,精铜作阴极,电解 $CuSO_4$ 溶液,在溶液中 $Cu^{2+}$ 浓度的变化是( )。

① $Cu^{2+}$ 浓度增大

② $Cu^{2+}$ 浓度减小

③ $Cu^{2+}$ 浓度不变

④ 都不对

**5.** 填空题。

(1) 在原电池中,正极发生的是_____反应,负极发生的是_____反应;在电解池中,阳极发生的是_____反应,阴极发生的是_____反应。

(2) 电解 NaBr 饱和溶液时,阳极(石墨)发生的电极反应式为_____,产物是_____,阴极(铁网)上发生的电极反应是_____,产物是_____。

(3) 在电镀时,应将镀件作_____极,镀层金属作_____极,用_____作电镀液。

## *4.4 配位平衡及其应用简介

### 4.4.1 配合物

#### 4.4.1.1 配合物的概念

配合物是组成复杂、应用较广的一类化合物,在现代工业生产的许多领域都涉及配合物。染料与化纤生产、电镀、冶金、化学分析、稀有元素的分离,以及生物的生长发育、控制等都与配合物有密切联系。什么是配合物呢?

**[演示实验4-7]** 在一支试管中先加入 3 mL 0.1 mol·$L^{-1}$ 的 $CuSO_4$ 溶液,然后加

入 1～2 滴 2 mol·L$^{-1}$ NaOH 溶液,可以观察到有浅蓝色沉淀生成。在有沉淀的溶液中,再逐滴加入 6 mol·L$^{-1}$氨水,至沉淀逐渐溶解转变为深蓝色溶液。

发生这种现象的原因是由于 $CuSO_4$ 溶液中加入 NaOH,溶液中 $Cu^{2+}$ 与 $OH^-$ 反应生成了浅蓝色的 $Cu(OH)_2$ 沉淀。离子方程式为:

$$Cu^{2+} + 2OH^- \rightleftharpoons Cu(OH)_2\downarrow \quad (浅蓝色)$$

难溶物 $Cu(OH)_2$ 产生溶解平衡:

$$Cu(OH)_2 \rightleftharpoons Cu^{2+} + 2OH^-$$

加入氨水,溶液中少量 $Cu^{2+}$ 与氨水中的 $NH_3$ 结合成一种可溶性的复杂离子$[Cu(NH_3)_4]^{2+}$,破坏了溶解平衡,促使沉淀不断溶解,全部转变成为$[Cu(NH_3)_4]^{2+}$:

$$Cu^{2+} + 4NH_3 \rightleftharpoons [Cu(NH_3)_4]^{2+} \quad (深蓝色)$$

如果把该溶液加入酒精中,可以得到深蓝色的晶体。经化学分析,它的组成为$[Cu(NH_3)_4]SO_4$。

像$[Cu(NH_3)_4]^{2+}$这种**由一种简单正离子(如 $Cu^{2+}$、$Ag^+$、$Fe^{2+}$ 等)和若干中性分子(如 $NH_3$、$H_2O$ 等极性分子)或其他负离子(如 $CN^-$、$F^-$、$Cl^-$、$Br^-$ 等)结合而成的复杂离子叫做配离子。由配离子组成的化合物称为配合物,旧称络合物。**通常,配离子是配合物的特征组分。

配合物和普通化合物一样,有酸、碱、盐之分,分别称为配酸(如 $H[AuCl_4]$,$H_4[Fe(CN)_6]$),配碱(如$[Cu(NH_3)_4](OH)_2$),配盐(如$[Co(NH_3)_6]Cl_3$)。此外,还有不带电荷的中性配合物(如 $Ni(CO)_4$)等。

### 4.4.1.2　配合物组成

在配合物中,有一个带正电荷的阳离子占据着中心位置,常把它称为**中心离子**。在中心离子的周围,结合着一定数目的中性分子或负离子,称为**配位体**,简称配体。配位体与中心离子以配位键[1]结合,构成配合物的内界即配离子,不在内界的其他离子距中心离子相对较远,构成了配合物的外界。内界和外界两部分之间通过离子键结合组成了配合物,如$[Cu(NH_3)_4]SO_4$ 配合物的组成如下:

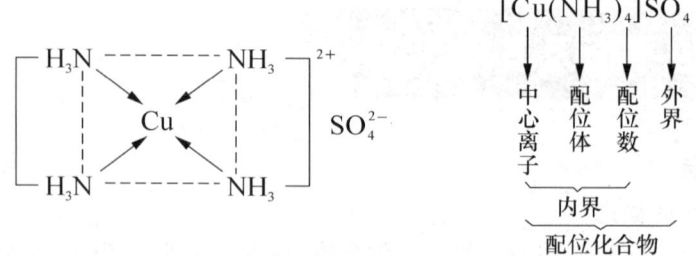

---

[1]　配位键是共价键的一种特殊情况,即共价键中的共用电子对由一个原子或离子单方面提供,这种共价键称为配位键,用"→"表示,箭头指向接受电子对的原子或离子。

配合物的组成可表达为：[中心离子(配位体)$_n$]外界。

配合物中与中心离子相结合的配位体总数叫中心离子的**配位数**，如[Cu(NH$_3$)$_4$]$^{2+}$中有 4 个 NH$_3$ 与 Cu$^{2+}$结合，所以 Cu$^{2+}$的配位数为 4。配位数一般可以通过晶体的 X 射线分析确定。表 4-8 列出了常见中心离子的配位数。

表 4-8　一些常见中心离子的配位数

| 配 位 数 | 中 心 离 子 | | | | |
|---|---|---|---|---|---|
| 2 | Ag$^+$　　Cu$^{2+}$ | | | | |
| 4 | Pt$^{2+}$ | Cu$^{2+}$ | Zn$^{2+}$ | Hg$^{2+}$ | Fe$^{2+}$ |
| 6 | Fe$^{3+}$ | Fe$^{2+}$ | Ni$^{2+}$ | Co$^{2+}$ | Pt$^{4+}$ |

配合物内界和外界的电荷数相等、电性相反，所以配合物是呈电中性的。配离子的电荷数等于中心离子与配位体电荷数的代数和。

4.4.1.3　配合物的命名①：

配合物的命名服从无机化合物的命名原则。

(1) 配离子的命名。配离子名称结构：

"配位体数—配位体名称—'合'—中心离子名称"(若中心离子有可变化合价，可用罗马数字注明元素的价态)，即采用"某合某"的形式命名。例如：

[Cu(NH$_3$)$_4$]$^{2+}$，名称为四氨合铜(Ⅱ)离子；

[Fe(CN)$_6$]$^{3-}$，名称为六氰合铁(Ⅲ)离子。

(2) 配合物的命名。① 含有配阴离子的配合物名称结构为：

"配位体数—配位体名称—'合'—中心离子名称—'酸'—外界阳离子名称"。例如：

K$_4$[Fe(CN)$_6$]，名称为六氰合铁(Ⅱ)酸钾；

Na$_3$[AlF$_6$]，名称为六氟合铝酸钠；

H[AuCl$_4$]，名称为四氯合金(Ⅲ)酸。

② 含有配阳离子的配合物的名称结构为：

"外界阴离子名称—配位体数—配位体名称—'合'—中心离子名称"。例如：

[Cu(NH$_3$)$_4$]SO$_4$，名称为硫酸四氨合铜(Ⅱ)；

[Ag(NH$_3$)$_2$]OH，名称为氢氧化二氨合银；

[Co(NH$_3$)$_6$]Cl$_3$，名称为三氯化六氨合钴(Ⅲ)。

③ 中性配合物的名称结构为：

"配位体数—配位体名称—'合'—中心离子名称"。例如：

Ni(CO)$_4$，名称为四羰基合镍；

[Co(NH$_3$)$_3$Cl$_3$]，名称为三氯三氨合钴(Ⅲ)；

[Co(NH$_3$)$_3$(OH)$_3$]，名称为三羟基三氨合钴(Ⅲ)。

---

①　配合物的命名较复杂。本书介绍的是"系统命名法"。此外，还有"习惯命名法"，如[Cu(NH$_3$)$_4$]SO$_4$ 叫铜氨配合物，K$_4$[Fe(CN)$_6$]叫亚铁氰化钾，Fe(SCN)$_3$ 叫硫氰酸铁等。

### 4.4.2 配离子的稳定性和稳定常数

配合物中的配离子和外界以离子键结合,因此配合物与一般强电解质相似,在溶液中能够完全离解,如$[Cu(NH_3)_4]SO_4$在水溶液的离解可表示为:

$$[Cu(NH_3)_4]SO_4 \Longrightarrow [Cu(NH_3)_4]^{2+} + SO_4^{2-}$$

配离子具有一定的稳定性,但也能够像弱电解质一样部分离解。如$[Cu(NH_3)_4]^{2+}$在水溶液中存在下列离解平衡:

$$[Cu(NH_3)_4]^{2+} \underset{配位}{\overset{离解}{\rightleftharpoons}} Cu^{2+} + 4NH_3$$

正反应是一个离解过程,逆反应是配位过程,**当离解和配位速率相等时,体系处于平衡状态,称为配位平衡。**

如果将上述的配位平衡改写成:

$$Cu^{2+} + 4NH_3 \Longrightarrow [Cu(NH_3)_4]^{2+}$$

则

$$K_稳 = \frac{c([Cu(NH_3)_4]^{2+})}{c(Cu^{2+}) \cdot c^4(NH_3)}$$

$K_稳$称为配离子的稳定常数或形成常数。对配位数相同的配离子,$K_稳$越大,表示配离子越稳定,不容易离解,反之则越不稳定,表4-7列出了部分配离子的稳定常数。

**表4-7 一些配离子的稳定常数**

| 配离子 | $K_稳$ | 配离子 | $K_稳$ | 配离子 | $K_稳$ |
|---|---|---|---|---|---|
| $[NaY]^{3-}$ | $5.01 \times 10$ | $[Ag(CN)_2]^-$ | $1.0 \times 10^{21}$ | $[HgI_4]^{2-}$ | $7.2 \times 10^{29}$ |
| $[AgY]^{3-}$ | $2.0 \times 10^7$ | $[Fe(SCN)_3]^0$ | $2.0 \times 10^3$ | $[Hg(CN)_4]^{2-}$ | $3.3 \times 10^{41}$ |
| $[CaY]^{2-}$ | $3.7 \times 10^{10}$ | $[Fe(C_2O_4)_3]^{3-}$ | $1.6 \times 10^{20}$ | $[Cu(CN)_4]^{3-}$ | $1.26 \times 10^{23}$ |
| $[MgY]^{2-}$ | $4.9 \times 10^8$ | $[Ag(CN)_3]^{2-}$ | $5.0 \times 10$ | $[FeF_6]^{3-}$ | $2.04 \times 10^{15}$ |
| $[Cu(NH_3)_2]^{2+}$ | $7.4 \times 10^{10}$ | $[Cd(CN)_3]^-$ | $1.1 \times 10^4$ | $[AlF_6]^{3-}$ | $6.31 \times 10^{19}$ |
| $[Cu(CN)_2]^-$ | $2.0 \times 10^{38}$ | $[Zn(CN)_4]^{2-}$ | $1.0 \times 10^{16}$ | $[Fe(SCN)_6]^{3-}$ | $1.26 \times 10^6$ |
| $[Au(CN)_2]^-$ | $2.0 \times 10^{38}$ | $[Zn(NH_3)_4]^{2+}$ | $5.0 \times 10^8$ | $[Fe(CN)_6]^{4-}$ | $3.16 \times 10^{34}$ |
| $[Ag(NH_3)_2]^+$ | $1.0 \times 10^{21}$ | $[HgCl_4]^{2-}$ | $1.6 \times 10^{15}$ | $[Fe(CN)_6]^{3-}$ | $3.98 \times 10^{34}$ |

注:$Y^{4-}$表示EDTA(乙二胺四乙酸)的酸根。

信息链接

## 配合物的应用简介

配合物在许多领域,如冶金、化学分析、稀有元素的分离、电镀、医药、环保以及人们日常生活中,都得到了广泛应用。

在化学分析中,无论定性的检出或定量的测定,经常用到配合物的一些特殊性质。例如 $Fe^{3+}$ 的定性鉴定,常用硫氰酸盐或黄血盐(亚铁氰化钾)在弱酸性溶液中与 $Fe^{3+}$ 形成有色配合物,以达到 $Fe^{3+}$ 的定性鉴定:

$$Fe^{3+} + 6SCN^- \longrightarrow [Fe(SCN)_6]^{3-} \quad (Fe^{2+} 与硫氰酸盐反应不显色)$$
$$\underset{(血红色)}{\phantom{Fe^{3+} + 6SCN^- \longrightarrow}}$$

$$4Fe^{3+} + 3[Fe(CN)_6]^{4-} \longrightarrow Fe_4[Fe(CN)_6]_3 \downarrow$$
$$\underset{(蓝色)}{\phantom{4Fe^{3+} + 3[Fe(CN)_6]^{4-} \longrightarrow}}$$

在化学分析中,通常使用一种叫乙二胺四乙酸(简写 EDTA)的配位体,利用它能与大多数金属离子形成有色配合物。且有形成速度快、反应完全的特点,在测定水中金属离子 $Ca^{2+}$、$Mg^{2+}$ 时常用到它。

在稀有元素的分离中,由于制备高纯物质的需要,对性质相近的稀有金属,一般利用生成配合物的方法来扩大稀有金属在一些性质上的差别,从而达到分离和提纯的目的。如 Zr 和 Hf、Nb 与 Ta、Mo 和 W 的分离等。

在冶金工业上,配合物也有应用。如金的冶炼,采用了稀 NaCN 溶液溶解矿粉,在通入空气的情况下,使矿石中的金转化为可溶性配合物:

$$O_2 + 4Au + 8NaCN + 2H_2O \longrightarrow 4Na[Au(CN)_2] + 4NaOH$$

经过过滤,在滤液中加入锌粉,将金还原析出:

$$2[Au(CN)_2]^- + Zn \longrightarrow [Zn(CN_4)]^{2-} + Au$$

电镀工业中,在工艺上采用配盐作为电镀液,可以改善镀层粗糙、厚薄不匀、附着力差的情况,提高镀层质量。如镀铜工艺上,在电镀液中一般要加入氰化物,使 $Cu^{2+}$ 转变为 $[Cu(CN)_4]^{2-}$ 配离子,因其 $K_稳$ 较大,$Cu^{2+}$ 能够缓慢游离出来,逐渐还原沉积到被镀工件表面,有利于得到光滑、均匀、致密、附着力好的镀层。由于氰化物有毒,对环境产生一定的危害,近来,已普遍采用无氰电镀。无氰电镀主要是用 $K_4P_2O_7$ 作为配位剂,取代氰化物,$Cu^{2+}$ 与 $P_2O_7^{4-}$ 形成的配离子为 $[Cu(P_2O_7)_2]^{6-}$。

环保工业中,含氰工业废水的处理也利用了配合物化学知识。许多行业如冶金、电镀工业所产生的废水中含有氰化物。为了降低氰化物的毒性,减小环境污染,往往用过量的硫酸亚铁处理这些工业废水,使其转化为无毒的 $Fe_2[Fe(CN)_6]$ 沉淀。

在生物化学中,许多酶的作用是和其结构中含有配位的金属离子有关的。例如生物体中能量的转化、传递,常是由于金属离子与有机体生成的复杂配合物起的重要作用。以 $Mg^{2+}$ 为中心离子的复杂配合物能进行光合作用,将太阳能转化为化学能。能输送氧气的血红素是 $Fe^{2+}$ 的配合物。煤气中毒则是因血红素中的 $Fe^{2+}$ 与 CO 结合生成了更稳定的配合物,从而失去了输送氧的功能。

在生物固氮和化学固氮研究领域,广泛应用配合物化学知识,并已取得一些成果。如已经认识到根瘤菌是固氮酶的天然高效催化剂,地球上植物生长所需的氮肥估计 88% 是在它的催化作用下生成的。可以预言,生物固氮和化学固氮技术的研究和突破将对农业生产带来革命性的变化。

另外,配合物在激光材料、超导体、抗癌药物研究开发,以及染色、制革等工业生产领域中也有广泛的应用。

## 思考与练习

**1.** 写出下列配合物的名称。

(1) $[Ag(NH_3)_2]NO_3$ _____

(2) $K_3[Fe(CN)_6]$ _____

(3) $H_3[FeCl_6]$ _____

(4) $Ni(CO)_4$ _____

**2.** 填写下表。

| 配 合 物 | 配离子 | 中心离子 | 配位体 | 配位数 |
|---|---|---|---|---|
| $[Ag(NH_3)_2]Cl$ | | | | |
| $Na_3[AlF_6]$ | | | | |
| $[Ag(NH_3)_2]OH$ | | | | |

# 本 章 小 结

## 一、酸碱平衡

电解质是指在水溶液中或熔融状态下能够导电的化合物,可分为强电解质和弱电解质。

**表 4-8 电解质分类和特点**

| 分类 \ 特点 | 离解程度 | 离解过程 | 导电能力 |
|---|---|---|---|
| 强电解质 | 全部离解 | 用"＝＝"表示,不可逆 | 强 |
| 弱电解质 | 部分离解 | 用"⇌"表示,可逆 | 弱 |

弱电解质在水溶液中存在离解平衡,并具有一般化学平衡的特点,其相对强弱可以通过离解常数和离解度比较。离解常数仅与温度有关,离解度不仅与温度,还与其浓度有关。

水是一种弱电解质,水的离解对溶液的性质会产生影响。水的离子积可表示为:$K_w = c(H^+) \cdot c(OH^-)$,在常温下,$K_w$的值为$1 \times 10^{-14}$。

溶液的酸碱性是溶液的重要性质,溶液的酸碱性用$c(H^+)$或 pH 表示,溶液中 $H^+$ 浓度的负对数称为溶液的 pH。它们之间关系为:

$$pH = -\lg c(H^+)$$

溶液 pH 的计算关键是确定溶液中氢离子的浓度。

离子反应是有离子参加的反应,主要指离子互换的复分解反应和有离子参加的氧化还原反应。离子反应进行的条件是有难溶物质或有挥发性物质(气体)生成,或有难电离的物质(弱电解质)生成。离子方程式反映了电解质溶液中化学反应的实质。

盐类水解的实质是盐离解产生的离子与水离解出来的 $H^+$、$OH^-$ 作用生成弱电解质。盐由于水解引起溶液酸碱性的变化。因此,盐的水溶液不一定是中性。

**表 4-9 各种类型盐的水解**

| 盐的类型 | 水解情况 | 溶液 pH | 溶液酸碱性 |
|---|---|---|---|
| 强酸弱碱盐 | 水解 | <7 | 酸性 |
| 强碱弱酸盐 | 水解 | >7 | 碱性 |
| 弱酸弱碱盐 | 易水解 | * | * |
| 强酸强碱盐 | 不水解 | =7 | 中性 |

*弱酸弱碱盐水解后溶液的酸碱性由组成盐的弱酸弱碱的相对强弱来决定。

## 二、沉淀溶解平衡

难溶电解质在溶液中存在沉淀溶解平衡,且溶解和沉淀在一定的条件下可以相互转化并遵从溶度积原理。其溶解性的相对强弱一般通过溶度积 $K_{sp}$ 描述。

溶度积原理：$c^m(A^{x+}) \cdot c^n(B^{y-}) > K_{sp}$，沉淀析出；

$c^m(A^{x+}) \cdot c^n(B^{y-}) = K_{sp}$，沉淀溶解平衡；

$c^m(A^{x+}) \cdot c^n(B^{y-}) < K_{sp}$，沉淀溶解或无沉淀析出。

硬水是指含有较多钙、镁离子的天然水。工业生产用水一般需要软化处理，降低或去除水中钙、镁离子的过程叫硬水的软化。硬水软化主要有化学软化和离子交换两种方法。

### 三、氧化还原平衡

借助氧化还原反应，能够实现化学能向电能的转换，实现这种转换的装置就是原电池。理论上任何一个氧化还原反应都可以设计成相应的原电池。任何两种不同的金属也可以组成原电池。化学电源泛指能够将化学能转化为电能的装置，它在许多方面有重要的应用。

直流电通过电解质溶液（或熔融电解质）引发氧化还原反应的过程称为电解。通过电解可以实现电能到化学能的转换，这种转换在电解池中完成。

表4-10　原电池、电解池比较

| 装　置 | 原　电　池 | | 电　解　池 | |
|---|---|---|---|---|
| 功　能 | 实现化学能到电能的转化 | | 实现电能到化学能的转化 | |
| 电极名称 | 正极（＋） | 负极（－） | 阳极 | 阴极 |
| 电极反应 | 还原反应 | 氧化反应 | 氧化反应 | 还原反应 |
| 电极判别 | 较不活泼金属 | 较活泼金属 | 接外电源的正极 | 接外电源的负极 |
| | 电子流入的电极 | 电子流出的电极 | 阴离子聚集的电极 | 阳离子聚集的电极 |
| 电极材料 | 较不活泼金属 | 较活泼金属 | 惰性电极 | 惰性电极 |
| 反应情况 | 接通电路反应即进行 | | 接通外电源反应才进行 | |

### 四、配位平衡

配位化合物简称配合物，是一类复杂的化合物，其组成为：

$$[中心离子(配位体)_n]外界$$

配合物中，中心离子与配位体以配位键结合，与外界以离子键结合。配离子在水溶液中存在配位平衡。但也有一定的稳定性，其稳定性可以通过 $K_{稳}$ 描述，稳定常数越大，配离子越稳定。

配合物在化学分析、冶金、电镀、医药生产以及科研中应用广泛。

 目 标 检 测

1. 选择题。

(1) 25℃时，1 L 0.1 mol·L$^{-1}$盐酸、硫酸、醋酸溶液中 H$^+$ 数目由多到少的顺序是（　　）。

A. HCl、$H_2SO_4$、HAc

B. HAc、$H_2SO_4$、HCl

C. $H_2SO_4$、HCl、HAc

(2) 下列物质能够导电的是(　　)。

A. 干燥的氯化钠晶体 　　　　　　　B. 液氨

C. 干冰(固态 $CO_2$) 　　　　　　　D. 氢氧化钠溶液

(3) 下列物质的水溶液酸性相对较强的是(　　)。

A. NaCl 　　　　B. NaAc 　　　　C. $NaHCO_3$ 　　　　D. $MgCl_2$

(4) 在醋酸钠水解平衡体系中,为抑制 NaAc 的水解应采取(　　)。

A. 加酸 　　　　B. 加碱 　　　　C. 加热 　　　　D. 加水

(5) 下列反应的离子方程式正确的是(　　)。

A. $H_2S$ 和 $CuCl_2$ 溶液　　$Cu^{2+} + S^{2-} == CuS$

B. $Ca(OH)_2$ 与 $Na_2CO_3$ 溶液　　$CO_3^{2-} + Ca^{2+} == CaCO_3$

C. $CaCO_3$ 和 $HNO_3$ 溶液　　$CO_3^{2-} + 2H^+ == CO_2 + H_2O$

D. HCl 和 NaOH 溶液　　$H^+ + OH^- == H_2O$

(6) 下列化学方程式,不能用离子方程式 $Ba^{2+} + SO_4^{2-} == BaSO_4 \downarrow$ 表示的是(　　)。

A. $H_2SO_4 + BaCO_3 == BaSO_4 + H_2O + CO_2 \uparrow$

B. $Na_2SO_4 + BaCl_2 == BaSO_4 + 2NaCl$

C. $Na_2SO_4 + Ba(OH)_2 == BaSO_4 + 2NaOH$

D. $K_2SO_4 + Ba(NO_3)_2 == BaSO_4 + 2KNO_3$

(7) 下列各图所示装置中,作为原电池的是(　　)。

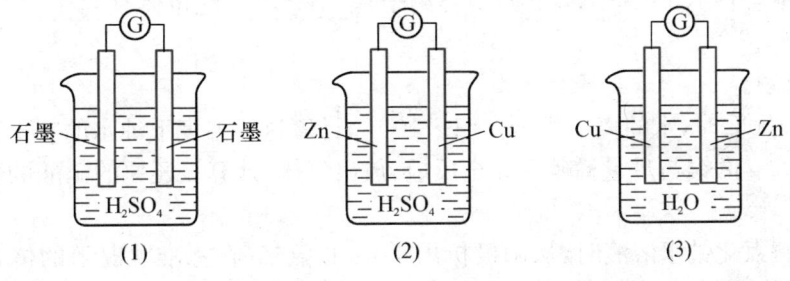

(1)　　　　　　　　　　(2)　　　　　　　　　　(3)

A. (1) 　　　　B. (2) 　　　　C. (3) 　　　　D. 都不是

(8) 在常温下,某溶液中由水电离出 $c(H^+) = 1 \times 10^{-11}$ mol·$L^{-1}$,下列说法正确的是(　　)。

A. 该溶液肯定显碱性 　　　　　　　B. 该溶液肯定显酸性

C. 该溶液的 pH 可能是 11,也可能是 3　　D. 该溶液的 pH 肯定不是 11

(9) 化合物 HIn 在水溶液中因存在以下电离平衡,故可用作酸碱指示剂:

$$HIn(溶液) == H^+(溶液) + In^-(溶液)$$

红色　　　　　　　　　　黄色

浓度为 0.02 mol·$L^{-1}$ 的下列各溶液:①盐酸;②石灰水;③NaCl 溶液;④$NaHSO_4$ 溶液;

⑤$NaHCO_3$ 溶液;⑥氨水。其中,能使指示剂显红色的是(　　)。

  A. ①④⑤　　　　　B. ②⑤⑥　　　　　C. ①④　　　　　D. ②③⑥

（10）表中物质的分类组合完全正确的是(　　)。

| 编号 | A | B | C | D |
|---|---|---|---|---|
| 强电解质 | $KNO_3$ | $H_2SO_4$ | $BaSO_4$ | $NaOH$ |
| 弱电解质 | $HF$ | $BaCO_3$ | $HClO$ | $NH_3 \cdot H_2O$ |
| 非电解质 | $SO_2$ | $Fe$ | $H_2O$ | $C_2H_5OH$ |

**2. 填空题。**

（1）0.01 mol·$L^{-1}$ NaOH 溶液的 pH 为_____,向此溶液中加入几滴酚酞,溶液显_____色。

（2）离子反应发生必须有一定的条件,这个条件是_____。

（3）游泳池常用 $AlCl_3$ 净水,其净水原理用离子方程式可表示为_____。

（4）工业上把硬水分为_____和_____。硬水软化的方法主要有_____。

（5）原电池是利用_____反应,将化学能转变为_____的一种装置。

（6）物质的溶解性可用_____定量描述,对难溶电解质其溶解性大小则用_____描述。

（7）冶金工业中利用电解熔融的 $Al_2O_3$ 生产铝,其阴极产物为_____,阳极(惰性电极)产物为_____。

（8）在配合物 $K_3[Fe(CN)_6]$ 中,中心离子是_____,配位体是_____,配合物名称是_____。

**3. 计算题。**

（1）在 100℃时,水的离子积 $K_w = 1 \times 10^{-12}$,计算这一温度下纯水的 pH 为多少?

（2）19.2 g 的铜与足量稀硝酸完全反应,放出气体,计算被还原的硝酸的物质的量是多少。

（3）电解氯化钠水溶液时,从阳极析出 1.42 L 氯气(在标准状况下的体积),问从阴极析出的是什么气体? 可得到这种气体多少克?

**4. 综合题。**

（1）向纯水中加入下列溶液,不能促进水的离解的有哪些?

①硫酸溶液;②NaOH 溶液;③NaCl 溶液;④$Na_2CO_3$ 溶液。

（2）分析判断下列盐的水溶液的酸碱性,并写出可以发生水解反应的离子方程式。

①NaCN;②$FeSO_4$;③$K_2SO_4$;④$FeCl_3$;⑤$NaHCO_3$;⑥$NH_4NO_3$。

（3）判断在下列情况中,哪些反应不能够发生,哪些反应能够发生。说明理由,写出有关离子方程式。

① 铁钉放入硫酸锌溶液中;

② 氢氧化钠固体放入盐酸溶液中;

③ 硫酸亚铁放入盐酸溶液中；

④ 氯化钾溶液和硝酸钠溶液混合。

（4）用导线连接下列原电池，标出正负极，指出电子流动方向，写出电极反应。

① $Mg\,|\,MgSO_4\,\|\,ZnSO_4\,|\,Zn$

② $Ni\,|\,Ni(NO_3)_2\,\|\,Cu(NO_3)_2\,|\,Cu$

③ $Pb\,|\,Pb(NO_3)_2\,\|\,AgNO_3\,|\,Ag$

（5）若将下列氧化还原反应设计成原电池，试写出原电池的符号。

$$Zn + 2Ag^+ = Zn^{2+} + 2Ag$$
$$Fe^{2+} + Ag^+ = Fe^{3+} + Ag$$
$$2Fe^{2+} + Cl_2 = 2Fe^{3+} + 2Cl^-$$

# 第 5 章
# 有机化合物简介

## 学习目标

1. 了解有机物的基本概念、特性和结构特点。
2. 熟悉有机物的分类方法和系统命名原则。
3. 熟悉典型有机物(甲烷、乙烯、乙炔、苯、乙醇、乙醛、乙酸等)的组成、结构、主要化学性质、反应类型(如取代、加成、氧化、聚合等)及主要应用。
4. 理解能源的概念、分类、对人类和社会发展的重要性,以及对各类能源的评价。
5. 了解糖类、蛋白质、脂肪和高分子化合物的概念、主要性质和重要用途。

## 5.1 有机化合物概述

　　有机物是有机化合物的简称。在浩瀚的大千世界,有机物无处不在,它与人类的生活、生命、生产活动密切相关。本章将对常见、简单而又重要的有机物类别和代表物作简要介绍。力图从组成、结构、性质应用的角度使同学们对有机物有较清晰的认识。

### 5.1.1 有机化合物和有机化学

　　通过元素分析,人们发现有机化合物在组成上都含有碳元素,因此,可以说有机化合物就是含碳元素的化合物。通过对有机化合物的结构分析又进一步发现,绝大多数有机化合物总是含有碳、氢两种元素,有些还含有氧、氮、硫、砷、卤素等元素。可以把碳氢化合物看作是有机化合物的母体,而含有其他元素的有机化合物看作是碳氢化合物的衍生物。因此,又可以说有机化合物就是碳氢化合物及其衍生物。综上所述,有机化学是研究碳化合物的化学,或者说**有机化学是研究碳氢化合物及其衍生物的化学**。

### 5.1.2 有机化合物的特性

　　与无机化合物相比,有机化合物具有下列主要特性:可燃、熔点低、易挥发、难溶于水、反应速度慢且副反应多等。

（1）可燃。绝大多数有机化合物如乙炔、乙醇、汽油、苯等都容易燃烧，而一般无机物不易燃烧。

（2）熔点低、挥发性大。有机化合物的挥发性较大，通常以气体、液体或低熔点固体的形式存在，大多数有机化合物的熔点不超过 400℃，而一般无机物在 400℃ 以下很难熔化。

（3）难溶于水。大多数有机化合物难溶于水而易溶于有机溶剂，而无机物一般较易溶于水。

（4）反应速率慢且副反应多。多数无机物在水溶液中离解成离子，它们的反应在瞬间完成。有机物则不易生成离子，反应速率很慢，通常需要加热和使用催化剂，才能使反应加快。并且常伴有副反应发生，生成物较复杂。

（5）数目众多。目前有机物已达上千万种，而无机物总共不过几十万种。此外，有机物的数量还在不断迅速增加。

有机物与无机物的不同，只是相对的，这些特性不能作为绝对或一成不变的标志。

## 5.1.3　有机化合物的分类

有机化合物种类繁多，数目庞大，为便于研究，一般有两种分类方法：一种是按碳原子的结合方式分类，一种是按官能团分类。

### 5.1.3.1　按碳原子结合方式分类

（1）脂肪族化合物。由于这类化合物的分子链都是张开的，因此叫做开链化合物。如：

$$CH_3-CH_3 \qquad\qquad CH_2=CH_2$$
乙烷       乙烯

$$CH_3-CH_2OH \qquad\qquad CH_3-COOH$$
乙醇       乙酸（醋酸）

（2）碳环化合物。这类化合物分子中含有完全由碳原子组成的碳环，它又可分成脂环族化合物、芳香族化合物和杂环化合物三种。

① 脂环族化合物。碳原子连接成环状的碳架，但性质和脂肪族化合物相类似，因而叫脂环族化合物。如：

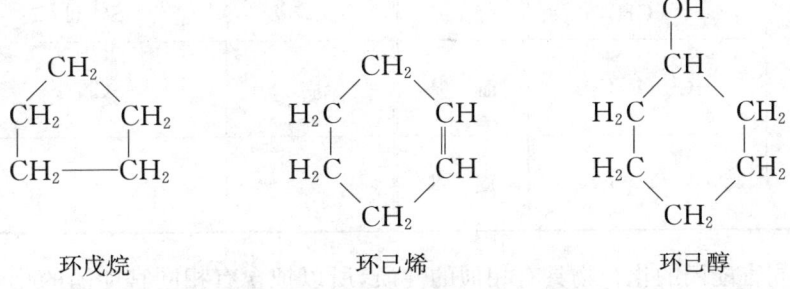

环戊烷       环己烯       环己醇

② 芳香族化合物。它们的分子中都具有苯环结构。如：

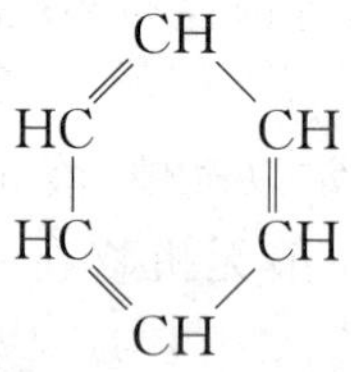

$$苯 \qquad 甲苯 \qquad 苯酚$$

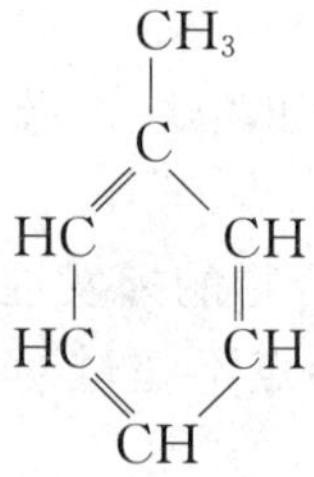

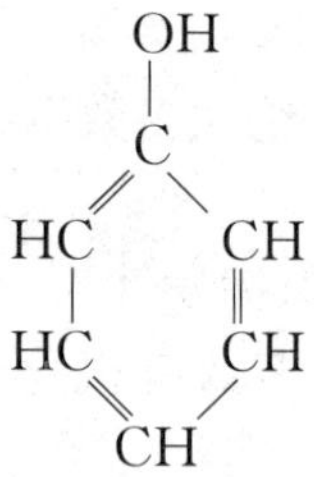

③ 杂环化合物。这类化合物分子中的环是由碳原子和其他原子所组成的。除碳以外参与成环的其他原子都称杂原子，常见的杂原子有氧、硫和氮。如：

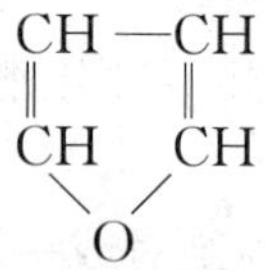

$$呋喃 \qquad 噻吩 \qquad 吡啶$$

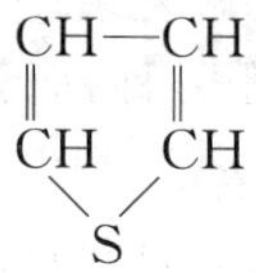

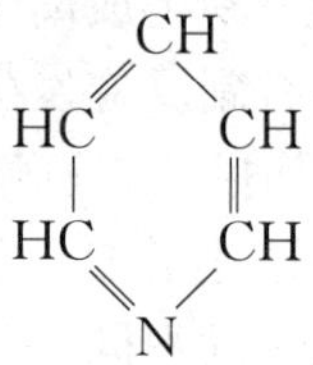

### 5.1.3.2 按官能团分类

如上所述，碳氢化合物是有机化合物中的基本化合物。其他的有机化合物，可以看作是碳氢化合物的氢原子被某些原子或原子团取代后所得的产物。这些原子或原子团，如卤素原子、羟基、羧基等（见表 5-1），在决定有机化合物的化学性质上起着很重要的作用，通常称它们为官能团。

**表 5-1 一些重要官能团的结构和名称**

| 化合物类别 | 官能团 | | 化合物类别 | 官能团 | |
|---|---|---|---|---|---|
| | 结　构 | 名　称 | | 结　构 | 名　称 |
| 烯烃 | $\diagdown C=C \diagup$ | 双　键 | 羧酸 | —COOH | 羧　基 |
| 炔烃 | —C≡C— | 叁　键 | 硝基化合物 | —NO$_2$ | 硝　基 |
| 卤代物 | —X(F、Cl、Br、I) | 卤　基 | 胺 | —NH$_2$ | 氨　基 |
| 醇或酚 | —OH | 羟　基 | 磺酸 | —SO$_3$H | 磺酸基 |
| 醚 | —C—O—C— | 醚　基 | 腈 | —CN | 氰　基 |
| 醛或酮 | $\diagup C=O$ | 羰　基 | — | — | — |

含有相同官能团的化合物具有相似的性质，所以把含有相同官能团的化合物归为一类来进行研究是比较方便的。

## 5.2 烃简介

　　仅由碳氢两种元素组成的化合物叫碳氢化合物，简称烃。而烃分子中的氢被其他原子或原子团替代的化合物就叫做烃的衍生物。换句话说，除烃以外的其他有机物都可看作是烃的衍生物。

### 5.2.1 烷烃

　　烷烃是指分子中的碳原子以单键相连，其余的价键全部和氢原子相结合而成的化合物。如：

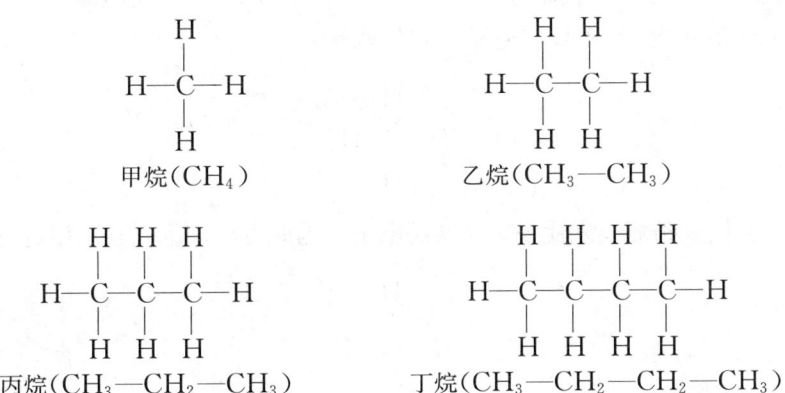

甲烷($CH_4$)　　　　　　　　乙烷($CH_3—CH_3$)

丙烷($CH_3—CH_2—CH_3$)　　　丁烷($CH_3—CH_2—CH_2—CH_3$)

#### 5.2.1.1 甲烷

　　甲烷是烷烃类中分子组成最简单和最重要的物质。

　　(1) 甲烷的来源和实验室制法。甲烷又名沼气或坑气，因为池沼底部和煤矿坑道内所产生气体的主要成分就是甲烷。这些甲烷都是在隔绝空气的情况下，由植物残体经过微生物发酵的作用而生成的。此外，在有些地方的地下深处蕴藏着大量叫做天然气的可燃性气体，它的主要成分也是甲烷(按体积计，天然气里一般约含有甲烷 $80\%\sim90\%$，有的高达 $98\%$。)。

　　在实验室里，甲烷是用无水醋酸钠($CH_3COONa$)和碱石灰(氢氧化钠和石灰的混合物)混合加热制得的，氢氧化钠与醋酸钠起反应的化学方程式如下：

$$CH_3\boxed{COONa+NaO}\,H \xrightarrow{\triangle} Na_2CO_3 + CH_4\uparrow$$

　　　　　醋酸钠　　　　　　　　　　　　甲烷

　　**[演示实验 5-1]**　取一药匙研细的无水醋酸钠和三药匙研细的碱石灰，在纸上充分混合，迅速装进试管，装置如图 5-1(1)所示。加热，用排水集气法把生成的甲烷收集在试管里。观察它的颜色并嗅它的气味。

　　在导管口，点燃甲烷，如图 5-1(2)所示。再把甲烷经导管通入盛有酸性高锰酸钾溶液的试管中，如图 5-1(3)所示，观察紫色溶液是否有变化。

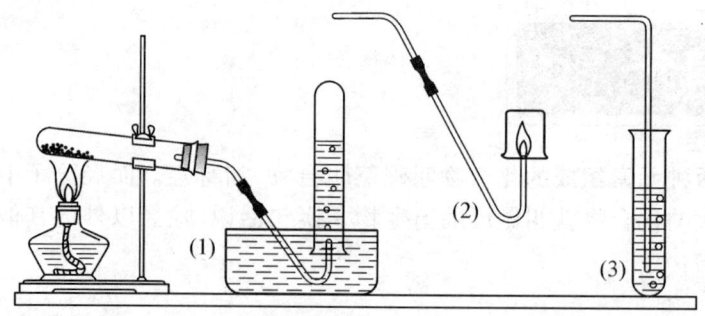

（1）制取甲烷　（2）甲烷的燃烧　（3）甲烷通入酸性 KMnO₄ 溶液

**图 5-1　甲烷的制取和性质**

（2）甲烷的分子结构。甲烷的分子式是 $CH_4$。如果以"·"表示碳原子的价电子，以"×"表示氢原子的价电子，甲烷的电子式可以写作：

$$H \overset{\overset{H}{\underset{\cdot}{\times}}}{\underset{\underset{H}{\times}}{\overset{\cdot}{\times}} C} H$$

在化学上常用一条短线来代表一对共用电子。因此可以用下式表示甲烷分子的结构：

$$H \overset{H}{\underset{H}{-C-}} H$$

这种用短线来代表一对共用电子的图式叫做价键式。

甲烷的价键式只能表明甲烷分子中有 4 个氢原子与碳直接相连，而没有表示出氢原子与碳原子在空间的相对位置，因此不能说明分子的立体形状。实验证明甲烷分子中的一个碳原子和 4 个氢原子不是像价键式所画的那样，在同一平面上，而是形成了一个正四面体的立体结构，即 4 个氢原子分别位于正四面体的四个顶点，碳原子位于正四面体的中心，4 个 C—H 键键长完全相等，H—C—H 间夹角都是 $109°28'$，如图 5-2 所示。图 5-2 (1)是甲烷分子结构示意图，它可以表示分子中各原子的相对位置。图 5-2(2)是甲烷分子的一种模型，大球代表碳原子，小球代表氢原子，短棍代表价键。这种模型叫做球棍模

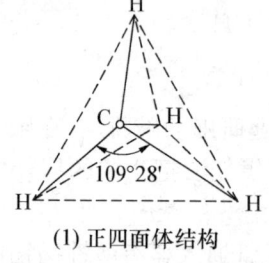

（1）正四面体结构

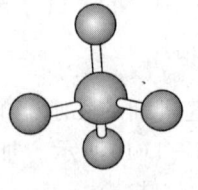

（2）球棍模型

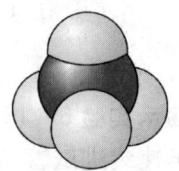

（3）比例模型

**图 5-2　甲烷分子的模型**

型。图 5-2(3)是甲烷分子的另一种模型,叫做比例模型。它用黑球和白球的体积比,来大体上表示碳氢两种原子的体积比。

有机物的立体结构书写起来比较费事,为方便起见,一般仍采用平面结构式。

(3) 甲烷的物理性质。甲烷是无色、无味的气体。在标准状况下密度为 $0.717 \, g \cdot L^{-1}$,极难溶于水,很容易燃烧。如果点燃甲烷跟氧气或空气的混合物,就会立即发生爆炸。甲烷的爆炸极限在空气中为 $5\% \sim 15\%$ 体积分数,在氧气中为 $5.4\% \sim 59.2\%$ 体积分数。故使用甲烷时须防止爆炸事故的发生。

(4) 甲烷的化学性质。甲烷的化学性质在通常情况下是比较稳定的,与大多数试剂如强酸、强碱、强氧化剂、强还原剂等均不起作用。但是,在某些特殊条件下甲烷也能发生某些化学反应。

① 取代反应。**有机物分子的某些原子或原子团被其他原子或原子团所取代的反应叫取代反应。**

甲烷和氯气的混合物可以在黑暗中长期保存而不起任何反应。但把混合气体放在光亮的地方就会发生反应,黄绿色的氯气就会逐渐变淡。其化学方程式如下:

$$
\begin{array}{c}
\overset{\displaystyle H}{\underset{\displaystyle H}{H-C-[H+Cl]-Cl}} \xrightarrow{\text{光}} \overset{\displaystyle H}{\underset{\displaystyle H}{H-C-Cl}} + HCl
\end{array}
$$

上述反应生成的一氯甲烷会继续与氯气作用,依次生成二氯甲烷、三氯甲烷(又名氯仿)和四氯甲烷(又名四氯化碳)。其反应分别表示如下:

$$
\begin{array}{c}
\overset{\displaystyle H}{\underset{\displaystyle Cl}{H-C-[H+Cl]-Cl}} \xrightarrow{\text{光}} \overset{\displaystyle H}{\underset{\displaystyle Cl}{H-C-Cl}} + HCl
\end{array}
$$

二氯甲烷

$$
\begin{array}{c}
\overset{\displaystyle Cl}{\underset{\displaystyle Cl}{H-C-[H+Cl]-Cl}} \xrightarrow{\text{光}} \overset{\displaystyle Cl}{\underset{\displaystyle Cl}{H-C-Cl}} + HCl
\end{array}
$$

三氯甲烷(氯仿)

$$
\begin{array}{c}
\overset{\displaystyle Cl}{\underset{\displaystyle Cl}{Cl-C-[H+Cl]-Cl}} \xrightarrow{\text{光}} \overset{\displaystyle Cl}{\underset{\displaystyle Cl}{Cl-C-Cl}} + HCl
\end{array}
$$

四氯甲烷(四氯化碳)

在取代反应中,如果控制好反应条件,仍可获得以某种取代物为主的产品。

② 氧化反应。纯净的甲烷在空气中可以燃烧生成二氧化碳和水,同时放出大量热:

$$CH_4 + 2O_2 \longrightarrow CO_2 + 2H_2O(l)$$

所以甲烷是一种很好的燃料。

③ 加热分解。在隔绝空气的条件下加热到 1 000℃左右时,甲烷就开始分解。如在 1 500℃下可立即裂解形成乙炔:

$$2CH_4 \xrightarrow{\phantom{xx}1\,500℃\phantom{xx}} C_2H_2 + 3H_2$$
$$乙炔$$

要使此反应顺利进行,关键是要在瞬时内达到所需之高温,裂解后必须立即使产物骤冷到 300℃以下,否则乙炔进一步分解成碳和氢。

甲烷分解生成的碳黑是橡胶工业的重要原料,也可以用于制造颜料、油墨、油漆等。

#### 5.2.1.2 烷烃

除甲烷外,还有一系列与其类似的烃,如乙烷($C_2H_6$)、丙烷($C_3H_8$)、丁烷($C_4H_{10}$)等。它们的结构式分别表示如下:

在这些烃的分子里,**碳原子跟碳原子都以单键结合成链状**;跟甲烷一样,**碳原子剩余的价键全部跟氢原子相结合,这种结合方式使得每个碳原子的化合价都已充分利用,都达到了"饱和"**。具有这种结构的链烃叫饱和烃,或称烷烃。

(1) 同系物。烷烃中最简单的是含一个碳原子的化合物,即甲烷。含有两个碳原子的叫乙烷,以下是丙烷、丁烷、戊烷等。由上述化合物可以看出,从甲烷开始,每增加一个碳原子,就相应增加 2 个氢原子。假定碳原子数目为 $n$(代表一个正整数),则氢原子的数目是 $2n+2$。所以烷烃的分子式可以用通式 $C_nH_{2n+2}$ 来表示。

我们把结构相似,而在分子组成上相差一个或多个相同原子团(如 $CH_2$)的许多化合物组成的一个系列,叫做同系。同系列中的各化合物互称同系物。

同系物具有相类似的化学性质,其物理性质一般随着分子中碳原子数的递增而有规律地变化(见表 5-2)。

表 5-2　几种烷烃的物理性质

| 名　称 | 结 构 简 式 | 熔点/℃ | 沸点/℃ | 密度/g·cm⁻³<br>(液态时) | 常温时<br>的状态 |
|---|---|---|---|---|---|
| 甲　烷 | $CH_4$ | −182.5 | −164 | 0.466 0* | 气 |
| 乙　烷 | $CH_3CH_3$ | −183.3 | −88.63 | 0.572 0** | 气 |
| 丙　烷 | $CH_3CH_2CH_3$ | −189.7 | −42.07 | 0.500 5 | 气 |
| 丁　烷 | $CH_3(CH_2)_2CH_3$ | −138.4 | −0.5 | 0.578 8 | 气 |

（续表）

| 名　称 | 结 构 简 式 | 熔点/℃ | 沸点/℃ | 密度/g·cm⁻³（液态时） | 常温时的状态 |
|---|---|---|---|---|---|
| 戊　烷 | $CH_3(CH_2)_3CH_3$ | −129.7 | 36.07 | 0.626 2 | 液 |
| 庚　烷 | $CH_3(CH_2)_5CH_3$ | −90.61 | 98.42 | 0.683 8 | 液 |
| 辛　烷 | $CH_3(CH_2)_6CH_3$ | −56.79 | 125.7 | 0.720 5 | 液 |
| 癸　烷 | $CH_3(CH_2)_8CH_3$ | −29.7 | 174.1 | 0.730 0 | 液 |
| 十七烷 | $CH_3(CH_2)_{15}CH_3$ | 22 | 301.8 | 0.778 0 | 固 |
| 二十四烷 | $CH_3(CH_2)_{22}CH_3$ | 54 | 391.3 | 0.799 1 | 固 |

注：* 是 −164℃ 时值，** 是 −108℃ 时值，其余是 20℃ 时值。

从表 5-2 可以看出，只要掌握了同系列中某几个典型的、有代表性的化合物，就可以推知其他同系物的一般性质，这给学习和研究有机化合物提供了方便。

（2）同分异构现象。在研究物质的分子组成和性质时，发现有很多物质的分子组成相同，但性质却有差异。例如，在研究丁烷（$C_4H_{10}$）的组成和性质时，发现有另一种组成和相对分子质量跟丁烷完全相同，但性质却有差异的物质。为了区别起见，人们把一种叫做正丁烷，另一种叫做异丁烷。现在把它们性质上的差异列举如下：

| | 正丁烷 | 异丁烷 |
|---|---|---|
| 熔点/℃ | −138.4 | −159.6 |
| 沸点/℃ | −0.5 | −11.7 |
| 液态时的密度/g·cm⁻³ | 0.578 8 | 0.557 |

为什么这两种丁烷具有相同的组成和相同的相对分子质量但却有不同的性质呢？经过实验证明，原来它们的结构是不同的。正丁烷分子里的碳原子形成直链，而异丁烷分子里的碳原子却带有支链：

正丁烷　　　　　　　　　　　　　异丁烷

由此可见，烃分子里的碳原子既能形成直链（如正丁烷），又能形成带有支链的碳链。因此虽然两种丁烷组成相同，但由于分子里原子结合的顺序不同，也就是说分子结构不同，所以它们的性质就有差异。

**化合物具有相同的分子式，但具有不同结构的现象，叫做同分异构现象。具有同分异构现象的化合物互称为同分异构体。**例如正丁烷和异丁烷就是丁烷的两种同分异构体。

戊烷有三种同分异构体,结构式如下:

$$H-\overset{\overset{\displaystyle H}{|}}{\underset{\underset{\displaystyle H}{|}}{C}}-\overset{\overset{\displaystyle H}{|}}{\underset{\underset{\displaystyle H}{|}}{C}}-\overset{\overset{\displaystyle H}{|}}{\underset{\underset{\displaystyle H}{|}}{C}}-\overset{\overset{\displaystyle H}{|}}{\underset{\underset{\displaystyle H}{|}}{C}}-\overset{\overset{\displaystyle H}{|}}{\underset{\underset{\displaystyle H}{|}}{C}}-H$$ 正戊烷(沸点 36.07℃)

异戊烷(沸点 27.9℃)      新戊烷(沸点 9.5℃)

在烷烃同系物里,随着碳原子数目的增多,碳原子间的结合方式就越复杂,同分异构体的数目也就越多。例如己烷($C_6H_{14}$)有 5 种同分异构体,庚烷($C_7H_{16}$)有 9 种,癸烷 $C_{10}H_{22}$ 有 75 种,十五烷有 4 347 种,而二十烷($C_{20}H_{42}$)理论上则有 366 319 种同分异构体。

(3) 烷基。烃分子失去一个或几个氢原子后所剩余的部分叫做烃基。如果这种烃是烷烃,那么烷烃失去氢原子后所剩的原子团叫做烷基。—$CH_3$ 叫甲基,—$CH_2CH_3$ 叫乙基,—$CH_2CH_2CH_3$ 叫丙基,$CH_3-\overset{|}{\underset{\underset{\displaystyle CH_3}{|}}{C}}-CH_3$ 叫叔丁基。烷基的通式为 $C_nH_{2n+1}$,通常用 R 表示,因此烷烃可以写作 RH。显然,烷基作为一个基团,与其他基团(或原子团)类似,不能单独稳定地存在。

(4) 烷烃的命名。有机化合物命名的基本要求是:在命名时,不仅要说明分子的组成,还要表示出分子的化学结构,以便根据一个化合物的名称,就能准确地写出它的结构。

烷烃常用的命名法有普通命名法和系统命名法。

① 普通命名法。通常将直链烷烃叫"正某烷",某字是指烷烃中碳的数目。碳原子数在 10 以内,用天干(甲、乙、丙、丁、戊、己、庚、辛、壬、癸)表示,11 个碳原子以上的烷烃用汉字数字十一、十二……表示。含支链的烷烃为同碳数正某烷的异构体,为区别异构体用异、新等字样加以区别。在支链烷烃分子中,只把在碳链的一端含有异丙基,此外没有别的支链者称异某烷,而在碳链一端具有叔丁基者称新某烷。例如:

$$CH_3-\overset{|}{\underset{\underset{\displaystyle CH_3}{|}}{CH}}-CH_2-CH_2-CH_3$$

异己烷

$$CH_3-\overset{\overset{\displaystyle CH_3}{|}}{\underset{\underset{\displaystyle CH_3}{|}}{C}}-CH_2-CH_2-CH_3$$

新庚烷

普通命名法只适用于少数低级烷烃即含碳原子较少的烷烃,并且很难反映分子的化学结构。

② 系统命名法。在系统命名法中,直链烷烃的命名法和普通命名法相似,根据烷烃分子中所含碳原子的数目而称某烷,但不用正字。若含碳原子数在 10 以内,使用天干命名;含碳原子数在 11 以上时,采用汉字数字命名。

支链烷烃可看作某直链烷烃的烷基衍生物。并根据下列规定给予适当名称。

① 选取主链。从烷烃的构造式中选择含碳原子数最多的碳链作主链,把支链看成取代基,并以主链为母体,根据其含碳原子数称某烷。

② 确定主链碳原子的位次。从靠近支链一端开始,依次用阿拉伯数字编号,取代基的位次即由它所在主链碳原子的号数来表示。

③ 把取代基的位次、名称写在主链前面。如果含有几个不相同的取代基时,简单的写在前面,复杂的写在后面;如果含有几个相同取代基时,可在取代基名称前标以汉字表示相同基团的数目,但取代基的位次仍应如数标出,即使在同一位置上,也不可省略。例如:

$$\underset{1}{CH_3}-\underset{2}{\underset{|}{CH}}-\underset{3}{CH_2}-\underset{4}{CH_3} \qquad \text{2-甲基丁烷}$$
$$CH_3$$

$$\begin{array}{c} CH_3 \\ | \\ \underset{1}{CH_3}-\underset{2}{\underset{|}{C}}-\underset{3}{CH_2}-\underset{4}{CH_3} \\ | \\ CH_3 \end{array} \qquad \text{2,2-二甲基丁烷}$$

$$\underset{6}{CH_3}-\underset{5}{CH_2}-\underset{4}{\underset{|}{CH}}-\underset{3}{CH_2}-\underset{2}{\underset{|}{CH}}-\underset{1}{CH_3} \qquad \text{2-甲基-4-乙基己烷}$$
$$CH_2-CH_3 \quad CH_3$$

④ 如果有多条等长碳链时,应选择取代基最多的碳链作主链。例如:

$$\underset{7}{CH_3}-\underset{6}{CH_2}-\underset{5}{CH}-\underset{4}{CH}-\underset{3}{CH}-\underset{2}{CH}-\underset{1}{CH_3} \qquad \text{2,5-二甲基-3,4-二乙基庚烷}$$
$$CH_3 \quad C_2H_5 \quad C_2H_5 \quad CH_3$$

### 5.2.2 烯烃

**分子中含有碳碳双键(C═C)的开链烃称烯烃。**如:

$$CH_2=CH_2 \qquad CH_3-CH=CH_2 \qquad CH_3-CH_2-CH=CH_2$$
$$\text{乙烯} \qquad\qquad \text{丙烯} \qquad\qquad\qquad \text{丁烯}$$

单烯烃在组成上较对应的烷烃少 2 个氢原子,因此,链式单烯烃的通式是 $C_nH_{2n}$。烯烃是不饱和烃的一种。"不饱和"意味着它能够再与其他的原子或原子团结合生成饱和的化合物。烯烃中最简单的一种是乙烯。烯烃也可形成同系列。

5.2.2.1 乙烯

乙烯是烯烃中最简单的一种,其分子式是 $C_2H_4$,电子式是:

$$
\begin{array}{c}
H \quad H \\
H\!:\!\overset{\times\times}{C}\!:\!\overset{\times\times}{C}\!:\!H
\end{array}
$$

结构式是：

$$
\begin{array}{c}
H \qquad\qquad H \\
\backslash \qquad\quad / \\
C = C \\
/ \qquad\quad \backslash \\
H \qquad\qquad H
\end{array}
$$

要更简单地描述乙烯分子的结构，可用分子模型来表示。

实验证明，乙烯分子中的碳碳双键的键长比烷烃分子中的碳碳单键要短。破坏它所需能量比破坏两个碳碳单键要少。因此，只需要较少的能量，就能使双键中的一个键断裂。换言之，烯烃比烷烃性质活泼。

（1）乙烯的来源和实验室制法。工业上所用的乙烯，主要是从石油炼制厂和石油化工厂所生产的气体里分离出来的。实验室里是把酒精和浓硫酸混合加热，使酒精分解制得。浓硫酸在反应过程中起催化剂和脱水剂的作用。

$$
CH_3-CH_2-OH \xrightarrow[170℃]{浓\ H_2SO_4} CH_2=CH_2\uparrow + H_2O
$$

乙醇 　　　　　　　　　　　　乙烯

[**演示实验**5-2] 按图5-3装置，在烧瓶中注入酒精和浓硫酸（体积比1:3）的混合物约20 mL，并放入几片碎瓷片以免混合物在受热时暴沸，加热使温度迅速升到170℃，这时就有乙烯生成。观察其颜色、气味以及溶于水的情况。另外在导管口点燃乙烯，它能在空气中燃烧，同时产生少量黑烟。

（2）乙烯的物理性质。乙烯是无色的气体，稍有气味，在标准状况下密度为 $1.25\ g\cdot L^{-1}$，比空气略轻，难溶于水。

（3）乙烯的化学性质和用途。

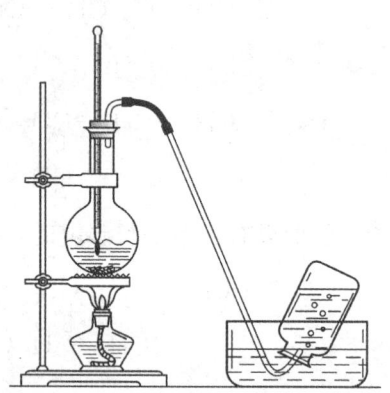

图5-3　制取乙烯的装置

[**演示实验**5-3] 把乙烯分别通入盛有溴水和高锰酸钾溶液（加几滴稀硫酸）的试管里，可以观察到溶液的红棕色和紫色很快褪去（见图5-4和图5-5）

① 加成反应。乙烯能与溴水中的溴起反应，生成无色的1，2-二溴乙烷液体：

$$
\begin{array}{c}
H \qquad H \\
\backslash \quad / \\
C = C \quad + Br-Br \longrightarrow \\
/ \quad \backslash \\
H \qquad H
\end{array}
\qquad
\begin{array}{c}
H \quad H \\
| \quad | \\
H-C-C-H \\
| \quad | \\
Br \ \ Br
\end{array}
$$

1，2-二溴乙烷

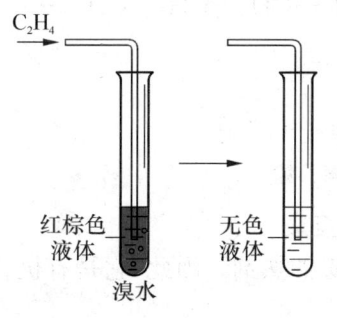

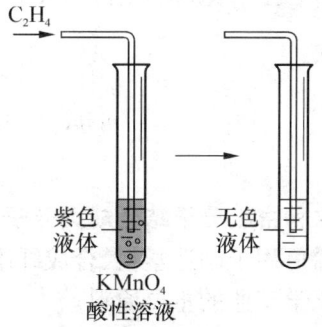

图5-4　乙烯使溴水褪色　　　　图5-5　乙烯使酸性 KMnO₄ 溶液褪色

这个反应的实质是乙烯分子双键中的一个键易于断裂,两个溴原子分别加在两个价键不饱和的碳原子上生成了二溴乙烷。

这种**有机物分子里不饱和的碳原子跟其他原子或原子团直接结合生成新的物质的反应叫做加成反应。**

乙烯还能跟氢气、氯气、卤化氢以及水等在一定条件下起加成反应。例如:

$$CH_2\!=\!CH_2 + H_2 \xrightarrow[\text{常温}]{\text{Pt}} CH_3\!-\!CH_3$$

$$CH_2\!=\!CH_2 + HCl \xrightarrow[130\sim150℃]{\text{无水 AlCl}_3} CH_3\!-\!CH_2Cl$$

卤化氢与乙烯反应的活泼性顺序为 $HI > HBr > HCl$。

$$CH_2\!=\!CH_2 + H_2O \xrightarrow[\text{加温、加压}]{\text{磷酸-硅藻土}} CH_3\!-\!CH_2OH$$

这是工业上生产乙醇最重要的一种方法,叫乙烯直接水合法。

② 氧化反应。乙烯和其他烃一样,在空气里燃烧的时候,也生成二氧化碳和水。但是乙烯分子里含碳量比较大,这些碳没有得到充分燃烧时,就有黑烟生成。

$$CH_2\!=\!CH_2 + 3O_2 \xrightarrow{\text{点燃}} 2CO_2 + 2H_2O$$

乙烯不但能在空气里燃烧,而且还能在某些催化剂的存在下与氧作用形成多种氧化产物。例如:

$$CH_2\!=\!CH_2 + \frac{1}{2}O_2 \xrightarrow[100\sim125℃]{\text{PdCl}_2-\text{CuCl}_2} CH_3CHO$$

$$\text{乙醛}$$

$$CH_2\!=\!CH_2 + \frac{1}{2}O_2 \xrightarrow[200\sim300℃]{\text{Ag}} \underset{\text{O}}{CH_2\!-\!CH_2}$$

$$\text{环氧乙烷}$$

③ 聚合反应。在一定条件下乙烯分子中的双键会打开发生加成反应,若加成反应发生在乙烯分子之间,碳原子便互相结合生成长链的聚乙烯:

$$CH_2=CH_2+CH_2=CH_2+\cdots \longrightarrow \cdots-CH_2-CH_2-CH_2-CH_2-\cdots$$

或简写成：

$$nCH_2=CH_2 \xrightarrow{\text{催化剂}} \ce{-CH_2-CH_2-}_n$$
聚乙烯

像这种**由小分子结合成大分子的反应，称为聚合反应。**

乙烯可用于制造塑料、合成纤维等，也可用作果实催熟剂。因此，它是有机合成工业和石油化学工业的重要原料。

### 5.2.2.2 烯烃的系统命名和同分异构

烯烃的系统命名与烷烃相似，只是把"烷"字改为"烯"字。由于双键是烯烃的特征，因此必须选择含有双键的最长碳链为主链，从靠近双键的一端开始编号，即取其位置最小的数字表示，将双键位置用阿拉伯数字写在化合物的名称前面，位号数和名称之间加上短横"-"。例如：

$$\overset{1}{C}H_2=\overset{2}{C}H-\overset{3}{C}H_2-\overset{4}{C}H_3 \qquad 1\text{-丁烯}$$

$$\overset{1}{C}H_3-\overset{2}{C}H=\overset{3}{C}H-\overset{4}{C}H_3 \qquad 2\text{-丁烯}$$

$$\overset{1}{C}H_3-\overset{2}{C}H=\overset{3}{C}H-\overset{4}{C}H-\overset{5}{C}H_3 \qquad 4\text{-甲基-}2\text{-戊烯}$$
$$\qquad\qquad\qquad\quad |$$
$$\qquad\qquad\qquad CH_3$$

$$\qquad\qquad\quad CH_3$$
$$\qquad\qquad\quad |$$
$$\overset{5}{C}H_3-\overset{4}{C}H_2-\overset{3}{C}-\overset{2}{C}H=\overset{1}{C}H_2 \qquad 3,3\text{-二甲基-}1\text{-戊烯}$$
$$\qquad\qquad\quad |$$
$$\qquad\qquad\quad CH_3$$

烯烃的异构体比相应的烷烃多，原因是烯烃除因碳链引起异构外，还因双键位置不同等而引起异构。例如：丁烷只有两种异构体，而丁烯有三种异构体；戊烷有三种异构体，而戊烯却有五种异构体。

乙烯是最重要的烯烃，可以通过乙烯的性质，了解其他烯烃的性质。

## 5.2.3 炔烃和二烯烃

### 5.2.3.1 炔烃

炔烃的通式为 $C_nH_{2n-2}$，炔烃中最简单、最重要的是乙炔。

（1）乙炔的物理性质和制法。乙炔是无色、无嗅的气体，俗称电石气。一般由电石制得的乙炔中混有少量的硫化氢、磷化氢等杂质，因而具有难闻的臭味。乙炔微溶于水，易溶于有机溶剂。在标准状况下，乙炔的密度是 $1.16\ g\cdot L^{-1}$，比空气稍轻。

工业上生产乙炔有两种方法：

一是以电石为原料。在高温电炉中加热生石灰和焦炭到 $2\,500\sim3\,000\,℃$，即生成碳化钙，俗称电石。电石与水反应即得乙炔。实验室也用此法制取乙炔。

$$CaO + 3C \xrightarrow[\text{电炉}]{2\,500\sim3\,000℃} CaC_2 + CO\uparrow$$

$$CaC_2 + 2H_2O \longrightarrow CH\equiv CH\uparrow + Ca(OH)_2$$

二是以天然气为原料。天然气(主要成分为 $CH_4$)在 1 500℃进行短时间裂解(0.001~0.01 s)可生成乙炔:

$$2CH_4 \xrightarrow[0.001\sim0.01\ s]{1\,500℃} CH\equiv CH + 3H_2$$

(2) 乙炔的性质和用途。乙炔的化学性质和乙烯基本相似,因碳碳原子间有 3 对共用电子,即含有不饱和的叁键,所以能起氧化反应、加成反应和聚合反应等。

① 氧化反应。乙炔能燃烧,燃烧时产生大量的热,其反应为:

$$2CH\equiv CH + 5O_2 \xrightarrow{\text{点燃}} 4CO_2 + 2H_2O$$

因为乙炔的成分中含碳量很大,所以燃烧不充分时火焰光亮且带浓烟。乙炔和空气的混合物遇火会发生爆炸,所以在生产和使用乙炔时,必须注意安全。乙炔在氧气中燃烧时,产生氧炔焰的温度可高达 3 000℃以上,可以用来切割和焊接金属。

乙炔也容易被氧化剂氧化,能使高锰酸钾溶液的紫色褪去。

$$3CH\equiv CH + 10KMnO_4 + 2H_2O \longrightarrow 6CO_2 + 10KOH + 10MnO_2$$

② 加成反应。乙炔也能使溴水褪色,反应进程可以分步表示如下:

$$H-C\equiv C-H + Br-Br \longrightarrow H-\underset{Br}{\overset{}{C}}=\underset{Br}{\overset{}{C}}-H$$

1,2-二溴乙烯

$$H-\underset{Br}{\overset{}{C}}=\underset{Br}{\overset{}{C}}-H + Br-Br \longrightarrow H-\underset{Br}{\overset{Br}{C}}-\underset{Br}{\overset{Br}{C}}-H$$

1,1,2,2-四溴乙烷

与乙烯相似,在催化剂铂、钯或镍的催化作用下,乙炔也与氢加成。根据反应条件,既可以加上一分子氢,部分氢化生成乙烯;也可以加上两分子氢完全氢化生成乙烷。

$$CH\equiv CH + H_2 \xrightarrow{\text{催化剂}} CH_2=CH_2$$

$$CH\equiv CH + 2H_2 \xrightarrow{\text{催化剂}} CH_3-CH_3$$

乙炔也能与氯化氢、水、醇、醋酸等发生加成反应。例如:

$$CH\equiv CH + HCl \xrightarrow[150\sim160℃]{\text{HgCl}_2\text{-活性炭}} CH_2=CHCl$$

氯乙烯

这是工业上生产氯乙烯的一种方法,氯乙烯是生产聚氯乙烯的单体。

$$CH\equiv CH+H_2O \xrightarrow[98\sim105℃]{HgSO_4,稀\ H_2SO_4} [\underset{\underset{OH}{|}}{CH_2}=CH] \xrightarrow{重排} CH_3CHO$$

乙烯醇　　　　　乙醛

这是工业上生产乙醛的一种方法。

$$CH\equiv CH+CH_3COOH \xrightarrow[170\sim230℃]{醋酸锌-活性炭} CH_3COOCH=CH_2$$

醋酸乙烯酯

这是工业上生产醋酸乙烯酯的一种方法。醋酸乙烯酯是生产聚乙烯醇与合成纤维维纶的原料。

③ 聚合反应。在一定条件下,乙炔可以聚合生成不同的聚合产物,例如:

$$CH\equiv CH \xrightarrow[少量\ HCl,70℃]{CuCl_2-NH_4Cl} CH_2=CH-C\equiv CH$$

乙烯基乙炔

乙烯基乙炔是生产氯丁橡胶的原料。

此外,3 分子乙炔可在一定条件下聚合成苯。

④ 特征反应。金属衍生物的生成。把乙炔通入硝酸银的氨溶液中,立即生成白色乙炔银沉淀:

$$CH\equiv CH+2[Ag(NH_3)_2]NO_3 \longrightarrow AgC\equiv CAg\downarrow +2NH_4NO_3+2NH_3$$

硝酸银氨溶液　　　　　　乙炔银(白色)

把乙炔通入氯化亚铜的氨溶液中,立即生成棕红色乙炔亚铜沉淀:

$$CH\equiv CH+2[Cu(NH_3)_2]Cl \longrightarrow CuC\equiv CCu\downarrow +2NH_4Cl+2NH_3$$

氯化亚铜氨溶液　　　　　乙炔亚铜(棕红色)

这是乙炔的一个特征反应,反应非常灵敏。在实验室和生产上常用于乙炔的分析。烷烃和烯烃不发生此反应,故可用于鉴别乙炔与烯烃、烷烃。

目前,乙炔在工业上已得到极为广泛的应用。以它为原料可以合成塑料、橡胶、纤维以及有机合成的其他重要原料和溶剂等,所以乙炔是一种重要的基本有机化工原料。

(3)炔烃的系统命名和同分异构。炔烃的系统命名和烯烃基本相同,只需将"烯"字改为"炔"字即可。炔烃的同分异构和烯烃大致相同。例如:戊炔有三种异构体,它的命名如下:

$$\overset{5}{CH_3}-\overset{4}{CH_2}-\overset{3}{CH_2}-\overset{2}{C}\equiv\overset{1}{CH} \qquad 1-戊炔$$

$$\overset{5}{CH_3}-\overset{4}{CH_2}-\overset{3}{C}\equiv\overset{2}{C}-\overset{1}{CH_3} \qquad 2-戊炔$$

$$\overset{4}{CH_3}-\underset{\underset{CH_3}{|}}{\overset{3}{CH}}-\overset{2}{C}\equiv\overset{1}{CH} \qquad 3-甲基-1-丁炔$$

### "合成金属"——聚乙炔

聚乙炔是最简单的聚炔烃,有顺式和反式两种顺反异构体。线型高分子聚乙炔对氧敏感,有金属光泽。顺式和反式聚乙炔的电导率分别为 $10^{-9}$（s·cm）$^{-1}$ 和 $10^{-5}$（s·cm）$^{-1}$,如果用溴等卤素或 $BF_3$、$AsF_3$ 等路易斯酸掺杂后,聚乙炔的电导率可提高到金属水平。因此,人们将聚乙炔称为合成金属或高分子导体。乙炔在齐格勒-纳塔催化剂催化下可直接聚合成膜。聚乙炔是新型功能高分子,已成功应用于太阳能电池、电极和半导体材料的制造中。

### 5.2.4 芳香烃

烃类的分子结构中,除去链状的以外,还有一类环状化合物,这一类烃叫做环烃。根据它们的结构和性质,又可分为脂环烃和芳香烃两类。

脂环烃的性质与链式的脂肪烃相似,按照碳原子的饱和程度又可分为环烷烃、环烯烃、环炔烃等。例如:

环戊烷　　　　　　　环己烯　　　　　　　环辛炔

芳香烃是指具有苯环结构的环烃,芳香烃是芳香族化合物的母体。芳香族化合物最初是从植物香树脂中得到的,其中很多具有香味,因此称这类物质为芳香族化合物。后来发现,这类化合物并不都具有香味,而不属于这种类型的化合物,有的也有香味。芳香不是这类化合物的特征,这类化合物的特征是在于它们的结构,即分子中都含有苯环。现在我们所说的**芳香族化合物是指分子中具有苯环结构的化合物**。

芳香烃中最简单的化合物是苯。甲苯、二甲苯都是苯的同系物,可用通式 $C_nH_{2n-6}$ 表示。

#### 5.2.4.1 苯分子的结构

苯是无色液体,熔点为 $5.5℃$,沸点为 $80℃$,具有特殊气味,比水轻,不溶于水,溶于有机溶剂。

苯的分子式是 $C_6H_6$。从苯的分子式看,苯远没有达到饱和。苯的化学性质似乎应当显示出不饱和烃的性质,但是苯的不饱和性质很不显著。苯在常温下与酸性高锰酸钾溶液以及溴水都不发生作用。由此可知,苯的这种特殊性质和它的特殊结构有关。

近代物理方法证明,苯分子中的 6 个碳原子和 6 个氢原子都在同一平面上,6 个碳原子形成正六边形结构,6 个碳碳键的键长都是 140 pm,它既不同于一般的单键(C—C 键长为 150 pm),也不同于一般的双键(C=C 键键长为 113 pm)。

从苯与高锰酸钾溶液和溴水都不起反应这一事实和测定的碳碳间键的键长的实验数据来看,充分说明苯环上碳碳间的键应是一种介于单键和双键之间的特殊键。

早在 1865 年凯库勒首先提出苯分子结构式为:

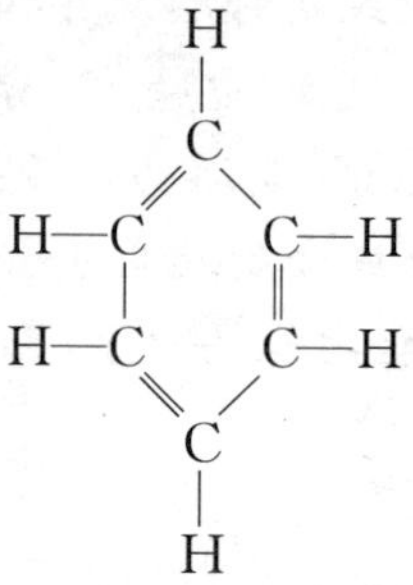

由于它的结构式不能正确地反映苯的真实结构及特点,有些人也主张用  表示。到目前,还没有找到一个合适的结构式能正确而简便地表示苯的这种特殊结构,本书仍以凯库勒式表示。但绝不应认为苯环是单、双键交替组成的环状结构。

#### 5.2.4.2 苯的化学性质和用途

(1) 取代反应。**苯的取代反应是指苯环上的氢原子被其他原子或原子团替代的反应**。这些取代反应主要包括氯代或溴代、硝化、磺化、烷基化、酰基化等。

① 卤代反应。在催化剂作用下,苯环上的氢原子被卤素原子取代,生成卤代苯,并生成卤化氢,此反应称为卤代反应。如:

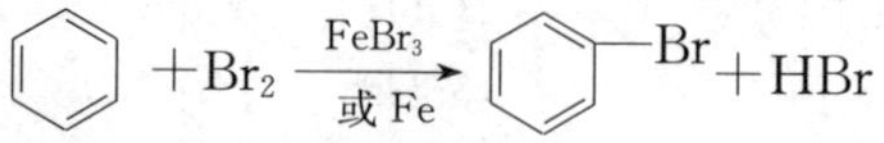

$$\text{苯} + Br_2 \xrightarrow[\text{或 Fe}]{FeBr_3} \text{溴苯} + HBr$$

苯环上的氯代反应和溴代反应是不可逆反应。

② 硝化反应。苯与浓硝酸和浓硫酸的混合物于 50~60℃下作用,则环上的一个氢原子被硝基(—$NO_2$)取代生成硝基苯,这类反应称为硝化反应。

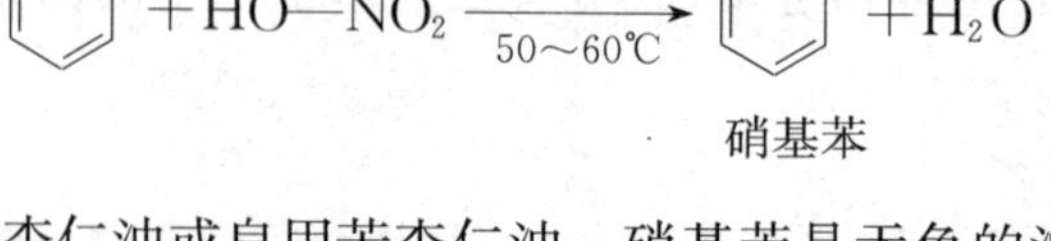

$$\text{苯} + HO—NO_2 \xrightarrow[50\sim60℃]{\text{浓 } H_2SO_4} \text{硝基苯} + H_2O$$

硝基苯又名人造苦杏仁油或皂用苦杏仁油。硝基苯是无色的油状液体,不纯的硝基苯显淡黄色。具有苦杏仁味，比水重，易燃、有毒，人体透过皮肤或吸入能引起血液中毒，中毒质量分数为 $5 \times 10^{-6}$。其蒸气与空气混合可以引起爆炸。爆炸极限为 1.8%（体积分数）。硝基苯是制造染料的重要原料。

硝基苯可以继续硝化，主要生成间二硝基苯。

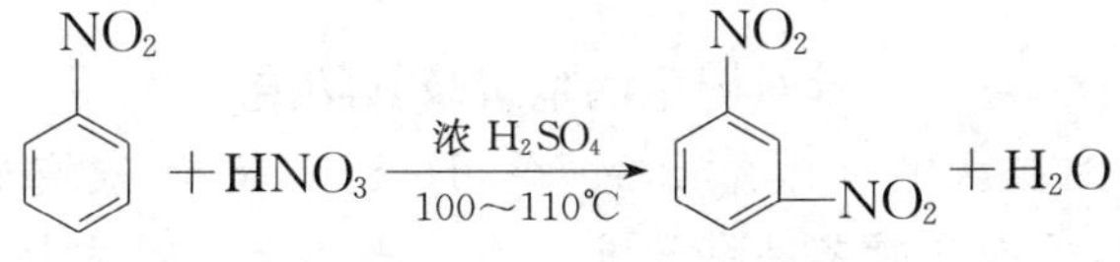

间二硝基苯

间二硝基苯是黄色透明的片状结晶，有挥发性，有苦杏仁气味，有毒，毒性比硝基苯大。刺激眼睛，可透过皮肤吸收或由呼吸器官吸入。具有易燃性和爆炸性。微溶于水，可溶于醇、苯。主要用于制造间苯二胺、染料等。

如果苯环上的氢被甲基取代后生成甲基苯（甲苯），那么它的硝化就比苯容易进行，反应温度也比苯低。

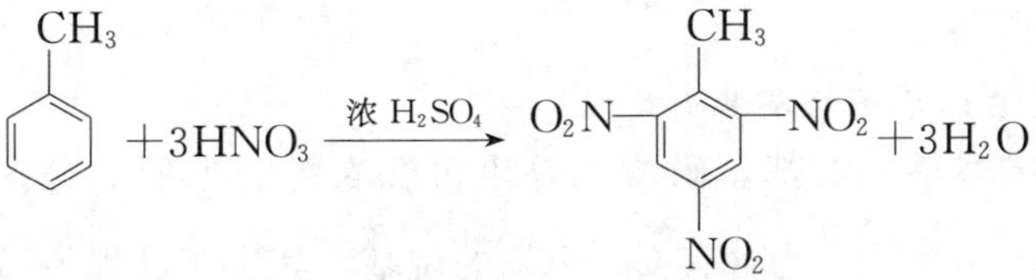

甲苯　　　　　　　　　三硝基甲苯

三硝基甲苯，也可以叫 2，4，6 - 三硝基甲苯，俗称"梯恩梯"（TNT），纯净的 TNT 是一种无色（见光后变成淡黄色）的柱状或针状结晶物质。TNT 是一种烈性无烟炸药。在军事上广泛用于装填各种炮弹及各种爆破器材。也常与其他炸药混合制成多种混合炸药。在国民经济建设中用于采矿、筑路等。

③ 磺化反应。苯与浓硫酸共热（70～80℃），环上的一个氢原子被磺酸基（—$SO_3H$）取代生成苯磺酸，这类反应称为磺化反应。

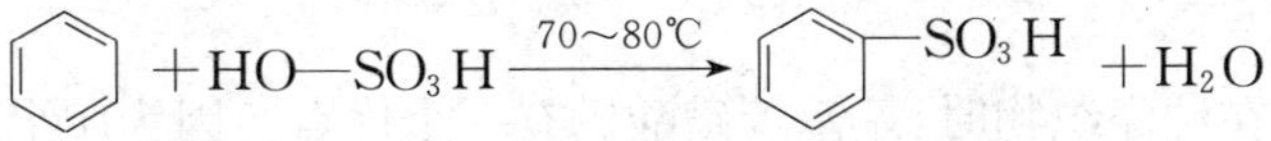

苯磺酸

（2）加成反应。苯环难发生加成反应，但在一定条件下也可发生。例如：

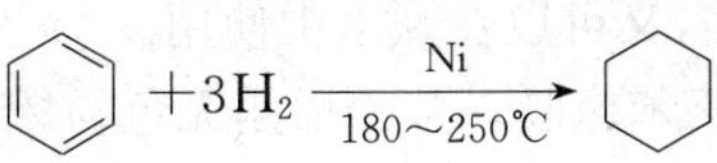

环己烷

在光照条件下，苯与氯起加成反应，生成六氯环己烷（$C_6H_6Cl_6$），即"六六六"。"六六六"曾经是一种农药，由于它的化学性质稳定，残留毒性大，目前已被高效有机磷农药代替。

苯是一种很重要的有机化工原料，它广泛用来生产合成纤维、合成橡胶、塑料等。苯也常用作有机溶剂。

综合上述,苯的化学性质相对稳定,不如烯烃活泼,在一定条件下较易发生环上的取代反应,较难发生加成反应。

 **知识拓展**

### 苯对健康的危害及其防治

苯已被世界卫生组织认定为具有"三致"作用(致癌、致畸、致突变)的有机污染物。由于苯带有淡淡的香味,使人一时不易警觉其毒性。事实上苯对皮肤、粘膜有刺激作用,引起皮炎,粘膜出血,引起血小板及白血球减少,诱发贫血及白血病等。

苯主要存在于油漆、各种涂料的添加剂以及各种胶粘剂中。目前造成室内空气苯污染的主要原因是装饰材料、家具材料中含有苯。为了防止室内空气污染,应该选择环保型建材和家具。刚装修好的居室不要匆忙搬入,并经常保持室内通风。此外,可养植一些绿色植物,如吊兰、龙柏、龟背竹、万年青、仙人掌等,这些绿色植物可吸收空气中的苯等污染物。

#### 5.2.4.3 几种重要的单芳烃及其衍生物

(1)烷基苯磺酸钠。烷基苯磺酸钠是市售洗衣粉的主要成分。其结构可表示为 R—⟨苯环⟩—SO₃Na,其中 R—为含有 $C_{10} \sim C_{15}$ 的烷基。其生产过程为:先用 $C_{10} \sim C_{15}$ 的直链烯烃与苯反应生成烷基苯,再将烷基苯用三氧化硫磺化生成烷基苯磺酸,然后用氢氧化钠或碳酸钠中和烷基苯磺酸,即得烷基苯磺酸钠。主要反应如下:

$$C_{10} \sim C_{15} \text{直链烯烃} + \text{⟨苯⟩} \xrightarrow[40 \sim 70℃]{HF} \text{R—⟨苯⟩}$$

$$\text{R—⟨苯⟩} \xrightarrow[+SO_3]{\text{磺化}} \text{R—⟨苯⟩—SO}_3\text{H} \xrightarrow[NaOH]{\text{中和}} \text{R—⟨苯⟩—SO}_3\text{Na}$$

与肥皂相比,在洗涤织物时,烷基苯磺酸钠有一个优点。因为肥皂(高级脂肪酸钠)在硬水中使用时,与硬水中的钙离子、镁离子生成不溶于水的钙盐、镁盐。这些钙盐、镁盐不溶于水,无去污能力;而烷基苯磺酸钠的钙盐、镁盐都溶于水,不影响去污能力,从而使烷基苯磺酸钠既可在软水中使用,又可以在硬水中使用。

(2)苯乙烯、聚苯乙烯和丁苯橡胶。苯乙烯是无色易燃液体,沸点为145℃,苯乙烯较易聚合,储存时应加少量阻聚剂如对苯二酚。工业上生产苯乙烯的方法是乙苯的催化脱氢。

$$\text{⟨苯⟩—CH}_2\text{—CH}_3 \xrightarrow[\text{约600℃}]{\text{氧化铁型催化剂}} \text{⟨苯⟩—CH=CH}_2 + H_2$$

苯乙烯的主要用途是生产聚苯乙烯、离子交换树脂、丁苯橡胶、ABS树脂等。

在引发剂的作用下,苯乙烯可聚合成聚苯乙烯:

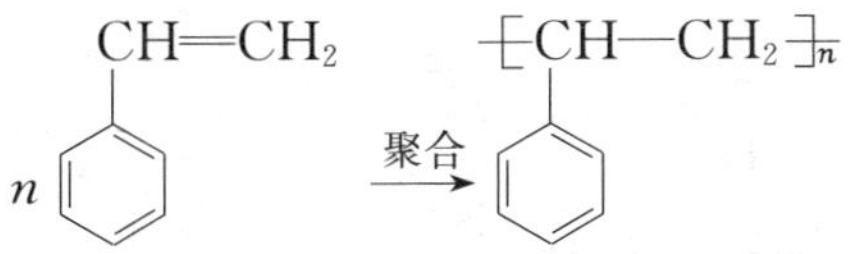

$$n\ CH=CH_2 \xrightarrow{\text{聚合}} \left[ CH-CH_2 \right]_n$$

聚苯乙烯电绝缘性好,透光性好,易于着色,易于成型,是一种大量生产的树脂。其缺点是耐热性差、较脆,抗冲击强度低,制品容易碎裂。聚苯乙烯主要用于电讯零件、电器零件、仪表外壳、光学仪器以及透明模型的制造。聚苯乙烯泡沫塑料广泛用作包装的填充物。

在引发剂的作用下,1,3 - 丁二烯可以与苯乙烯共聚,生成共聚物——丁苯橡胶:

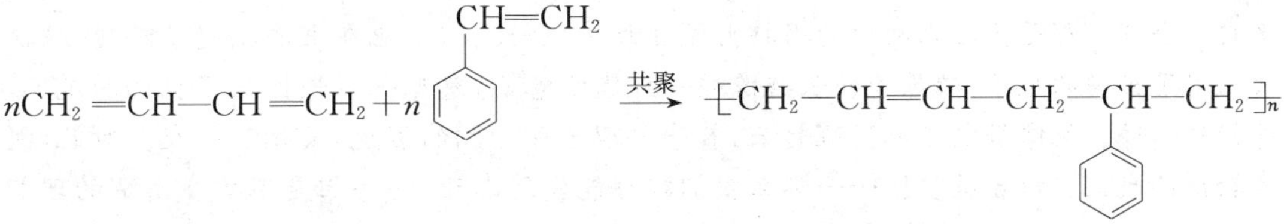

$$nCH_2=CH-CH=CH_2 + n\ CH=CH_2 \xrightarrow{\text{共聚}} \left[ CH_2-CH=CH-CH_2-CH-CH_2 \right]_n$$

丁苯橡胶

丁苯橡胶是世界上产量最大的合成橡胶,主要用于制造轮胎。

### 5.2.4.4 稠环芳烃简介

**由两个或两个以上苯环分别共用相邻的碳原子而成的芳香烃称为稠环芳香烃。**此处简单介绍结构较简单的稠环芳香烃苯和蒽。

(1) 萘($C_{10}H_8$)。萘是一种重要的化工原料,它的结构式简写成: 。萘是一种无色片状晶体,具有特殊的气味。它不溶于水,易升华。萘可以杀菌、防蛀、驱虫。日常用的卫生球的主要成分就是萘。由于有毒,萘正被其他产品所替代。

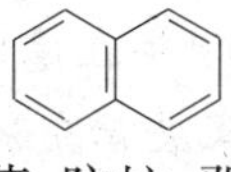

(2) 蒽($C_{14}H_{10}$)。蒽也是一种重要的化工原料,它的结构简式是: 。通常状况下,蒽是一种无色晶体,易升华,是生产染料的重要原料。

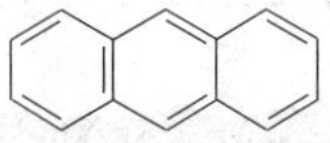

**轶闻趣事**

### 凯库勒和苯的分子结构

德国化学家凯库勒(1829—1896)是一位极富想象力的学者,他曾提出了碳四价和碳原子之间可以连接成链这一重要学说。对苯的结构,他在分析了大量实验事实后认为,这是一个很稳定的"核",6个碳原子间的结构非常牢固且排列十分紧凑,它可以与其他原子相连形成芳香族化合物。于是,凯库勒集中精力去探讨这个6个碳原子的"核"。在提出了多种开链式的设想而又因其与实验结果不符被一一否定之后,在1865年他终于悟出闭合链的形式是解决苯结构的关键,于是明确提出苯分子是一个由6个碳原子以单、双键相交替结合而构成的环状链,并且是一平面结构。他先以下列(Ⅰ)式表示这一结构,后改为(Ⅱ)式。1866年他又提出了(Ⅲ)式,后简化为(Ⅳ)式,这就是后来人们称之为凯库勒式的结构。

（Ⅰ）　　　　　　（Ⅱ）　　　　　　（Ⅲ）　　　　　　（Ⅳ）

关于凯库勒悟出苯的环状结构的经过,一直是化学史上的一个趣闻。据他自己说这来自一个梦。那是他在比利时的根特大学任教时,一天夜晚,他在书房打起了瞌睡,眼前又出现了旋转的原子,碳原子的长链像蛇一样盘绕卷曲,忽见一条蛇抓住了自己的尾巴,并旋转不停。他像触电般地猛醒起来,着手整理苯环结构的假说,又忙了一夜。对此,凯库勒说:"我们应该会做梦! ……那么我们就可能发现真理,……但是不要在清醒的理智检验以前,就宣布我们的梦。"

应该指出,凯库勒能够从梦中得到启发,成功地提出重要的结构学说并不是偶然的。这是由于他平时总是冥思苦想有关的原子、分子、结构等问题,才会梦其所思迸发出智慧的火花。更重要的是,他懂得化合价的真正意义,善于捕捉直觉形象。由于他曾师从多位著名化学家,不属于任何学派,养成了独立思考的习惯。加之以事实为依据,以严肃的科学态度进行多方面的分析和探讨,这一切都为他取得成功奠定了基础。

1890年在德国柏林大学举行了盛大的"苯"节,以纪念和颂扬凯库勒的功绩,同时,又为化学家展示交流科学成果提供了论坛。

现代科学界认为凯库勒悟出的苯的环状分子结构与当今克罗托等科学家发现$C_{60}$并确定其分子结构一样,都具有划时代的意义。

### 思考与练习

**1. 填空题。**

(1) 组成有机物的主要元素是_____和_____,还有_____、_____、_____、_____等元素。与典型无机化合物比较,有机物中的化学键主要是_____,所以,它的熔点、沸点较_____;导电性较_____,甚至_____;它较易溶于_____,较难溶于_____;由于含_____和_____,大多易_____。

(2) 甲烷的化学性质较_____,通常情况下,与酸、碱、氧化剂_____反应。但甲烷和氯气在光的照射下,可以发生_____反应,生成甲烷的_____物。其中_____可作麻醉剂,_____可作灭火剂。

(3) 填充下表。

| 反 应 产 物 | 反应式(说明条件) | 反 应 类 型 |
|---|---|---|
| 1,2-二溴乙烷 | $CH_2 = CH_2 +$ _____ $\longrightarrow$ _____ | |
| 一溴乙烷 | $CH_2 = CH_2 +$ _____ $\longrightarrow$ _____ | |
| 乙 醇 | $CH_2 = CH_2 +$ _____ $\longrightarrow$ _____ | |
| 聚乙烯 | $CH_2 = CH_2 +$ _____ $\longrightarrow$ _____ | |

(4) 乙炔能与 _____ 反应生成白色沉淀,而乙烯 _____ 发生此反应,借此鉴别 _____ 和 _____。

(5) _____ 叫芳香烃,它是芳香化合物的 _____。芳香中最简单的有机物是 _____,它的结构式常表示为 _____。

**2.** 选择题。

(1) 下列物质中属于有机物的是( )。

A. $Na_2CO_3$　　　　B. $CaC_2$　　　　C. $C_8H_{18}$　　　　D. $C_xO_y$

(2) 下列各组物质中,属于同分异构体的是( )。

A. 乙醇和乙醛　　B. 乙醇和二甲醚　　C. 乙酸和醋酸　　D. 乙烯和聚乙烯

(3) 下列物质中属于一类的是( )。

A. CH　　　　B. $C_6H_6$　　　　C. $C_2H_5OH$　　　　D. $C_3H_7—NO_2$

(4) 下列关于烃基(或烷基)的错误叙述是( )。

A. 分子去掉 1 个氢原子所剩余的部分叫烃基,可用"—R"表示

B. 烷烃分子去掉 1 个氢原子所剩余的部分叫烷基,如—$C_2H_5$ 叫乙基

C. 所有官能团(包括烃基或烷基)是某类有机物的重要组分,但不能单独稳定存在

D. 烷基之间彼此相差 1 个或多个"$CH_2$",故烷基的通式为:$C_nH_{2n+1}$

(5) 将 1 mol 某烃通入含 2 mol 的溴水中,溴水褪色,该烃是( )。

A. 乙烷　　　　B. 乙烯　　　　C. 乙炔　　　　D. 苯

(6) $H—C \equiv C—CH—CH_3$ 的名称是( )。
$\qquad\qquad\qquad\quad |$
$\qquad\qquad\qquad CH_3$

A. 3-甲基-1-丁炔　　　　　　　　　B. 2-甲基-3-丁炔

C. 异丙基乙炔　　　　　　　　　　D. 3-甲基-2-丁炔

## 5.3　烃的衍生物简介

烃分子中的氢原子能被其他原子或原子团取代而生成新的物质。例如,乙烷分子中的一个氢原子被羟基(—OH)取代而生成乙醇,苯分子中的氢原子被硝基(—$NO_2$)取代生成硝基苯等。这一系列新的有机物都可看作是由烃衍变而来的,所以叫做烃的衍生物。

烃的衍生物种类很多,下面简单介绍几类重要的烃的衍生物:卤代烃、醇、醛、酮、羧

酸等。

### 5.3.1　卤代烃

**烃分子中的氢原子被卤素原子取代后所生成的化合物叫做卤代烃。**一氯甲烷等四种取代产物都是甲烷的氯代物，它们各有其性质和用途。

（1）一氯甲烷。一氯甲烷在常温常压下是无色而有令人愉快香味的气体。易燃，在空气中遇火星能引起爆炸，爆炸极限在空气中为 8.1％～17.2％（体积分数）。有麻醉性和窒息性，可使人在不知不觉之间中毒。蒸气能刺激眼睛与粘膜。微溶于水，易溶于氯仿、乙醚等。一氯甲烷主要用作生产有机硅化物如甲基氯硅烷的原料，还用于生产甲基纤维素；医药上用作麻醉剂、制冷剂等，此外还用作丁基橡胶聚合催化剂的载体。

（2）二氯甲烷。也叫次甲（基）氯。它是无色透明的液体，具有刺激性芳香气味。极易挥发，蒸气与空气形成爆炸性混合物，在空气中爆炸极限为 6.2％～15.0％（体积分数），不易燃，但遇明火分解出有毒物质，对眼粘膜等毒性很大，吸入有毒。具有麻醉性，不溶于水，能溶于醇、醚、苯等有机溶剂。主要用于代替易燃的石油醚和乙醚作为脂肪和油的萃取剂，橡胶、油脂、塑料等的溶剂，牙科局部的麻醉剂等。

（3）三氯甲烷。又叫氯仿。它是无色、透明、易挥发的液体。有特臭味，稍有甜味，蒸气有麻醉性，吸入体内有麻痹现象。液体接触皮肤，使皮肤粗糙干裂。不易燃烧。暴露在日光下能氧化，产生极毒的光气。微溶于水，易溶于乙醇、乙醚、苯等。用作脂肪、树脂、橡胶、有机玻璃等的溶剂。

（4）四氯化碳。无色、澄清易流动的液体，有时因含杂质呈微黄色。有令人愉快的气味，极易挥发，有毒，毒性比氯仿大，吸入 2～4 mL 即可使人死亡。麻醉程度较氯仿低。不易燃烧，遇明火或高温易产生剧毒的光气。微溶于水，易溶于乙醇、乙醚等有机溶剂。主要用作灭火剂、有机溶剂、氯化剂、纤维的脱脂剂、分析试剂，并用于制氯仿和药物等。

### 5.3.2　乙醇

乙醇分子可以看作是乙烷分子里的一个氢原子被羟基（—OH）取代后的产物。

乙醇又名酒精，是一种很重要的物质，用途很广。它除了可用直接水合法制取外，还可用发酵法制取。酒精分工业酒精、动力酒精、药用酒精和饮料酒精。这些酒精的主要成分为乙醇，只是杂质的含量略有不同而已。纯酒精为无色易流动液体，易燃、易挥发，有酒的气味和刺激的辛辣味。密度为 0.789 g·cm$^{-3}$（20℃），熔点为 −117.3℃，沸点为 78.4℃，它的蒸气易着火爆炸，爆炸极限为 3.5％～18％（体积分数）。

工业用酒精约含乙醇96％，有毒，不可用作饮料。

**知识拓展**

#### 似醇非醇的苯酚

苯酚是羟基—OH 与苯环直接相连的苯的衍生物。分子式为 $C_6H_5$—OH，结构简式

为 $\bigcirc$—OH。它可通过苯的磺化等一系列步骤制得。由于苯基与羟基的相互影响，苯酚比苯更易发生取代反应；酚羟基上的氢原子也可以部分离解而呈弱酸性（$K_a = 1.3 \times 10^{-10}$）。苯酚是制造酚醛树脂、染料、炸药、农药的重要原料。

在催化剂作用下，加热时，乙醇既可以脱水生成乙醚（分子间脱水），也可以脱水生成乙烯（分子内脱水）。在酸催化下，加热时，乙醇脱水生成乙醚（此法是合成单醚的一种常用方法）。如：

$$2CH_3CH_2OH \xrightarrow[140\sim145℃]{浓\ H_2SO_4} CH_3CH_2—O—CH_2CH_3 + H_2O$$
$$\text{乙醇} \qquad\qquad\qquad \text{乙醚}$$

乙醚是一种无色易挥发的液体，沸点为 34.51℃，有特殊气味。吸入一定量的乙醚蒸气，会引起全身麻木，所以纯乙醚可以用作外科手术的麻醉剂。乙醚微溶于水，易溶于有机溶剂，本身也是一种优良溶剂，能溶解许多有机物。乙醚蒸气很容易着火，在强烈日光照射下，能使容器急速膨胀而爆炸，比汽油更危险。所以使用乙醚时要特别小心。

乙醇是基本有机原料之一，除可合成乙醚外，还可用于制取农药、洗涤剂、橡胶、塑料、人造纤维等有机化工产品。医用 75% 酒精灭菌作用最强。以乙醇为原料的化工产品达 200 多种。乙醇又是重要的有机溶剂，广泛应用于油漆、染料、医药、油脂及军工等工业生产中。

### 5.3.3　醛和酮

醛和酮是含有羰基（$—\overset{\text{O}}{\underset{\|}{C}}—$）的化合物。如果羰基的碳原子连着一个氢原子，就构成醛基（$—\overset{\text{O}}{\underset{\|}{C}}—H$）。分子中由烃基跟醛基相连而构成的化合物叫做醛，如乙醛 $CH_3—\overset{\text{O}}{\underset{\|}{C}}—H$。分子中由羰基跟两个烃基相连而构成的化合物叫做酮，如丙酮 $CH_3—\overset{\text{O}}{\underset{\|}{C}}—CH_3$。

乙醛是醛类化合物中较重要的一种，它是无色、具有刺激性气味的液体。由于分子里含有醛基（$—\overset{\text{O}}{\underset{\|}{C}}—H$），所以这类化合物性质较活泼，能发生加成反应。例如：

$$CH_3—\overset{\text{O}}{\underset{\|}{C}}—H + H_2 \xrightarrow[\triangle]{Ni} CH_3CH_2OH$$

$$CH_3-\overset{O}{\overset{\|}{C}}-H+HCN \longrightarrow CH_3-\overset{OH}{\underset{CN}{\overset{|}{\underset{|}{C}}}}-H$$

乙醛也能发生氧化反应等。例如：

$$CH_3CHO+2Ag(NH_3)_2OH \longrightarrow CH_3COONH_4+2Ag\downarrow+3NH_3+H_2O$$

此反应也叫银镜反应，可用于醛类或含有醛基（—CHO）的有机物的鉴别。

乙醛是重要的有机原料之一，主要用于生产乙酸、乙酐、2-乙基己醇、聚乙醛和三氯乙醛，以及其他化工产品。

丙酮是一种无色、有气味的液体，沸点为 56.2℃，易挥发、易燃烧。它能与水、乙醇、乙醚等以任意比互溶。丙酮还能够溶解脂肪、树脂和橡胶等许多有机物。是一种重要的有机溶剂，也是制备有机玻璃的重要原料。

丙酮的分子式是 $C_3H_6O$，它的结构式是：

$$CH_3-\overset{O}{\overset{\|}{C}}-CH_3 ，可简写为 CH_3COCH_3$$

### 5.3.4 羧酸和酯

有机化合物中，分子里的烃基（或氢原子）与羧基（$-\overset{O}{\overset{\|}{C}}-OH$）直接相连接的化合物叫做羧酸。酸和醇反应的产物是酯和水。

乙酸是一种重要的有机酸，它是食醋的主要成分。普通的食醋含有 3%～5% 的乙酸，所以乙酸也叫醋酸。

乙酸的分子式是 $C_2H_4O_2$，它的结构式是 $CH_3-\overset{O}{\overset{\|}{C}}-OH$ 简写为 $CH_3COOH$。乙酸是一种弱酸，具有明显的酸性，在水溶液里能电离出氢离子：

$$CH_3COOH \rightleftharpoons CH_3COO^-+H^+$$

它的电离常数 $K=1.75\times10^{-5}$，比碳酸的酸性强，能与碳酸盐如 $Na_2CO_3$、$CaCO_3$ 反应，放出 $CO_2$。

乙酸用途极为广泛，可用于生产醋酸纤维、合成纤维（如维纶）、喷漆溶剂、增塑剂、香料、染料、医药（如阿斯匹林）以及用于食品工业等。

在有浓硫酸存在并加热的条件下，乙酸能跟乙醇发生反应，生成乙酸乙酯

$$CH_3-\overset{O}{\overset{\|}{C}}+OH+H+O-C_2H_5 \underset{\triangle}{\overset{浓 H_2SO_4}{\rightleftharpoons}} CH_3-\overset{O}{\overset{\|}{C}}-OC_2H_5+H_2O$$

乙酸乙酯是一种无色透明的油状液体，具有水果香味。由于反应生成的乙酸乙酯在

同样条件下，又能部分发生水解反应，生成乙酸和乙醇，所以上述反应实际上是可逆的。

**思考与练习**

**1.** 填空题。

(1) 实验室常用_____和_____的混合物来制备甲烷，其方程式为_____

_____。

(2) 在 $CH_4$、$C_2H_4$、$C_2H_2$ 和 $C_6H_6$ 四种有机物中：

① 常温下呈气态，且分子中含碳量最低的是_____。

② 分子呈直线型，俗称电石气的是_____。

③ 既能发生加成反应，又能发生聚合反应的是_____。

(3) 写出甲基（—$CH_3$）分别与—OH、—COOH、—CH＝$CH_2$ 结合而组成的化合物的结构式为_____、_____、_____。其名称分别为_____、_____、_____。

**2.** 选择题。

(1) 下列关于烃的叙述正确的是（　　）。

A. 烃是含 C、H、O 三种元素的化合物　　B. 烃是含 C、O 两种元素的化合物

C. 烃是仅含 C、H 两种元素的化合物　　D. 烃是含 C、H 两种元素的化合物

(2) 下列烷烃的一氯取代物没有同分异构体的是（　　）。

A. 戊烷　　　　　B. 乙烷　　　　　C. 丙烷　　　　　D. 2-甲基丙烷

(3) 下列物质中，不能使酸性高锰酸钾溶液褪色的是（　　）。

A. $C_3H_4$　　　　　　　　　　B. $CH_3CH＝CH_2$

C. $C_3H_8$　　　　　　　　　　D. $C_4H_6$

(4) 下列物质中，不能发生加成反应的是（　　）。

A. 丙烷　　　　　B. 丙烯　　　　　C. 丙炔　　　　　D. 1，3-丁二烯

(5) 下列物质中不含羟基的是（　　）。

A. $CH_3CHOHCH_3$　　　　　　B. $CH_3CH_2OH$

C. $CH_3OCH_3$　　　　　　　　D. $C_6H_5OH$

(6) 下列物质中，能与 $AgNO_3$ 水溶液（含稀 $HNO_3$）生成沉淀的是（　　）。

A. $KClO_3$　　　　　　　　　　B. $Na_2CO_3$

C. $CHCl_3$　　　　　　　　　　D. 氯水的饱和溶液

(7) 在芳香烃 $C_9H_{12}$ 的苯环上用磺酸基取代任何一个氢原子，都能生成相同化合物 $C_9H_{11}SO_3H$，试推测这种芳烃的结构是（　　）。

A.　B.　C.　D.

（8）将一小块金属钠分别投入下列有机物中,放出氢气,则此溶液是（　　）。

A. 氯仿　　　　　　B. 丙醚　　　　　　C. 丙酮　　　　　　D. 乙醇

**3.** 判断题。

（1）点燃 $CH_4$、$CH_2=CH_2$、$CH\equiv CH$ 前都必须检验其纯度。　　　　　（　　）

（2）某有机物燃烧时生成 $CO_2$ 和 $H_2O$,则该有机物一定含有 C、H、O 三种元素。

（　　）

（3）苯在氯气的反应中,常用 Fe 屑来作催化剂。　　　　　　　　　　（　　）

（4）一氯丙烷有三种同分异构体。　　　　　　　　　　　　　　　　（　　）

（5）含有羟基的物质都是醇。　　　　　　　　　　　　　　　　　　（　　）

（6）苯分子是由三个单键,三个双键构成。　　　　　　　　　　　　（　　）

（7）蚂蚁的分泌液中含有甲酸,当人被其叮咬后涂肥皂水可以止痛止痒。（　　）

（8）甲醛（HCHO）、甲酸（HCOOH）中的两个氢原子完全相同,性质上没有差异。

（　　）

## 5.4　能　　源

能量是物质的属性。广义地说,任何物质都具有能量。我们常将那些可做有用功的物质叫做能源。能源是资源的一个极重要组成部分。

通常,将能源分为一次能源和二次能源两大类。一次能源是指存在于自然界中的,可以直接利用其能量的能源;二次能源是指由其他能源经过人们加工而获得的能源。在一次能源中,不会因人使用而显著减少的部分,称再生能源;反之,则称非再生能源。各类能源及实例见表5-3。

表5-3　能源分类及实例

| 一次能源 | 再生能源 | 风、流水、海洋热能、地热、地震、太阳辐射、潮汐能等 |
|---|---|---|
| | 非再生能源 | 化石燃料（煤、石油、天然气、油页岩等）、核燃料（铀、钍、钚、重氢等） |
| 二次能源 | | 电能、氢能、煤气、液化气、煤油、汽油、柴油、甲醇、乙醇、丙烷、火药等 |

人类及其文明的形成,以及现代科技的发展、社会的进步、生活质量的提高都与能源的利用息息相关。我国是一个发展中国家,煤、石油、天然气是我国能源政策的物质基础,而它们都是非再生能源,因此,合理并节约使用现有能源,充分开发新能源,如太阳能、氢能、核能等,是我国能源政策的指导方针。

煤、石油、天然气作为我国现阶段的主要能源,它们都是通过化学变化将化学能转化为电能、热能、机械能等不同形式的能量。所以,从能源使用的角度来学习化学,将使我们的知识结构更加科学合理,学以致用。

### 5.4.1　石油及其加工

石油,人们称为"工业的血液"。它是一种重要的能源,也是必不可少的基本化工原料。石油是古代动植物的遗体在隔绝空气的条件下逐步分解而产生的。我国是一个石油资源丰富的国家。从油井采出的石油是一种黑褐色的、粘稠的油状液体，称为原油，有特殊的气味，比水轻，不溶于水。石油的成分中含 $84\% \sim 86\%$ 的碳，$12\% \sim 14\%$ 的氢，还有少量的氧、氮、硫。它的组成很复杂，主要是各种烃类的混合物（其中包括烷烃、环烷烃和少量的芳香烃）。世界各地所产石油成分也不一致。

原油中除含有各种烃类外，还含有水、无机盐、沙子、泥土等。含水多，在炼制时要浪费燃料；含盐多，会腐蚀设备。所以原油必先经过脱水、脱盐等过程才能炼制。分馏和裂化是石油加工处理的两个重要环节。

### 5.4.1.1 石油的分馏

经过脱水、脱盐的石油主要是烃类的混合物，因此没有固定的沸点。在烃分子中，含碳原子数越少的，沸点越低，含碳原子数越多的，沸点越高。因此加工石油时，低沸点的烃先气化，经过冷凝先分离出来。随着温度的升高，较高沸点的烃才气化再经冷凝分离出来。这样**通过加热和冷凝，就可以把石油分成不同沸点范围的蒸馏产物，这种方法叫做石油的分馏**。分馏设备示意图见图 5 - 6。

石油分馏的产品和它们的用途见表 5 - 4。

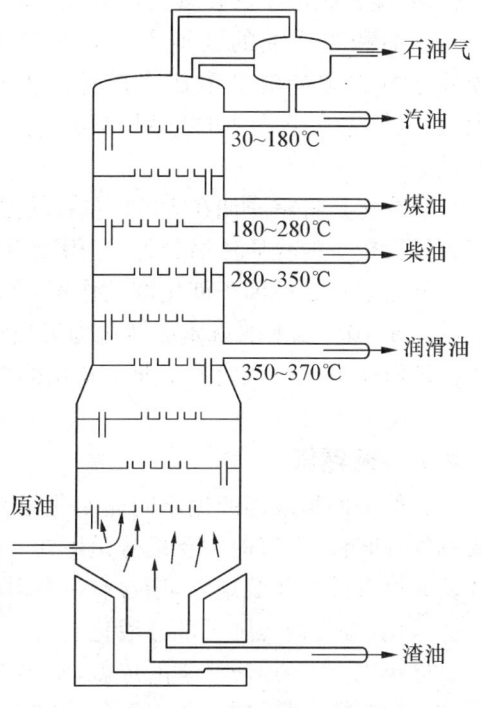

**图 5 - 6　分馏塔示意图**

**表 5 - 4　石油分馏的产品和用途**

| 分馏产品 | | 烃分子中含碳原子数 | 分馏温度（沸点范围） | 用　　　　　途 |
|---|---|---|---|---|
| 石油气 | | $C_1 \sim C_4$ | 40℃以下 | 化工原料、燃料 |
| 石油醚 | | $C_5 \sim C_6$ | 40～60℃ | 溶剂 |
| 汽　油 | | $C_7 \sim C_8$ | 60～205℃ | 汽车、飞机用的燃料 |
| 煤　油 | | $C_9 \sim C_{16}$ | 205～300℃ | 拖拉机、照明灯的燃料和工业上的洗涤剂 |
| 重油 | 柴　油 | $C_{16} \sim C_{18}$ | 300～360℃ | 重型汽车、军舰、轮船、拖拉机、柴油机用的燃料 |
| | 润滑油 | $C_{16} \sim C_{20}$ | 360℃以上 | 机械用的润滑剂 |
| | 凡士林 | $C_{18} \sim C_{22}$ | | 工业上用作防锈剂、润滑剂，医药上制药膏 |
| | 石　蜡 | $C_{20} \sim C_{24}$ | | 制肥皂、各种蜡纸以及用于铸造、模型、医药、照明等 |
| | 沥　青 | $C_{30} \sim C_{40}$ | | 铺路、防腐和用作建筑材料 |

#### 5.4.1.2 石油的裂化

用分馏方法只能得到占原油 20% 左右的直馏汽油(从石油经过直接分馏的方法得到的汽油,叫直馏汽油)。为了得到更多的汽油来满足国民经济的需要,我们可以设法把数量相当大、含碳原子数较多的馏分(简称重质油)转化为汽油等轻质油。

汽油和重质油的区别主要是分子中所含碳原子数多少的不同。将重质油中含碳原子数较多的烃断裂成含碳原子数较少的烃(包括不饱和烃),即把重质油转化为汽油或其他轻质油的过程叫裂化。工业上裂化重质油有热裂化和催化裂化两种方法。

热裂化是将重质油在 500℃ 左右的温度和一定的压力下进行裂化的方法。除得到含碳原子数较少的轻质油馏分外,还得到甲烷、乙烷、乙烯、丁烯等气体。

催化裂化是借助于催化剂的作用,在较低温度和较小压力下进行裂化的方法。它不仅可以使 70% 以上的重质油转化为轻质油,而且炼得的汽油质量好,产量高。因此,热裂化已被催化裂化所取代。工业上常用的催化剂有硅酸铝、分子筛等。

### 5.4.2 天然气

天然气的组成因产地不同而变化很大。天然气分为干气(干性天然气)和湿气(湿性天然气)两类。干气的主要成分是甲烷;湿气除主要成分甲烷外,还含有乙烷、丙烷、丁烷等。天然气除上述烷烃外,还含有一些其他气体,例如硫化氢、氮、氦等。常温时干气加压不能液化,湿气加压则可部分液化。

近年来,由于地质科学的成就,世界天然气资源量(探明储量)已达约 $6 \times 10^{14}$ m$^3$。我国的天然气资源量,据一些专家估计在 $2 \times 10^{13} \sim 3 \times 10^{13}$ m$^3$。

天然气的用途很广,其主要用途是:作为燃料;天然气中的甲烷是生产氨、乙炔和炭黑等的原料;湿气中的乙烷、丙烷、丁烷等是生产乙烯、丙烯等的原料。

### 5.4.3 煤的综合利用

煤是工业上获得苯、甲苯、二甲苯等芳香烃的重要来源之一。长期以来煤又是重要的燃料,是热能和动能的主要来源。煤在我国的能源结构中目前约占 70%,到 2010 年要降至 65% 左右。

煤是古代植物由于地壳多次变动,埋藏在地下深处,受到高温高压的作用,经过复杂的物理、化学变化逐渐形成的。根据煤的生成年代及形成过程中炭化程度不同,依次将煤分为泥煤(泥炭)、褐煤、烟煤和无烟煤(又称白煤)等。它们的含碳量分别是:泥煤 50%~60%,褐煤 50%~70%,烟煤 70%~80%,无烟煤 95% 左右。煤除了主要含碳元素以外,还含有少量硫、磷、氢、氮、氧等元素。所以煤是由有机物和少量的无机物组成的混合物。1 kg 煤完全燃烧后所放出的总热量,叫做煤的发热值。如烟煤的发热值为 21 300~28 600 kJ·kg$^{-1}$,无烟煤的发热值为 25 000~30 600 kJ·kg$^{-1}$。发热值的大小是评价煤质量好坏的重要指标。

如果把煤直接作为燃料,热量的利用率很低,仅 30%~40% 左右。煤中很多宝贵的物质没有得到利用,这是很不经济的。将煤进行干馏是工业上从煤中取"宝"、加以综合利用的一个重要途径。

**把煤隔绝空气加强热使它分解的过程,叫做煤的干馏**,工业上叫做炼焦。

若把煤隔绝空气加热到 1 000℃以上,使煤发生复杂变化,叫做高温干馏。煤通过高温干馏,主要制得冶金工业用的焦炭,同时得到焦炉气(主要成分是氢气和甲烷)。此外还混有少量一氧化碳、二氧化碳、乙烯、氮气与其他气体、粗氨水和煤焦油。高温干馏所得的煤焦油是含有多种芳香族化合物的复杂混合物(其中有几百种物质)。煤焦油可以通过分馏的方法使其中的重要成分分离出来。如在 170℃以下蒸馏出来的馏出物里主要含苯、甲苯、二甲苯和其他苯的同系物。从 170～230℃蒸馏出来的馏出物里主要含有酚类和萘。加热到 230℃可以得到许多更复杂的芳香族化合物。煤焦油在分馏后剩下的稠厚的黑色物质是沥青。但高温干馏所得到的煤焦油仅占原料煤的 3%,为了得到更多的煤焦油,可以把炼焦温度降低到 500～600℃,这叫低温干馏。从低温干馏得到的煤焦油可达原料煤质量的 10%。用低温干馏得到的煤焦油主要含有烷烃、烯烃和较多的环烷烃,进一步炼制可得到汽油、煤油和柴油等。

煤经过炼焦得到的主要产品和用途是:

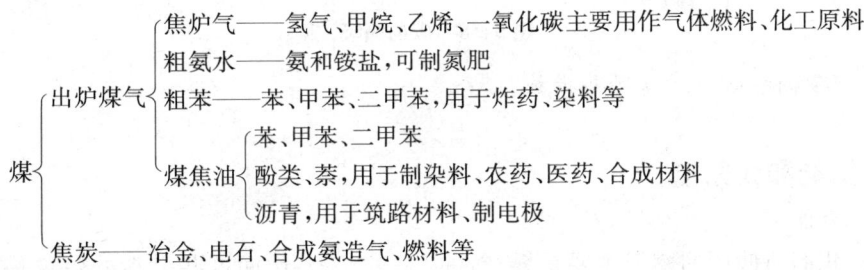

由此可见,煤除了可做燃料和冶金工业的重要原料外,通过用不同方法进行加工,能更好地把它转化为气体燃料和液体燃料,还能转化为化肥、塑料、合成橡胶、合成纤维、炸药、染料等多种重要化工原料。煤的综合利用,对于促进工农业、有机化学工业、冶金工业和国防工业等的发展,都有很重要的意义,所以煤被称为"工业的粮食"。

## 碳 循 环

碳是构成生物体的最基本元素之一,也是构成地壳岩石和矿物燃料(煤、石油、天然气)的主要元素。碳的循环主要是通过 $CO_2$ 进行的。它可分为三种形式:第一种形式是植物经光合作用将大气中的 $CO_2$ 和 $H_2O$ 化合生成碳水化合物(糖类),在植物呼吸中又以 $CO_2$ 形式返回大气中被植物再度利用;第二种形式是植物被动物采食后,糖类被动物吸收,在体内氧化生成 $CO_2$,并通过动物呼吸释放回大气中又可被植物利用;第三种形式是煤、石油、天然气等矿物燃料燃烧时,生成 $CO_2$, $CO_2$ 返回大气后重新进入生态系统的碳循环。碳循环过程见图 5-8。

请同学们讨论一下,当今生态系统的碳循环受到什么影响?原因何在?危害如何?

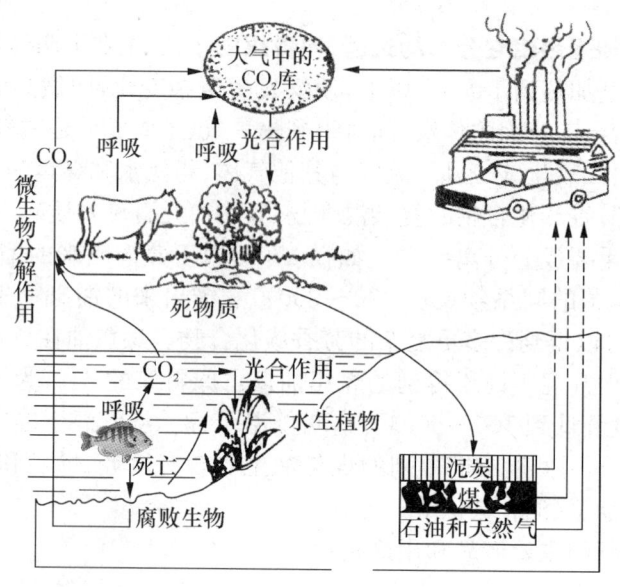

**图5-8  碳的循环**

人类在维护碳循环时应采取哪些措施?

## 5.4.4  氢能和太阳能

### 5.4.4.1  氢能

目前,我们所使用的燃料主要是煤、石油、天然气等,然而这些燃料的蕴藏是有限的。比如石油,按目前已探明的储量和消耗计算,再过五六十年,就差不多用完了。人类正面临着矿物燃料日益枯竭的状况。

能源短缺推动了能源科学的发展。科学家们向异常广阔的领域里寻找、开发新的能源——太阳能、风能、潮汐能、地热能、海水热能、核能,等等。但是,这些能源一般都不能在交通运输(如汽车、火车、飞机、轮船)等方面代替目前占能源总消耗80%的石油制品和煤炭等矿物燃料。因此,需要寻找一种来源丰富、适应性强、应用面广、能代替矿物燃料的能源。人们想到了氢。首先,氢的来源丰富。众所周知,水是由氢和氧两种元素组成的,地球有71%的面积为江、河、湖、海所覆盖。如果从水里制氢,氢燃烧以后又转化成水,如此循环往复,以至无穷,氢能可以说取之不尽,用之不竭,这是一个多么令人向往和美好的前景。用氢作燃料还有许多优点,如氢燃烧的产物是水,对环境没有污染;它的发热量高,相当于同质量航空汽油的2.5倍;它既能用管道输送,也能以液态储存。用氢作燃料,不需要对现有的动力设备进行根本的改造就可以使用。现在,人们已用液氢为高能燃料发射火箭,把人造卫星、宇宙飞船、航天飞机送入太空。

目前,用水制氢主要是电解法:

$$2H_2O \xrightarrow{\text{电解}} 2H_2 \uparrow + O_2 \uparrow$$

可是,电解水制氢很不容易,因为在水分子里,氢原子和氧原子结合得相当牢固,要拆开它们是很困难的,要消耗大量的电能,因此电解水制氢成本很高。能源科学家们正在探讨制氢的新方法。

总的来说,氢能的利用是可行的,但在技术方面还有很多问题要解决。展望未来,氢能具有无限广阔美好的前景。

### 5.4.4.2  太阳能

太阳能对人类来说极为重要,从地球及其他能源的形成,到人类及其文明的产生和发展,充分表明太阳能在过去、现在和将来都是重要的能源。据测定,太阳每秒发射的能量达 $5.2 \times 10^{23}$ kW·h,这相当于爆炸 $9.1 \times 10^{10}$ 颗百万吨级的大氢弹。可惜由于太阳离我们太远,到达地球的能量仅是它的 20 亿分之一。但是,即使是这样少的一部分,如果能利用它的 1%,即可满足地球上全部能源需要。我国自 20 世纪 50 年代起,开始有计划地研究太阳能的利用,至今不仅已利用太阳能做太阳灶、太阳能热水器,掌握了太阳能干燥、太阳能海水淡化、太阳能制冷与空调技术,而且正在逐步研究和使用太阳能电池。1971 年,我国生产的单晶硅太阳能电池首次成功地用于我国第二颗人造地球卫星上。从 1973 年开始,太阳能电池扩展到用于港口、铁路、通讯、电视、橡胶生产、植物保护及畜牧业等方面。

**知识拓展**

#### 发展我国的液化天然气产业,有效地开发利用天然气资源

液化天然气(LNG)有许多独特的优点及用途。它的主要工艺过程是:将含甲烷 90%(体积分数)以上的天然气,经过"三脱"(即脱水、脱烃、脱酸性气体)净化处理后,一般采用先进的膨胀制冷工艺,使甲烷在 -162℃ 下变为液体,其体积是气态时的 1/625,成为优质的化工原料以及工业的民用燃料。其优点主要表现在:

(1) 天然气液化后便于经济可靠的远距离运输。用专门的 LNG 槽车、轮船,把边远沙漠、海上油田气以及新区的放散天然气,经液化后运输到销售地,充分开发利用这些天然气资源。在相同条件下往往比地下管道输气要节省大量投资,而且方便可靠,易适应输量变化的需要,风险性很小。

(2) 储存效率高,占地少、投资省。据有关资料统计,建成一座 1 MPa 的 100 m³ 的天然气球罐的投资,要比建成一座储气相当的 0.5 MPa 的 100 m³ 液化天然气储罐的投资高出 80 多倍。

(3) 有利于城市供气负荷的平衡调节。一些城市实行用气化以后,由于民用气冬用多、夏用少,或者因制气的化工厂检修,或 LNG 厂本身进行技术改造,甚至是输气网发生故障等,都会造成定期或不定期供用气不平衡,而建设 LNG 储罐就能起"削峰填谷"的调节作用。据美国、日本、欧洲的资料统计,建成投产 160 多座 LNG 的调峰装置,它比地面高压储气罐和地下储气库建设节省土地、资金,缩短工期,便于储供气的调节,特别是它与地下储气库相比,不受地面及地质条件的限制。

(4) 低温液压还可分离出部分有用的副产品。在天然气液化的不同阶段,可分离出

$C_2$、$C_3$、$C_4$、$C_5$ 的烃类以及 $H_2S$ 和 $N_2$ 等化工原料。LNG 生产也可用提氦(He)进行联产,因为 He 的液化温度是 $-269℃$,所以当温度降到 $-162℃$ 时,LNG 就先分离出来了。四川威远化工厂,是一座年处理 $1×10^5 m^3$ 天然气的提氦厂,同时可日产 LNG 产品 3 t 左右。

(5) LNG 可作为优质的车用燃料。与汽车用汽油相比,它具有辛烷值高、抗爆性好、燃烧完全、排气污染少、发动机寿命长、运输成本低等优点,而且与压储天然气相比,它也具有储存效率高、钢瓶数量少、重量轻,以及继驶行程远,建站不受供气管网限制等优点。

(6) 生产使用比较安全。LNG 气化后的燃点为 650℃,比汽油高 230℃,LNG 爆炸极限(4.7%~15%体积分数)比汽油爆炸极限(1%~5%体积分数)高出 2.5~4.7 倍;LNG 密度为 $0.47 g·cm^{-3}$ 左右,汽油为 $0.7 g·cm^{-3}$ 左右,它比空气更轻,所以稍有泄漏即挥发飞散了,不致引起爆炸。

## 思考与练习

**1.** 填空题。

(1) 石油的加工方法有_____和_____。

(2) 天然气可分为干气和湿气两类,干气的成分主要是_____,湿气除主要成分除_____外,还含有_____等。

(3) 煤在隔绝空气加热到 1 000℃以上,使煤发生复杂变化,叫做_____。

(4) 氢燃烧的产物是_____,对环境_____污染。它的发热量高,相当于同质量航空汽油的_____倍。

**2.** 选择题。

(1) 下列能源属于新能源的是(　　)。

A. 天然气　　　　　B. 煤　　　　　C. 核能　　　　　D. 石油

(2) 下列过程属于化学变化的是(　　)。

A. 煤的干馏　　　　　　　　B. 用汽油洗涤油污

C. 石油的分馏　　　　　　　D. 乙醇溶于水

(3) 下列物质中,可以作为苯、甲苯等芳香族化合物的生产原料的是(　　)。

A. 汽油　　　　　　　　　　B. 原油

C. 柴油　　　　　　　　　　D. 煤焦油

(4) 为了保护环境,下列燃料中最理想的是(　　)。

A. 沼气　　　　　　　　　　B. 氢气

C. 管道煤气　　　　　　　　D. 石油液化气

(5) 下列物质中属于纯净物的是(　　)。

A. 石油　　　　　　　　　　B. 氯仿

C. 煤　　　　　　　　　　　D. 煤焦油

## 5.5 糖类、蛋白质、油脂及高分子化合物简介

### 5.5.1 糖类

葡萄糖、蔗糖、淀粉和纤维等都属于糖类。糖类也属于碳水化合物。碳水化合物这个名称的得来,是由于最初发现这类化合物都是由碳、氢、氧三种元素组成,而且分子中氢和氧的比例是 2:1,它们都可以用 $C_n(H_2O)_m$ 这样的通式来表示,因此将这类物质称为碳水化合物。但如乙酸($C_2H_4O_2$)、甲醛($CH_2O$)等,虽然分子式也符合上述通式,而从结构和性质看,它们与碳水化合物完全不同。又有些化合物,例如鼠李糖($C_6H_{12}O_5$),根据它的结构和性质应属于碳水化合物,但它的组成并不符合上述通式。可见碳水化合物这个名称是不恰当的,虽然沿用至今,但早已失去原来的意义。

从结构上看,糖类一般是多羟基醛或多羟基酮,以及能水解生成多羟基醛或多羟基酮的物质。糖类常根据它能否水解和水解后生成的物质分为三类。

#### 5.5.1.1 单糖

单糖是最简单的多羟基醛或多羟基酮,它不能再进行水解。单糖根据它所含羰基分为醛糖和酮类两类。单糖中以葡萄糖和果糖最重要。

(1)葡萄糖。葡萄糖是自然界中分布最广的单糖。它存在于蜂蜜、成熟的葡萄和其他水果中,在动物血液中也含有葡萄糖。葡萄糖具有甜味,但不如蔗糖甜,甜度约为蔗糖的 70% 左右。

葡萄糖是一种白色晶体,熔点是 146℃,能溶于水。葡萄糖的分子式是 $C_6H_{12}O_6$,是一种羟基醛,其结构式为:

$$\begin{array}{ccccccc} H & H & H & H & H & O \\ | & | & | & | & | & \parallel \\ H-C-&C-&C-&C-&C-&C-H \\ | & | & | & | & | \\ OH & OH & OH & OH & OH \end{array}$$

葡萄糖可以与硝酸银的氨溶液(银氨溶液)作用起银镜反应。化学方程式如下:

$$CH_2OH-(CHOH)_4-CHO+2Ag(NH_3)_2OH \xrightarrow{\triangle}$$
$$CH_2OH-(CHOH)_4-COONH_4+2Ag\downarrow+H_2O+3NH_3\uparrow$$
葡萄糖酸铵

葡萄糖具有醛基,像醛一样具有还原性。因此,凡能够发生银镜反应的糖类化合物,统称为还原性糖。反之,为非还原性糖。葡萄糖就是一种还原性糖。

葡萄糖能被氧化成葡萄糖酸,又能被还原生成六元醇。如:

$$CH_2OH-(CHOH)_4-CHO \xrightarrow[H_2O]{NaBH_4} CH_2OH-(CHOH)_4-CH_2OH$$

在工业上,用淀粉作原料,用硫酸等无机酸作催化剂,进行水解反应而制得葡萄糖:

$$(C_6H_{10}O_5)_n + nH_2O \xrightarrow[144\sim147℃]{H^+} nC_6H_{12}O_6$$

淀粉　　　　　　　　　　　　　葡萄糖

葡萄糖是人类活动所需能量的来源之一。它在人体的组织里进行氧化而放出热量：

$$C_6H_{12}O_6(s) + 6O_2(g) \longrightarrow 6CO_2(g) + 6H_2O(l)$$

医药上用葡萄糖作营养剂，有强心、利尿、解毒等作用，也常用来制取葡萄糖酸钙。在食品工业上用于制糖浆、糖果等。

（2）果糖。果糖广泛存在于植物中，与葡萄糖共存于蜂蜜和许多水果中。纯果糖是一种白色晶体，熔点是 $102℃$，易溶于水，比蔗糖更甜。果糖的分子式也是 $C_6H_{12}O_6$，它与葡萄糖互为同分异构体，果糖的结构式是：

因此，果糖是一种多羟基酮，也是一种还原性糖。从果糖的结构看，它的分子中没有醛基，本来不具有还原性。但是在碱性溶液中，果糖能生成戊糖酸和甲酸。由于产生了甲酸，才使果糖表现出还原性，因此能发生银镜反应。

### 5.5.1.2　二糖

天然存在的二糖可分还原性二糖和非还原性二糖。最常见的二糖是蔗糖和麦芽糖。

（1）蔗糖。蔗糖是自然界中分布最广的二糖，甘蔗和甜菜中含蔗糖量最多，它是重要的甜味食品。蔗糖是无色晶体，熔点为 $180℃$，易溶于水，属于非还原性糖。蔗糖的甜度超过葡萄糖但不及果糖。

蔗糖的分子式是 $C_{12}H_{22}O_{11}$。在硫酸等催化剂作用下，加热蔗糖溶液，发生水解反应，1分子蔗糖生成1分子葡萄糖和1分子果糖。

$$C_{12}H_{22}O_{11} + H_2O \xrightarrow[加热]{H^+} C_6H_{12}O_6 + C_6H_{12}O_6$$

蔗糖　　　　　　　　　　葡萄糖　　　　果糖

（2）麦芽糖。麦芽糖是白色晶体，熔点为 $130\sim165℃$，易溶于水。麦芽糖是一种还原性糖，它的分子结构不含醛基，但能发生银镜反应。在硫酸等催化剂的作用下，麦芽糖发生水解反应生成2分子葡萄糖，麦芽糖没有蔗糖甜，也用做甜味食物。

$$C_{12}H_{22}O_{11} + H_2O \xrightarrow[加热]{H^+} 2C_6H_{12}O_6$$

麦芽糖　　　　　　　　　　　葡萄糖

麦芽糖是用含淀粉较多的农产品作原料，经淀粉酶作用，在 $60℃$ 时发生水解水反应制得的。

### 5.5.1.3　多糖

多糖是高分子化合物，一分子多糖水解后可生成许多个分子的单糖。

多糖可看作是许多个单糖分子按一定的方式,通过分子间脱水而形成的化合物。多糖与单糖及二糖在性质上有较大的区别。多糖没有还原性,没有甜味,大多数多糖难溶于水,有的能和水形成胶体溶液。

淀粉和纤维素都属于多糖,它们都具有$(C_6H_{10}O_5)_n$的通式。

(1) 淀粉。淀粉是白色无定形粉末,它由两种不同分子组成,一是可溶性淀粉,称为直链淀粉;一是不溶性淀粉,称为支链淀粉。例如,马铃薯的淀粉,其中含有直链淀粉约有$20\%\sim30\%$,含支链淀粉约有$70\%\sim80\%$。直链淀粉能溶于热水不成糊状,支链淀粉不溶于水,与热水作用则膨胀而成糊状。

无论直链淀粉,还是支链淀粉,在稀酸作用下都能发生水解,首先生成分子量较小的糊精,然后生成麦芽糖和异麦芽糖,水解的最终产物是葡萄糖。

$$(C_6H_{10}O_5)_n \xrightarrow{H^+ + H_2O} \underset{\text{糊精}(m<n)}{(C_6H_{10}O_5)_m} \xrightarrow{+H_2O,\ H^+} \underset{\text{麦芽糖和异麦芽糖}}{C_{12}H_{22}O_{11}} \xrightarrow{+H_2O,\ H^+} \underset{\text{葡萄糖}}{C_6H_{12}O_6}$$

直链淀粉与碘作用呈蓝色,支链淀粉与碘作用则呈紫红色。

淀粉是一种粮食,也是重要的工业原料。

(2) 纤维素。纤维素在自然界中分布很广,是构成植物的主要成分。木材中约含纤维素$50\%$。棉花是自然界中较纯的纤维素,约含纤维素$92\%\sim95\%$。定量滤纸可以说是纯粹的纤维素。

纤维素是无色、无味、无臭的物质,不溶于水,也不溶于一般有机溶剂。加热则分解,所以不能熔化。

纤维素的分子式是$(C_6H_{10}O_5)_n$,$n$约为$500\sim5\,000$。纤维素水解较淀粉困难。在酸催化下,加压加热,纤维素可以水解,在水解过程中可以得到一系列中间产物,最后产物也是葡萄糖。

纤维素由于含有醇羟基,所以表现出多元醇的一些性质,例如生成硝酸酯、醋酸酯、黄原酸酯等。

硝酸纤维素酯也叫做纤维素硝酸酯。纤维素与浓硝酸和浓硫酸的混合物反应即得硝酸纤维素酯。反应条件不同,酯化程度不同,得到的酯含氮量不同。含氮量在$11\%$左右的,叫做胶棉。胶棉易燃烧,但无爆炸性,是制造喷漆和赛璐珞等的原料。含氮量在$13\%$左右的,叫做火棉。火棉易燃烧,且有爆炸性,是制造无烟火药的原料。

醋酸纤维素酯也叫纤维素醋酸酯。在硫酸的催化下,纤维素与乙酐和乙酸的混合物反应即得醋酸纤维素酯。纤维素二醋酸酯溶于丙酮,主要用于制造胶片片基,优点是不易着火。

## 5.5.2 蛋白质

蛋白质存在于一切生物体内,尤以动物的肌肉、血液、乳汁、蛋和植物的种子含量最多。它是细胞中原生质的主要成分,是生物生命活动的基础物质。

蛋白质主要由 C、H、O、N、S 五种元素组成,有的还含有 P、Fe 等元素。不论哪一类蛋白质,受酸、碱或酶的作用时,都水解而生成 $\alpha$-氨基酸的混合物。因而要讨论蛋白质的结构和性质,就要了解α-氨基酸。

### 5.5.2.1 α-氨基酸

分子中含有氨基的羧酸叫做氨基酸。按照氨基和羧基的位置的不同,氨基酸可分为α、β、γ 等氨基酸。例如:

$$\overset{\alpha}{C}H_2—COOH \qquad\qquad CH_3—\overset{\alpha}{C}H—COOH$$
$$| \qquad\qquad\qquad\qquad\qquad\qquad |$$
$$NH_2 \qquad\qquad\qquad\qquad\qquad NH_2$$

　α-氨基乙酸　　　　　　　　α-氨基丙酸

$$\overset{\beta}{C}H_2—\overset{\alpha}{C}H_2—COOH \qquad \overset{\gamma}{C}H_2—\overset{\beta}{C}H_2—\overset{\alpha}{C}H_2—COOH$$
$$| \qquad\qquad\qquad\qquad\qquad\qquad |$$
$$NH_2 \qquad\qquad\qquad\qquad\qquad NH_2$$

　　β-氨基丙酸　　　　　　　　γ-氨基丁酸

α-氨基酸都是无色结晶固体,它与羧酸比较,熔点要高得多,一般在 $200\sim300℃$ 左右,有些氨基酸加热至熔点时分解。它易溶于水,不溶于乙醚。

氨基酸分子中含有氨基和羧基,氨基($—NH_2$)是碱性基团,羧基($—COOH$)是酸性基团,所以氨基酸是一种两性化合物。因此,氨基酸能与酸或碱作用,并都生成盐。例如:

$$R—CH—COOH + HCl \longrightarrow \left[\ R—CH—COOH\ \right]Cl^-$$
$$| \qquad\qquad\qquad\qquad\qquad\qquad |$$
$$NH_2 \qquad\qquad\qquad\qquad\qquad NH_3^+$$

**盐酸氨基酸**

$$R—CH—COOH + NaOH \longrightarrow \left[\ R—CH—COO\ \right]^- Na^+ + H_2O$$
$$| \qquad\qquad\qquad\qquad\qquad\qquad\quad |$$
$$NH_2 \qquad\qquad\qquad\qquad\qquad\quad NH_2$$

**氨基酸钠**

### 5.5.2.2 多肽

一分子氨基酸中的羧基与另一分子氨基酸中的氨基脱水,生成以酰胺键
$$\qquad\qquad\qquad O \qquad\qquad\qquad\qquad\qquad\qquad O$$
$$\qquad\qquad\qquad \parallel \qquad\qquad\qquad\qquad\qquad\qquad \parallel$$
($—C—NH—$)相连接的化合物叫做肽。酰胺键($—C—NH—$)也叫肽键。由 2 个氨基酸分子缩合而成的叫二肽,由 3 个氨基酸分子缩合而成的叫三肽,由较多氨基酸分子缩合的叫多肽。例如,由 2 个氨基酸分子形成的二肽,结构式如下:

$$H_2N—CH—CO \vdots OH + H \vdots NH—CH—COOH \longrightarrow$$
$$\qquad\qquad | \qquad\qquad\qquad\qquad\qquad\qquad\qquad |$$
$$\qquad\qquad R \qquad\qquad\qquad\qquad\qquad\qquad\qquad R$$

$$H_2N—CH—CO—NH—CH—COOH + H_2O$$
$$\qquad\qquad\quad | \qquad\qquad\qquad\qquad\qquad |$$
$$\qquad\qquad\quad R \qquad\quad 肽键 \qquad\qquad R$$

多肽一般成链状。多肽与蛋白质之间没有严格的区分,通常把平均相对分子质量小于 10 000,能透过半透膜以及不被三氯乙酸或硫酸所沉淀的叫多肽。

5.5.2.3 蛋白质

蛋白质是存在于细胞中的高分子化合物之一,在有机体中承担着各种各样的生理功能。例如,肌肉、毛发、指甲、角质、皮、血清、激素、蚕丝、酶等都是由不同的蛋白质构成的。

蛋白质的结构非常复杂。多肽链内多种 $\alpha$-氨基酸以一定顺序排列,呈复杂的空间结构。不同结构的蛋白质的生理功能不同。蛋白质的一些性质如下:

(1)渗析。在水溶液中,蛋白质因为相对分子质量过大,不能透过半透膜,而相对分子质量较低的有机化合物和无机盐能透过半透膜。利用这种方法(渗析)可以分离和提纯蛋白质。

(2)盐析。在蛋白质水溶液里加入浓的无机盐溶液,例如硫酸铵、硫酸钠、硫酸镁、氯化钠等溶液,可使蛋白质的溶解度降低而从溶液中析出。这种作用叫做盐析。盐析是一个可逆过程。析出的蛋白质仍旧可以溶解于水中,并不影响原来蛋白质的性质。所有的蛋白质在浓的盐溶液中都能盐析出来,但是,不同的蛋白质盐析出来时所需盐的最低浓度是不同的。利用这个性质可以分离不同的蛋白质。

(3)两性。蛋白质是由许多氨基酸脱水后由肽键连接成的高分子化合物,不管肽键多长仍有自由的氨基和羧基存在。因此,蛋白质与氨基酸相似,也是两性物质。

(4)变性。在热、酸、碱、重金属盐、紫外线、X 射线等的作用下,蛋白质的性质会发生改变,溶解度降低,甚至凝固。这种凝固是不可逆的,不能再使它们恢复为原来的蛋白质。蛋白质的这种变化,叫做变性。蛋白质变性后,就丧失了它原有的可溶性,并且失去了它原有的生理效能。高温消毒灭菌就是利用加热使蛋白质凝固从而使细胞死亡。重金属盐(例如汞盐、铅盐、铜盐等)可使蛋白质凝固,所以会使人中毒。

蛋白质是人和动物不可缺少的营养物质。此外,在工业上也有着广泛的用途。丝和羊毛是重要的纺织原料,它们的主要成分都是蛋白质。皮革是凝固和变性后的蛋白质。许多蛋白质、血清等在医药上有很大用处。

## 5.5.3 油脂

油脂包括脂肪和油,普遍存在于动物脂肪组织和植物的种子中。习惯上,把室温下呈固态或半固态的叫做脂肪,呈液态的叫做油。油脂的主要成分是高级脂肪酸的甘油酯。常以下式来表示:

$$
\begin{array}{c}
\mathrm{CH_2-O-\overset{\displaystyle O}{\overset{\|}{C}}-R} \\
\mathrm{CH-O-\overset{\displaystyle O}{\overset{\|}{C}}-R'} \\
\mathrm{CH_2-O-\overset{\displaystyle O}{\overset{\|}{C}}-R''}
\end{array}
$$

如果 R、R′、R″相同,称为单纯甘油酯,R、R′、R″不同,则称为混合甘油酯。天然的油脂大多数为混合甘油酯。

组成甘油酯的脂肪酸种类很多,但绝大多数都是偶数碳原子的直链羧酸。常见的饱和脂肪酸是:

$$CH_3(CH_2)_{14}COOH \quad 十六酸(软脂酸)$$
$$CH_3(CH_2)_{16}COOH \quad 十八酸(硬脂酸)$$

常见的不饱和脂肪酸是:

$$CH_3(CH_2)_7CH=CH(CH_2)_7COOH \qquad 9-十八碳烯酸(油酸)$$
$$CH_3(CH_2)_4CH=CHCH_2CH=CH(CH_2)_7COOH \quad 9,12-十八碳二烯酸(亚油酸)$$
$$CH_3(CH_2)_3(CH=CH)_3(CH_2)_7COOH \quad 9,11,13-十八碳三烯酸(桐油酸)$$
$$CH_3CH_2CH=CHCH_2CH=CHCH_2CH=CH(CH_2)_7COOH$$
$$9,12,15-十八碳三烯酸(亚麻酸)$$
$$CH_3(CH_2)_5-\underset{\underset{OH}{|}}{CH}-CH_2CH=CH(CH_2)_7COOH$$

$$12-羟基-9-十八碳烯酸(蓖麻油酸)$$

油脂比水轻,15℃时的相对密度(相对于水)在 0.9~0.98 之间。油脂不易溶于水,易溶于乙醚、汽油、苯、石油醚、丙酮、氯仿、四氯化碳及热酒精等有机溶剂中。油脂没有明显的沸点和熔点,因为它们一般都是混合物。

油脂的化学性质与其主要成分脂肪酸甘油酯的结构密切相关,其重要的化学性质为水解、加成、氧化等反应。

(1) 水解。油脂在适当条件下,可以水解。如在酸或碱的作用下,油脂水解得到高级脂肪酸和甘油:

$$
\begin{array}{l}
CH_2-O-CO-R \\
CH-O-CO-R' \\
CH_2-O-CO-R''
\end{array}
+ 3H_2O \xrightarrow{H_2SO_4}
\begin{array}{l}
CH_2-OH \\
CH-OH \\
CH_2-OH
\end{array}
+
\begin{array}{l}
R-CO-OH \\
R'-CO-OH \\
R''-CO-OH
\end{array}
$$

$$
\begin{array}{l}
CH_2-O-CO-R \\
CH-O-CO-R' \\
CH_2-O-CO-R''
\end{array}
+ 3NaOH \longrightarrow
\begin{array}{l}
CH_2-OH \\
CH-OH \\
CH_2-OH
\end{array}
+
\begin{array}{l}
R-CO-ONa \\
R'-CO-ONa \\
R''-CO-ONa
\end{array}
$$

甘油　　　　　高级脂肪酸钠(肥皂的有效成分)

油脂进行碱式水解(皂化)后生成的高级脂肪酸盐就是肥皂。制造肥皂的原料一般以硬化油(参看下页不饱和脂肪酸"氢化"部分)为主。

某些油(如桐油)涂成薄层,在空气中就逐渐变成有韧性的固态薄膜。油的这种结膜特性叫做干性,其过程称干化。

油能结膜的特性使油成为油漆工业的一种重要原料。一般根据结膜的情况,把油分成三类:干结成膜快的称为干性油,结膜较慢的称为半干性油,不能结膜的称为不干性油。油漆中使用的以干性油和半干性油为主。桐油是最好的干性油,它的特性与桐酸的共轭双键体系有关。用桐酸制成的油漆不仅干结成膜块,而且漆膜坚韧、耐光、耐冷热变化、耐潮湿、耐腐蚀。桐油是我国的特产,产量占世界总产量的 90% 以上。但桐油有毒,不能食用。

（2）氢化。不饱和的脂肪酸甘油酯催化加氢后可以转化为饱和程度较高的固态或半固态的脂。这种加氢后的油脂,称为氢化油或硬化油。

目前,我国油脂氢化的原料是以棉籽油、菜油等植物油为主,氢化程度较高的氢化油,常作为制造肥皂和高级脂肪酸的原料;氢化程度低的氢化油,主要用于生产人造奶油,也可作为猪油的代用品。

（3）酸败。油脂经长期储存,逐渐变质,产生一种特殊气味,这叫油脂的酸败。

引起油脂酸败的主要原因是空气中的氧以及细菌的作用,使油脂氧化分解产生低级醛、酮、羧酸等,分解出的产物具有特殊气味。由于在水、光、热及微生物的作用下,油脂容易酸败。所以,储存油脂时,应保存在干燥的、不见光的密封容器中。已经酸败的食用油不能食用。

## 5.5.4 有机高分子化合物简介

有机高分子化合物分为天然和合成的高分子化合物两大类。前面介绍的淀粉、纤维素、蛋白质等都是天然的有机高分子化合物。本节主要简述人工合成的有机高分子化合物的基本概念、主要性质和合成方法。

### 5.5.4.1 基本概念

高分子首先是相对分子质量很大的分子,所以又称为大分子。由这种分子组成的物质称为高分子化合物,又称高聚物（简称高分子）。通常低分子的相对分子质量是在 1 000 以下。而高分子的相对分子质量是在 5 000 以上。因此相对分子质量很大是高分子化合物最突出的特性,是高分子同低分子最根本的区别,亦是高分子物质具有各种独特性能（如相对密度小而强度大,具有高弹性和可塑性等）的基本原因。

那么究竟相对分子质量要大到多少才算高分子化合物呢？这里没有明显的界限,不同的高分子要求的相对分子质量是不同的。相对分子质量介于 1 000～5 000 之间的物质是属于高分子还是属于低分子,这要由它们的物理、机械性能来决定。一般说来,高分子化合物具有较好的强度和弹性,而低分子化合物则没有。也就是说,**其相对分子质量必须达到使它的物理、机械性能方面与低分子化合物具有明显差别时,才能称为高分子化合物。**

高分子化合物的相对分子质量虽然很大,但其化学组成一般都比较简单,常由许多相同的链节重复结合而成高分子链。例如,聚氯乙烯是由许多氯乙烯分子聚合而成的:

$$n\ CH_2{=}CHCl \longrightarrow \sim\!\!\sim\!\!\sim CH_2{-}CHCl{-}CH_2{-}CHCl \sim\!\!\sim\!\!\sim$$

氯乙烯 聚氯乙烯

简写为:

$$\underset{}{\left[CH_2{-}CHCl\right]_n}$$

像氯乙烯这样能聚合成高分子化合物的低分子化合物称为单体。组成高分子链的重复结构单位,如（—$CH_2$—CHCl—）称为链节。链节数目 $n$ 称为聚合度。因此,高分子的相对分子质量＝聚合度×链节量。同一种高分子化合物的分子所含的链节数目并不相同，所以高分子化合物在实质上，是由许多链节结构相同而聚合度不同的高分子所组成的混合物。因此，高分子化合物的相对分子质量只能是平均相对分子质量。

高分子化合物的相对分子质量虽然很大，但分子中的原子是按一定方式结合起来的，因此分子结构具有一定的形状。高分子化合物的分子结构的形状大致可以分为线型和体型(网状)两种，如图 5－7 所示。

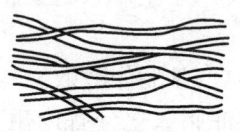
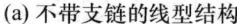

(a) 不带支链的线型结构　　　(b) 带支链的线型结构　　　(c) 体型结构

**图 5－7　高分子结构式示意图**

(1) 线型结构。线型结构的高分子化合物，主要由碳原子彼此以共价键相连接成长链。但不论链有多长，链的结构总是由一种特定的结构单元的多次重复所组成。例如聚乙烯就是线型结构的高分子化合物(如图 a)。有些线型结构的高分子化合物带有支链的(如图 b)，如支链淀粉的分子就属于这一类。但带支链的或不带支链的，绝不全是直线型的，实际上都是柔软、蜷曲状的长链。

(2) 体型结构。高分子中链与链之间有许多交联，形成网状的，叫做体型结构(如图 c)。实际上体型分子不仅是蜷曲的，而且是立体的网状。例如硫化后的橡胶就属于这一类。

但是线型和体型之间并没有绝对的界限，支链很多的线型化合物的结构和性质非常接近于体型化合物。线型结构的高分子，也可在一定条件下发生分子链之间的交联，转化为体型结构。

高分子化合物的系统命名比较复杂，实际上很少使用。习惯上天然高分子常用俗名，例如纤维素、淀粉、蛋白质、虫胶等。合成高分子化合物通常按制备方法及原料名称来命名。用加聚反应制得的高聚物，往往是在原料名称前面加个"聚"字，例如氯乙烯的聚合物称为聚氯乙烯，苯乙烯的聚合物称为聚苯乙烯等。用缩聚反应制得的高聚物，则大多数在原料后面加上"树脂"二字来命名，例如，酚醛树脂、环氧树脂等。加聚物在未制成制品前也常用"树脂"称呼，例如，聚氯乙烯树脂、聚苯乙烯树脂等。此外，在商业上为了方便，也常结合高分子物质以商品名称。例如，聚己内酰胺纤维称为锦纶－6，聚对苯二甲酸乙二酯纤维称为涤纶，聚丙烯腈纤维称为腈纶等。

### 5.5.4.2　高分子化合物的性质

(1) 溶解性。线型高分子化合物，因分子链间可以滑动，所以一般能溶解于适当的有机溶剂中。交联的体型高分子化合物因分子链间的相对滑动很困难，所以难以溶解。

(2) 弹性。线型高分子化合物分子，在通常情况下是蜷曲的，当受到外力作用时，可以拉直一些，在外力消除后，又恢复原来的蜷曲形状，这就表现出它的弹性。体型高分子里的长链,如果彼此交联不多,也有一定弹性。如果交联过多,就会失去弹性而变成坚硬的物质。

(3)可塑性。线型高分子化合物当加热到一定温度,就渐渐软化,这时可以把它制成一定形状,冷却以后就保持了那种形状,这种性质叫做可塑性。体型高分子化合物因交联很多,加热时不能软化,因此也就没有可塑性。

(4)机械强度。高分子具有一定限度的抗拉、抗压、抗扭转、抗弯曲等能力。许多高分子化合物的强度都比较大,而且强度的差别和它的相对分子质量、分子间作用力、分子结构有关。一般说来,同一种聚合物相对分子质量越大,强度就越大;分子结构成网状的,强度显著增加。

(5)电绝缘性。高分子链里的原子是以共价键结合的,一般没有自由电子,不能导电,所以具有良好的绝缘性。

高分子化合物除具有上述的性质外,一般还有耐油、耐化学腐蚀、耐磨、不透水和不透气等性质。

高分子化合物虽有许多优良性质,但也有一些缺点。一般说来,这类物质不耐高温、易燃烧、易老化等。所谓老化就是高分子材料在加工或使用的过程中,受到光、热、空气、潮湿、腐蚀性气体等综合因素的影响,使其分子结构破坏而失去原有的优良特性,以致最后不能使用。如橡胶出现变粘、变脆的现象。

### 5.5.4.3 高分子化合物的合成

合成高分子是由单体聚合而成的,所以合成有机高分子化合物简称高聚物。合成高聚物的反应很多,但基本上可以归纳为两类,即加聚反应和缩聚反应。

(1)缩聚反应。缩聚反应是由一种或两种以上单体化合成高聚物,同时有低分子物质(如水、卤化氢、氨、醇等)析出的反应。所生成的高聚物的化学组成与原料低分子的组成不同。例如合成聚酯纤维,它通常以对苯二甲酸和乙二醇为单体进行聚合而成。这个反应实际上是酯化反应。但因为二元羧酸和二元醇各有两个起反应的官能团,所以生成物就成为链状的高聚物。

$$n\text{HOOC}-\!\!\!\!-\!\!\!\!\text{COOH} + n\text{HO}-\text{CH}_2\text{CH}_2-\text{OH} \longrightarrow$$

$$\text{┤C}-\!\!\!\!-\!\!\!\!\text{C}-\text{O}-\text{CH}_2-\text{CH}_2-\text{O┤}_n + 2n\text{H}_2\text{O}$$

聚对苯二甲酸乙二醇酯

用这种聚酯加工制成的纤维叫做涤纶,它与棉、毛、丝等纤维混纺制成的商品叫做"的确良"。

应该指出,有些单体缩聚成高聚物时,并不析出低分子物质。例如:

$$n\text{NH}(\text{CH}_2)_5\text{CO} \xrightarrow{\text{H}_2\text{O}} n\text{H}_2\text{N}(\text{CH}_2)_5\text{COOH} \xrightarrow{-\text{H}_2\text{O}} \text{┤NH}(\text{CH}_2)_5\text{CO┤}_n$$

己内酰胺　　　　　　　　　　　　　　　　聚己内酰胺(锦纶-6)

（2）加聚反应。加聚反应是指由一种或两种单体化合成高聚物的反应。在反应过程中没有低分子析出，生成的高聚物与原料物质具有相同的化学组成，其相对分子质量为原料相对分子质量的整数倍。仅由一种单体发生的加聚反应称为均聚反应。如：

$$n\ CH_2{=}CH \longrightarrow \begin{array}{c} \\ {\mathbf{\large[}} CH_2{-}CH {\mathbf{\large]}}_n \\ \end{array}$$
$$\begin{array}{ccc} \quad\quad| & & \quad\quad\quad| \\ \quad\quad Cl & & \quad\quad\quad Cl \end{array}$$

氯乙烯        聚氯乙烯

由两种以上单体共同聚合称为共聚反应。如：

苯乙烯       甲基丙烯酸甲酯       聚苯乙烯甲基丙烯酸甲酯

## 知识拓展

### 奇妙而重要的酶

人类从发明酿酒、造醋、制酱、发面时起，就对生物催化作用有了初步的认识，不过当时并不知道有酶这类生物催化剂。进入 19 世纪后期，人们已积累了不少关于酶的知识，认识到酶来自生物细胞。进入 20 世纪，人们不仅发现了很多酶，而且酶的提取、分离、提纯等技术有了很大的发展，并注意到有不少酶在作用中需要低分子量的物质（辅酶）参与，对酶的本质进行了深入的研究。1926 年第一次成功地从刀豆中提取了脲酶的结晶，并证明这种结晶具有蛋白质的化学本质，它能催化尿素分解为 $NH_3$ 和 $CO_2$。尔后，相继分离出许多酶（如胃蛋白酶、胰蛋白酶等）的晶体。科学实验证明了酶的化学组成同蛋白质一样，也是由氨基酸组成的，它们都具有蛋白质的化学本性。至今，人们已鉴定出 2 000 种以上的酶，其中有 200 多种已得到了结晶。酶是一类由生物细胞产生的、以蛋白质为主要成分的、具有催化活性的生物催化剂。

酶催化作用，有其很多特点，最主要的是：

（1）酶催化反应都是在比较温和的条件下进行的。例如在人体中的各种酶促反应，一般是在体温（37℃）和血液的 pH（约为 7）的情况下进行的。若遇高温、强酸、强碱、重金属离子、配位体、紫外光等因素的影响时，易失去酶的催化活性。

（2）酶具有高度的专一性，即某一种酶仅对某一类物质甚至只对某一种物质的给定反应起催化作用，生成一定的产物。如脲酶只能催化尿素水解生成 $NH_3$ 和 $CO_2$，而对尿素的衍生物和其他物质都不具有催化水解的作用，也不能使尿素发生其他反应。麦芽糖酶不能使蔗糖水解，使蔗糖水解的是蔗糖酶。早年提出"一把钥匙开一把锁"的酶催化锁钥模型如图 5-9 所示：

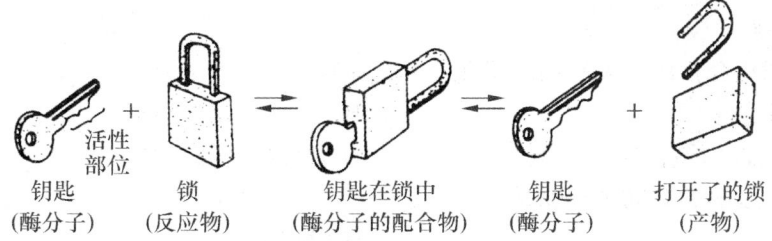

**图 5 - 9　酶催化作用的锁-钥理论**

（3）酶催化反应所需要的活化能低,而且催化效率非常高。例如,$H_2O_2$ 分解为 $H_2O$ 和 $O_2$ 所需的活化能是 $75.3\ kJ \cdot mol^{-1}$;用胶态铂作催化剂活化能降为 $49\ kJ \cdot mol^{-1}$;当用过氧化氢酶催化时的活化能仅需 $8\ kJ \cdot mol^{-1}$,并且 $H_2O_2$ 分解的效率可提高 $10^9$ 倍!

人体对食物的消化、吸收,通过食物获取能量,以及生物体内复杂的代谢过程都包含许多化学反应,必须有各种不同的酶参与作用。这些专一性的酶组成一系列酶的催化体系,维持生物体内各种代谢过程有规律的进行。

代谢过程是生命现象的基本特征。糖、脂肪和蛋白质的合成途径各有不同,但它们的分解代谢途径的共同点是都氧化成 $CO_2$ 和 $H_2O$。

生物氧化过程,即是由各种有机物(食物来源)在酶的作用下,氧化生成 $CO_2$、$H_2O$,并释放出能量的过程。

$$有机物 + O_2 \xrightarrow{酶} CO_2 + H_2O + 能量$$

由于酶的催化作用,生物氧化得以在比较温和的条件下及有水的环境中进行,并且能量可以逐步释放。

通过食物氧化得到的能量主要用于合成 ATP。然后在适当的催化剂存在时,ATP 将经历三步水解,其提供的能量可用来引起其他化学反应。各种生物活动,如核酸、蛋白质的生物的合成、糖、脂肪、药物等物质的代谢,以及细胞内外物质的转动等等,都有 ATP 参与。ATP 被称为生物体内的能量使者。

对于大多数细胞代谢过程的酶已经有了较多的了解。目前酶学研究中的新领域包括:酶合成的遗传控制与遗传病,多种酶系统的自我调节性质、生长发育及分化中酶的作用与肿瘤及衰老的关系,细胞相互识别过程中酶的作用等。

## 思考与练习

**1.** 填空题。

（1）蔗糖的分子式为_____,麦芽糖的分子式为_____。

（2）聚氯乙烯的单体结构简式为_____。

（3）为改变橡胶制品的性能,使其不易老化应采用_____。

（4）"塑料王"聚四氟乙烯的结构简式为 $\left[ CF_2 — CF_2 \right]_n$,则它的单体结构简式为

_____。

**2.** 选择题。

(1) 下列化合物属于天然高分子化合物的是（　　）。

A. 油脂、淀粉　　　　　　　　　　　B. 聚氯乙烯、甘油

C. 天然橡胶、蛋白质　　　　　　　　D. 纤维素、谷氨酸

(2) 油脂水解的共同副产物是（　　）。

A. 甘油　　　　　　　　　　　　　　B. 肥皂

C. 饱和高级脂肪酸　　　　　　　　　D. 不饱和高级脂肪酸

(3) 葡萄糖是一种单糖的主要原因是（　　）。

A. 结构最简单　　　　　　　　　　　B. 不能再水解成更简单的糖

C. 分子中只有一个醛基　　　　　　　D. 在糖类物质中含碳原子数量少

(4) 重金属盐类能使人中毒，是由于它能使人体内的蛋白质（　　）。

A. 氧化　　　　　B. 还原　　　　　C. 盐析　　　　　D. 变性

(5) 下列物质能发生银镜反应的是（　　）。

A. 葡萄糖　　　　　B. 淀粉　　　　　C. 聚丙烯　　　　　D. 纤维素

**3.** 判断题。

(1) 加聚反应中除生成高分子化合物外，还有水等小分子生成。　　　　　　　（　　）

(2) 蛋白质溶液中加入 $Na_2SO_4$ 溶液，蛋白质从溶液中析出，这种现象叫做盐析。

（　　）

(3) 高级脂肪酸是纯度最高的脂肪酸。　　　　　　　　　　　　　　　　　（　　）

(4) 塑料的主要成分是合成树脂。　　　　　　　　　　　　　　　　　　　（　　）

(5) 油脂的氢化也叫油脂的硬化。　　　　　　　　　　　　　　　　　　　（　　）

(6) 医院里用酒精消毒，是由于它能跟细菌的蛋白质发生作用而使它凝固。　（　　）

# 本 章 小 结

1. 有机化合物

(1) 有机化合物是指含碳元素的化合物,简称有机物。研究有机物的化学叫做有机化学。

(2) 绝大多数有机物容易燃烧,熔点低,挥发性大。难溶于水而易溶于有机溶剂。有机物的反应速度一般比较慢,并常伴有副反应发生。碳原子联结方式和官能团位置的不同,使有机物易产生同分异构现象,导致有机化合物种类繁多,现已达上千万种,并还在不断迅速增加。

(3) 有机物的命名。对简单有机物常用习惯命名法;对较复杂的、有同分异构体的有机物,大多采用系统命名法。命名的要求,不仅要表示其组成,还要能表示其化学结构。一般烃类的命名可归纳为"最长碳链、最小位置,同基合并,由简到繁"。

2. 烃及烃的主要衍生物

烃是一切有机化合物的母体,烃和烃的主要衍生物在国民经济中占有很重要的地位。

(1) 烷烃是饱和链烃,代表物是甲烷。烷烃一般比较稳定,不与强酸、强碱、强氧化剂发生反应,但在特定条件下能发生取代、氧化等反应。

(2) 烯烃是含有C=C双键的链烃,代表物是乙烯,烯烃是一种不饱和烃,易进行加成反应、氧化反应、聚合反应等。

(3) 炔烃是含有C≡C叁键的链烃,代表物是乙炔,也是不饱和烃,能发生加成反应、氧化反应、聚合反应等。此外,乙炔还能与银氨溶液或氯化亚铜氨溶液反应生成炔化物沉淀,而烯烃不发生此反应。

(4) 芳香烃是分子中含有一个或几个苯环的烃。苯是芳香烃的母体。苯的化学性质比较稳定,但在特殊条件下也能发生取代反应、加成反应等。

(5) 一些烃类和烃的衍生物的类别及主要性质见下表:

| 类别 | 通 式 | 官能团或其他结构特征 | 代表性物质 | 主要化学性质 |
|---|---|---|---|---|
| 烷烃 | $C_nH_{2n+2}$ | 全部为 —C—C— 键 | $CH_4$ | 燃烧时发光发热,能发生取代反应,高温下能发生裂解 |
| 烯烃 | $C_nH_{2n}$ | 含 —C=C— 键 | $CH_2=CH_2$ | 燃烧时火焰明亮,能起氧化、加成、聚合反应 |
| 炔烃 | $C_nH_{2n-2}$ | 含 —C≡C— 键 | CH≡CH | 燃烧时火焰明亮,并有浓烟,能起氧化、加成、聚合反应 |
| 芳香烃 | Ar—H | 含 ⬡ 或 ⬡⬡ | ⬡ | 不易发生加成和氧化反应,易发生取代反应 |

（续表）

| 类别 | 通式 | 官能团或其他结构特征 | 代表性物质 | 主要化学性质 |
|---|---|---|---|---|
| 卤代烃 | R—X | 含 —C—X | $C_2H_5Cl$ | 与 NaOH 水溶液发生取代反应<br>能发生消去反应生成烯烃 |
| 醇 | R—OH | 含 —C—OH | $C_2H_5OH$ | 能与活泼金属、卤化氢反应<br>能发生氧化和酯化反应<br>能发生脱水反应 |
| 酚 | Ar—OH | （—OH 直接连在苯环上） | （苯酚）—OH | 由于—OH 和苯基的相互影响，使苯酚比苯和同数碳原子的醇活泼<br>能与金属钠和氢氧化钠反应<br>苯环上能发生取代反应 |
| 醚 | R—O—R′<br>（R、R′可以相同） | 含 —C—O—C— | $C_2H_5$—O—$C_2H_5$ | 在常温下与金属钠不反应，对碱也很稳定 |
| 醛 | RCHO | 含 —C—H（含羰基 O） | $CH_3$—C—H（含羰基 O） | 能发生氧化和聚合反应<br>能发生银镜反应 |
| 酮 | R—C—R′（含羰基 O）<br>（R、R′可以相同） | 含 —C—（两边都连碳原子） | $CH_3$—C—$CH_3$（含羰基 O） | 难氧化<br>不能发生银镜反应 |
| 羧酸 | RCOOH | 含 —C—OH（含羰基 O） | $CH_3$—C—OH（含羰基 O） | 具有酸类通性<br>能起酯化反应 |
| 酯 | RCOOR′<br>（R、R′可以相同） | 含 —C—OR（含羰基 O） | $CH_3$—C—$OC_2H_5$（含羰基 O） | 能发生水解反应，其碱性水解即皂化反应（制肥皂） |

3. 能源

（1）能源一般分为一次能源和二次能源。一次能源是指存在于自然界中的，可以直接利用其能量的能源；二次能源是由其他能源经过加工获得的能源。

（2）石油主要是各种烷烃、环烷烃、芳香烃的混合物。

（3）石油的加工主要有分馏和裂化。石油的分馏是根据石油各成分的沸点不同而加以分离。石油的裂化，可使较长碳链的烃分子断裂分解成较低级的烷烃，以增加汽油的产量。

（4）天然气分为干气和湿气两类。其主要用途是：①作燃料；②化工原料。

（5）把煤隔绝空气加强热使它分解的过程，叫做煤的干馏，工业上叫做炼焦。其干馏产物主要有焦炭、煤焦油、焦炉气和粗氨水。煤集油是生产芳香烃的重要原料。

4. 糖类、蛋白质、脂肪及高分子化合物

(1) 糖类根据它能否水解和水解后生成的物质分为单糖、二糖和多糖三类。

(2) 单糖是不能水解的多羟基醛或多羟基酮。葡萄糖具有还原性,它是重要的营养物质。

(3) 二糖主要有蔗糖和麦芽糖等,蔗糖不具有还原性,水解产物具有还原性,它是重要的甜味食物。

(4) 多糖属高分子化合物,与单糖及二糖在性质上有较大的区别。多糖没有还原性,没有甜味,大多数多糖难溶于水,有的能和水形成胶体溶液。

(5) 蛋白质存在于一切生物体内,它是细胞中原生质的主要成分,是生物生命活动的基础物质,组成蛋白质的基本单元是氨基酸。

(6) 高分子化合物是链节相同而聚合度不同的相对分子质量很大的化合物。按高分子的结构分为线型和体型高聚物。高聚物的合成有加聚和缩聚反应。

## 目 标 检 测

1. 填空题。

(1) 最简单的有机物是_____,它的俗名叫_____,我国广大农村可以通过_____来得到它。

(2) 实验室制取乙烯的化学方程式是_____,反应温度应控制在_____℃,其原因是_____。

(3) 我们把结构相似,而在分子组成相差一个或多个相同原子团(如 $CH_2$)的许多化合物,组成一个系列,叫做_____。

(4) 同系物具有相类似的_____,其物理性质一般随着分子中_____数的递增而有规律的变化。

$$CH_3$$

(5) 某炔烃充分加氢后可得到 $CH_3—CH—CH_2—CH_2—CH_3$,这种炔烃的结构式可能是_____或_____。

(6) 苯的化学性质的特点是易_____,难_____。

(7) 一次能源是指存在于_____中的,可以直接利用其能量的能源;二次能源是指由_____经过加工获得的能源。

(8) 石油分馏的主要产品有_____。

(9) 天然气的主要用途有_____。

(10) 根据煤的生成年代及形成过程中炭化程度不同,依次将煤分为_____、_____、_____和_____。

(11) 医药上用葡萄糖作营养剂,并有_____、_____、_____等作用,常用来制取葡萄糖酸钙。

(12) 糖类常根据它能否水解和水解后生成的物质分为_____、_____、_____三类。

（13）直链淀粉与碘作用呈_____，支链淀粉与碘作用则呈_____。

（14）蛋白质主要由_____五种元素组成，有的还含有_____等元素。

（15）分子中含有_____的羧酸叫做氨基酸。

（16）高分子化合物的分子结构的形状大致可以分为_____和_____两种。

（17）在乙酸跟乙醇的酯化反应中，浓 $H_2SO_4$ 的作用是_____。

（18）乙醛氧化时生成_____；还原时生成_____。

（19）医疗中常用体积分数为_____的酒精作消毒剂。

（20）在葡萄糖、麦芽糖、蔗糖中，不能发生银镜反应的是_____，在硫酸的催化作用下，能发生水解反应的是_____和_____。

**2.** 写出下列各烷烃的结构式或结构简式：

（1）2,2-二甲基丁烷

（2）2,4-二甲基-3-乙基戊烷

（3）2,2-二甲基-3,4-二乙基己烷

（4）2,4,6-三甲基-4-乙基辛烷

**3.** 写出戊烷的各种同分异构体的结构式，并用系统命名法命名。

**4.** 用系统命名法命名下列各种化合物：

(1)
$$CH_3-CH_2-\overset{\overset{\displaystyle CH_3}{|}}{\underset{\underset{\displaystyle CH_3}{|}}{C}}-CH-CH_3$$
（CH₃ 在右下）

$$(1)\quad CH_3-CH_2-\overset{CH_3}{\underset{CH_3}{\overset{|}{\underset{|}{C}}}}-\overset{}{CH}-CH_3\quad(CH_3)$$

(2)
$$CH_3-CH_2-CH-CH_2-\overset{\overset{\displaystyle CH_2-CH_3}{|}}{CH}-CH_2-CH_3$$
$$\underset{CH_3}{|}$$

(3)
$$CH_3-\overset{}{C}=CH-CH_3$$
$$\underset{CH_3}{|}$$

(4)
$$\overset{\overset{\displaystyle CH_3}{|}}{CH_3-CH}-CH=CH-CH_3$$

(5)
$$CH_3-\overset{\overset{\displaystyle CH_3}{|}}{C}-\overset{\overset{\displaystyle CH_2-CH_3}{|}}{CH}-CH-CH_3$$
$$\underset{CH_2}{|}$$

(6)
$$CH_3-CH-C\equiv CH$$
$$\underset{CH_3}{|}$$

(7)
$$CH_3-CH_2-CH-C\equiv C-CH_3$$
$$\underset{CH_3}{|}$$

(8) $(CH_3)_2CHCH_2CH_2C{\equiv}CCH_3$

**5.** 有甲烷、乙烯、乙炔三种气体,怎样用化学方法区别它们?

**6.** 某有机物由 C、H、O 三种元素组成,它们的质量比为 6∶1∶8,其蒸气的密度是同条件下乙烷密度的 2 倍。(1)求该有机物的分子式。(2)该有机物具有酸性,试确定其结构简式。

\***7.** 下列化合物各属于哪一类烃? 分别写出它们的结构简式和名称。

$C_6H_{14}$    $C_6H_{12}$    $C_6H_{10}$    $C_6H_6$    $C_6H_5{-}C_3H_7$    $C_8H_{10}$    $C_2H_2$    $C_{10}H_8$

**8.** 什么叫干馏? 煤的干馏可以得到哪些主要产品? 这些产品各有哪些用途?

**9.** 以电石为原料合成:

(1) 1,2-二氯乙烷

(2) 1,1,2-三氯乙烷

(3) 1-氯-1-溴乙烷

**10.** 比较苯、己烷、己烯的性质,并说明怎样通过实验来区别它们。

**11.** 脂肪和油的区别在哪里? 如何把油转化为脂肪? 举例写出这类反应的化学方程式。

**12.** 写出下列化学方程式:

(1) 葡萄糖被银氨溶液氧化。

(2) 葡萄糖加氢还原为六元醇。

**13.** 葡萄糖跟果糖的分子结构有什么区别?

**14.** 患有糖尿病的人,尿中含有糖分(葡萄糖)较多,怎样检验一个病人是否患有糖尿病?

**15.** 以淀粉为原料生产葡萄糖的水解过程中,用什么方法来检验淀粉已完全水解?

**16.** 什么是氨基酸? 它为什么呈现两性?

**17.** 有机高分子化合物有哪些基本特性? 这些性质与它的结构有什么关系?

**18.** 举例说明加聚反应和缩聚反应有什么特点?

**19.** 线型分子和体型分子在结构、性质上有哪些区别?

**20.** 写出由单体苯乙烯($C_6H_5CH{=}CH_2$)聚合成为聚苯乙烯的化学方程式。你认为这个反应是加聚反应还是缩聚反应? 为什么?

**21.** 选择题。

(1) 下列几组物质中,互为同分异构体的是(    )。

A. 乙烯和乙炔              B. 甲醛和丙醛

C. 苯和乙苯                D. 丙酸甲酯和乙酸乙酯

(2) 下列物质中,哪一种不是糖类(    )。

A. 葡萄糖        B. 脂肪        C. 纤维素        D. 蔗糖

(3) 下列各组物质中不加热就可以发生反应的是(    )。

A. 苯加硫酸      B. 乙烯加溴水      C. 乙炔加水      D. 乙醇加硫酸

(4) 下列物质可以通过硝化反应来制取的是(    )。

A．梯恩梯 　　　　B．硝化甘油 　　　　C．硝化纤维 　　　　D．硝酸丙酯

(5) 下列物质中，既能和盐酸反应，又能和氢氧化钠溶液反应的是(　　　)。

A．甘氨酸 　　　　B．乙酸 　　　　C．1-溴丁烷 　　　　D．2-溴丁烷

(6) 有机物
$$CH_3-\underset{\underset{CH_3}{|}}{\overset{\overset{CH_3}{|}}{C}}-CH_2-CH_2-\underset{\underset{CH_3}{|}}{\overset{\overset{CH_3}{|}}{C}}-CH_3$$
的一氯代物有(　　　)。

A．一种 　　　　B．二种 　　　　C．三种 　　　　D．四种

(7) 下列物质属于非极性分子的是(　　　)。

A．$CH_3Cl$ 　　　　B．$CH_2Cl_2$ 　　　　C．$CHCl_3$ 　　　　D．$CCl_4$

(8) 在一定条件下，用葡萄糖制取己六醇的反应是属于(　　　)。

A．酯化反应 　　　　B．硝化反应 　　　　C．加成反应 　　　　D．取代反应

(9) 某烃分子式为 $C_5H_{10}$，但不能使 $KMnO_4$ 褪色，它肯定不是(　　　)。

A．戊烯(碳碳双键位置不考虑) 　　　　B．可能是环戊烷

C．可能是甲基环丁烷 　　　　D．可能是二甲基环丙烷

(10) 下列各组物质中，属于同分异构体的一组是(　　　)。

A. $H-\underset{\underset{H}{|}}{\overset{\overset{H}{|}}{C}}-\underset{\underset{Br}{|}}{\overset{\overset{H}{|}}{C}}-Br$ 和 $H-\underset{\underset{H}{|}}{\overset{\overset{Br}{|}}{C}}-\underset{\underset{H}{|}}{\overset{\overset{Br}{|}}{C}}-H$

B. $H-\underset{\underset{OH}{|}}{\overset{\overset{H}{|}}{C}}-\underset{\underset{H}{|}}{\overset{\overset{OH}{|}}{C}}-H$ 和 $H-\underset{\underset{OH}{|}}{\overset{\overset{H}{|}}{C}}-\underset{\underset{OH}{|}}{\overset{\overset{H}{|}}{C}}-H$

C. $H-\underset{\underset{H}{|}}{\overset{\overset{H}{|}}{C}}-\underset{\underset{H}{|}}{\overset{\overset{H}{|}}{C}}-\underset{\underset{H}{|}}{\overset{\overset{H}{|}}{C}}-H$ 和 $H-\underset{\underset{H-\underset{\underset{H}{|}}{\overset{\overset{|}{}}{C}}-H}{}}{\overset{\overset{H}{|}}{C}}-\underset{\underset{H}{|}}{\overset{\overset{H}{|}}{C}}-H$

D. $CH_3-CH_2-CHO$ 和 $CH_3-\underset{\underset{O}{||}}{C}-CH_3$

# 第**6**章

# 材料与化学

 学习目标

    1. 了解元素在自然界中的存在形态、元素的自然资源的合理开发利用以及材料与化学元素资源的密切关系。

    2. 熟悉常用的几种金属及其用途,掌握金属键、金属的化学性质,了解铁、铝及其化合物的性质和用途。

    3. 了解金属的腐蚀与防护的基本规律及其在生产实际中的应用。

    4. 熟悉塑料、橡胶、合成纤维、陶瓷、水泥、玻璃等常用非金属材料。

    到目前为止,人类已经发现了 112 种元素。其中在自然界存在的有 94 种,其余 18 种是人造元素。人类很早就利用元素及其化合物作为材料,这种利用推动了人类文明的进步。从公元前的青铜器时代到后来的铁器时代,从 18 世纪的钢时代到 20 世纪的硅时代和新材料时代,社会的进步与材料的利用息息相关。材料的使用标志着社会生产力的发展水平。

## 6.1 元素的自然资源

    迄今为止,在人类可能探测的宇宙范围,已经发现的元素和人工合成的十多种元素加在一起,共有 112 种。其中地球上天然存在的元素有 94 种,其余为人工合成元素。

    元素的发现经历了漫长的历史过程,它与人类的进步和科技的发展有着密切的联系。元素发现的时期详见表 6-1。

表 6-1　元素的发现时期

| 时　期 | 发 现 的 元 素 | 发现元素的数目 |
|---|---|---|
| 古　代 | Fe, Cu, Ag, Sn, Sb, Au, Hg, Pb, C, S | 10 |
| 13 世纪 | As | 1 |

（续表）

| 时　期 | 发　现　的　元　素 | 发现元素的数目 |
|---|---|---|
| 17 世纪 | P | 1 |
| 18 世纪 | Ti, Cr, Mn, Co, N, Zn, Sr, Y, Zr, Mo, W, Pt, Bi, U, H, O, N, Cl, Se, Te | 20 |
| 19 世纪 | Li, Be, Na, Mg, Al, K, Ca, V, Nb, Ru, Rh, Pd, Cd, Ba, La, Ce, Tb, Er, Ta, Os, Ir, Th, Sc, Ga, Ge, Rb, In, Cs, Pr, Nd, Sm, Gd, Dy, Ho, Tm, Yb, Po, Tl, Ra, Ac, F, He, Ne, Ar, Kr, Xe, Rn, B, Si, Br, I | 51 |
| 20 世纪 | Fr, Pm, Eu, Lu, Hf, Re, Pr, Pa, At, Np, Pu, Am, Cm, Bk, Cf, Es, Fm, Md, No, Lr, Rf, Db, Sg, Bh, Hs, Mt, Uun, Uuu, Unb | 29 |

元素在自然界中物种的存在形态主要有游离态（单质）和化合态（化合物）。

在自然界中以游离态存在的元素比较少，常见的有：

（1）气态非金属单质，如 $N_2$、$O_2$、$H_2$、稀有气体（He、Ne、Ar、Kr、Xe）等；

（2）固态非金属单质，如碳、硫；

（3）金属单质，如 Hg、Ag、Au 及铂系元素（Ru、Rh、Pd、Os、Ir、Pt）单质，还有由陨石引进的天然铜和铁。

大多数元素以化合态（氧化物、硫化物、卤化物、碳酸盐、磷酸盐、硫酸盐、硅酸盐、硼酸盐等）存在。广泛存在于矿物及海水中，例如：

（1）活泼金属元素（IA 族和ⅡA 族中 Mg）与ⅦA 族（卤素）形成的离子型卤化物，存在于海水、盐湖水、地下卤水、气井水及岩盐矿中，如钠盐（NaCl）、钾盐（KCl）、光卤石（$KCl \cdot MgCl_2 \cdot 6H_2O$）、萤石（$CaF_2$）等。

（2）ⅡA 族元素还常以难溶碳酸盐形式存在于矿物中，如石灰石（$CaCO_3$）、菱镁矿（$MgCO_3$）、白云石［$CaMg(CO_3)_2$］、方解石（$CaCO_3$）等；以硫酸盐形式存在的有石膏（$CaSO_4$）、重晶石（$BaSO_4$）、芒硝（$Na_2SO_4 \cdot 10H_2O$）等。

（3）准金属元素（B 除外）以及 IB 族、ⅡB 族元素常以难溶硫化物形式存在，例如辉锑矿（$Sb_2S_3$）、辉铜矿（$Cu_2S$）、闪锌矿（ZnS）、辰砂矿（HgS）等。

（4）ⅢB～ⅦB 族过渡元素主要以稳定的氧化物形式存在，如金红石（$TiO_2$）、铬铁矿（$FeOCr_2O_3$）、软锰矿（$MnO_2$）、磁铁矿（$Fe_3O_4$）、赤铁矿（$Fe_2O_3$）等。

从存在的物理形态来说，在常温常压下元素的单质以气态存在的有 11 种，即 $N_2$、$O_2$、$H_2$、$Cl_2$、$F_2$ 和 He、Ne、Ar、Kr、Xe、Rn；以液态存在的有 2 种，Hg、$Br_2$；还有 2 种单质，熔点很低，易形成过冷状态，即 Cs（熔点为 28.5℃）、Ca（熔点为 30℃）；其余元素的单质呈固态。

### 6.1.1　元素自然资源的分类

112 种元素按其性质可以分为金属元素和非金属元素，其中金属元素 90 种，非金属元素 22 种,金属元素占元素总数的 4/5。元素资源就其存在的空间可以分为地下矿产资源、海水资源和大气资源。就其应用可以分为能源资源和材料资源。通常又将元素资源分为金属和非金属两大类。

(1) 金属资源。能源资源如铀、钍、锂等,材料资源如黑色金属(铁、铬、锰等)、铝、钛等作为结构材料。记忆金属钛镍合金,光电材料钾、铷、铯、镓、砷等,超导材料钇、钡、铜、镧等作为功能材料。

(2) 非金属资源。一般作为原材料。如化肥原料有氮、氢、磷矿、硝石、钾盐等;化工原料有食盐、硫黄、硼砂、苏打、芒硝、天青石、朱砂、萤石等;建筑材料如石英、石膏、石棉、石灰石以及某些硅酸盐等。

应当指出,金属资源多数情况下是使用金属单质;非金属资源则多数情况下是使用它们的某种化合物。

在化学上将元素分为普通元素和稀有元素。所谓稀有元素一般指在自然界中含量少或分布稀散,被人们发现较晚,难从矿物中提取的或在工业上制备和应用较晚的元素。例如钛,由于冶炼技术要求较高,难以制备,长期以来人们对它的性质了解得很少,被列为稀有元素,但它在地壳中的含量排第十位;而有些元素贮量并不多但矿物比较集中,如硼、金等已早被人们所熟悉,被列为普通元素。因此,普通元素和稀有元素的划分不是绝对的。

随着稀有元素的应用日益广泛,新矿源的开发和研究工作的进展,稀有元素与普通元素之间有些界限已越来越不明显。

## 6.1.2　元素资源的可用性及其远景估计

根据元素的丰度及地壳的总质量推算,几乎任何一种元素的总量都是很大的,可以达到取之不尽、用之不竭的程度。但是,作为具有商业开采价值的元素资源来说,其矿石中元素含量往往比地壳中的平均含量要高出许多倍才具有可用性。

元素的矿产资源是不可再生的资源。随着人类的开发利用,矿产资源只会越来越少。根据已探明的元素可用性资源的储量和目前的开采速度及社会的需求量分析,许多元素资源将会濒于枯竭。

## 6.1.3　我国的元素资源及其合理开发利用

元素在地壳中的含量称为丰度,丰度可用质量分数来表示。地壳中分布最广的 10 种元素的丰度见表 6-2。

表 6-2　地壳中分布最广的 10 种元素的丰度

| O | H | Si | Al | Na |
|---|---|----|----|----|
| 52.32% | 16.95% | 16.67% | 5.53% | 1.95% |
| Fe | Ca | Mg | K | Ti |
| 1.50% | 1.48% | 1.39% | 1.08% | 0.22% |

从以上数据可以看出,在组成地壳的元素总数中,这 10 种元素约占 99%,而其余所

有元素的含量总共不超过 1%，可见大多数元素的丰度是很小的。

地壳中的元素存在于矿物和天然水系(海水、河水、湖水及地下水)中。我国的矿物资源比较丰富。经地质工作者几十年的努力，世界上已知的矿物在我国都找到了，已探明储量的达 148 种。金属矿物如钨、锂、锑、锌、稀土居世界之首，锡、钼、铋、铅、汞、铌、钽、铍等矿物储量均居世界前列。其中稀土(钇及镧系)矿总储量占世界的 80%，蕴藏量最大的地方就是内蒙古的白云鄂博。钛铁矿居世界第一，铝、铜、镍等常用金属的矿石在我国的储量也较大。非金属矿物资源中，磷、硫、石墨矿和硼矿储量高，硼矿储量居世界首位，磷矿居世界第二。菱镁矿、萤石、硅石、白云岩和石灰岩等重要冶金辅助原料也不少，非金属建材矿产如石棉、滑石、水泥原料、珍珠岩、大理石、膨润土、石膏等也有相当多的储量。煤、镍、锑、食盐、氟石、重晶石、滑石、铅矿砂、钨矿砂等成为我国重要的矿藏。我国重要的超大型矿床概况如表 6-3 所示。

**表 6-3　我国重要的超大型矿床概况**

| 矿床名称 | 主要组分 | 伴生组分 | 主要组分储量占我国总储量的质量分数/% |
|---|---|---|---|
| 内蒙古白云鄂博稀土—铁—铌矿 | RE, Fe, Nb | —— | $RE_2O_3$(60), $Nb_2O_5$(29), Fe(2) |
| 内蒙古 801 稀土—铍—锆矿 | RE, Nb, Zr, Be, Ta | —— | $Nb_2O_5$(10.4), $Ta_2O_5$(24), $ZrO_2$(99.9), BeO(27.2) |
| 云南金顶铅锌矿 | Pb, Zn | Cd, Tl, Ag, Sr | (Pb+Zn)(12.3) |
| 广西大厂锡矿 | Sn | Pb, Zn, Sb | Sn(17.7) |
| 湖南柿竹园钨—钼—铋矿 | W, Sn, Bi, Mo | Nb, Ta, Sc | Wo(13.8), Bi(54.2), Mo(1) |
| 湖南锡矿山锑矿 | Sb | S | Sb(41.6) |
| 甘肃金川铜镍矿 | Cu, Ni | Co, Pt | Ni(70), Cu(6) |
| 云南个旧锡矿 | Sn | Pb, Zn, Cu | Sn(23) |
| 广东云浮硫铁矿 | S | Tl, Pb, Zn | 硫铁矿(5) |
| 贵州大河边重晶石矿 | $BaSO_4$ | —— | $BaSO_4$(29.7) |
| 辽宁大石桥菱镁矿 | $MgCO_3$ | | $MgCO_3$(60.7) |

我国铁矿(90%以上)、铜矿、磷矿多为贫矿；钾盐、天然硫、金刚石等资源不足；金、银、铂等更为稀少；共生、伴生矿多，而且地区分布不均。因此要依靠科学技术，重视资源的综合利用。

**知识拓展**

## 海洋和大气中的宝藏

海水里除组成水的 H、O 外，主要元素的含量见表 6-4。除表中所列元素外，海水中还含有微量的 Zn、Cu、Mn、Ag、Au、U、Ra 等共约 50 余种元素。海洋中的元素大多数以离子形式存在于海水中；也有些沉积在海底，如太平洋海底的锰结核矿。由于海水总体积比大陆大得多，可以想象许多元素资源在海洋里的储量比大陆多，例如海洋里锰的储量多达 4 000 亿吨，为大陆储量的 4 000 倍，海洋是元素资源的巨大宝库。我国海岸线长达 18 000 km，这对开发、利用海洋资源极为有利。

**表 6-4　海水中元素含量(未计入溶解气体)**

| 元　素 | 质量分数/% | 元　素 | 质量分数/% |
|---|---|---|---|
| Cl | 1.898 0 | Si | ～0.000 4 |
| Na | 1.056 1 | C(有机物) | ～0.000 3 |
| Mg | 0.127 2 | Al | ～0.000 19 |
| S | 0.088 4 | F | 0.000 14 |
| Ca | 0.040 0 | N(硝酸盐) | ～0.000 07 |
| K | 0.038 0 | N(有机物) | 0.000 02 |
| Br | 0.006 5 | Rb | 0.000 02 |
| C(无机物) | 0.0028 | Li | 0.000 01 |
| Sr | 0.001 3 | I | 0.000 005 |
| B | 0.000 46 | | |

此外，在地球表面周围还有约 100 km 厚、总质量达 $5 \times 10^6$ 亿吨的大气层，其主要成分见表 6-5。

**表 6-5　大气的成分(未计入水蒸气)**

| 气　体 | 体积分数/% | 质量分数/% | 气　体 | 体积分数/% | 质量分数/% |
|---|---|---|---|---|---|
| $N_2$ | 78.09 | 75.51 | $CH_4$ | 0.000 22 | 0.000 12 |
| $O_2$ | 20.95 | 23.15 | Kr | 0.000 1 | 0.000 29 |
| Ar | 0.39 | 1.28 | $N_2O$ | 0.000 1 | 0.000 15 |
| $CO_2$ | 0.03 | 0.046 | $H_2$ | 0.000 05 | 0.000 003 |
| Ne | 0.001 8 | 0.001 25 | Xe | 0.000 008 | 0.000 036 |
| He | 0.000 52 | 0.000 072 | $O_3$ | 0.000 001 | 0.000 036 |

由表 6-5 可看出，大气的主要成分是 $N_2$、$O_2$ 和稀有气体，其中 $N_2$ 多达 $3.864\ 8 \times 10^6$ 亿吨，所以大气层也是元素资源的一个巨大宝库。目前世界各国每年从大气中提取数以百万吨计的 $O_2$、$N_2$ 及稀有气体等物质。

近年来，科学家们在海底发现了"可燃冰"。它是一种被称为天然气水合物的新型矿物，在低温、高压条件下，由碳氢化合物与水分子组成的冰态固体物质。其能量密度高，杂质少，燃烧后几乎无污染，矿层厚，规模大，分布广，资源丰富。据估计，全球可燃冰的储量是现有石油天然气储量的两倍,仅我国南海的可燃冰资源量就达 700 亿吨油当量。在世界油气资源逐渐枯竭的情况下,可燃冰的发现又为人类带来新的希望。

由于人类对两极海域和广大的深海区还调查得很不够,大洋中还有多少海底矿产人们还难以知晓。

### 6.1.4　材料与化学元素资源的密切关系

材料一直是人类文明的重要里程碑,在生活和生产中,我们也每时每刻都在与材料打交道,从衣物到饮食器具、住房以及交通工具,都是由不同材料构成的。工农业产品、建筑工程、机械、电子设备乃至火箭、卫星等也都是由不同种类、不同性能的材料制造而成的。为适应生产、生活和高新技术的需要,新型材料不断问世。迄今为止,人类发现的材料已达数十万种之多,已有 90 多种化学元素在工业上被采用。通常人们按化学组成将材料分成金属材料、无机非金属材料、高分子材料以及复合材料等几大类。

可以说,元素资源是制备材料的物质基础,而元素的物理化学性质则是制备材料的理论基础之一。例如,铁矿石是钢铁材料的物质基础,因为它含有主体元素资源——铁;但要将铁矿石制成钢材,必须研究如何利用铁和杂质元素(如 C、Mn、P、S、Si 等)的物理化学性质,发生一系列的化学反应和其他变化,以制得钢材。不仅是金属材料,无机非金属材料和高分子材料的制备(如玻璃、水泥、聚氯乙烯塑料制品)也必须通过一系列的物理化学变化(见 6.4),可见材料与化学密切相关。

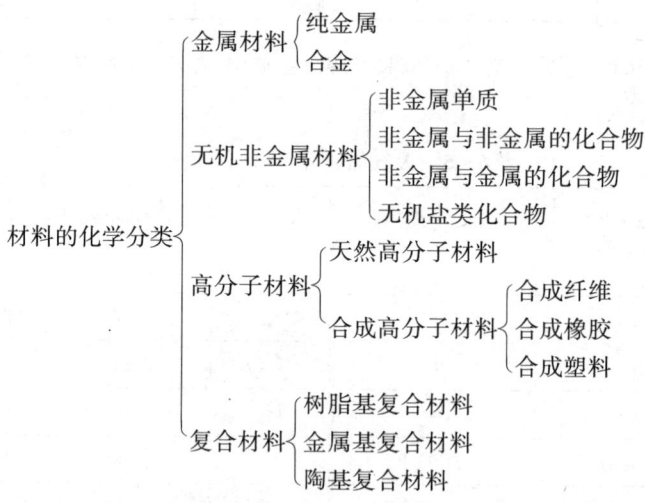

这些材料在不同的年代里起着重要的作用,它们的相对重要性随时间的推移发生着变化。

**1.** 填空题。

(1) 在目前发现的元素中,自然界存在的元素有_____种,人造元素有_____

种;而_____元素有90种,_____元素有_____种。

(2) 地壳中含量最多的元素是_____,其次是_____,它们约占地壳总质量的_____。

(3) 元素在自然界中以_____和_____形式存在。

(4) 材料可分为_____、_____、_____和_____。

**2.** 选择题。

(1) 地壳中元素含量与人体中元素含量基本上呈( )。

A. 正相关        B. 负相关

C. 无必然联系       D. 前五位基本一致

(2) 下列关于资源的错误说法是( )。

A. 金属资源大多是使用其单质或其合金

B. 非金属资源大多是使用其化合物

C. 海洋资源的储量远比地壳多

D. 大气中几乎没有可利用的资源

(3) 我国的矿产资源中居世界前列的是( )。

A. 金刚石        B. Fe、Co、Ni 矿

C. 金、银等贵金属     D. 锑、钨和稀土金属

**3.** 元素可用性资源越来越少,试述人类的应对措施。

## 6.2 常用的几种金属及其用途

人类从青铜器时代开始,就掌握了一定的冶金技术,从此金属被广泛应用。例如,湖北随州出土的青铜编钟,音律准确、音色优美;我国商代晚期制作的司母戊鼎,质量为435.5 kg,以壮丽和富有气势而闻名于世。随着科学技术的发展和人类的进步,金属一直在整个国民经济中占据着极为重要的地位。金属、水泥、化工原料(如酸、碱、盐)统称为基础材料,它们是工程材料(如合金、钢筋混凝土)的基础。

金属在工农业生产和日常生活中应用十分广泛。在人类已经发现的元素中,大约有4/5是金属元素。它们在自然界的分布很广,无论在陆地还是在大海深处,都有金属的存在。

### 6.2.1 金属通论

#### 6.2.1.1 金属键

金属(除汞外)在常温下一般都是晶体。在晶体中,金属原子和离子按一定规律非常紧密地堆积在一起,在它们之间存在着自由电子,金属的很多性质都与其结构有关。图6-1是用 X 射线对金属晶体进行研究后画出的结构示意图。

金属原子释放出的价电子在整个晶体中自由运动,故称它们为**自由电子**。自由电子与金属阳离子之间有较强的作用力,从而使金属阳离子相互联结在一起。这种**依靠自由**

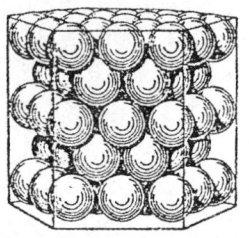
(a) 六角密集晶格

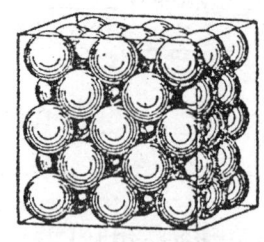
(b) 面心立方晶体

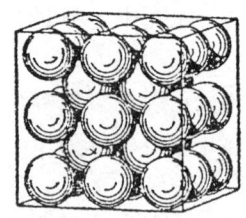
(c) 本心立方晶格

图 6-1　金属晶格的三种形式

**电子的运动,使金属阳离子结合在一起的化学键叫做金属键。**也可以把金属键看作是许多原子共用许多电子的一种特殊形式的共价键。

金属中的自由电子,不专属于某个特定的金属原子,而是为许多阳离子所共有,它们几乎均匀地分布在整个晶体中。可以用金属键的概念粗浅地理解金属具有光泽、硬度较大、延展性较好、易传热导电等性质。

### 6.2.1.2　金属的分类

金属的分类方法很多,**工业上常按金属的光泽把铁、锰及其合金(主要是铁碳合金——钢铁)称为黑色金属,其他金属称为有色金属。**还可以将金属分为**常见金属**和**稀有金属**。

也有把有色金属按其密度分为轻金属和重金属两大类。

(1) 轻金属。指密度在 $5\ g\cdot cm^{-3}$ 以下的金属。它们的密度小,化学性质活泼,如 Na、K、Ca、Sr、Mg、Al。现在,轻金属铝和钛及其合金在工程材料中占有越来越重要的位置。

(2) 重金属。指密度在 $5\ g\cdot cm^{-3}$ 以上的金属。如 Cu、Ni、Pb、Zn、Sn、Hg、Cd、Bi 等。它们的单质及合金都是重要的工程材料。

### 6.2.1.3　金属的性质和冶炼简介

(1) 金属的物理性质。金属都不透明,有特殊的光泽,易传热、导电,一般都有良好的机械加工性能。这些都与金属中存在自由电子有关。

金属晶体中的自由电子很容易吸收可见光,使金属具有不透明性;当电子吸收能量被激发到较高能级而回到较低能级时,可以放出一定波长的光,因而使金属具有光泽。如铜、金和铋分别显紫、黄和淡红色,其他大多数金属都显深浅不同的银白色或银灰色。

在外电场作用下,金属晶体中的自由电子作定向运动而形成电流,这是金属能导电的原因。金属能够传热,则是由于运动的电子不断与金属阳离子碰撞,进行能量交换,而使整块金属温度趋于一致。其中银和铜的传热、导电性能最好。其次是铝,这就是铜和铝常被用作电线的原因。部分金属的导电、传热性的相对强弱如图 6-2 所示。

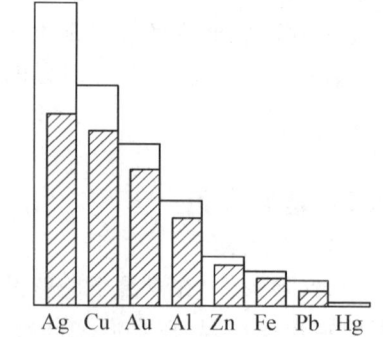

图 6-2　部分金属的导电性(阴影部分)和导热性(空白柱体)比较

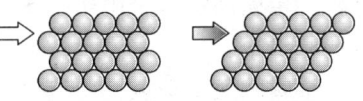

在外力作用下,金属晶体各层离子间能发生相对滑动而不破坏金属键(如图 6-3 所示),因此,金属都具有延展性,不同的金属,延展性不同。所以,金属可被锻打成型、压成薄片或拉成细丝,具有优良的机械加工性能。金属的延展性,大都随温度的升高而增大。因此,金属的锻造、拉轧等工艺往往在炽热时进行。

**图 6-3 金属延展性示意图**

金属中硬度最大的是铬,熔点最高的是钨,其熔点高达 3 410℃;熔点最低的是铯,只有 28.5℃,在手心里就可以熔化。

金属具有一些共同的性质,但不同金属之间,在某些性质(如密度、硬度、熔点等)方面,又表现出很大的差别。这些性质与金属原子本身的性质、金属原子的堆积方式等因素有关。

(2) 金属的化学性质。金属在化学反应中,一般表现为还原性。失去外层电子而变成阳离子。各种金属还原性的强弱,与金属活动性顺序相一致。

ⅠA、ⅡA 族金属具有很强的还原性,在与活泼非金属反应时,通常形成离子键。

① 金属与非金属的反应。金属容易和氧、硫、卤素等非金属化合。例如,镁在空气中可以点燃:

$$2Mg + O_2 \xrightarrow{\text{点燃}} 2MgO$$

红热的铜丝在氯气中可以燃烧:

$$Cu + Cl_2 \xrightarrow{\text{点燃}} CuCl_2$$

从以上反应可以看出,金属和非金属反应的本质是金属原子失去电子,金属一般为还原剂。

② 金属与水的反应。钾、钠、钙等特别活泼的金属能与冷水反应,置换水中的氢同时生成它们的氢氧化物(见 3.4)。

$$2Na + 2H_2O = H_2\uparrow + 2NaOH$$

去掉表面氧化膜的镁和铝与沸水有类似的反应。

③ 金属与酸的反应。在金属活动性顺序表中位于氢前面的金属都能从稀酸中置换出氢。

④ 金属与盐溶液的反应。在金属活动性顺序表中,排在前面的金属能把它后面的金属从其盐的溶液中置换出来。

从上述情况可以看出,金属单质都具有还原性;金属离子都具有氧化性。金属越活泼,其单质越易失去电子,还原性就越强,越易被氧化;而它的离子就越不易获得电子,越不容易被还原。反之,金属越不活泼,其单质就越难失去电子,还原性就越弱,越不易被氧化;而它的离子就越容易获得电子,越容易被还原。例如,$K^+$、$Na^+$ 就难被还原成 K、Na 单质,而 $Cu^{2+}$、$Ag^+$ 就容易被还原成单质 Cu、Ag。

(3) 金属的冶炼。绝大多数金属以化合物的形式存在于自然界,能用来提炼金属的矿物大多数是金属的氧化物和硫化物。从矿石中提炼金属一般要经过富集、冶炼和精炼过程。金属冶炼就是由矿石中制取金属的过程。其实质是金属离子获得电子从化合物中被还原出来。

金属的化学活泼性不同,它的离子获得电子被还原成金属原子的难易程度也不同。因此,相应的有各种不同的冶炼方法。表6-6是金属活动性顺序与冶炼的关系。

表6-6 金属活动性顺序与冶炼的关系

| 金属活动性顺序 | K | Ba | Ca | Na | Mg | Al | Mn | Zn | Cr | Fe | Ni | Sn | Pb | (H) | Cu | Hg | Ag | Pt | Au |
|---|---|---|---|---|---|---|---|---|---|---|---|---|---|---|---|---|---|---|---|
| 原子失去电子能力 | 渐弱 → | | | | | | | | | | | | | | | | | | |
| 离子获得电子能力 | 渐强 → | | | | | | | | | | | | | | | | | | |
| 在空气中与氧作用 | 易氧化 | | | | 常温时能被氧化 | | | | | | | | | | | 加热时能被氧化 | | 不能被氧化 | |
| 和水作用 | 常温时能置换水中的氢 | | | | 加热时能置换水中的氢 | | | | | | | | | | | 不能置换水中的氢 | | | |
| 和酸作用 | 能置换盐酸或稀硫酸中的氢 | | | | | | | | | | | | | | | 不能置换稀酸中的氢 | | | |
| 自然界中存在状态 | 仅呈化合态 | | | | | | | | | | | | | | | 呈化合态和游离态 | | 呈游离态 | |
| 从矿石中提炼金属的一般方法 | 电解熔融化合物 | | | | | | 用碳还原或铝热法或水溶液电解 | | | | | | | | | 加热或其他方法 | | | |
| 金属活动性顺序 | K | Ba | Ca | Na | Mg | Al | Mn | Zn | Cr | Fe | Ni | Sn | Pb | (H) | Cu | Hg | Ag | Pt | Au |

## 6.2.2　铁及其化合物的性质和用途

### 6.2.2.1　铁的性质

(1) 铁的物理性质。铁是第26号元素,纯净的铁是银白色金属,密度为7.86 g·cm$^{-3}$ (20℃),熔点为1 535℃,沸点为3 000℃。纯铁的磁化和去磁都很快。抗蚀能力相当强,但通常的铁一般都含有碳和其他元素,因而使它的抗蚀力减弱。铁具有延展性,也能传热导电,但比铜和铝都差。铁能被磁体吸引,在磁场作用下,铁自身也能产生磁性。ω(C)< 0.02%的铁称为纯铁,电阻率较低,用于制造电磁铁、继电器铁芯等元件。

只有铁、钴、镍和一些稀有金属具有铁磁性。永久磁铁是Fe、Co、Ni的合金。Fe、Co、Ni和Fe、Co、V的合金具有很强的磁性。

(2) 铁的化学性质。常温时铁在干燥的空气中不易与氯和氧等典型非金属起显著反应,因此,工业上常用钢瓶贮存干燥的氯气和氧气。但加热时,铁容易与氧、硫、氯等非金属反应。高温时铁能与碳、硅反应。

当Fe参加化学反应时,不但容易失去原子最外层2个电子,而且能失去次外层1个电子。所以铁的化合价有+2价和+3价。

① 铁和氧气等非金属反应。红热的铁与氧气反应生成一种黑色的 $Fe_3O_4$。

$$3Fe + 2O_2 \xrightarrow{\text{点燃}} Fe_3O_4$$

加热时，铁也能和其他非金属反应。例如：

$$Fe + S \xrightarrow{\text{加热}} FeS$$

$$2Fe + 3Cl_2 \xrightarrow{\text{加热}} 2FeCl_3$$

② 铁和水的反应。铁在高温下能和水蒸气反应，生成四氧化三铁：

$$3Fe + 4H_2O(g) \xrightarrow{\text{高温}} Fe_3O_4 + 4H_2$$

③ 铁在冷的浓硝酸和浓硫酸中钝化，形成致密的氧化物薄膜而使金属获得保护，所以它不溶于冷的浓硝酸和浓硫酸，只是在加热的情况下，才能反应。

### 6.2.2.2 铁的重要化合物及其性质

(1) 氧化物。铁的氧化物有氧化亚铁（FeO）、氧化铁（$Fe_2O_3$）和四氧化三铁（$Fe_3O_4$）等。

氧化亚铁是一种黑色的粉末状固体。它不稳定，在空气里加热即被氧化：

$$6FeO + O_2 \xrightarrow{\triangle} 2Fe_3O_4$$

氧化亚铁不溶于水，可溶解于酸而生成相应的亚铁盐。

氧化铁（$Fe_2O_3$）是一种棕红色粉末状固体。它不溶于水而能溶于酸并生成相应的铁盐。$Fe_2O_3$ 被广泛地应用于涂料，俗称铁红。

四氧化三铁是一种具有磁性的黑色晶体，俗称磁性氧化铁。它可以看成是由氧化亚铁和氧化铁组成的化合物。表示为 $Fe_2O_3 \cdot FeO$。

铁主要以氧化物的形式存在于自然界中。在地壳中，铁含量约占 4.75%。其中重要的有磁铁矿（主要成分是 $Fe_3O_4$）、赤铁矿（主要成分是 $Fe_2O_3$）、褐铁矿（主要成分是 $2Fe_2O_3 \cdot 3H_2O$）。菱铁矿（主要成分 $FeCO_3$）等。工业用铁可将铁矿石、焦炭和助熔剂放在高炉中冶炼而得。

(2) 铁盐的氧化还原性。$Fe^{2+}$ 的盐易被氧化，在较强的氧化剂的作用下，能被氧化成 $Fe^{3+}$ 盐。例如氯化亚铁，它很容易被氯气氧化而变成氯化铁：

$$2FeCl_2 + Cl_2 = 2FeCl_3$$

$Fe^{3+}$ 盐的氧化性不强，但遇到较强的还原剂时，它也能被还原而生成亚铁盐。例如氯化铁能和单质铁作用生成氯化亚铁：

$$2FeCl_3 + Fe = 3FeCl_2$$

在上述反应中，$Fe^{3+}$ 具有氧化性。其还原产物是 $Fe^{2+}$。还原剂是 Fe，其氧化产物也是 $Fe^{2+}$（$FeCl_2$）。

### 6.2.2.3 铁及其化合物的用途

铁及其化合物的用途十分广泛,铁是重要的工程材料。纯铁用于制发电机和电动机的铁心;还原铁粉可用于粉末冶金;钢铁可用于制造机器和工具;铁的主要用途是用于制造铁合金。

铁的氧化物主要有 $Fe_2O_3$ 和 $Fe_3O_4$。$Fe_2O_3$ 为红色或褐黑色无定形粉末,主要用作颜料。$Fe_3O_4$ 可以看成是 $FeO$ 和 $Fe_2O_3$ 组成的化合物($FeO \cdot Fe_2O_3$),但四氧化三铁却具有与氧化铁、氧化亚铁完全不同的性质,是有磁性的黑色晶体,所以 $Fe_3O_4$ 俗称磁性氧化铁,可制磁带和电讯器材。

### 6.2.2.4 铁的合金

(1)铸铁。一般地说,$\omega(C) > 2.11\%$ 的铁碳合金称为铸铁。铸铁中除铁和碳外,还含有硅、锰以及少量的硫、磷等。铸铁又可分为白口铸铁、灰口铸铁、可锻铸铁和球墨铸铁等。

白口铸铁中所含的碳常以 $Fe_3C$ 的形式存在,它的断口常呈银白色。这种铸铁硬而脆,难以进行机械加工。

灰口铸铁所含的碳以片状石墨形态存在,它的断口常呈灰色。这种铸铁具有良好的切割、耐磨和铸造性能,广泛用于制造各种铸件,如机床床身、阀门管件等。

可锻铸铁中所含的碳以团絮状石墨形态存在,它有较好的力学性能,用于制造汽车零件、各种管接头、低压阀门等。

球墨铸铁是将灰口铸铁加热熔化,用镁合金或稀土合金(称球化剂)进行处理,使所含碳从片状石墨转变为球状,从而大大提高铸件的力学性能。它的某些性能接近于钢,而价格却比钢便宜得多。广泛用于机械制造业中易磨损和受冲击的零件,如内燃机曲轴、齿轮、阀门等。

(2)钢。钢坚硬,有韧性、弹性,可以锻打、压延、铸造,其用途非常广泛。从化学组成看,钢是铁和碳的合金,$\omega(C) < 2.11\%$。

除碳之外,钢中还含其他一些元素(含量见表 6-7)。钢的性能既与化学组成有关,也与相组成[①]及分布有关。在炼钢过程中,通过控制相组成及分布、调节化学成分,可获得所需的钢材。

表 6-7 钢和铁中有关元素的含量/%

|  | C | Si | Mn | P | S |
|---|---|---|---|---|---|
| 铸铁 | >2.11 | 1.25~3.75 | 0.5~1.3 | 0.1~0.4 | <0.05 |
| 钢 | <2.11 | <0.4 | <0.8 | <0.04 | <0.04 |

钢的品种很多,分类方法也各不相同。

按质量可分为普通钢、优质钢和高级优质钢。

---

① 钢铁中的"相"可以理解为钢铁中的铁和碳在不同条件下形成的四种不同的固溶体,即"固态溶液",分别被称为铁素体、奥氏体、马氏体、渗碳体。铁素体含碳很少,与纯铁性质类似;渗碳体化学组成为 $Fe_3C$,$\omega(Fe) = 6.67\%$,由于含碳量高,所以渗碳体硬而脆。

按化学成分可分为碳钢和合金钢。碳钢以其含碳量的多少分为低碳钢、中碳钢、高碳钢三种。合金钢依其合金元素总含量的不同,分为低合金钢(质量分数低于5%),中合金钢(质量分数5%～10%),高合金钢(质量分数高于10%)。

合金钢中常加入的合金元素有 Cr、Mo、W、Mn、Co、Ni、Al、Si、Ti 和稀土元素等。加入合金元素后,除了能改善钢的力学性能外,还会使钢具有其他的优良性能,如高速钢中含有 W、Mo、V、Cr 等元素,因此在较高温度仍能保持相当高的硬度。在高速切削中,高速钢制成的刀具刃部在 600℃ 以上的温度时仍能正常工作。不锈钢的主要合金元素是 Cr,其特点是有极好的抗蚀性,不易生锈,常用于化学工业,医疗器械和日常生活等。含 Mn 较高的高锰钢属于耐磨钢,用于制造车辆履带、碎石机、钢轨分道叉等。

**知识拓展**

### 微量元素磷、硫对钢性能的影响

一、磷对钢性能的影响

生铁中磷的质量分数 $\omega(P)$ 为 $0.10\%$～$0.40\%$;而在普通碳钢中 $\omega(P)\leqslant0.045\%$;在优质碳素钢中 $\omega(P)\leqslant0.035\%$;在高质量钢中 $\omega(P)\leqslant0.03\%$。磷在钢中的含量虽不高,却对钢的性能有很大的影响。如随着含磷量的增加,钢的塑性和韧性降低,脆性增加。由于低温时这种性能的变化更为严重,所以通常把它称之为"冷脆性"。一般地,随着钢中C、N、O 含量的增加,磷的这种有害作用加剧,磷对钢的焊接性也有不利影响。

但应指出,在特定的条件下可变磷对钢性能的不利影响为有利。例如,炮弹钢中加入磷后,高磷钢的脆性可使炮弹爆炸时碎片增多。此外,磷也能提高钢的导磁性和耐腐蚀性能。

二、硫对钢性能的影响

生铁中硫的质量分数 $\omega(S)$ 为 $0.03\%$～$0.07\%$;而在普通碳钢中的 $\omega(S)$ 不大于 $0.055\%$;在优质碳素钢中 $\omega(S)\leqslant0.040\%$;在高级优质钢中 $\omega(S)\leqslant0.03\%$。硫在钢中的含量虽不高,却对钢的性能有很大的影响,如使钢的热加工性和焊接性能变坏,对钢的机械性能产生不良影响。当钢中 $\omega(S)>0.06\%$ 时,钢的耐腐蚀性能显著恶化。纯铁或硅钢随着硫含量的提高,磁滞损失增加。

## 6.2.3 铝

铝是第 13 号元素,在自然界以复杂硅酸盐形态存在,并有铝土矿和冰晶石等矿物。由氧化铝与冰晶石共熔电解而制得。

### 6.2.3.1 铝的物理性质

铝具有银白色光泽,密度为 $2.70\,g\cdot cm^{-3}(20℃)$,熔点为 660℃,沸点为 2 200℃。铝具有良好的导热性、导电性及延展性。若制成与铜具有相同导电能力的电线、电缆,所用铝的质量只是铜质量的一半。

### 6.2.3.2 铝的化学性质

常温下铝能被空气中的氧气氧化,表面生成一层致密而坚固的氧化膜。这层氧化膜能阻止内部金属继续被氧化,起到很好的保护作用。对水、硫化物、浓硝酸、任何浓度的醋酸和一切有机酸都有耐腐蚀性。

铝粉或铝箔放在氧气里加热能够燃烧,并放出大量的热和发出耀眼的白光。但在空气中必须在高温下才能燃烧。4 mol Al 完全燃烧能放出 3 340 kJ 的热量。

$$4Al + 3O_2 \rightleftharpoons 2Al_2O_3$$

高温下,铝极易和氧、硫、卤素等非金属作用。

铝在高温下,能与活动性比它弱的金属(如 Fe、Mn、Cr、V、Ti 等)的氧化物发生氧化还原反应,将它们还原为相应的金属单质,同时放出大量的热。如铝粉与四氧化三铁混合,放在坩埚里,引燃后会发生猛烈作用,可使温度达到 2 000℃以上,使还原出来的铁熔化。

$$8Al + 3Fe_3O_4 \xrightarrow{\text{高温}} 4Al_2O_3 + 9Fe$$

用铝从金属氧化物中还原出金属的方法叫铝热法。**铝粉和金属氧化物粉的混合物叫铝热剂**,它可用作燃烧弹的燃烧剂。铝热剂常用于焊接钢轨,而不需要把钢轨拆除,如图 6-4 所示。

铝在冷的浓硝酸或浓硫酸中表面被"钝化",因而不发生作用。

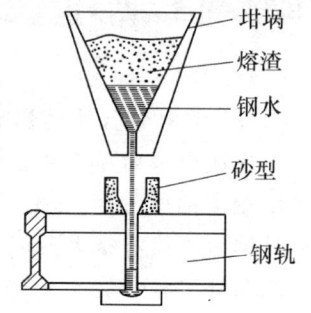

坩埚
熔渣
钢水
砂型
钢轨

**图 6-4  铝热剂焊接钢轨**

[**演示实验 6-1**]  取两支试管,分别加入 2 mL 2 mol·L$^{-1}$ 的 HCl 溶液和氢氧化钠($\omega(NaOH) = 30\%$)溶液,然后在每支试管中加入少许铝粉,观察现象。

可以看到两支试管中都有气泡产生,可见铝既能与强酸反应,又能与强碱反应:

$$2Al + 6HCl \rightleftharpoons 2AlCl_3 + 3H_2 \uparrow$$

$$2Al + 2NaOH + 2H_2O \rightleftharpoons 2NaAlO_2 + 3H_2 \uparrow$$

由于铝可能被酸碱侵蚀,所以,铝餐具不宜盛放食品。

### 6.2.3.3  铝的用途

铝的用途非常广泛,主要用来制造电线和电缆;制造各种日用炊具(俗称钢精制品)、家用电器零部件;在硝酸工业、石油工业、油脂工业、炸药工业和赛璐珞工业、制药工业、制酒尤其是啤酒工业中,用作耐腐蚀材料。利用铝的强还原性,可作炼钢的脱氧剂。铝热法用于冶炼高熔点的铬、锰等纯金属、无碳合金及低碳合金等。铝还制成各种轻合金用于航空航天工业及汽车工业。在制镜工艺中,可用铝代替贵金属银。

铝、镁、铍合金都是密度小而强度大的轻型结构材料,广泛用于宇宙飞船、航空、汽车、机器制造等方面。铝合金中最重要的一种是坚铝[$\omega(Al) = 94\%$,$\omega(Cu) = 4\%$,$\omega(Mg)$、$\omega(Mn)$、$\omega(Fe)$、$\omega(Si)$ 各 0.5%]。坚铝制品的坚固性与优质钢相似,而密度仅为钢制品的 1/4 左右。但坚铝的耐腐蚀性较差。

铝锂合金具有高强度、低密度、低的裂纹扩张速率和优良的抗蚀性等优点,是一种极有发展前途的航空结构材料。例如，一架波音 707 飞机约需铝合金 50 t，一辆小汽车平均需 50 kg 铝合金。铝和铝合金正帮助人类"轻装"前进。

### 6.2.3.4 氧化铝和氢氧化铝

氧化铝是一种不溶于水的白色粉末，熔点很高，是两性氧化物，既溶于强酸生成铝盐，又溶于强碱生成偏铝酸盐。天然刚玉是几乎纯净的氧化铝。刚玉矿石中常因含少量杂质而显不同颜色，俗称宝石。

通常所说的蓝宝石和红宝石是混有很少量金属氧化物的刚玉，常为六边形柱状晶体。它的硬度仅次于金刚石，是最硬的物质之一。蓝宝石中含有微量的 $Fe_2O_3$ 和 $TiO_2$，在阳光下会显现鲜艳的天蓝色星光。红宝石中含有微量的 $Cr_2O_3$。

刚玉有许多优良性质，除硬度大以外，能耐 2 000℃以上的高温，耐酸、碱的腐蚀（包括 HF 和 NaOH 等），可用作耐火材料。它是贵重的装饰品，在精密仪器中用作轴承及作钟表的钻石。刚玉粉可作抛光剂。

氢氧化铝是白色固体，是典型的两性氢氧化物。它在溶液中按下列方式电离：

$$Al^{3+} + 3OH^- \rightleftharpoons Al(OH)_3 \rightleftharpoons H_3AlO_3 \rightleftharpoons AlO_2^- + H^+ + H_2O$$

加强酸时，上述平衡向左移动，生成含 $Al^{3+}$ 的铝盐，加强碱时，平衡向右移动，生成含 $AlO_2^-$ 的偏铝酸盐。因此 $Al(OH)_3$ 既能溶于强酸又能溶于强碱：

$$Al(OH)_3 + 3HCl \longrightarrow AlCl_3 + 3H_2O$$

$$Al(OH)_3 + NaOH \longrightarrow NaAlO_2 + 2H_2O$$

**[演示实验 6-2]** 在盛有 10 mL 0.2 mol·L$^{-1}$ $Al_2(SO_4)_3$ 溶液的试管中，滴入少量氨水，即生成 $Al(OH)_3$ 白色胶状沉淀。将此浑浊液分装在 3 支试管中，其中 2 支分别滴加 6 mol·L$^{-1}$ 盐酸和 6 mol·L$^{-1}$ 氢氧化钠溶液，并振荡试管。不久这 2 支试管中的 $Al(OH)_3$ 沉淀完全溶解。另 1 支试管中继续滴加几滴氨水，振荡试管，$Al(OH)_3$ 浑浊仍不消失。说明 $Al(OH)_3$ 既溶于强酸也溶于强碱，但不溶于氨水。

氢氧化铝用于制备铝盐和纯氧化铝。

## 6.2.4 铜

铜是第 29 号元素。在自然界重要的铜矿有黄铜矿、辉铜矿、赤铜矿和孔雀石。可由硫化物矿石煅烧去硫后与少量二氧化硅和焦炭共熔，得粗炼铜，再还原成泡铜，最后用电解法精炼而得纯铜。

### 6.2.4.1 铜的物理性质

纯铜是紫红色的软金属，密度为 8.92 g·cm$^{-3}$（20℃），熔点为 1 083℃，沸点为 2 595℃。有良好的延展性、导电性和导热性。

### 6.2.4.2 铜的化学性质

铜的化合价为 +1 和 +2。铜在干燥的空气中很稳定，不与氧化合。加热时能产生黑色的氧化铜。在潮湿的空气中铜表面慢慢生成一层绿色的碱式碳酸铜[$Cu_2(OH)_2CO_3$]，俗称铜绿：

$$2Cu + O_2 + CO_2 + H_2O = Cu_2(OH)_2CO_3$$

铜不溶于稀酸,但能溶于硝酸或热浓硫酸中,并分别放出 NO、NO₂ 或 SO₂ 气体,稍溶于盐酸,遇碱易被腐蚀。

$$3Cu + 8HNO_3(稀) = 3Cu(NO_3)_2 + 2NO\uparrow + 4H_2O$$

$$Cu + 4HNO_3(浓) = Cu(NO_3)_2 + 2NO_2\uparrow + 2H_2O$$

$$Cu + 2H_2SO_4(浓) \xrightarrow{\triangle} CuSO_4 + SO_2\uparrow + 2H_2O$$

#### 6.2.4.3 铜的用途

大量的铜用于制造电线、电缆、电工器材和热交换器,铜可以制造各种合金。铜合金广泛用于各行各业。黄铜(铜锌合金)用于制造仪器零件,锌能提高黄铜的强度,并能显著地提高对海水的抗腐蚀性能。锡青铜(铜锡合金)有很高的耐磨性和耐腐蚀性;铝青铜的化学性质稳定,强度和硬度都超过了锡青铜,用于制造重要的齿轮、蜗轮、轴套和耐磨、耐腐蚀性零件等。而铍青铜则用于制造弹簧和弹性元件。白铜(铜、镍和锌的合金),主要用作铸币或用具等。

### 6.2.5 铬、锰、钛的性质和用途简介

#### 6.2.5.1 铬

铬是第 24 号元素。在自然界主要以铬铁矿的形式存在,可由氧化铬用铝还原,或由铬铵矾及铬酸经电解而制得。

(1)铬的物理性质。铬是钢灰色的金属。密度为 7.20 g·cm⁻³(20℃),熔点为 1 900℃,沸点为 2 480℃。质硬而脆,其硬度是所有金属中最大的。

(2)铬的化学性质。铬的化合价为+2、+3 和+6。铬表面易形成一层紧密牢固的氧化膜($Cr_2O_3$),使其"钝化"而具有保护作用,所以铬抗腐蚀性强。在空气中,甚至在红热状态下,氧化也很慢。加热时可和氧化合成 $Cr_2O_3$。在高温下,铬能与卤素、硫、碳等直接化合。铬不溶于水,不溶于氧化性很强的浓硫酸或浓硝酸,但能缓慢地溶于稀硫酸或盐酸中:

$$Cr + 2HCl = CrCl_2 + H_2\uparrow$$

$$4CrCl_2 + 4HCl + O_2 = 4CrCl_3 + 2H_2O$$

+6 价铬的氧化物有 $CrO_3$。它是暗红色针状晶体,易溶于水形成铬酸。$CrO_3$ 是较强的氧化剂,一些有机物质如酒精与它接触时立即起火。它是电镀铬的重要原料,在化学除锈液中加入铬,可对被洗金属起保护作用。

+6 价铬的化合物有毒,因此对含铬废水必须处理后才能排放。处理方法之一是在酸性条件下向含有+6 价铬废水中加入铁粉,即起如下反应:

$$HCrO_4^- + Fe + H^+ + 2H_2O = Cr(OH)_3\downarrow + Fe(OH)_3\downarrow$$

反应后使沉淀物沉降,排出上层废水。

(3)铬的用途。铬的主要用途是制合金钢,如硬度大而且有韧性的铬钢、耐腐蚀的不

锈钢、耐高温的耐热钢等。它具有良好的光泽和抗蚀性,故常把它镀在其他金属表面上,起装饰和防腐作用。铬几乎进入生活的每一个角落,如钟表的外壳、自行车的车把及钢圈、缝纫机的手轮等都要镀铬,镍铬丝可用来制造电炉丝。

（4）不锈钢。所谓不锈钢是指这种钢不容易锈蚀或锈蚀较慢。不锈钢之所以有这种性能,是因为在钢中加入了某些合金元素后降低了钢在电解质溶液中的还原性,有效地减缓了化学锈蚀;或是使钢形成一种单一均匀的单相组织,有效地减缓了电化学锈蚀。

工业上常用的有铬不锈钢、铬镍不锈钢和铬锰不锈钢。

### 稀土元素及其应用

镧系元素和ⅢB族的钪、钇共17种元素,它们的性质十分相似,在矿物中常共存在一起。过去人们认为这些元素在自然界中比较稀少,它们的氧化物近似于土壤中的氧化物($Al_2O_3$),所以习惯上合称为稀土元素。

稀土元素在我国并不稀少。我国的稀土资源不仅丰富而且品种齐全,储量居世界之首。

一般副族元素的化学性质不很活泼,或虽然比较活泼,但在空气中有的能生成稳定的氧化膜而钝化;然而,稀土金属与空气中的氧在室温下就能生成氧化物。新切开的稀土金属表面呈银白色,在空气中迅速氧化而变暗。由于氧化膜不够致密,氧化作用将继续下去,所以须将稀土金属保存在煤油中,使之与空气隔绝。稀土金属的着火点较低(约200℃),且与氧化合时放出的热量较多,因此,稀土金属和铁(质量比为7:3)的合金可用作打火机的打火石。高强度光源的碳精棒中也有稀土金属。

稀土金属在工农业生产和科学技术等方面都有非常广泛的应用。混合稀土因对钢液有脱氧、脱硫及清除有害杂质的作用而应用于冶金工业,微量稀土金属可大大地改变合金的性质,因此被称为冶金工业的维生素。例如不锈钢在加工成管材时易出现裂纹而报废,但加入2/10 000稀土金属就能显著提高其热加工塑性,不出现裂纹;镍合金中加入2/1 000的稀土金属可增加其耐氧化性,提高电炉电热丝使用寿命。

稀土元素还被广泛应用于电磁材料、发光材料、玻璃、陶瓷材料和原子能材料等方面。环境保护中,稀土化合物可以有效地去除污水中的磷酸盐,还可用于汽车尾气净化、有机合成催化及含肼废气的处理。稀土贮氢材料的开发研究已步入成熟阶段,稀土磁光记录材料、稀土超导伸缩材料已在实际应用中得到推广。稀土溶液可用于柑桔保鲜,稀土对于人参、胡麻、苎麻均有显著的增产效果。

6.2.5.2　锰

锰是第25号元素。主要的矿物是软锰矿,也有辉锰矿和褐锰矿等。可用铝热法还原软锰矿制取。

（1）锰的物理性质。金属锰外形似铁,密度为7.2 g·$cm^{-3}$(20℃),熔点为1 244℃,沸点为2 097℃。致密的块状锰是银白色的,质硬而脆,不能进行热的和冷的加工。故纯锰的用途并不多。粉末状的锰呈灰色。

（2）锰的化学性质。锰的化学性质活泼，化合价有+2、+3、+4、+6和+7。在空气中被氧化或燃烧生成 $Mn_3O_4$，加热时能与卤素猛烈地反应，高温下也和硫、磷、碳等元素直接化合，1 200℃以上可与 $N_2$ 作用形成 $Mn_3N_2$，锰能从热水中置换出氢气，也可溶于稀酸中：

$$Mn + 2H_2O \xrightarrow{\triangle} Mn(OH)_2 \downarrow + H_2 \uparrow$$

$$Mn + 2HCl =\!=\!= MnCl_2 + H_2 \uparrow$$

（3）锰的用途。锰的用途主要是冶炼各种性能优异的合金和特种合金钢。当钢中锰的含量超过1％时，称为锰钢。含锰12％～15％、铁83％～87％、碳1％～2％的锰钢很坚硬，抗冲击，耐磨损，可用于制造钢轨和钢甲、破碎机和拖拉机履带。

### 6.2.5.3　钛

钛是第22号元素。主要矿物有钛磁铁矿、钛铁矿、金红石、钙钛矿等。可由四氯化钛用镁还原制取。

（1）钛的物理性质。钛是银白色的金属，有延展性。密度为 $4.5\ \mathrm{g\cdot cm^{-3}}$（20℃），熔点为1 725℃，沸点为3 260℃。它具有密度小、强度高、耐高温、抗腐蚀性强的优点。钛的机械强度比纯铁大一倍，比铝大五倍，同时兼有铝和钢的优点。钛在-253℃～500℃温度范围内，都能保持良好的力学性能。

（2）钛的化学性质。钛的化合价有+2、+3和+4。钛表面形成致密的氧化物保护膜，在空气中较稳定，具有良好的抗蚀性，不受大气和海水的影响。在海水中的实验证实：铝片在5～8个月腐蚀完；铜片在12个月"不见踪影"；不锈钢4年后被唔噬；而钛历经十多年还健在。与各种浓度的硝酸、稀硫酸和各种弱碱的作用非常缓慢。但溶于盐酸、浓硫酸、王水和氢氟酸中。钛对潮湿的氯气的耐腐蚀能力特别强。高温下，钛容易和卤素、氧、硫、氮等元素化合，并能与水发生反应。

钛与碳化合能生成极硬的碳化钛，熔点高达3 100℃。

钛在高温下化合能力极强。在炼钢时，$N_2$ 很容易溶解在钢水中，当钢锭冷却就形成气泡，影响钢的质量。若往钢水中加进钛，则生成氮化钛炉渣，浮在钢水表面，钢锭就不含气泡了。

（3）钛的用途。钛有上述诸多优良性能，因此，钛广泛用于炼钢和制造机械零部件、电讯器材、硬质合金等。例如机械加工使用的高温冲模，大型飞机结构总质量的34％（如喷气发动机机件、起落架等）都使用钛合金。钛在化学工业中用于制造含氯化物介质的反应釜、换热器、蒸馏塔、泵体和阀门等。

所以，钛被誉为"朝阳金属"。

**思考与练习**

**1.** 填空题。

（1）_____的化学键叫做金属键。金属中的_____不专属于某个特定的＿＿＿＿＿＿＿＿＿,而是为许多＿＿＿＿＿＿＿共有。

（2）金属（单质）在化学反应中表现出＿＿＿＿＿＿＿性,因为他们容易＿＿＿＿＿＿。而金属冶炼的原理通常是＿＿＿＿＿＿。

（3）将 $AlCl_3$ 溶液与适量的 NaOH 溶液混合,产生絮状 $Al(OH)_3$ 沉淀。当继续加入过量 NaOH 时,观察到的现象是＿＿＿＿＿＿＿＿＿;若在沉淀中加入适量 $H_2SO_4$,观察到的现象是＿＿＿＿＿＿＿＿＿,这说明＿＿＿＿＿＿具有＿＿＿＿＿＿性。

**2. 选择题。**

（1）下列关于铁及其化合物的叙述中,错误的是（　　　）。

A. 铁原子最外层有 2 个电子,所以,$Fe^{2+}$ 的化合物最稳定

B. $Fe^{3+}$ 与 Fe 可发生氧化还原反应

C. 通常,Fe 较活泼,可与浓盐酸、稀盐酸反应放出 $H_2$

D. 铁的合金有铸铁和钢,除铁外,一般还含有少量的 C、Mn、P、S、Si

（2）下列几种材料中最耐海水腐蚀的是（　　　）。

A. 不锈钢　　　　　B. 铝　　　　　C. 铜　　　　　D. 钛

（3）下列关于合金的叙述中,错误的是（　　　）。

A. 合金是由两种或两种以上的金属（或金属与非金属）熔合而成的具有金属特性的物质

B. 通常,合金的熔点低于组成它的任何一种金属的熔点

C. 通常,合金的硬度高于组成它的任何一种金属的硬度

D. 通常,合金的化学性质比组成它的任何一种金属活泼

## 6.3　金属的腐蚀与防护

　　**金属和周围的介质接触时,由于发生化学反应或电化学反应而引起的破坏,叫金属的腐蚀。** 金属腐蚀的现象十分普遍。例如,钢铁生锈,铜长铜绿、铝失去光泽等。金属遭到腐蚀后,不仅金属本身在外形、色泽等方面发生了变化,而且金属的组织结构也遭到破坏,影响金属制品的使用性能。此外,由于设备受腐蚀所引起的停工减产、产品质量下降、发生事故以及大量物料（如汽油、水、天然气）的渗漏所造成的损失是非常巨大的。因此,了解腐蚀发生的原因,采取防护措施,有着十分重要的意义。

　　金属腐蚀的本质,是金属原子失去电子变成离子的氧化过程。根据金属腐蚀过程的不同特点,可以分成化学腐蚀和电化学腐蚀两大类。

### 6.3.1　金属腐蚀的原理

#### 6.3.1.1　化学腐蚀

　　**单纯由化学反应而引起的腐蚀叫做化学腐蚀。** 例如,金属和干燥气体（如 $O_2$、$H_2S$、$SO_2$、$Cl_2$ 等）接触时,在金属表面上生成相应的化合物（如氧化物、硫化物和氯化物等）。温度对金属化学腐蚀的影响很大,例如钢材在常温下和干燥空气中不易受到

腐蚀,但在高温下就容易被氧化,生成一层氧化膜(由 $FeO$、$Fe_2O_3$ 和 $Fe_3O_4$ 组成)。同时还会发生脱碳现象。脱碳是由于钢铁中的渗碳体($Fe_3C$)和气体介质作用的结果。主要反应如下:

$$Fe_3C + O_2 \Longrightarrow 3Fe + CO_2$$

$$Fe_3C + CO_2 \Longrightarrow 3Fe + 2CO$$

$$Fe_3C + H_2O(g) \Longrightarrow 3Fe + CO + H_2$$

反应生成的气体产物离开金属表面,而碳便从邻近尚未反应的金属内部扩散到这一反应区,使金属中的碳逐渐减少,形成了脱碳层(如图 6-5),钢铁表面由于脱碳导致硬度减小和疲劳极限降低。

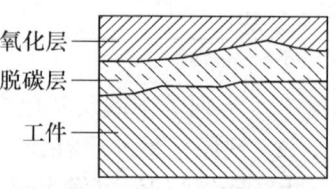

图 6-5　工件的氧化脱碳层

#### 6.3.1.2　电化学腐蚀

**当金属和电解质溶液接触时,由于电化学作用引起的腐蚀叫做电化学腐蚀**。在生活和生产中普遍存在而且危害较大的是金属的电化学腐蚀,它和化学腐蚀不同,不仅发生在金属表面,而且发生在金属内部,其危害性比化学腐蚀严重得多。

钢铁在干燥的空气里长时间不腐蚀,但在潮湿的空气中却很快就会腐蚀,这是因为在潮湿的空气里,钢铁表面吸附一层薄薄的水膜而促使钢铁腐蚀。水与溶解的二氧化碳作用,使水里的 $H^+$ 增多。

$$H_2O + CO_2 \Longrightarrow H_2CO_3 \Longrightarrow H^+ + HCO_3^-$$

许多材料都不是纯金属,例如钢铁是铁碳合金,除铁之外,还含有石墨等杂质,这些杂质的化学活泼性都不如铁。这样,金属和电解质溶液接触,就会形成许多微小的原电池。由于介质不同,正极反应的产物也不相同。钢铁表面吸附的水膜酸性很弱或者呈中性,那么在负极上是铁失去电子被氧化成 $Fe^{2+}$,而在正极上主要是溶解于水膜里的氧获得电子而被还原:

$$负极(铁):2Fe - 4e^- \Longrightarrow 2Fe^{2+}$$

$$正极(杂质):O_2 + 2H_2O + 4e^- \Longrightarrow 4OH^-$$

$$原电池反应:2Fe + O_2 + 2H_2O \Longrightarrow 2Fe(OH)_2$$

$Fe(OH)_2$ 被空气中的氧进一步氧化成 $Fe(OH)_3$,并部分脱水形成铁锈。

水膜里的溶解氧促使钢铁腐蚀,反应结果是 $O_2$ 被还原。这种腐蚀通常叫做**吸氧腐蚀**。钢铁在空气中的腐蚀主要是吸氧腐蚀。

在酸性较强的介质中,正极主要析出氢气,负极仍是铁被氧化:

$$负极(铁):Fe - 2e^- \Longrightarrow Fe^{2+}$$

$$正极(杂质):2H^+ + 2e^- \Longrightarrow 2H_2$$

上述腐蚀实际上是在酸性较强的溶液里进行的,在腐蚀过程中有氢气放出,这种腐蚀叫**析氢腐蚀**。

吸氧腐蚀和析氢腐蚀如图6-6所示。

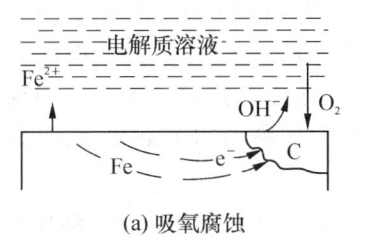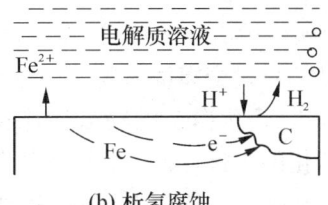

(a) 吸氧腐蚀　　　　　　　　　　　(b) 析氢腐蚀

**图 6 - 6　钢铁的腐蚀**

归纳上例,金属发生电化学腐蚀所需的条件是:相互接触的金属各部分活动性不同(如不同的金属或金属中含有能导电的杂质),且要处于电解质溶液中。根据这一情况,我们可寻求保护金属的途径。例如,在产品材料设计上,应尽可能地避免使用两种不同金属组成的结构。

### 漫 话 铁 锈

铁比铜活泼,所以铁易被氧化而被腐蚀。若据此推理,就不能解释铝、锌、铬等比铁活泼的金属(金属活动性顺序在铁之前)却在日常生活中较铁难腐蚀。一把铝水壶用几年还能用,一把铁壶烧水,几天就开始生锈了。究其原因,不是铝、锌、铬在空气中未被氧化,而正是它们薄而致密的氧化膜阻止了空气、水、二氧化碳、酸(碱)介质渗入金属内部,即不能形成以它们为负极的微性原电池,电化学腐蚀就不能发生。换言之,这薄而致密的氧化膜保护了铝、锌、铬的组织结构不被破坏,不易被腐蚀。而铁在空气、水、二氧化碳、酸(碱)介质中生成的"铁锈"$Fe_2O_3 \cdot xH_2O$是疏松多孔的结构,它不能阻止这些介质渗入铁的内部,故钢铁内部持续地发生化学腐蚀和电化学腐蚀,不断生成铁锈,结构改变、功能削弱甚至丧失。

顺便指出,铁用来作储运浓硫酸、浓硝酸的容器(钢铁槽车),就是在这种特定条件下,铁生成致密的氧化薄膜,但不是疏松多孔的铁锈。可见,物质世界真是多姿多彩!

## 6.3.2　防止金属腐蚀的方法

金属腐蚀是金属与周围介质接触并起反应的结果。因此,金属防腐应从金属的本性和介质两个方面来考虑。

### 6.3.2.1　制成耐蚀合金

工业上使用的金属材料中,应用较多的是各种金属的合金。为提高合金的耐腐蚀性,可通过合金化和热处理等途径改变其内部组织和成分。例如,把铬、镍等加入普通钢里制成不锈钢,就大大地增强了它的抗腐蚀能力。

### 6.3.2.2　隔离法

隔离法是把耐蚀材料涂覆到金属表面,使金属与周围介质隔离。这种方法成本低,同时又能保持金属的原有性能。具体方法有：

(1) 非金属保护层。一般有矿物性油脂、涂料、塑料、橡胶、搪瓷等。

(2) 金属保护层。用热镀、喷镀、电镀等方法在金属表面镀上一层耐腐蚀的金属。

热镀是把被镀金属浸入另一熔融的金属液体中，使表面覆盖上耐蚀金属保护层。常见的有镀锌铁(俗称白铁皮)和镀锡铁(俗称马口铁)。热镀适用于金属制品体积较小、镀层金属易熔化的工件。

喷镀是将熔化的镀层金属在一定压力下喷在制品表面上，镀层均匀，能用于大型制品的防腐处理。

电镀是应用电解原理在金属制品或非金属制品表面镀上另一种金属或合金。电镀的主要目的是增强金属制品的抗腐蚀能力和表面硬度，有时兼具装饰作用。通常，镀层金属是在空气或溶液里不易起变化的金属(如镍、铬、锌、铝、钛、金等)或合金(如铜锡合金、铜锌合金等)。

应注意的是当这些保护层损坏时，防腐作用即消失，有时甚至促进金属的腐蚀。例如，当马口铁(镀锡铁)表面上有伤痕时，形成微电池，Sn 是正极，Fe 是负极，结果使铁腐蚀更快。当白铁皮表面有伤痕时，也形成微电池，Zn 是负极，Fe 是正极，结果 Zn 被腐蚀，Fe 被保护起来。

### 6.3.2.3　化学处理法

化学处理法是使金属表面形成一层钝化膜保护层。常见的有钢铁发蓝和磷化、铝合金的阳极氧化等。

(1) 钢铁发蓝。把钢铁制件放入含有浓 NaOH 和氧化剂 $NaNO_2$ 和 $NaNO_3$ 的溶液中，加热至 $140\sim150℃$ 并维持一定时间。处理结果，使金属表面生成一层亮蓝色到亮黑色的 $Fe_3O_4$ 薄膜，所以也称为"发蓝"或"发黑"。该薄膜能牢固地与金属表面结合，对干燥的气体抵抗力强，但在水中或大气中抵抗力较差。广泛用于机械零件、精密仪器、光学仪器、钟表零件和军械制造业。

(2) 钢铁磷化。磷化是将钢铁制件浸入特定组成的磷酸盐(俗称马日夫盐即磷酸铁锰)溶液中进行化学处理，在表面可形成 $5\sim10~\mu m$ 的磷化膜。它有良好的耐腐蚀性，并能经受 $400\sim500℃$ 的短时间烘烤，是涂装、喷塑和涂覆防锈油脂的良好底层。磷酸盐膜在空气中有较好的耐蚀性，即使它与酸、碱等接触也不受腐蚀。钢铁磷化操作简便、价廉，广泛用于保护钢铁制品生产工艺中的防腐蚀和产品涂覆的底层处理。

### 6.3.2.4　电化学保护法

电化学保护法就是使被保护的金属成为原电池的正极或电解池的阴极，它们在电化学反应中发生还原反应而不受腐蚀。常用的方法有：

(1) 牺牲负极保护法。这种方法是根据原电池的原理，将较活泼金属(如铝、锌)或其合金连接在被保护的金属上(如图 6 - 7)。较活泼金属为负极被腐蚀，一定时间后，更换负极材料。这种保护法常用于海轮外壳、高压锅炉内壁和海底设备。负极金属的表面积通常是被保护面的 $1\%\sim5\%$ 左右，分散在被保护金属的表面。

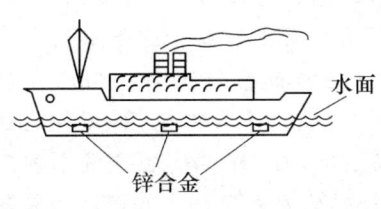

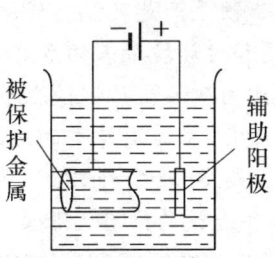

图6-7　牺牲负极保护法示意图　　　　图6-8　外接电源保护法原理示意图

（2）外接电源法。外接电源法是将被保护金属与一附加电极（可用废弃金属）组成电解池，被保护金属与外加电源的负极相接作为阴极而受到保护。隔一段时间后，更换电源和补充阳极金属。这种保护法主要用于保护在土壤、海水及河水中的金属设备（见图6-8）。

### 6.3.2.5　缓蚀剂法

在工业设备或工件的酸洗工艺中，由于酸（如盐酸）的挥发、酸与金属反应等原因，常产生严重的酸雾。这不仅使工作环境被污染，而且使金属产生过腐蚀和氢脆。在金属的切削过程中，为了润滑和冷却刀具，常使用切削液。切削液对金属有腐蚀作用；工业用水对管道、容器也有腐蚀性。在上述情况下，为了保护金属，常在腐蚀介质中有选择性地加入缓蚀剂来阻碍氢离子在金属上放电，或在金属表面形成保护膜，使金属的腐蚀受到抑制。常用的缓蚀剂有磷酸三钠、氢氧化钠、亚硝酸钠、苯胺、乌洛托品等。

## 6.3.3　金属的回收

每年都有大量的机器设备由于老化、过度使用需要更新而报废。这些已报废的设备，其功能已完全丧失或部分丧失，但钢铁并没有完全被腐蚀，其材料成分没有完全改变，还保持着原来的金属性质。在金属加工部门有大量的下脚料，有些工厂的车屑、刨屑竟占原材料的一半之多。回收这些金属，既可以节省大量原材料，降低成本，又可以节约能源，节约资源。因为矿石资源是不可再生的资源，且由矿石炼成金属又要消耗大量能源。所以，收旧利废，对于这个行业的可持续发展，对于整个世界的环境保护，都有重要的意义。

钢材回收的方法有拆旧利用等。例如拆船业和拆车业都是很大的行业。设备解体后把符合要求的钢铁直接作为材料使用，不能用的部分送入炼钢厂作炼钢原料。在机械加工行业，合理安排工艺，下脚料用于加工新小件产品。大量的车刨屑可直接用作铸造的原料，也可以成型后送入炼钢厂作炼钢原料，或可联产以钢铁为原料的其他产品。

#### 中国是"废铁黑洞"吗？

近年来，由于我国经济持续增长，建铁路、桥梁，搞城建、港口，盖住宅、厂房使得我国对钢铁的需求量大增。例如，2001年我国粗钢产量为1.5亿吨，2006年已增至4.2亿吨，占世界钢产量12.39亿吨的33.8%，超过了日本、美国、俄罗斯、韩国和法国的产量总和，

不用讳言,钢铁生产是耗能耗资源的大户。我们的态度是既要发展经济,又要减少资源、能源的消耗和对环境带来的危害,即走可持续发展的道路。为此,我们从日、韩等国进口废钢铁,这比用矿石生产钢铁在节能降耗和对环境影响方面更好些。这是双赢或多赢的举措,它导致日、韩等国棘手的废钢铁处理变成了供不应求的紧俏商品。2001年韩国废铁的价格是93.8美元/吨,2004年韩国出口至我国的废铁为11.8万吨,2006年已达21.6万吨,2007年废铁的价格已涨至276.9美元/吨。据报道,日、韩、美、法等多个国家发生丢井盖及金属物事件。于是包括英美在内的多家国外媒体发表了指责我国进口废钢铁的措施,甚至把我国当成排放温室气体的"罪魁祸首"。

当然,我国政府并未忽视发展过程中,包括回收加工废钢铁中的能源、资源消耗和环境污染问题。今年4月还成立了以温家宝总理为组长的节能降排领导小组,对全国很多中小企业(如火电厂、钢铁厂)实行强制停产。国外不少媒体和说公道话的权威人士也列出了数据予以驳斥。如20世纪的100年间美国消耗钢材71亿吨,苏联56亿吨,日本38亿吨,而我国仅消耗了19亿吨。德国一家媒体认为:德国的钢铁业有今天,必须好好感谢中国……去年德国粗钢产量达到4 720万吨的历史高点,而且近两年继续看好。英国《金融时报》撰文,认为中国"把金属的循环利用提升到了一个新高度……正因为中国对金属的需求量大,才推动了价格上涨,使全球的金属循环产业很红火,生锈、报废的各种产品和材料才得以回收,客观上创造了价值,净化了环境"。

"走自己的可持续发展之路,让别人说去吧"。同学们,你有何感悟呢?

## 思考与练习

**1.** 填空题。

(1) 金属和周围介质接触时,由于发生了_____和_____而受到破坏的过程叫金属腐蚀。其本质是_____过程。

(2) 电化学腐蚀中,_____叫吸氧腐蚀;若在_____叫析氢腐蚀。

(3) 防止金属腐蚀应从_____和_____两方面来考虑。常用的方法有_____;_____法,如_____;还有_____、_____、和缓蚀剂法等。

(4) 回收金属,既可以_____,还能_____,对环境_____,符合_____战略和_____经济的发展观。

**2.** 选择题。

(1) 钢铁被腐蚀,其本质是(　　)。
A. $Fe_3C$中的C被氧化　　　　B. Fe失去电子被氧化为$Fe^{2+}$或$Fe^{3+}$
C. Fe得到电子被氧化　　　　D. Fe与介质组成微型电解池

(2) 下列关于金属腐蚀的错误说法是(　　)。
A. 金属腐蚀后,仅其外形、色泽发生变化,其结构基本上未改变
B. 金属的电化学腐蚀是金属作为原电池负极,失电子被氧化

C. 通常，纯金属比含杂质的金属抗腐蚀性强

D. 若铜质水龙头要安装在普通钢做的水管上，水管先生锈

（3）若要保护好某种铁制品，下列做法中不合理的是（　　）。

A. Fe 作原电池正极　　　　　　B. Fe 作电解池的阴极

C. Fe 上镀锌　　　　　　　　　D. 铁上镀锡

## 6.4　常用非金属材料

常用非金属材料包括无机非金属材料和有机高分子材料。

无机非金属材料指的是由金属以外的所有无机物制成的材料。有机高分子材料包括天然有机高分子材料和合成有机高分子材料。生活中常见的蛋白质、淀粉、松香、纤维素等属于天然高分子材料。塑料、合成橡胶、合成纤维等属于合成高分子材料。

### 6.4.1　合成有机高分子材料

通常使用的有机合成高分子材料，按其性能、状态及用途可分为塑料、合成橡胶、合成纤维，即"三大合成材料"。此外，还有胶粘剂、离子交换树脂、有机硅聚合物，以及涂料、高分子复合材料等。各种高分子材料的用途并无严格界限。同一种高分子化合物，由于采用不同的合成方法和成型工艺可制成用途不同的材料。如聚氯乙烯是典型的塑料，又可制成纤维（称氯纶）；再如聚氨酯，既可制成泡沫塑料又可制成弹性橡胶。

#### 6.4.1.1　塑料

塑料是一类在加热、加压下塑制成型，而在常温、常压下能保持固定形状的高分子材料。由人工合成的线型有机高分子化合物，具有某些天然树脂的性质，所以把它叫**合成树脂**。合成树脂是塑料的最基本的成分，对塑料的性能起着决定性作用。塑料除含合成树脂外，还需要加入填充剂（可增加树脂的强度和硬度，并降低成本）、增塑剂（增加树脂的可塑性）、稳定剂（提高树脂对热、光及氧的稳定性）和着色剂（使树脂呈现所需要的颜色）等。

塑料制品在国防、工业、农业、交通、建筑、医药卫生等方面的应用日趋增多。从 20 世纪 30 年代起，塑料生产以每五年翻一番的速度猛增。若按体积计，目前塑料产量已超过钢铁。塑料在满足人类生产、生活需要的同时也带来了环境问题。合成塑料很难降解[①]，在微生物作用下需时数百年。因此塑料废弃物已成为环境污染源之一，寻找易于降解的塑料或其代用品是当前一项重大的科研课题。

塑料的品种很多，根据它们受热时所表现的性能不同，可分为热塑性塑料和热固性塑料两大类。按照应用又可分为通用塑料、工程塑料、耐高温塑料和特种塑料。

热塑性塑料在受热时能软化或变成粘稠流体，可以将其塑制成一定的形状，然后冷却变硬。用线型高聚物制得的塑料，如聚氯乙烯、聚乙烯、聚苯乙烯等塑料都属于这一类。

热固性塑料只能一次受热软化成型，即受热时也能变软，也可以塑制成一定的形

---

①　降解，指高分子化合物在一定条件下分解为易为环境或生物吸收的低分子化合物的过程。

状,但是在加热到一定时间或加入少量固化剂后就硬化成型,在此之后再加热就不能软化了,例如酚醛树脂制成的塑料就是一种热固性塑料。几种常见的塑料及性能见表6-8。

表6-8 几种常见的塑料及性能

| 名 称 | 主要性能 | 主要用途 | 燃烧时的特点 |
|---|---|---|---|
| 聚乙烯 (PE) | 透明、稍带乳白色,有蜡一样滑腻感。耐寒、耐化学腐蚀,无毒,电绝缘性好;耐热性差,易老化。溶于苯、四氯化碳中 | 食品、医药的包装材料;电线、电缆的包覆料;涂料;绝缘材料,用于雷达、电视机;也可制成管道和电容器的薄膜介质 | 易燃烧,熔化成滴。火焰浅黄色,根端淡蓝色,有石蜡燃烧的气味,离火后继续燃烧 |
| 聚氯乙烯 (PVC) | 耐酸碱,力学性能和电绝缘性良好;耐热性差。溶于环己酮、硝基乙烷、苯、甲苯等溶剂中 | 电线、电缆的包皮;绝缘涂料;建筑用管道、板材、壁纸;可制成人造革、氯纶等 | 不太易燃烧,火焰上端黄色,根端蓝绿色,熔融能拉丝,有氯化氢气味,离火后熄灭 |
| 聚苯乙烯 (PS) | 耐水,电绝缘性好,透明度高,易染色。室温下硬而脆。溶于甲苯、醋酸甲酯、二氯乙烷、三氯乙烯、二硫化碳等溶剂中 | 绝缘材料:电容器薄膜介质;汽车、飞机零件;医疗卫生用具;日常用品等 | 易燃,火焰橙黄色,冒浓黑烟,有芳香烃气味,离火后继续燃烧 |
| 聚甲基丙烯酸甲酯 (有机玻璃) (PMMA) | 透光性好,质轻,电绝缘性好,耐酸碱,易加工,不易破碎。不耐热,140 ℃软化,不耐磨。溶于氯仿、甲酸、冰醋酸等溶剂中 | 制汽车、飞机用玻璃,光学仪器,大型建筑物的天窗,电子设备、仪器、仪表部件,电器绝缘材料等 | 能燃烧,火焰黄而明亮,边缘蓝色、顶端白色。软化起泡,有强烈的水果腐烂气味,离火后继续燃烧 |
| 聚四氟乙烯 (塑料王) (PTFE) | 优异的耐高、低温性能,优异的耐化学腐蚀性,介电性好,摩擦系数小。刚性差、强度低。不溶于有机溶剂 | 高低温环境中工作的化工设备零件;电机、电容器、变压器的绝缘材料;轴承;原子能、航天工业用的特种材料及防火涂层 | 不燃烧 |
| 酚醛树脂 (PF) | 耐热、耐腐蚀,有较高的机械强度和优良的电性能 | 用于电器、仪表、无线电、汽车、航空、船舶等 | 难燃烧,火焰黄色,有火星、膨胀起裂、焦木味,离火后熄灭 |
| ABS树脂 (丙烯腈、丁二烯、苯乙烯的共聚物) | 综合了三者的优良性能,具有高强度、耐热、耐油、弹性好、抗冲击、不易变形等优点,表面可以电镀。可在110℃长期使用。但不宜曝晒。 | 制成工程塑料,在机械、电子、电气、交通、建筑等方面可代替金属材料;生活上还可用于制作餐具、衣架、玩具、洗脸盆等 | 易燃,黄色火焰,并冒黑烟。有特殊香味。离火后能继续燃烧 |

### 6.4.1.2 合成橡胶

在使用温度范围内,具有高弹性的高分子材料称为橡胶。橡胶在外力作用下,能产生很大的形变,外力除去又能迅速恢复原状。

橡胶分为天然橡胶和合成橡胶两大类。天然橡胶主要来源于橡胶树、橡胶草的乳胶，其主要成分是聚异戊二烯。合成橡胶是以石油、天然气等为原料，先生产烯烃、二烯烃，再以此为单体聚合而成。

典型的合成橡胶有丁苯、顺丁、丁腈、氯丁橡胶等。其中丁苯橡胶占合成橡胶总产量的 60％，其次是顺丁橡胶。

未经加工的天然橡胶和合成橡胶称为生胶，性能不佳。例如，在温度较低时变硬、变脆；温度较高时变软、变粘，甚至分解。而且生胶分子里含有不稳定的双键，在空气中易受氧化作用而老化。为改善生胶的性能，工业上常将它进行硫化处理。在此过程中，线型的橡胶分子交联成体型结构，并使橡胶分子的不饱和程度大大降低。这样橡胶就具有更高的机械强度和良好的弹性、韧性、化学稳定性以及耐磨性。橡胶是制造飞机、军舰、拖拉机、收割机、汽车、水利排灌机械、医疗器械等所必需的材料。许多日用品的生产都离不开橡胶。

橡胶是重要的战略物资，在工农业生产、国防建设及交通运输方面都有着广泛的应用，它是常用的弹性材料、密封材料，及减震、传动材料。一些能够满足特殊工作条件需要的特种橡胶品种（如硅橡胶和含氟橡胶），近年来也相继问世。表 6-9 列出了一些合成橡胶的主要性能和用途。

**表 6-9　一些合成橡胶的主要性能和用途**

| 名　　称 | 主　要　性　能 | 主　要　用　途 |
|---|---|---|
| 丁苯橡胶 (SBR) | 热稳定性、电绝缘性、抗老化性、耐磨性及耐寒性比天然橡胶好；不耐油，对臭氧较敏感 | 绝缘材料；制造轮胎及高硬度、高耐寒零件 |
| 异戊橡胶 (IR) | 粘结性、弹性、耐热性、化学稳定性及电绝缘性均好 | 制造汽车、飞机轮胎；制造各种胶管、胶带、电缆包皮 |
| 氯丁橡胶 (万能橡胶) (CR) | 化学稳定性和耐磨性能好，耐油和溶剂，耐热，不燃烧；绝缘性、耐寒性及弹性差 | 制电线、电缆包皮；运输带，输油管，胶粘剂及防腐材料 |
| 丁腈橡胶 (NBR) | 耐磨性比天然橡胶高 30％~45％，耐高温性优于天然和氯丁橡胶；但弹性、电绝缘性及耐寒性差 | 飞机油箱的衬里，耐油、耐热的橡胶制品 |
| 硅橡胶 | 耐高、低温（-60℃~250℃），抗臭氧、紫外线，防老化性及电绝缘性好；不耐碱，强度差 | 制飞机的门窗、密封材料，火箭、航天飞机的烧蚀材料，医疗器械，人造关节，耐高温的衬垫 |
| 氟橡胶 | 机械性能好，耐高温，耐腐蚀，耐高真空 | 飞机、宇宙飞行设备的密封材料，制耐腐蚀服装、手套及涂料、胶粘剂 |

### 6.4.1.3　合成纤维

合成纤维是利用石油、天然气、煤的副产品作原料，先制成单体，然后经聚合反应生成线型高分子化合物，再经纺丝等工序加工而成。合成纤维具有强度大、弹性好、耐磨、耐腐蚀、缩水率小，不怕虫蛀等特点；但在穿着时有不透气、不易吸汗、易起球，产生静电等缺点。相比之下,合成纤维中的聚酯(涤纶)及聚丙烯腈(腈纶)纤维的服用性能较好。

针对合成纤维的缺点,人们一直在致力于纤维的改性技术研究,使新颖化纤品种层出不穷。如在丙烯腈的聚合过程中增加新的组分进行接枝共聚,所制得的共聚物纤维其物理性能和对光的反射辉度(亮度)酷似天然绢丝,可以乱真。

合成纤维除了供人们衣着外,在工业生产及国防工业上有着广泛的用途。几种常见的合成纤维的主要性能和用途见表6-10。

表6-10　几种合成纤维的主要性能和用途

| 名　称 | 主　要　性　能 | 主　要　用　途 |
|---|---|---|
| 聚己内酰胺(锦纶或尼龙-6)PA | 比棉花轻,强度高,耐磨性、耐化学腐蚀性和染色性均好;耐光性、保型性、吸水性差 | 内衣、运动服、制绳索、渔网、地毯、轮胎帘子线、降落伞、绸、宇宙飞行服等 |
| 聚丙烯腈(腈纶或人造羊毛)PAN | 比羊毛轻而结实,蓬松柔软,保暖、耐光、弹性好;不易染色 | 代替羊毛制衣料、地毯,工业用布,绒线等 |
| 聚对苯二甲酸乙二醇酯(涤纶或的确良)PET | 力学性能和耐磨性优良,易洗、易干、保型性好,抗皱折,耐酸(除硫酸);不耐碱,染色性差 | 大量用于织物、电绝缘材料、渔网、绳索、运输带、人造血管等;还可制造轮胎帘子线、拉链、印刷筛网 |
| 聚氯乙烯(氯纶)PVC | 保暖、耐腐蚀、电绝缘性好;耐热性、耐光性、染色性差 | 制针织品、工作服、绒线、毛毡、渔网、电绝缘材料等 |
| 聚丙烯(丙纶)PP | 机械强度高,耐磨、耐化学腐蚀、电绝缘性好;染色性差。耐光性、耐热性、吸湿性均差 | 制绳索、滤布、网具、工作服、土工布、地毯衬布、人造草坪等 |
| 聚乙烯醇缩甲醛(维尼龙或维纶)PVA | 柔软,吸湿性似棉花,耐光性、耐磨性及保暖性好;耐热性、染色性差 | 制衣料、窗帘、滤布、粮袋等 |

\*6.4.1.4　胶粘剂及涂料

(1)胶粘剂(粘合剂)。胶接与焊接、铆接相比具有许多优点。如:接头光滑、质量轻、成本低等。**胶粘剂是一类有优良粘合性能,可使两种材料紧密粘结在一起的物质。**骨胶、虫胶、糊精等是天然胶粘剂。近数十年来,随着科学技术的发展,以合成高分子为基料的各种合成胶粘剂相继问世,使胶接工艺在机械、电子、建筑、航空航天领域及日常生活中的应用越来越广泛。

① 胶粘剂的组成。作为合成胶粘剂,首先应能润湿被胶接物体的界面,而后在适当条件下固化。因此,胶粘剂的基本成分(即粘料),一般应是在胶接条件下容易聚合的液态单体,或是在应用时具有活性基团的线型结构的液态低聚物,而在粘接固化后能够变成体型结构的聚合物。此外还有固化剂(如胺类、咪唑、聚酰胺)、填料、增韧剂(如邻苯二甲酸二丁酯)、稀释剂、防老剂(如 N-苯基-α 萘胺)等组成的混合物。

合成胶粘剂的品种极多,下面介绍其中几种:

环氧胶粘剂。以环氧树脂为粘料的胶粘剂。环氧树脂是由双酚 A 和环氧氯丙烷在碱性条件下缩聚得到的线型聚合物,分子中含有环氧基,固化后还有羟基和醚基。环氧胶粘剂对金属、陶瓷、玻璃、木材等各种材料具有很强的粘结能力,有"万能胶"之称。

改性酚醛树脂胶粘剂。例如用丁腈橡胶和改性酚醛树脂为粘料配制的复合胶,固化后兼有酚醛树脂和丁腈橡胶的优点。胶接强度高、韧性好,使用温度范围宽(−60~180℃),抗震耐冲击、耐油耐溶剂性好,是航空及其他工业部门中最重要的一种结构胶。

聚氨酯胶粘剂。此类胶最突出的特点是具有优良的超低温性,可于−196℃低温下胶接金属。

② 胶接工艺。在涂敷胶粘剂之前,应将被胶接材料用机械或化学的方法进行处理,使其表面无灰、无油、干燥,并有一定粗糙度。涂敷胶粘剂后,须等溶剂挥发将干时,再把被胶接材料贴紧、加压、在室温或一定温度下烘干固化。

(2)涂料。涂料旧称油漆。它是一种以树脂(天然或合成)为主体的胶体溶液。涂于物体表面上,能形成完整而坚韧的保护膜,可同时取得保护、美化物体及其他预期效果。

涂料一般由不挥发的组分(成膜物质)和挥发组分(挥发性溶剂)所组成。成膜物质又分为主要成膜物质(油料、树脂)、次要成膜物质(颜料)及辅助成膜物质(助剂)。挥发组分一般有苯、甲苯、松节油、醋酸乙酯、丙酮、乙醇等。涂料涂于物体表面后,挥发组分挥发离去,不挥发组分干结成膜。

涂料的品种很多,目前我国市场上销售的涂料已达数千种,它们的性能与用途各异,使用时应根据需要选择。

需要指出,胶粘剂和涂料中的不少组成物质,如一些固化剂、溶剂(苯、甲苯等)对环境和人体健康都有影响。操作时,应注意通风和安全防护。居室装修时,更要当心"花钱买污染"。

## 6.4.2  硅酸盐材料

硅酸盐是地壳的主要成分,硅酸盐工业产品种类很多,大量用于冶金、建筑等领域及日常生活。

### 6.4.2.1  陶瓷

陶瓷种类很多,广泛用于建筑、化工、电力、机械等工业及日常生活和装饰等方面。

把粘土、长石($K_2Al_2Si_6O_{16}$)和石英研成细粉,按适当比例配好,用水调和均匀,做成制品的坯型,干燥后入窑,在高温(1 200℃)下煅烧成素瓷。素瓷经上釉,再入窑加热到1 400℃左右,控制适当保温时间,就得到不透水、防沾污、不受酸碱作用而有光泽的传统陶瓷制品。其化学组成以氧化物为主。随着社会的发展和科技的进步,陶瓷被赋予新的涵义。新型特种陶瓷的化学组成已远远超出了硅酸盐的范围,除氧化物外,还有非自然界存在的氮化物、碳化物、硼化物等。

当前,在新材料的研究领域,特种陶瓷的成果引人瞩目,功能各异的新品种不断问世。如高温结构陶瓷、电子陶瓷、磁性陶瓷、光学陶瓷、超导陶瓷和生物陶瓷等。

（1）高温结构陶瓷。汽车发动机一般用铸铁铸造，耐热性能有一定限度，因此需要用冷却水冷却，热能损失严重，热效率只有 $30\%$ 左右。如果用高温结构陶瓷制造发动机，发动机的工作温度能稳定在 $1\,300℃$ 左右，由于燃料充分燃烧而又不用水冷系统，使热效率大幅度提高。用陶瓷材料制造的发动机，还可减轻汽车的质量，这对航天、航空事业更有吸引力，用高温陶瓷取代高温合金来制造飞机上的涡轮发动机其效果会更好。高温结构陶瓷除了氮化硅外，还有碳化硅、氧化锆、氧化铝等。

例如，用纯石英砂和焦碳在电炉内于 $2\,000\sim2\,200℃$ 高温下制得 $SiC$。碳化硅的特性是机械强度很大、耐磨性能极好、热膨胀系数低、导电导热性好，常用于制作耐热板、换热器元件、喷嘴等。

（2）生物陶瓷。人体器官的组成由于种种原因需要修复或再造时，选用的材料要求生物相容性好，对机体无免疫排异反应；血液相容性好，无溶血、凝血反应；不会引起代谢作用异常现象，对人体无毒。氧化铝陶瓷制成的假牙与天然牙齿十分接近，它还可以做各种人工关节。$ZrO_2$ 陶瓷的强度、断裂韧性和耐磨性比氧化铝好，也可用于制造牙根、骨和股关节等。

陶瓷材料最大的弱点是脆性大，韧性不足，这就严重影响了它的使用。陶瓷材料要在生物工程中占有地位，必须解决这个问题。

（3）金属陶瓷。金属陶瓷是由一种或多种陶瓷与金属或合金组合而成的一种复合材料。它兼有金属的高韧性和可塑性，以及陶瓷的耐高温、耐磨、抗氧化、抗腐蚀等优点。

金属陶瓷可按其基质陶瓷的种类分为：氧化物基质金属陶瓷（如 $Al_2O_3$、$ZrO_2$ 等）；碳化物金属陶瓷（如 $ZrC$、$B_4C$、$SiC$ 等）；硼化物金属陶瓷（如 $TiB_2$、$CrB_2$ 等）；氮化物金属陶瓷（如 $TiN$、$TaN$ 等）；硅化物金属陶瓷（如 $TiSi_2$、$WSi_2$ 等）。而与之复合的金属常有 $Co$、$Ni$、$Cr$、$Fe$、$Mo$、$Nb$ 等。

制造金属陶瓷一般是将精制的陶瓷粉末与金属粉末混合成型，烧结加工而成。

目前使用最广泛的金属陶瓷有 $Cr - Al_2O_3$ 系和 $WCr - Al_2O_3$ 系。用于制造汽轮机叶片、火箭喷嘴、熔炼铜的注入管、流量调节阀、热电偶保护管、炉腔等。

（4）光导纤维。自 20 世纪 70 年代以来，用光导纤维取代铜、铝金属导线进行光通讯的研究蓬勃发展，现已大规模使用。

从高纯度的二氧化硅或石英玻璃熔融体中，拉出直径约 $100\ \mu m$（比头发略粗）的细丝，可作为光导纤维。

光导纤维一般由两层组成，里面一层称内芯，直径在几十微米，折射率较高；外面一层称包层，折射率较低。从光导纤维一端入射的光线，经内芯反复折射而传到末端，由于两层折射率的不同，使进入内芯的光始终保持在内芯中传输。光的传输距离与光导纤维的光损耗大小有关，光损耗小，传输距离就长。为了减少光损耗，应尽可能制得高纯度、高均匀性和高透明度的光纤。因此光纤制作的关键在于材料的纯度。

在实际使用时，常把千百根光导纤维组合在一起并加以增强处理，制成光缆，这样既增强了光导纤维的强度，又增大了通讯容量。一根由 24 根光纤组成的光缆，可以传送相当于 6 000 条电话线路的信息，而且可以同时传送 7 万人次的通话。用光缆代替通讯电缆,每公里可节省铜 1.1 t、铅 2~3 t。光缆有质量轻、体积小、结构紧密、绝缘性能好、寿命长、输送距离长、保密性好、成本低等优点。光纤通讯与数字技术及计算机结合起来,可以用于传送电话、图像、数据,控制电子设备和智能终端等,起到部分取代通讯卫星的作用。

光损耗较大的光导纤维适于制作各种人体内窥镜,为诊断一些疾病提供了更直接的手段。

### 6.4.2.2 水泥

普通硅酸盐水泥的主要原料是石灰石和粘土。先把石灰石、粘土和其它辅助材料按一定的比率混合,磨细成生料,将生料装入回转窑里煅烧。

煅烧时,燃料从回转窑的底端喷入,原料从回转窑的高端流入。借原料本身的重力作用逐渐下移,经过预热带、煅烧带和烧结带(温度约 1 450℃)。原料在高温下,发生了复杂的物理、化学变化,成为部分熔化状态,冷却后成为硬块,这种物质叫做熟料,储存 7~21 天后加入 2%~6% 的石膏(调节水泥硬化速度),最后把熟料磨成细粉,即制成普通硅酸盐水泥。它的主要成分是硅酸三钙($3CaO \cdot SiO_2$)、硅酸二钙($2CaO \cdot SiO_2$)、铝酸三钙($3CaO \cdot Al_2O_3$),水泥实际上就是这三种成分的混合物。水泥的组成和结晶形态的不同直接影响到它的各种主要性能。水泥不论在空气中还是在水中都能硬化,所以,它也是水下工程必不可少的建筑材料。

为了改善水泥的性能,扩大水泥的使用范围,可在硅酸盐水泥熟料中掺入适当比率的混合材料,制成各种水泥。例如,矿渣硅酸盐水泥就是在硅酸盐水泥熟料里加入一定量的炼铁炉渣(主要成分为 $CaSiO_3$),制成矿渣水泥,变废为宝。

水泥、砂子和水的混合物叫做水泥砂浆,在建筑上用作粘合剂,能把砖、石等粘结起来。水泥、砂子、碎石和水按一定比例混合后叫做混凝土,常用它来建筑桥梁、厂房等巨大建筑物。水泥的热膨胀系数几乎跟铁一样,所以用混凝土建造建筑物常用钢筋作骨架,使建筑物更加坚固,这种复合材料叫做钢筋混凝土。

### 6.4.2.3 玻璃

制造普通玻璃的主要原料是纯碱($Na_2CO_3$)、石灰石($CaCO_3$)和石英砂($SiO_2$),有些特种玻璃原料中还包含氧化铅($PbO$)和硼砂($Na_2B_4O_7 \cdot 10H_2O$)。生产玻璃时,把原料粉碎,按适当配比混合以后,放入玻璃熔炉里加强热。原料熔融后发生了比较复杂的物理、化学变化,其中主要反应是二氧化硅跟碳酸钠和碳酸钙起反应生成硅酸盐和二氧化碳:

$$Na_2CO_3 + SiO_2 \xrightarrow{\text{高温}} Na_2SiO_3 + CO_2 \uparrow$$

$$CaCO_3 + SiO_2 \xrightarrow{\text{高温}} CaSiO_3 + CO_2 \uparrow$$

在原料里,石英的用量是较多的。所以,普通玻璃是 $Na_2SiO_3$、$CaSiO_3$ 和 $SiO_2$ 熔化在一起所得到的物质。这种物质不是晶体,称作玻璃态物质,它没有一定的熔点,而是在某一定温度范围内逐渐软化。在软化状态时,玻璃可以制成任何形状的制品。

若改变原料的成分,可制得多种不同性能、不同用途的玻璃,见表 6-11。

表 6 - 11　几种常见的玻璃

| 名　称 | 主要原料 | 组　成 | 用　途 |
|---|---|---|---|
| 钠玻璃 | $SiO_2$，$CaCO_3$，$Na_2CO_3$ | $Na_2O \cdot CaO \cdot 6SiO_2$ | 窗玻璃、日用品 |
| 钾玻璃 | $SiO_2$，$CaCO_3$，$K_2CO_3$ | $K_2O \cdot CaO \cdot 6SiO_2$ | 化学仪器 |
| 铅玻璃 | $SiO_2$，$K_2CO_3$，PbO | $K_2O \cdot PbO \cdot 6SiO_2$ | 光学仪器 |

在熔制时若加入金属氧化物,可制成各种颜色的玻璃。例如,加氧化钴呈蓝色;加氧化亚铜呈红色。普通玻璃常带浅绿色,这是因为原料中混有二价铁的化合物。

把普通玻璃放入电炉里加热,使它软化,然后急速冷却,就得到钢化玻璃。钢化玻璃的机械强度比普通玻璃大 4～6 倍,用来制造汽车或火车的车窗等,不易破碎。破碎时碎块没有尖锐的棱角,不易伤人。

玻璃还可以制成纤维,织成玻璃布或制成玻璃棉。它们的强度很高,电绝缘性和耐热性良好,可制造高强度绳索以及用作隔音、隔热和电绝缘材料。将玻璃纤维与合成树脂配合,可制得新型结构材料——玻璃钢,其强度不亚于钢,但质量仅为钢的 2/3～3/4,广泛用于汽车、航空、造船和建筑行业。

### 6.4.3　复合材料简介

材料是人类社会进步的物质基础与先导。科学技术的发展必然同时要求具有高性能的新材料与之相适应。然而在自然界中作为单一材质的材料在具有某些方面优势的同时,总存在着其他方面的缺陷,例如金属不耐腐蚀,有机高分子材料不耐高温,陶瓷材料韧性不足,等等。**复合材料就是由两种或两种以上物理、化学性质不同的物质,经人工组合而得到的性能优良的多材质材料**。实际上复合材料古代就有,现代更是随处可见。我们祖先 7 000 多年前盖房子时已会用稻草拌泥做土坯;令人瞩目的我国漆器在 4 000 多年前的夏商时就已出现了。近代的橡胶轮胎、玻璃钢、磁带、钢筋水泥、书籍的塑纸封面、洗衣机的塑钢等,都属于复合材料。复合材料研究的深度、应用的广度及其发展的速度和规模,已成为衡量一个国家科学技术先进水平的重要标志之一。

目前,采用纤维增强是制造复合材料最广泛且效果最好的办法。例如将玻璃纤维或碳纤维及其织物用熔铸、浸渍、层压等方法嵌入树脂基体中,也可采用熔铸、轧制等方法把硼纤维、高强度钢丝、晶体等嵌入铝、镁、钛合金以及陶瓷中。复合材料的综合性能主要取决于所用纤维和基体固有的特征。

组成复合材料的原材料种类繁多,但总体而言可分成基体材料和增强材料两大部分,例如常见的钢筋混凝土,水泥和黄沙是基体材料,而钢筋、石子是增强材料。

复合材料按基体分类可分为树脂基复合材料、金属基复合材料和陶瓷基复合材料。下面简要介绍几种。

#### 6.4.3.1　纤维增强树脂基复合材料

(1)玻璃钢。这是由玻璃纤维与聚酯类树脂(如尼龙、环氧树脂、酚醛树脂和有机硅树脂等)复合而成的材料。玻璃本来是易碎的脆性材料,但如果将其熔化并以极快的速度拉成细丝,就可得到异常柔软而且强度比天然纤维或化学纤维高出 5～30 倍的玻璃纤维。将这种纤维加到树脂中就成为玻璃钢。玻璃钢具有强度高、质量轻、耐腐蚀、抗冲击、绝缘性好等特点,广泛用于飞机、汽车、船舶制造和建筑、家具等行业。

(2) 碳纤维增强树脂基复合材料。将聚丙烯腈在 200～300℃ 的高温下加热固化,然后在高温的惰性气体中碳化,即可得到强度很高的碳纤维。

碳纤维增强树脂基复合材料可根据使用温度的不同选择不同的树脂基体(如环氧树脂的使用温度为 150～200℃,聚酰亚胺在 300℃ 以上)。这类热固性树脂的碳纤维复合材料相对密度小、机械强度高、耐热性能特别好,在机械工业中用来制造轴承、齿轮和刹车片等;体育器材如羽毛球拍、网球拍、高尔夫球杆、滑雪杖、滑雪板、撑杆和钓鱼竿等都可采用碳纤维增强塑料来做。

### 6.4.3.2　纤维增强金属基复合材料

金属基复合材料一般都是在高温下成型,因此要求作为增强材料的纤维必须有良好的耐热性,如硼纤维、碳纤维、碳化硅纤维等都可使用。基体金属多为 Al、Mg、Ti 及某些合金。碳纤维增强铝具有耐高温、耐热疲劳、耐紫外光和耐潮湿等性能,适用于航空航天领域作飞机的结构材料。碳纤维增强铝比铝轻 10%,而刚性高 1 倍,具有更好的化学稳定性、耐热性和高温抗氧化性,主要用于汽车和飞机制造业。

### 6.4.3.3　纤维增强陶瓷基复合材料

基体陶瓷大体有 $Al_2O_3$、$MgO \cdot Al_2O_3$、$SiO_2$、$SiC$ 等。增强材料有碳纤维、碳化硅纤维等。纤维增强陶瓷可以增强陶瓷的韧性,用它做成的陶瓷瓦片粘贴在航天飞机机身上,可使航天飞机安全地穿越大气层。

**知识拓展**

#### 纳米材料和纳米技术

纳米技术是研究长度在 1～100 nm 间的物质组成体系的运动规律及其在各领域的应用的技术,属高新科技范畴。

由于 1 nm＝$10^{-9}$ m,所以,纳米微粒是介于原子、分子和宏观粒子之间的“纳米世界”。人们可以在不改变其化学组成的条件下来控制材料的物理性质,如硬度、熔点、磁性、颜色等。人们可以按照自己的意愿,设计并合成具有特殊性能的新材料。例如,把半导体硅制成了“纳米硅”,就成了良导体;把氧化锆制成纳米陶瓷,其强度和韧性大大增加,硬度和塑性也有所改善,可在室温下任意弯曲,加之它不生锈,又耐磨,比一般金属材料也优越得多。纳米材料已广泛应用于电子、医药、化工、航天、军工等众多领域。

当然,制备纳米材料,如纳米陶瓷,首先要研制出纳米尺寸的粉体,而用机械研磨的方法是不能得到的。目前,已有用蒸发再凝聚的物理法、气相或液相反应的化学法来制备。

目前,市面上充斥着打着“纳米材料”、“纳米技术”的涉及吃、穿、用的“新产品”,是否与“纳米”沾边,是否有优异性能,性价比如何? 你可得先考量一番。

### 6.4.4 材料的循环和回收

存在于地壳、海洋和大气中的自然资源包括各种矿物、石油、煤、绿色植物等,经开采(或采集)、加工后,获得各种原材料。常见的原油、原煤、生胶、虫胶、原木就是原材料。它们经提炼加工,如炼油、选煤、炼铁后就成为基础材料。各种基础材料经加工之后,可获得符合要求的工程材料,例如由金属制成合金,由粗金属精炼成为纯金属,由纤维织成布,由陶土制成陶瓷制品,由合成树脂制成塑料等。工程材料被制造成符合要求的零件或部件,制成人们需要的工业品,如机车、设备、衣物、用具、电器等,这是商品社会最常见的东西,满足了人们对物质文化生活的各方面要求。当这些工业品由于种种原因不能使用时,就成了废物而被抛弃。但这些废物并非完全没有用处,有的部分可以拆卸下来用作为基础材料。例如可以从旧喷丝设备上得金喷头,从旧电话交换机上拆得大量的银触点,从旧热交换器上拆得铜管,从旧飞机上获得大量的钛合金、铝合金等。废钢铁也可作为基础材料使用。确实难以回收、利用的废物经处理后,又返回大自然,这样就构成了材料的循环。

## 思考与练习

**1.** 填空题。

(1) 常用非金属材料包括_____ 和_____。

(2) 铜、锌、铁等金属和水泥属于_____材料;黄铜(铜锌合金)、不锈钢、混凝土属于_____材料;它们的产品(各举 1～2 例)依次是_____、_____、_____。

(3) 硅酸盐材料可分为_____、_____、_____三类,它们属于_____非金属材料。

(4) _____材料,如_____既耐高温,又耐氧化腐蚀,既轻又硬,主要用于汽车和飞机制造业。

**2.** 选择题。

(1) 下列关于橡胶的正确叙述是(    )。

A. 天然橡胶的主要成分是二烯烃

B. 合成橡胶是以天然气、石油为主要原料,经烯烃、二烯烃聚合而成的有机高分子材料

C. 橡胶制品必须经过硫化处理,即在高温下加入硫化物

D. 天然橡胶的性能一般优于合成橡胶

(2) 常用塑料中,综合性能最优良的是(    )。

A. ABS                          B. 聚氯乙烯(PVC)

C. 聚苯乙烯(PS)                 D. 聚四氟乙烯(PTFE)

(3) 下列关于光导纤维的叙述中,错误的是(    )。

A. 光导纤维是从高纯度 $SiO_2$ 熔融体中拉出如头发的细丝

B. 光缆是由千百根光导纤维并在一起经增强处理而成的

C. 用光缆代替通讯电缆既省材料(如 Cu、Pb),又增大容量、节约成本

D. 光导纤维属于合成纤维

# 本 章 小 结

1. 元素自然资源的分类

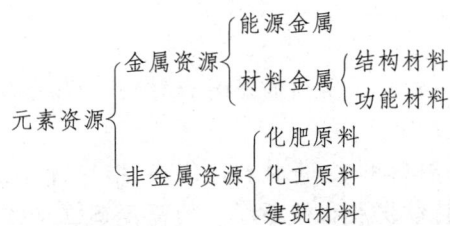

材料是指人类能用来制作物件的物质。从化学角度看,物质由元素组成,没有某些元素资源就没有某些物质,当然也就不能制造出某些材料,可见元素资源的重要性。通过本节学习,从元素的角度,对地球、对我国的"家底"及其重要性有进一步认识。确立保护、合理使用资源的理念。

2. 常见的几种金属及其用途

(1) 金属通论

① 金属键的概念。金属中有金属阳离子和自由电子相互作用形成的化学键。

② 金属的分类。黑色金属和有色金属;轻金属和重金属。

③ 金属的性质。金属单质具有还原性,即失去电子被氧化,要熟练运用金属活动顺序的原则和规律(见表 6-6)。

(2) 铁、铝、铜、铬、锰、钛的性质与用途。

(3) 合金的概念及合金的共性。

3. 金属的腐蚀与防护

(1) 金属的腐蚀

金属腐蚀的本质是金属单质失去电子被氧化的过程。

① 化学腐蚀。单纯由化学反应而引起的腐蚀。

② 电化学腐蚀。以钢铁材料为实例讨论金属的电化学腐蚀原理,并认识金属腐蚀的危害性和防止腐蚀的重要性。

(2) 防止腐蚀的方法

隔离法、化学处理法、电化学保护法、缓蚀剂法,改变其组成、结构使金属或合金具有防腐蚀的优良性能。

4. 常用非金属材料

本章主要介绍合成有机高分子材料、硅酸盐材料和复合材料。

(1) 合成有机高分子材料

① 塑料。由线型高分子制成的是热塑性塑料,由体型高分子制成的是热固性塑料。

② 合成纤维。合成纤维是由线型高分子加工制成的,有良好的强度、弹性、耐磨性。

③ 合成橡胶。人工合成的具有高弹性的高分子材料,通常要经过硫化,成为网状的高分子结构才有良好的弹性、硬度和耐磨性,才有使用价值。

（2）硅酸盐材料

了解陶瓷、水泥、玻璃的制备与用途，它们都属于传统的无机非金属材料。

（3）新型非金属材料

了解新型陶瓷（如生物陶瓷、金属陶瓷、纳米陶瓷），新型玻璃（钢化玻璃、节能玻璃、玻璃棉等）。

（4）复合材料

复合材料的概念和重要性。了解树脂基复合材料、金属基复合材料、陶瓷基复合材料的概念和重要性。

学习本章时，应围绕材料的用途，将材料的组成、结构、性能、用途有机地联系起来，以利学以致用；同时，要从可持续发展和循环经济的高度确立必须循环回收、处理废旧材料的意识，以利于保护资源和环境。

 目 标 检 测

**1.** 选择题。

（1）下列离子中，加入适量 NaOH 溶液最初生成沉淀，而加入过量 NaOH 溶液后，沉淀又溶解的是（　　）。

  A. $Na^+$         B. $Mg^{2+}$         C. $Al^{3+}$         D. $K^+$

（2）下列微粒氧化性最强的是（　　）。

  A. $Cu^{2+}$         B. $Fe^{2+}$         C. $Al^{3+}$         D. $Na^+$

（3）用于飞机制造业的重要材料是（　　）。

  A. Mg－Al 合金             B. Cu－Zn 合金

  C. Al－Si 合金             D. 不锈钢

（4）铝属于（　　）。

  A. 黑色金属       B. 贵金属       C. 轻金属       D. 重金属

（5）下列关于铝的性质错误的叙述是（　　）。

  A. 可溶于冷的稀硫酸中

  B. 可溶于 NaOH 溶液中并有 $H_2$ 产生

  C. 可溶于冷的浓硫酸中

  D. 可溶于冷的浓硝酸中

（6）在常温下，可用铁制容器储存的是（　　）。

  A. 浓盐酸             B. 浓硫酸

  C. 稀硝酸             D. 硫酸铜溶液

（7）向下列反应生成物的溶液中滴入 KSCN 溶液，不会出现血红色的是（　　）。

  A. $Fe+Cl_2$             B. $FeSO_4＋O_2＋H_2SO_4$

  C. Fe（过量）＋$HNO_3$（稀）     D. $FeCl_2＋Cl_2$

（8）下列溶液有时呈黄色，其中由于久置被氧化变色的是（　　）。

  A. 浓硝酸     B. 硫酸亚铁     C. 高锰酸钾     D. 工业盐酸

(9) 在钢铁的吸氧腐蚀中正极发生的反应主要是( )。

A. $4OH^- - 4e^- = 2H_2O + O_2 \uparrow$ 　　　　B. $2H_2O + O_2 + 4e^- = 4OH^-$

C. $2H^+ + 2e^- = H_2$ 　　　　D. $Fe - 2e^- = Fe^{2+}$

**2.** 填空。

(1) 在常温下,可用铁制容器储存的强酸是＿＿＿＿＿＿＿＿＿＿＿＿＿＿＿＿＿。

(2) 常温下铁＿＿＿＿＿跟水起反应;＿＿＿＿＿铁跟水蒸气反应,反应的化学方程式为

＿＿＿＿＿＿＿＿＿＿＿＿＿。

(3) 某化工厂为了消除所排出的废气 $Cl_2$ 对环境的污染,将含 $Cl_2$ 的废气通过含铁粉的 $FeCl_2$ 溶液中即可有效地除去 $Cl_2$,这一处理过程可用化学方程式表示为＿＿＿＿＿＿＿

＿＿＿＿＿＿。处理过程中消耗的原料是＿＿＿＿＿(填 Fe 粉或 $FeCl_2$)。

**3.** 氯气跟铁起反应能生成氯化铁。问用 260 kg 的氯气(设氯气的利用率 96%)跟足量的废铁屑起反应,能生成多少千克浓度为 42% 的氯化铁溶液?

**4.** 100 t 含 $Fe_2O_3$ 85% 的铁矿石可炼出含铁 96% 的生铁多少吨?

**5.** 分别写出铝跟氢氧化钠、稀硫酸起反应的化学方程式,然后再把这两个化学方程式改写成离子方程式。

**6.** 写出钠、镁、铝分别跟足量的稀盐酸起反应的离子方程式,并计算:

(1) 当金属各为 1 g 时,哪个反应放出的氢气多?

(2) 当金属各为 0.1 mol 时,哪个反应放出的氢气多?

**7.** 试用化学方程式表示下列各步反应:

$Al \longrightarrow Al_2O_3 \longrightarrow AlCl_3 \longrightarrow Al(OH)_3 \longrightarrow NaAlO_2$

**8.** 什么是铝热剂? 若需产生 2.8 kg 熔铁,至少需要铝粉和 $Fe_3O_4$ 各多少千克?

**9.** 写出下列变化的化学方程式:

$$FeCl_2 \xrightarrow{(5)} Fe(OH)_2 \xrightarrow{(6)} Fe(OH)_3$$

$$Fe \underset{(2)}{\overset{(1)}{\rightrightarrows}} \quad (3)\|(4)$$

$$FeCl_3 \xrightarrow{(7)} Fe(OH)_3 \xrightarrow{(8)} Fe_2O_3 \xrightarrow{(9)} Fe$$

**10.** 什么是金属腐蚀? 化学腐蚀与电化学腐蚀有什么不同?

**11.** 解释下列事实:

(1) 在稀酸中,含有杂质(铁或铜)的锌会比纯锌溶解得快。

(2) 钢材在潮湿空气中要比在干燥条件下易受腐蚀。

(3) 为求美观在钢铁设备上铆接铜质螺帽或螺栓的方法不可取。

(4) 镀层破损后,镀锌铁皮比镀锡铁皮耐腐蚀。

**12.** 在下列空格中填入尽可能多的正确答案:

(1) ＿＿＿＿＿＿＿＿＿＿＿＿是轻金属;＿＿＿＿＿＿＿＿＿＿＿＿是重金属。

(2) ＿＿＿＿＿＿＿＿＿＿＿是低熔点金属;＿＿＿＿＿＿＿＿＿＿＿＿是高熔点金属。

（3）金属_____的硬度最大；金属_____的导电、导热性能优良。

（4）金属_____不溶于浓硫酸,却溶于稀硫酸和盐酸。

（5）金属_____具有铁磁性。

（6）_____可作为保护铁的镀层金属。

**13.** 烧过菜的铁锅未洗净（残液中含 $NaCl$）,第二天出现红棕色锈斑（该锈斑为 $Fe(OH)_3$ 失水的产物）。试写出有关的电极反应式。

**14.** 观察铜质水龙头接口处的铁管是否比别处锈蚀得快？解释原因。

**15.** 写出下列各步反应的化学方程式:

$$Cu \longrightarrow CuO \longrightarrow CuSO_4 \longrightarrow Cu(OH)_2$$

**16.** 怎样把溶液中的 $Fe^{3+}$ 转化为 $Fe^{2+}$,又怎样把 $Fe^{2+}$ 转化为 $Fe^{3+}$？举例说明,写出反应方程式。

**17.** 什么是热塑性塑料？什么是热固性塑料？举例说明。

**18.** 怎样用化学方法来除去:

（1）铜粉中混有的铁粉;

（2）$FeCl_2$ 中混有的 $CuCl_2$;

（3）$FeCl_2$ 中混有的 $FeCl_3$。

**19.** 高分子化合物有哪些显著特征？举两例说明。

**20.** 什么是塑料？它与合成树脂的概念有何区别？

**21.** 试写出丁苯橡胶、氯丁橡胶的简单用途。

**22.** 人造纤维与合成纤维有何区别？

# 第7章 环境与化学

**学习目标**

1. 理解环境、环境污染、环境保护的概念,明确人类面临的主要环境问题。
2. 理解水污染的概念,了解水污染的危害及防治方法。
3. 理解空气污染的概念,了解空气污染的危害及防治方法。
4. 理解土壤污染的概念,了解土壤污染的净化与防治方法。

环境是当前世界各国共同关心的问题。保护环境就是保护人类赖以生存的物质基础。化学与环境有着直接的、密切的关系,在造成环境污染的各种因素中,大多数是由化学污染物造成的。但是我们也应该看到,很多环境问题的解决,还需要依靠化学的知识和方法。本章将介绍当今世界面临的主要环境问题,某些化学污染物对环境的污染及防治知识。

## 7.1 环境与化学概述

### 7.1.1 人与环境

环境是指影响人类生存和发展的各种天然的和经过人工改造的自然因素的总体,包括大气、水、海洋、土地、矿藏、森林、草原、野生生物、自然遗迹、人文遗迹、自然保护区、风景名胜区、城市和乡村等。也就是说,环境是作用于人类的所有外界事物,是人类赖以生存的条件。

环境有自然环境和社会环境之分。自然环境,一般是指围绕我们周围的各种自然因素,如空气、水、土壤、植物、动物等,它是人类赖以生存的物质基础。在环境科学中,通常把这些自然环境要素形象地描绘为大气圈、水圈、岩石圈(土圈)与生物圈,这些环境诸要素间相互制约,相互影响,处于一种动态平衡中。社会环境是指人类通过生产劳动建造的人为环境,如城市、农村、工矿区等。

人与环境是相互依存、相互影响、对立统一的关系。自然环境是人类赖以生存的物质基础,控制并影响着人的生命,同时,又是人类改造和利用的对象。人类对环境的改造能力越是强大,环境对人类的反作用亦越大。人类社会发展至今,人们改造自然的能力不断提高,人类要特别重视环境保护,让人类与环境处于相互适应、相互协调的平衡关系之中。这是人类社会可持续发展,建立循环经济的基础。

### 7.1.2 环境污染及其危害

#### 7.1.2.1 环境污染

由于人为的或自然的因素,使环境中本来的组成成分或状态及环境质量发生变化,破坏生态系统与人们的正常生活条件,对人体健康产生直接或间接甚至潜在的危害,称为环境污染。而把引起环境污染或导致环境破坏的物质称为污染物;把向环境排放污染物或对环境产生有害影响的场所、设备或装置等称为污染源。环境污染有自然因素和人为因素。我们所讲的环境污染主要是指人为因素造成的。

#### 7.1.2.2 环境污染的危害

环境污染的危害是多方面的。严重的环境污染会破坏生态平衡,危害人类健康和生存,影响动植物的生长,甚至改变地球的气候。

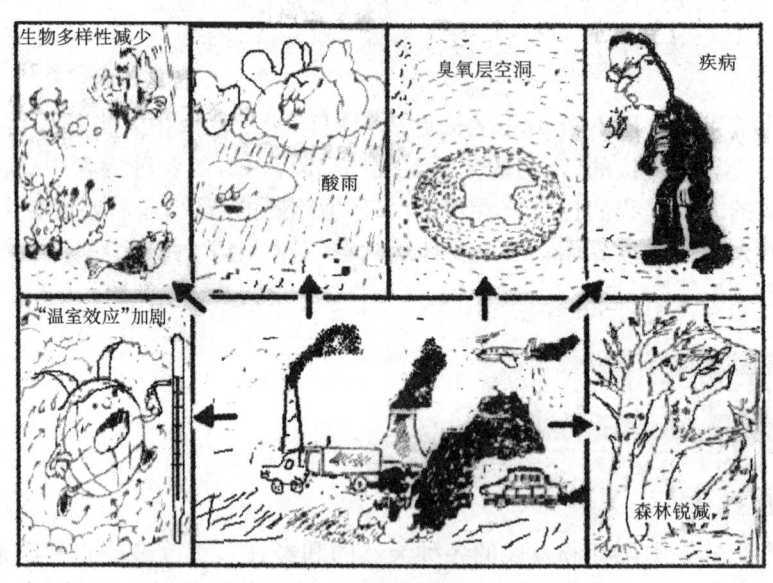

图 7-1　环境污染的危害

### 7.1.3 人类面临的主要环境问题

当前,人类面临着一系列重大而又紧迫的全球性环境问题。其中,"温室效应"的加剧、酸雨的形成、臭氧层的破坏、生物多样性的减少、水污染等都是人们最为关注的重大环境问题,现简介如下。

#### 7.1.3.1 "温室效应"的加剧

大气层中的某些组分,能使太阳的短波辐射透过,加热地面,而地面升温后所放出的热辐射,却被这些组分吸收,使大气增温,这种现象称为"温室效应"。这些能使地球大气增温的气体,称为"温室气体",主要的温室气体有 $CO_2$、$CH_4$、氟氯烃等,其中 $CO_2$ 是最主要的温室气体。

"温室效应"的加剧将导致全球变暖、冰雪融化、海平面上升,对气候、生态环境及人类健康等多方面都带来严重影响。"全球气温再上升 2℃,上海将被淹没!"这是英国环保记者于 2007 年 3 月 16 日在广州提出的。

为减缓"温室效应"的加剧,可以采取以下措施:节约能源、减少矿物燃料的使用量;开发新能源;大力植树造林,严禁乱砍乱伐森林;特别是有效地控制人口增长。

### 7.1.3.2 酸雨的形成

正常雨水偏酸性,pH 约 6~7,水的微弱酸性可使土壤的养分溶解,供生物吸收,对人类环境有利。

酸雨也称酸沉降,是指 pH 小于 5.6 的雨、雪、霜、雹等大气降水,是大气污染现象之一。酸雨的形成主要由废气中的 $SO_2$、$NO$、$NO_2$ 等造成的。

酸雨对环境有多方面的危害:使水域和土壤酸化,损害农作物和林木生长,危害渔业生产;腐蚀建筑物、工厂设备和文化古迹,也危害人类健康。

控制酸雨污染的主要途径有:对原煤进行洗选加工,减少煤炭中的硫含量;优先开发和使用各种低硫燃料;改进燃烧技术,采用烟气脱硫装置等。

**图 7-2 酸雨破坏植物**

### 7.1.3.3 臭氧层受到破坏

地球周围的大气,按其高度不同,自下而上可分为对流层、平流层、中间层、热成层和散逸层五层。

在靠近地面的对流层中臭氧极少,体积分数约为 $2.5×10^{-8}$。在高层的对流层中(高度范围约离地面 15~24 km),有一层臭氧层,它能吸收波长在 220~330 nm 范围内的紫外光,从而防止这种高能紫外线对地球生物的伤害。因此被誉为地球的"保护伞"。近年来不断测量的结果已证实臭氧层已经开始变薄,并在两极开始出现"臭氧空洞",而且还有不断扩大的趋势。

科学家认为,臭氧减少是由于人类的某些活动向大气中排放氟氯烃和氮氧化物等引起的。臭氧层中臭氧含量减少,将使到达地面的紫外线辐射大量增加,紫外线对生物具有破坏性,对人的皮肤、眼睛,甚至免疫系统都会造成伤害,研究表明臭氧层中的臭氧浓度减少 1%,紫外线辐射量就会增加 2%,皮肤癌的发病率将增加 3%。强烈的紫外线还会影响鱼虾类和其他水生生物的正常生存,甚至造成某些生物灭绝。

为了保护臭氧层,人类共同采取了"补天"行动。1987 年 9 月世界上部分国家在加拿大的蒙特利尔会议上签署了《蒙特利尔保护臭氧层议定书》。1995 年 1 月 23 日,联合国大会通过决议,确定每年的 9 月 16 日为"国际保护臭氧层日"。我国也是蒙特利尔议定书的签字国之一。

### 7.1.3.4 生物多样性的减少

人类的生存离不开其他生物。生物多样性是一个地区内基因、物种和生态系统多样性的总和,具有难以估量的潜在价值。但近几十年来,生物多样性却以惊人的速度减少,大量的动植物濒临灭绝的地步。我国约有 4 600 多种高等植物和 400 种野生动物处于濒危或受威胁状态。

当前大量物种濒临灭绝和生物多样性不断减少的主要原因是:大面积毁林垦荒、乱砍乱伐;盲目围湖造田、过度捕猎狩猎;外来物种入侵、无控制的旅游;滥用农药化肥、栖息地受污染等。

为了保护生物的多样性,1992 年,联合国环境与发展大会通过了《生物多样性公约》,确定每年的 12 月 29 日为世界生物多样性纪念日。

### 7.1.4  可持续发展与环境

1987 年,世界环境与发展委员会提出,可持续发展是指"既满足当代人需求,又不对后代人满足其需求能力构成危害的发展"。其中有两方面的内涵:一是人类要发展,二是发展要有限度,不能危及后代的发展。

实现可持续发展的战略已成为世界许多国家指导经济发展的总体战略,即经济的发展必须和人口、环境、资源统筹考虑。

对于中国的可持续发展道路,很多人的观点是,第一应保证满足全体人民的基本需求;第二是尽快建立资源节约型的国民经济体系,合理保护资源,倡导循环经济,维持生态平衡和可持续发展能力。第三是实现社会、政治、经济等多方面的转变,建立科学、和谐的持续发展机制。具体政策包括:建立市场经济下的环境保护政策;加强全民环境教育;大力开展植树造林,改善生态环境;采用无污染或低污染工艺技术;治理城市环境、推广生态农业;有效控制人口过快的增长等等。

### 7.1.5  我国的环境保护

#### 7.1.5.1  环境保护的概念

所谓环境保护就是采取行政的、法律的、经济的、科学技术的多方面措施,合理利用资源,防止环境污染,保持生态系统平衡,保障人类社会健康地发展,使环境更好地适应人类的劳动和生活以及自然界生物的生存。

联合国于 1972 年 6 月在瑞典首都斯德哥尔摩举行了第一次人类环境会议,提出了"只有一个地球"的伟大口号,通过了《人类环境宣言》,确定了 6 月 5 日为"世界环境日"。

#### 7.1.5.2  我国环境保护的方针

1973 年 8 月 5 日在北京召开了第一次全国环境保护会议,通过了《关于保护和改善环境的若干规定》,确定了"全面规划,合理布局,综合利用,化害为利,依靠群众,大家动手,保护环境,造福人民"的环境保护 32 字方针。

目前国家有关部门正研究制订一项新的环保制度——生产者延伸责任制度,该制度是传统的污染者付费原则的深化和延伸,将要求生产者对产品废弃后的环境管理承担部分或全部责任。

"十一五"时期我国环境保护的主要目标是:到 2010 年,在保持国民经济平稳较快增长的同时,使重点地区和城市的环境质量得到改善,生态环境恶化趋势基本遏制。单位国内生产总值能源消耗比"十五"期末降低20％左右；主要污染物排放总量减少10％；森林覆盖率由18.2％提高到20％。

**综合利用示范工程——南阳酒精厂利用酒糟制甲烷情况简介**

河南省南阳酒精厂生产酒精的原料是农产品，其废渣是高浓度的有机废水。该厂利用生产酒精的废渣生产沼气，建造了两个容积为5 000 m³的发酵装置，采用目前世界上最先进的生物能搅拌技术，整个搅拌系统没有安装任何机械设备，每天生产沼气45 000 m³。除供应石油化工厂作原料气外，还供应两万多户城市居民生活用气，使居民用上了干净、卫生、方便的城市燃气。

该项目很好地解决了工业废渣排放的环境污染问题，变废为宝，开发能源，治理污染，保护环境，增加企业收入，方便居民生活，具有良好的经济效益与社会效益。经消化后的槽液是优质的有机肥料，直接用于农田灌溉，提高农作物产量，构成生态农业和生态工业的良性循环，是符合我国国情的、技术相当成熟的节能项目。

**思考与练习**

**1.** 填空题。

（1）目前，人类面临的主要环境问题有_____、_____、_____、_____和_____等。

（2）酸雨是指 pH 小于_____的雨、雪、霜、雹等大气降水，是大气污染的现象之一。

（3）科学家认为，臭氧的减少是由于人类向大气中排放_____和_____等引起的。

（4）每年的_____月_____日为世界环境日。

（5）每年的_____月_____日为国际保护臭氧层日。

（6）每年的_____月_____日为世界生物多样性纪念日。

**2.** 简答题。

（1）什么是环境？什么是环境污染？什么是环境保护？

（2）可持续发展的含义是什么？

## 7.2 水污染与防治

水是一种极其宝贵的自然资源，是地球上一切生命赖以生存的物质基础。人体平均含水65％（质量分数），人体血液中含有80％（质量分数）的水分。可以说，水是生命的乳汁,没有水就没有生命。

据统计,地球上约有 $1.41 \times 10^9$ m³ 的水,主要分布于海洋、冰川、地面、地下及大气之中。但是人类的各种用水,基本上都是淡水,而可供人类利用的淡水不到地球总水量的 1%。随着工农业生产的迅速发展和人口的增加,一方面用水量迅速增加,另一方面未经处理的废水、废物排入水体造成污染,使得可用水量减少,人类面临水源危机。这严重威胁世界经济的发展和人类生存。

### 7.2.1 水污染与污染现状

#### 7.2.1.1 水污染

(1) 水污染的概念。所谓水污染是指由于人类活动排放污染物,使水和水体的物理、化学性质或生物群落组成发生变化,从而降低了水体使用价值的现象。

水具有净化污染物的能力,叫自净作用,即污染物在水中自然的降低浓度的现象。河流中的水在流动中,可将污染物稀释,使之扩散,这是物理净化过程;污染物在水中发生氧化、还原或分解等化学过程,称为化学净化;水中微生物对有机污染物的氧化、还原或分解的过程则是生物净化作用。当污染物排到水中的量太大,超过了水的自净化能力时,水就会受到污染。

(2) 水污染源。水污染物的来源大体有三个方面:

① 工业污染源:工业废水是水污染物的主要来源,排放量大,含污染物多,成分复杂,处理难度大。

② 生活污染源:主要是各种洗涤水,含磷和大量有机物。

③ 农业污染源:流经农田的雨水和灌溉排水,常含有大量的农药和化肥。

(3) 水污染的途径。水污染的主要途径有:工业废水、城市生活污水不经处理直接排放;农业上喷洒农药,施用化肥,被雨水冲洗流入水中;工业废渣、生活垃圾直接倒入水中;工业生产排放的烟尘废气直接降落或被雨水淋洗流入水中。

#### 7.2.1.2 水污染物及危害简介

水污染物种类繁多,依据污染物质所造成的环境问题,主要有以下几种类型:

(1) 无机有毒物质。主要指汞、镉、铅等重金属和砷的化合物,以及氰化物、亚硝酸盐等。重金属在工业、矿山生产过程中随废水排出,进入水体后,不能被微生物降解,经食物链的富集,最终进入人体。在人体内积蓄,引起慢性中毒。在生物体内的某些重金属又可被微生物转化为毒性更大的有机化合物。

(2) 有机有毒物质。主要包括有机氯农药、多环芳烃、二噁英、染料等。它们在水中的含量虽不高,但因在水中残留时间长,有积蓄性,可造成人体慢性中毒、致癌、致畸等生理危害。

(3) 无机无毒物质。包括酸、碱、盐等,它们主要来自冶金、化学纤维、造纸、印染、炼油、农药等工业废水及酸雨。水体的 pH 小于 6.5 或大于 8.5 时,都会使水生生物受到不良影响,严重时造成鱼虾绝迹。水体含盐量增高,会影响工农业及生活用水的水质,用其灌溉农田会使土地盐碱化。

(4) 有机无毒物质。指污水中的有机氮、有机磷、碳水化合物、蛋白质、油脂等物质。

它们来自城市生活污水及食品、造纸、印刷等工业废水,它们本身无毒,但在分解时需消耗水中的溶解氧,故称为需氧有机物。水体中过量的氮、磷成为水中微生物和藻类的营养,使得蓝绿藻和红藻迅速生长,它们的繁殖、生长、腐败,引起水中氧气大量减少,导致鱼虾等水生生物死亡,使水质恶化。这种由于水体中植物营养物质过多蓄积而引起的污染,叫做水体的"富营养化"。这种现象在海湾出现叫做"赤潮"。

此外,对水体造成污染的其他污染物质还有病原体污染、放射性污染、悬浮固体物污染、热污染等。

### 7.2.1.3　我国水污染现状

水是一种宝贵的自然资源,我国淡水总量虽居世界第六位,但人均占有量仅排在第121位,水资源的分布和蓄水能力都有很大的缺陷,而水污染更影响了工农业生产和人民生活的改善。

近年来,我国水污染事故频繁发生,从2001年到2004年就发生水污染事故3 988件。2005年11月,吉林石化公司双苯厂发生爆炸,造成松花江部分江段严重污染。2005年12月,广东一企业超标排放含镉废水,导致下游10万人无法饮用北江水。

据有关部门对全国13.46万千米河流和322座水库进行的水质评价,近40%的河水受到了严重污染。全国七大水系412个监测断面中,劣 V 类的水占27.9%,即近1/3用于农业灌溉的水都不合格,90%城市的地下水已经被污染。在部分地区和流域,水污染已经明显呈现出从支流向干流延伸、从城市向农村蔓延、从地表向地下渗透、从陆地向海洋发展的趋势。

## 7.2.2　水污染的综合防治

城市污水和工业废水成分复杂,水量浩大,处理难度大,费用高,必须采取综合防治措施。

水体污染综合防治包括人工处理和自然净化相结合、无害化处理和综合利用相结合,以及推行工业闭路循环用水和区域循环用水系统,发展无废水生产工艺等。一般采用以下的技术途径和措施:减少废水和污染物排放量;发展区域性水污染防治系统;综合考虑水资源规划、水体用途、经济投资和自然净化能力,选择适当的污水处理措施,发展效率高、能耗小的新处理技术。

污水处理的方法很多,一般可归纳为物理法、生物法和化学法。各种方法都有其特点和适用条件,需结合使用。

信息链接

### 用植物净化污水

近年来,德国研究人员与巴西的环境保护工作者合作,在巴西的西瓦亚丁地区进行了生物污水处理试验,利用水生植物净化污水。

每天大约有250 m³ 的污水在该地区接受处理。这些污水首先通过预处理池,然后经后两个鱼池和四个水生植物池。所有这些池子都通过沟槽和木制的阀门连接起来。

当水最终流出时已完全达到欧盟的浴用水标准。在这过程中，发生了完全自然的生物化学反应。

污水中所含的全部固体物质在预处理池中沉积为泥渣。藻类植物提供了足够的氧以进行细菌氧化，杀死有害细菌。鱼池中的水生动物吃了藻类又排出营养物供给水生植物。这些水生植物在下一个池中滤出磷、氮、钾等。

这些水生植物也使得水流动得不致太快，以便能充分地杀死水中的细菌。同时还能获得足够的阳光照射，更好地灭菌。

目前，德国和巴西的生物学家正在进行这些植物的有害物质检查，以确保安全。

## 思考与练习

**1.** 填空题。

（1）水具有净化污染物的能力，叫＿＿＿＿＿＿＿＿。

（2）我国淡水总量居世界第＿＿＿＿＿位，但人均占有量仅排在第＿＿＿＿＿位。

（3）常见的水污染物主要有＿＿＿＿、＿＿＿＿、＿＿＿＿、＿＿＿＿等。

**2.** 选择题。

（1）解决因饮用水而"病从口入"的根本措施是（　　　）。

A. 用活性剂对饮用水进行处理　　　　B. 对水源污染的治理

C. 使用地下水　　　　　　　　　　　D. 加温煮沸饮用水

（2）污水中磷来源于工农业、城市污水和家用洗涤剂（含磷酸钠）。下列关于含磷污水处理的说法中，正确的是（　　　）。

A. 磷是生物的营养元素，不必除去

B. 含磷的污水是很好的肥料，不必除去

C. 含磷的污水排到自然水中引起藻类增殖，水变质即产生"水体富营养化"，必须除去

D. 磷对人体无毒，除去与否都无关紧要

（3）下列做法不会造成水污染的是（　　　）。

A. 直接排放未经处理的造纸工业废水　　B. 直接排放含铅废水

C. 工业废水经处理后回收再用　　　　　D. 大量使用洗发香波、洗涤剂

**3.** 简答题。

（1）什么是水污染？水污染综合防治的主要措施有哪些？

（2）什么是富营养化？

## 7.3　空气污染及其防治

地球上的空气是自然环境的组成要素之一，它是一切有机体所需氧气的源泉，也是环境中一切物质循环流动的通道和载体。没有空气就没有生命。

空气的成分很复杂,它是由多种气体组成的混合物,其中包括恒定的、可变的和不定的组分。恒定组分占 99.9%(体积分数)以上,主要包括氮气、氧气、稀有气体等;可变组分主要是指水蒸气、二氧化碳等;不定组分包括尘埃、硫氧化物、氮氧化物和碳氢化合物等。

## 7.3.1 空气污染和空气污染源

在空气正常成分之外,增加新的成分或原有成分增加,超过了环境所能允许的极限,而使空气的质量发生变化,对人体健康及动植物生长发生影响和危害,这种现象叫空气污染。

空气污染物来源相当广泛,排放量多、对人类及环境危害大的可概括为以下三个方面:

(1) 工业污染源。工矿企业在各种生产活动中排放污染物形成的污染源。

(2) 生活污染源。由于城乡居民及有些服务行业,燃烧各种燃料时,向空气排放污染物形成污染源。

(3) 交通污染源。由交通运输工具排放的污染物形成的污染源。

## 7.3.2 空气污染物及对人体的危害简介

空气污染物种类繁多,已经产生危害并为人类所认识的有 100 多种。现对常见的且危害较大的污染物作简单介绍。

### 7.3.2.1 粉尘

燃料和其他物质的燃烧产生的烟尘及金属冶炼、采矿、固体粉碎加工等造成的各种粉尘,其粒径大于 10 $\mu m$ 者,在大气中易于沉降,通常称之为降尘;粒径小于 10 $\mu m$ 者不易沉降,随风飘流,称之飘尘。飘尘的表面积大,吸附能力强,能吸附各种细菌和有害物质(如重金属、苯等),还能为其他污染物提供催化作用表面,引起二次污染。

降尘因其粒径较大,几乎都可以被人的鼻腔和咽喉所捕集,不进入人的肺部;而飘尘却经过呼吸道沉积于肺部。沉积在肺部的污染物一旦被溶解,就会直接进入血液,可能造成血液中毒。未被溶解的污染物有可能被细胞所吸收,造成细胞损伤。飘尘侵入肺组织或淋巴结可引起尘肺。尘肺因所积的粉尘种类不同而异。煤矿工人吸入煤灰形成煤肺,玻璃厂工人或石棉厂工人吸入硅酸盐粉尘形成矽肺。这些职业肺病严重者可伴发哮喘、支气管炎和肺气肿等,甚至导致死亡。

### 7.3.2.2 硫氧化物

硫氧化物指 $SO_2$ 和 $SO_3$,它们的主要来源是含硫煤或石油的燃烧、含硫矿物的冶炼以及硫酸的生产。

$SO_2$ 对呼吸器官有强烈的刺激作用,空气中 $SO_2$ 含量多于 0.2% 时,会使人嗓子变哑、喘息,甚至发生窒息。

空气中的各种污染物有协同作用(产生二次污染,其危害比它们各自作用之和要大的作用)。如大气中含有吸附着 $Mn^{2+}$、$Fe^{2+}$ 等金属离子的飘尘,会催化 $SO_2$ 氧化成 $SO_3$,

$SO_3$ 在潮湿空气中形成硫酸酸雾,其毒性比 $SO_2$ 大得多。伦敦烟雾事件就是空气中三种污染物(粉尘、$SO_2$、硫酸雾)造成的。

$SO_2$、$SO_3$ 在潮湿空气中生成酸雾,对金属、建筑物、名胜古迹等造成严重损害,它还能使橡胶制品老化龟裂,纸张皮革变脆,纺织品强度下降等。

### 7.3.2.3 氮氧化物

氮氧化物种类很多,造成空气污染的主要是 NO 和 $NO_2$。它们主要来自硝酸及氮肥的生产、金属冶炼和汽车燃料的燃烧过程。

NO 和血红蛋白的亲和力比 CO 大几百倍,它能与血红素结合形成亚硝基血红素而引起中毒。NO 高浓度急性中毒可使人的中枢神经受损,引起痉挛和麻痹。

$NO_2$ 严重刺激呼吸器官,使血红素硝化。对成年人而言,当空气中的 $NO_2$ 的体积分数为 $25 \times 10^{-6} \sim 75 \times 10^{-6}$,作用时间在 1 h 内时,就会引起支气管炎和肺炎;当体积分数为 $300 \times 10^{-6} \sim 500 \times 10^{-6}$,经数分钟作用后,就会由于支气管炎和肺水肿而死亡。

### 7.3.2.4 光化学烟雾

光化学烟雾是城市污染的新问题。它最早于 1946 年发生于美国的洛杉矶,因此也称洛杉矶烟雾。它主要是由排入大气的碳氢化合物和氮氧化合物等污染物,在日光作用下发生一系列复杂的光化学反应,又生成了许多新的污染物。它的特征是:烟雾弥漫、能见度低、污染高峰出现在中午或稍后。光化学烟雾能严重刺激人的眼睛和呼吸器官,引起眼睛红肿、喉咙疼痛,同时对动植物和建筑物也有危害。

### 7.3.2.5 一氧化碳

CO 主要来源于燃料的不完全燃烧和机动车的尾气排放。CO 是无色、无臭的气体,通常所说的"煤气"中毒就是由 CO 造成的。由呼吸道吸入的 CO 容易与血红蛋白相结合,阻碍血红蛋白向体内供氧,会出现头痛、恶心、疲劳等缺氧症状,当 CO 在空气中含量达到 0.06%(体积分数)时,就会出现中枢神经系统机能中毒;当浓度达到 1%(体积分数)时,人在 2 min 内就会死亡。

空气中各种污染物的浓度限值见表 7-1。

**表 7-1 空气中污染物的浓度限值**

| 名　称 | 取值时间 | 浓度限值/mg·$L^{-1}$ | 名　称 | 取值时间 | 浓度限值/mg·$L^{-1}$ |
|---|---|---|---|---|---|
| 总悬浮颗粒 | 日平均 | 0.15 | 氮氧化物 | 日平均 | 0.05 |
| | 任何一次 | 0.30 | | 任何一次 | 0.10 |
| 飘　尘 | 日平均 | 0.05 | 一氧化碳 | 日平均 | 4.0 |
| | 任何一次 | 0.15 | | 任何一次 | 10.00 |
| 二氧化碳 | 日平均 | 0.05 | 光化学氧化剂($O_3$) | 日平均 | 0.12 |
| | 任何一次 | 0.15 | | | |

### 7.3.3　空气污染的防治

防治空气污染是一个庞大的系统工程,需要多方面的共同努力,可考虑采取如下几方面措施:

(1)减少或防止污染物的排放。改革能源结构,采用无污染和低污染能源;对燃料进行预处理,减少燃烧时产生的污染物;采用无污染或低污染的工业生产工艺;加强企业管理,减少事故性排放和逸散等。

(2)治理排放的主要污染物。利用各种除尘器去除烟尘和各种工业粉尘;采用气体吸收塔处理有害气体;应用其他物理的、化学的和物理化学的方法回收利用废气中的有用物质,或使有害气体无害化。

(3)发展植物净化。在城市和工业区有计划地、有选择地扩大绿地面积是空气污染综合防治长效、多功能的措施。

**信息链接**

#### 沙　尘　暴

沙尘暴是一种风与沙相互作用的灾害性天气现象,它的形成与地球"温室效应"加剧、厄尔尼诺现象、森林锐减、植被破坏、物种灭绝、气候异常等因素有着不可分割的关系。其中,人口膨胀导致的过度开发自然资源、过量砍伐森林、过度开垦土地是沙尘暴频发的主要原因。在我国西北地区,森林覆盖率本来就不高,有人还想靠挖甘草、搂发菜、开矿发财,这些掠夺性的破坏行为更加剧了这一地区的沙尘暴灾害。

沙尘暴的危害有很多:(1)人畜死亡、建筑物倒塌、农业减产。沙尘暴对人畜和建筑物的危害绝不亚于台风和龙卷风。近五年来,我国西北地区累计遭受的沙尘暴袭击有20多次,造成经济损失超过12亿元,死亡失踪人数超过200多人。(2)大气污染、表土流失。沙尘暴降尘中至少有38种化学元素,它的发生大大增加了大气固态污染物的浓度,给起源地、周边地区以及下风地区的大气环境、土壤、农业生产等造成了长期的、潜在的危害。特别是农作物赖以生存的微薄的表土被刮走后,贫瘠的土地将严重影响农作物的产量。

**思考与练习**

**1.** 填空题。

(1) 空气污染源主要有＿＿＿＿＿＿＿＿、＿＿＿＿＿＿＿＿和＿＿＿＿＿＿。

(2) 常见且危害较大的空气污染物主要有＿＿＿＿＿、＿＿＿＿＿、＿＿＿＿＿等。

**2.** 选择题。

(1) 下列气体不会对空气造成污染的是(　　)。

A. 氮气　　　　　　B. 一氧化碳　　　　C. 二氧化硫　　　　D. 二氧化氮

(2) 一个人因下列行为会引起死亡,这种行为是(　　)。

A. 5天不吃饭　　　B. 3天不喝水　　　C. 5分钟不呼吸　　D. 48小时不睡觉

(3) 烟雾杀人是指它使人(　　)。

A．患呼吸道疾病　　B．骨骼变畸　　　C．患白血病　　　　D．损害神经系统

**3.** 简答题。

（1）什么是空气污染？

（2）防止空气污染的主要措施有哪些？

（3）最近，有气象专家评价沙尘暴的功过时说："没有沙尘暴就没有华夏的现代文明。"你对此有何评价与思考？

## 7.4　土壤污染与净化

### 7.4.1　土壤污染

#### 7.4.1.1　土壤在环境中的作用

土壤是位于陆地表面具有肥力的疏松层，具有独特的组成成分、结构和功能，它是人类赖以生存的物质基础。土壤在环境中起着三种作用：

（1）由于土壤中有各种各样微生物和动物，进入土壤中的许多物质能被分解和转化，对环境能起净化作用。

（2）由于土壤中有复杂的有机和无机的胶体体系，有巨大表面积，能吸附各种阴、阳离子和某些分子，对某些物质起着蓄积作用。

（3）植物生长在土壤里，所以土壤是植物营养物质的主要供应地，也是营养物质的"制造工厂"，它起着物质转化和转移作用。

#### 7.4.1.2　土壤污染

（1）土壤污染的概念。土壤污染是指人类活动产生的污染物通过各种途径输入土壤，其数量和速度超过了土壤净化作用的速度，使污染物的积累过程逐渐占据优势，从而导致土壤自然正常功能的失调，土壤质量的下降，并且影响到作物的生长发育，造成产量和质量下降的现象。

（2）土壤污染源。土壤污染的特征主要是与土壤的功能相联系的。

① 土壤是农业生产的劳动对象和生产手段，为了提高农产品的数量和质量，随着施肥、施用农药或灌溉，污染物进入土壤，并随之积累起来，这是土壤污染的重要发生途径；

② 土壤历来就作为废物的处理场所，使大量的污染物质进入土壤，这是造成土壤污染的主要途径；

③ 土壤是环境要素之一，因空气或水体中的污染物质的迁移转化而进入土壤，使土壤亦随之遭受污染。

（3）土壤污染物的影响。土壤主要污染物有重金属、农药、有机物、病菌和放射性物质。其中，重金属、农药、有机物对土壤的污染往往是积累的，既影响植物生长，又可能通过农产品及水源危害人体。

### 7.4.2　土壤污染的净化和防治方法简介

为防止土壤污染，首先要消除和控制土壤污染源。对于局部污染，可用刮除、深埋、灌

溉稀释等方法,使污染物转移到深层;对于大面积污染,要采用一切有效措施消除污染物,使其不能进入食物链,以保证人类的身体健康。例如,在工业生产中采用闭路循环、无毒工艺以减少或消除污染物;对工业"三废"进行回收处理,控制污染物排放的数量和浓度,使之符合排放标准;利用污水灌溉和利用污泥时要注意经常了解污染物的成分、含量及其动态,控制用量,以免引起土壤污染;推广使用高效、低毒、低残留的农药,合理使用化肥,增加土壤的 pH,使镉、铜、锌、汞等重金属离子形成氢氧化物沉淀亦可降低土壤的污染程度。

### 思考与练习

**1. 填空题。**

(1) 土壤在环境中起＿＿＿＿＿＿＿、＿＿＿＿＿＿＿、＿＿＿＿＿＿＿三种作用。

(2) 土壤污染的净化方法主要有＿＿＿＿＿＿、＿＿＿＿＿和＿＿＿＿＿等。

**2. 选择题。**

(1) 对垃圾——固体废弃物的正确处理方法是（　　）。

A. 直接填埋　　　　B. 当作肥料　　　　C. 先分选后处理　　D. 压制成金属材料

(2) 当今社会正面临能源和环境的双重挑战,人们应该注重（　　）。

A. 经济发展　　　　　　　　　　B. 限制能源生产

C. 向别国转嫁污染工业　　　　　D. 经济—环境—能源协调发展

(3) 农用化肥和城市粪便的排放,会使地下水中含氮量增高,其中对人体有害的含氮污染物的主要形态是（　　）。

A. $NO_3^-$　　　　　　B. $NO_2^-$　　　　　C. 有机氮　　　　D. $NH_4^+$

(4) 下列化肥中,对土壤会造成不良影响的是（　　）。

A. 硫铵和氯化铵　　B. 碳铵和氨水　　　C. 尿素　　　　　D. 氨水

**3. 简答题。**

(1) 什么是土壤污染? 土壤污染有哪些净化方法?

(2) 防止放射性污染的主要措施有哪些?

# 本 章 小 结

### 1. 化学与环境保护

当前,人类面临的重大环境问题,如"温室效应"的加剧、酸雨的形成、臭氧层的破坏、生物多样性的减少、水污染等都与化学有着直接、密切的关系。

严重的环境污染危害人类健康和生存,为了人类自身,为了子孙后代的生存,人类必须共同关心和解决全球性的环境问题。走可持续发展的道路,使人与环境和谐共处。这是保护环境的必由之路。

### 2. 水污染及其防治

由于人类活动排放的污染物,使水的物理、化学性质或生物群落组成发生变化,从而降低了水的使用价值的现象叫做水污染。

水污染物种类繁多,依据污染物质所造成的环境问题,主要有以下类型:无机有毒物质污染、有机有毒物质污染、无机无毒物质污染、有机无毒物质污染等。

水污染的途径有:工业废水、生活废水的直接排放;农业上喷洒的农药、施用的化肥,被雨水冲洗流入水中;工业废渣、生活垃圾直接倒入水中等等。

防治水污染主要应限制污水的任意排放,各种废水应经处理,回收利用其中的有效成分,除去污染物后再排放。污水处理的方法很多,一般可归纳为物理法、生物法和化学法。各种方法都有其特点和适用条件,往往需要结合使用。

### 3. 空气污染与防治

在空气正常成分之外,增加新的成分或原有成分增加,超过了环境所能允许的极限,而使空气的质量发生变化,对人体健康及动植物发生影响和危害,这种现象叫空气污染。

空气污染物根据组成成分,可以分为粉尘、硫氧化物、氮氧化物、碳氧化物、碳氢化合物、放射性物质等。

空气污染既危害人体健康,又影响动、植物的生长,损坏经济资源,破坏建筑材料,严重时会改变地球的气候。例如,造成二氧化碳含量增加,气候变暖,破坏臭氧层,形成酸雨等。

防治空气污染主要应采取如下措施:改善燃料燃烧条件,改善能源结构,控制和限制工业、交通废气任意排放,植树造林等。

### 4. 土壤污染与净化

土壤在环境中起净化、积蓄吸收和物质转移、转化作用。

当土壤中有害物质超过土壤的自净能力时,土壤的理化性质发生变化,微生物活动受到抑制,有害物质或其分解产物在土壤中逐渐积累,达到危害人体健康的程度,这就是土壤污染。

土壤污染的净化方法主要有刮除、深埋、灌溉稀释等。防止土壤污染的主要方法是改革生产工艺,减少废气、废水、废渣的排放,并对污染物进行无害化处理。

 目标检测

1. 填空题。

(1) 1994 年 12 月,重庆市江北县观山垃圾处理场发生爆炸,9 名工人当场窒息死亡。造成这次事件的元凶是_____。

(2) 我国的人口数量居世界_____,自然资源人均占有率却处于世界平均水平以下,如人均水占有量只有世界平均值的_____,人均耕地面积仅及世界平均水平的_____,全国有 300 多个城市缺水。

(3) 近 50 年来,我国约有_____多种高等植物灭绝,有_____多种野生动物处于濒危或受威胁的状态。

(4) 科学家证实,大气中臭氧每减少 1‰,照射到地面的紫外线即增加_____,皮肤癌产生率则增加_____。

(5) 目前唯一的"补天术"——防止臭氧层继续遭到更严重的破坏,就是减少和停止使用含_____产品。

(6) 联合国环境规划署总部设在_____。

(7) 中国历史上第一次环境保护会议于_____年_____月_____日在_____举行,会议通过了_____。从中央到地方都相继建立起_____。

(8) 我国科学家在被抽查的所有中国人的肝脏中都找到了农药_____。

(9) 在发展城市建设、利用自然资源、治理污染等方面都应贯彻_____的思想。

2. 选择题。

(1) 对环境污染最严重的燃料是(    )。

A. 柴草　　　　　B. 煤炭　　　　　C. 石油　　　　　D. 天然气

(2) "绿色能源"指的是(    )。

A. 太阳能、风能、潮汐能　　　　B. 核能

C. 天然气　　　　　　　　　　　D. 电能

(3) 21 世纪最有希望的能源是(    )。

A. 氢能　　　　B. 太阳能　　　　C. 核能　　　　D. 生物能

(4) 破坏臭氧层的化学排放物是(    )。

A. 氟化氢　　　B. 氯氟烃类　　　C. $SO_2$　　　D. CO

(5) 城市大气中铅污染的主要来源是(    )。

A. 汽车尾气　　　B. 煤炭燃烧　　　C. 垃圾燃烧　　　D. 塑料燃烧

(6) 汽车尾气中不污染空气的物质是(    )。

A. CO　　　　B. $CO_2$　　　C. NO　　　D. 铅的化合物

(7) 常用于吸收硝酸工业尾气中的氮氧化物的物质是(    )。

A. 水　　　　B. 稀硫酸　　　C. 烧碱溶液　　　D. 活性炭

(8) 接触法制硫酸的尾气中有害气体是指（　　　）。

A. CO　　　　　　B. $H_2S$　　　　　C. $SO_3$　　　　　D. $SO_2$

(9) 1995 年发现日本的骨痛病是由于稻米中含有过量的有害元素造成的，这一元素是（　　　）。

A. Cd　　　　　　B. Cr　　　　　　C. Cu　　　　　　D. Pb

(10) 由于人口增长和工业发展，废气排放量逐年增加，从而加剧了"温室效应"，是因为大气中的（　　　）。

A. 气态烃增加　　　B. $CO_2$ 增加　　　C. $NO_2$　　　　D. $SO_2$ 增加

(11) 在相同条件下，产生污染程度较低的燃料是（　　　）。

A. 木材　　　　　　B. 煤　　　　　　C. 汽油　　　　　D. 沼气

(12) 在污染环境的有害元素中，可能引起人的牙齿和骨骼变酥的元素是（　　　）。

A. 铅　　　　　　　B. 碘　　　　　　C. 硫　　　　　　D. 氟

(13) 水银蒸气对人有毒害作用，万一水银洒在地上应在有水银的地方（　　　）。

A. 撒些石灰粉　　　　　　　　　B. 撒些木炭粉

C. 撒些硫磺粉　　　　　　　　　D. 撒些铜粉

(14) 在污染环境的有害气体中，主要由于跟血红蛋白作用而引起中毒的有毒气体是（　　　）。

A. $SO_2$ 和 $CO_2$　　B. $CO_2$　　　　　C. NO 和 CO　　　D. $SO_2$

(15) 造成空气污染的主要物质是（　　　）。

A. 二氧化硫、一氧化碳、氮的氧化物　　B. 二氧化碳和水蒸气

C. 水蒸气和粉尘　　　　　　　　　　　D. 粉尘和二氧化碳

(16) 下列气体①CO、②$CO_2$、③$NH_3$、④$SO_2$、⑤$H_2S$、⑥氮的氧化物，其中造成大气污染的有毒气体是（　　　）。

A. ②④⑤⑥　　　B. ①④⑤⑥　　　C. ①②④⑤　　　D. ④⑤⑥

(17) 把氢气作为新型燃料的重要意义是（　　　）。

A. 氢气轻，便于携带　　　　　　B. 在自然界里大量存在氢气

C. 燃烧氢气污染少　　　　　　　D. 氢气燃烧发热量高

(18) 下列 8 种物质：①硝铵、②硫铵、③氯化钾、④氯酸钾、⑤四氯化碳、⑥汽油、⑦电木、⑧火棉，其中可列入"易燃易爆"物品而不准旅客带上火车的是（　　　）。

A. ①④⑥⑧　　　　　　　　　　B. ①④⑤⑥⑦⑧

C. ④⑥　　　　　　　　　　　　D. 全部

(19) 下列做法不会造成大气污染的是（　　　）。

A. 含硫煤的燃烧　　　　　　　　B. 焚烧树叶

C. 燃烧 $H_2$　　　　　　　　　　D. 燃放烟花爆竹

(20) 地球上可供人们直接利用的淡水在总水量中（　　　）。

A. 20%　　　　　　B. 10%　　　　　C. 不到 1%　　　　D. 50%

**3.** 计算题。

经测定，某一水域中总汞的含量为 $0.000\,032\,4\ mg\cdot L^{-1}$，该水溶液的密度为 $1.0\ g\cdot mL^{-1}$，

求(1)该水域中总汞的物质的量浓度和质量分数;(2)该水域总汞的含量是否超标?

**4.** 综合题。

通过调查,写一篇你所在地区的环境质量评估报告,或者就某一环境专题写一篇综述,如"保护环境,从我做起"。

# 第8章

# 健康与化学

## 学习目标

1. 理解健康的内涵及其对人类和社会的重要性。

2. 理解影响健康的因素及健康与化学的关系；增强科学养生意识，逐步养成良好的行为和生活方式。

3. 了解矿物质的概念；了解常量元素 K、Na、Ca、Mg、P、S、Cl 的主要功能；了解必需微量元素 Cu、Fe、Zn、I、F 的主要功能；了解有毒元素 Pb、Hg、Cd、As 对人体的危害和防治方法。

4. 了解维生素的概念、特点和常用维生素(如 A、B、C、D 等)的主要功能。

5. 了解衣食住行，尤其是饮食与健康的密切关系。能通过简单实例，深化对所学知识的应用。

    健康是人类社会永恒追求的目标。马克思认为，健康是人的第一权利、人类生存的第一前提，即一切历史的第一前提。在我国古代，劳动人民就用天然植物和矿物来治病强身。社会发展到了今天，各种治疗疾病的化学药物已有数千种，并且新的药物不断被制造出来。随着科学技术的进步，化学对人类健康的影响，不仅仅停留在治病上，它已涉及衣、食、住、行等各方面。因此，认识健康与化学的密切关系，通过健康这一重要课题来学习一些实用的化学知识，让化学走进生活，以进一步提高我们的生活质量和健康水平是十分重要的。

核心提示

### 健康的内涵

    世界卫生组织(WHO)给健康的定义是：一个人只有在躯体健康、心理健康、社会适应良好和道德健康四个方面健全，才是健康的人。

    躯体健康是指生理上的健康，即能抵抗一般性感冒和传染病。

心理健康是指人的内心世界美好而充实。向往用勤劳的双手和爱心营造美好和谐的家园……"健康是人生最大的财富"、"健康是对人生的领会和把握"等已为现代社会所认同。

判断人的躯体是否健康，可到正规医院进行体检。而判断正常人的心理是否健康，目前尚无统一的量化标准。

## 8.1 健康与化学概述

### 8.1.1 健康与化学的关系

人体是由各种化学物质构成的，在这些由多种元素组成的化学物质中，由 C、H、O、N 形成的有机物和水占人体质量的 96%，其余的 4% 是由 Ca、P、S、K、Na、Cl、Mg 等元素组成的无机物。人体中，水占 59%～62%，蛋白质占 16%～18%，脂肪占 13%～18%，无机盐占 4%，碳水化合物——糖类占 1%，这些物质在人体内时刻都在进行化学反应。发生在人体内并由整个人体所调控的动态化学过程是生命的基础，生命过程本身就是无数化学反应的综合表现。人体遗传物质的传递、体内各种循环的调节、人体对外界的反应以及对环境的适应等，都是许多具有生物活性分子之间有序化学反应的表现。例如，人处于兴奋状态时，可以分泌一些有益健康的化学激素，而在忧郁时，这些激素的浓度明显降低；人在兴奋和痛苦时，眼泪中化学物质的浓度不同。科学实验证实，人在生气时呼出的"生气水"凝结后有紫色沉淀，可以毒死一只大白鼠；而心平气和时呼出的气体凝结后，无色透明，无毒。这不仅说明心理健康的重要性，也是健康与包括化学知识在内的多种科学知识密切相关的佐证。

人体时刻都在与外界(环境)进行物质交换和能量交换。人从环境中摄入食物为人体修补机体及维持生命活动提供"化学原料"，而排泄物便是这些化学原料满足人体需要(消耗和积累)并经一系列复杂化学反应后产生的"生成物"。在外界与人体进行交换的物质中，有些物质是人体必需的，它们提供人体的营养，保障健康；有些是有毒有害的，对人体造成危害。而人体生病后，多半要用化学物质——药品来治疗，进行解毒和排毒，恢复人体健康。

总之，化学与人体健康是紧密联系的，人体是各种化学物质的聚集器和反应器，化学物质影响人体健康，化学知识可用于指导健康、服务健康，而健康知识也成为实用化学基础不可或缺的教学内容。随着科学技术的进步，先进仪器设备和手段的运用，化学与健康关系的研究将向微观、深层次方向发展，人类将更好地用化学知识为健康服务。

### 8.1.2 影响健康的因素

随着社会的发展，人们生活水平的提高，影响人体健康的因素不但没有减少，反而逐步增多，如现在社会节奏加快，人们的心理负担增加，出现许多精神障碍；在解决了温饱问题、基本消除营养不足之后，又出现了营养过剩，导致肥胖症及心血管疾病等。影响健康的因素，既有物质方面的又有精神方面的，既与个体行为、生活方式有关又与生活环境有关。对一个正常人而言，心理(精神)因素对健康的影响往往是首要因素，这已成为国内外心理学、教育学专家的共识。由于每所院校都开设了心理教育课，本教材不再赘述。

### 8.1.2.1 个体行为和生活方式因素

个体行为和生活方式对个体健康有很大影响。良好的行为和生活方式有利于身体健康。不良的行为和生活方式可导致各种疾病甚至缩短生命。在美国排名前十位的死因中，50%的致病因素与不良个体行为和生活方式有关。在我国人口的死因中，不良行为和生活方式因素的比重也逐渐增大。对健康影响较大的行为和生活方式有吸烟、饮酒、饮食、运动等。

(1) 吸烟与健康。吸烟有害身体健康，这是公认的事实。据世界卫生组织的一项调查报告显示，每年全世界有 300 万人死于因吸烟而引起的疾病，因此，吸烟已成为世界上严重的公害，世界卫生组织将每年的 5 月 31 日定为"世界无烟日"，以警示世人。

据报道，烟草中的化学成分有 400 多种，其中的尼古丁(即烟碱)有成瘾作用。而在燃烧后的烟雾中，化学成分比烟草更为复杂，多达数千种。这是由于烟草燃烧的温度高达 850~900℃，烟草里的成分在高温状态下，有的被破坏分解，有的又合成了新的化学物质。其主要有害物质是焦油、一氧化碳，以及 40 多种致癌物质、1 200 多种有毒物质，如多环芳烃、苯、3，4 -苯并(a)芘、亚硝胺、甲醛、二噁英、氰化物，以及烟尘微粒、铬、铅、镉等有毒金属。一支烟含铅量可达 0.8 $\mu$g，烟草中还含有放射性元素 $^{210}$Pb 和 $^{210}$Po。可见吸烟是吸入多种有毒化学物质，使其在体内发生不利于健康的多种化学反应。

吸烟可诱发各种病症，与吸烟有关的疾病有肺癌、喉癌、食管癌、胰腺癌、胃癌、肝癌、膀胱癌、脑中风、冠心病、支气管炎、消化道溃疡等。吸烟可引起孕妇流产、早产，增加胎儿畸形和死亡率。吸烟除了影响吸烟者的身体健康状况外，还使周围环境受到污染，强迫别人甚至胎儿"被动吸烟"。被动吸烟者受到的危害不亚于主动吸烟者。据资料介绍，在吸烟场所，周围环境 70%的空气污染物皆来源于此。

吸烟不仅对一般人群的健康有害，对职业人群的危害更大。如在吸烟时接触石棉、氯乙烯、铀、砷等其他有害物质，由烟雾作为载体，使上述有害物质同时进入体内，产生协同催化作用，对人体产生的危害加重。

有人指出，除了核战争、瘟疫和饥饿之外，对人类健康最大的威胁就数吸烟了。许多与吸烟有关的疾病，其潜伏期都很长，所以在短时间内人们往往看不到吸烟的危害，有时从开始吸烟到导致死亡，要经历几十年的时间。吸烟也排在世界卫生组织公布的癌症 19 种病因之首。

我国的吸烟情况令人担忧。我国是世界上最大的烟草生产和消费国。1999 年 9 月至 11 月，中国消费者协会"吸烟与健康"大型调查表明：吸烟人数达总人口的 31.3%以上，现有 3.5 亿人是吸烟者，每天消耗 2.2 亿盒烟，每年因吸烟造成的各种浪费达 300 多亿人民币。据推测，如不认真控烟，到 2030 年，我国每年将有 170 万中年人死于肺癌。

吸烟对自己有百害而无一利，对他人健康也有一定危害，对家庭是一种浪费，对社会是一种公害。为了自己和他人的健康，为了民族和人类的兴旺，烟民们应尽早尽快戒烟。

在对吸烟者加强吸烟危害性教育的同时,要造就一个戒烟的外部环境,要全社会都来反对吸烟,并配以经济罚款和卫生监测等手段来加以控制。值得欣慰的是,通过宣传教育,已有 3/4 的人表示对吸烟"比较反感",有 82.3% 的人认识到吸烟对健康的危害"很大"或"较大"。

(2)饮酒与健康。酒是一种很普通的传统饮料,它的种类很多,有啤酒、白酒、葡萄酒等,其主要成分是酒精(乙醇)。酒精进入人体后,可通过口腔、食管、胃、肠等吸收到体内的各种组织和脏器中,并于 5 min 内即可出现在血液中,待到 30~60 min 时,血液中的浓度达到最高点。酒精在肝脏中进行代谢,其主要过程是由酒精脱氢酶将其转变为乙醛,然后由乙醛脱氢酶分解、转变、降解,最后生成 $CO_2$ 和 $H_2O$。其反应可表示为:

$$C_2H_5OH \xrightarrow{\text{酒精脱氢酶}} CH_3CHO$$

$$CH_3CHO \xrightarrow{\text{乙醛脱氢酶}} CO_2 + H_2O$$

适当的饮酒可以增加热量,促进血液循环,有御寒去湿、调整情绪的作用,但超过一定的量就会有副作用。因为人体饮食摄入的各种物质,都需要经过肝脏处理,使有害变为无毒。健康成人的肝脏每天能代谢酒精的量为 160~180 g;成人的饮用量超过了这个数,肝脏就不能承受了,会出现其他症状,对机体造成一定的损害。如表 8-1。

表 8-1　体液内酒精含量与症状表现的关系

| 体液内的酒精含量/mg·dL$^{-1}$ | | | 症 状 表 现 |
|---|---|---|---|
| 血　液 | 尿　液 | 脑　液 | |
| 20 | | | 头痛、愉快、兴奋而健谈 |
| 40 | | | 行动笨拙、手颤、精神振作、谈话流利 |
| 60—80 | 100 | 70—90 | 行动迟缓、谈话喋喋不休 |
| 80—100 | 100 | 100—200 | 感情冲动、反应迟缓、步态蹒跚 |
| 120—160 | 130—250 | 130—175 | 倦睡、部分人呈明显酒醉状态 |
| 160—400 | 250—500 | 220—400 | 精神错乱、言语含糊、多数呈木僵状态 |
| 500 以上 | | | 死亡 |

过量饮酒可对社会构成极大的危害,如社会治安不良、家庭离异、吸毒、暴力犯罪、车祸等多数与酗酒有关。

我国是一个酒的生产和消费大国,各种酒类都很畅销,有些不法之徒见利忘义,视人的生命为儿戏,竟用含有甲醇($CH_3OH$)的工业酒精兑白酒牟取暴利。甲醇具有醇的香味,比酒精便宜,但毒性强,误食 10 mL 可致眼睛失明,严重时可以致死,且毒性有累积作用。我国对白酒中甲醇的含量有严格的规定,一般最高不能超过 $0.4 \, g \cdot L^{-1}$,前几年,我国山西、广西都发生过饮用假酒致人死亡案,其教训是深刻的,应该引起每一个人的重视。

对于一些特殊的职业人群应当禁止工作前饮酒,如司机、高空作业者、运动员、裁判员等。统计资料表明,在导致死亡的交通事故中,30%~50% 与司机酒后驾车有关,我国交通部门已严格规定,禁止司机酒后开车,若有违反,将重罚,直至吊销驾驶执照、刑事拘留等。

(3) 饮食与健康。人们每天必须摄取一定数量的食物来维持自己的生命与健康,保证身体的正常生长、发育和从事各项活动。饮食营养对人体的健康有很大影响,早期人类对食品和营养的认识仅仅是为了生存,以后逐渐发展到利用食物来治病——食疗,争取健康长寿。

① 饮食与疾病、生命。人类靠饮食获取营养,若没有适当食物来维持人体的需要,就会造成营养不足;若饮食过量,超过人体所需,就会造成营养过剩、产生肥胖症,这些都属于饮食营养不良,会导致多种疾病。常见营养不良大致有以下四种情况:

a. 营养不足:例如饥饿,消瘦;

b. 营养缺乏:例如维生素 A 缺乏症;

c. 营养不平衡:例如缺乏某种必需的氨基酸或某种元素;

d. 营养过剩:例如肥胖。

因饮食问题而造成的疾病常见的还有:癞皮病,脚气病,夜盲症(缺乏某些维生素);甲状腺肿大(缺碘)、克山病(缺硒)、佝偻病(缺钙)等。人体的生长与饮食营养紧密相联,在不同生长阶段有不同的要求:孕妇怀孕期内的饮食营养对胎儿的健康影响最大,孕妇营养不良可导致婴儿体格与智能发育迟缓,出生时体重低,死亡率增高,某些营养成分过多或过少可导致胎儿畸形。1990 年我国智残儿童数超过 400 万,可见饮食营养对胎儿的重要性。儿童、青少年的成长也需要一些特别的饮食营养,若营养不良,会出现智力发育低下、身材矮小、肥胖等症状,从而导致身体素质低下。衰老是一个自然现象,若饮食营养合理,则可延缓衰老,使人健康长寿。由于生活的改善和生活水平的提高,人的寿命也在逐步延长,据估计,北京猿人的寿命为 14 岁,这与当时的条件有关;在建国前我国人民"饥寒交迫",人民的平均寿命为 35 岁;而欧洲在这一时期内的平均寿命已在 60 岁以上。在 1985年,我国人口平均寿命是 68.92 岁,到 1990 年,已达 70 岁。

② 不良饮食习惯对健康的影响。饮食营养不良可导致各种疾病,饮食习惯不良同样对健康不利。营养摄入过多,偏食、择食、就餐无规律、烹饪方式不科学(如煎、熏、烤太多)、喜欢零食、暴食、进食过快、饮食过热、过冷等都属不良饮食习惯,其缺点是使摄入营养构成不合理,或不利于人体吸收,或造成新陈代谢紊乱,使人与环境间的物质交换和能量交换不平衡而对健康产生不利影响。例如,多吃糖类、蛋白蛋、脂肪类食物,可能引发糖尿病、高血压、冠心病、结肠癌、肥胖症;食物中缺铁造成贫血症;缺钙造成佝偻病;缺维生素 A 造成夜盲症等。

(4) 运动与健康。生命在于运动,运动有利于健康。运动可增强身体机能,使全身各器官充满活力,代谢旺盛。一般人肺活量为 3 500 mL 左右,而经过体育锻炼的人肺活量可达 4 000~5 000 mL,提高了肺泡吸收氧气和排除二氧化碳的换气效能;运动可增强心肌收缩力,增加血液输出量,改善心脏功能状态,有利于全身血液循环;运动可加强新陈代谢、增进食欲、促进睡眠、增强体质、提高抗病能力、延缓衰老。日本对百岁老人的调查证明,有半数在 75 岁,1/3 在 80~84 岁时还坚持参加体力劳动。

人体必须呼吸,在一般情况和适量运动时,吸入新鲜 $O_2$ 呼出 $CO_2$,体内发生的反应是：

$$C_6H_{12}O_6 + 6O_2 \xrightarrow{\text{酶}} 6CO_2 + 6H_2O$$

即在酶的作用下，体内的葡萄糖被氧化生成 $CO_2$ 和 $H_2O$，放出人体所需要的能量。由于所需的 $O_2$ 少而葡萄糖氧化完全，故称为有氧化呼吸或有氧运动；在激烈运动时，人体所需的氧气增加，当呼吸的氧气不能满足需要时，则葡萄糖氧化不完全，称为无氧呼吸或无氧运动，无氧运动时发生的反应如下：

$$C_6H_{12}O_6 \xrightarrow{\text{酶}} 2C_3H_6O_3$$
乳酸

或 $$C_6H_{12}O_6 \xrightarrow{\text{酶}} 2C_2H_5OH + 2CO_2（放出少量能量）$$

平常很少运动的人，由于肺活量较小，偶尔进行大量的运动时，吸入氧气不够用，便会发生无氧呼吸，在体内产生乳酸，出现的症状就是肌肉酸痛，甚至晕倒休克，平时坚持运动的人很少出现这种现象。在体内发生无氧呼吸后，需要一段时间身体才能恢复，故在体育比赛和繁重的工作之前，不宜大量运动。运动员进行高山训练都是基于无氧运动可以增大运动员的肺活量，提高运动成绩。

有些持续时间较长的运动如马拉松，会导致体内的矿物质消耗过大，如 $K^+$、$Na^+$ 随汗流出，人体会出现抽筋现象，应该及时补充无机盐。

**学生的运动和饮食状况不容乐观**

"药补不如食补"、"运动是健康的助推剂"，这些关于健康的格言落实到老百姓中，尤其是青少年学生中并非易事。

由于我国已经基本上解决了人口大国的吃饭问题，但社会的发展，经济的增长，都使得一部分学生和年轻人，尤其是女性缺乏锻炼。数据表明，男大学生每天进行 70 分钟体力活动，女大学生则只有 40 分钟，而教育部明文规定学生每天体育锻炼不少于 1 小时。"基本静坐"的男生为 9.3%，女生为 25.2%；"高度活跃"的男女生分别占 35.0% 和 10.7%。在一些中小学，一上体育课就有 10 余人请"病假"。

在饮食方面，不少学生偏食，吃零食和洋快餐之风很甚，所谓"膳食宝塔"根本不屑一顾。其实，我们记不住数据，但记住营养专家推荐的学生食谱也很实用。早餐：酸奶＋鸡蛋＋面条（面包、馒头均可）＋苹果；中餐：鱼肉（瘦肉）＋米饭＋青菜＋汤；晚餐：稀饭（面条、米饭亦可）＋蔬菜＋汤。晚饭后水果，睡觉前一杯牛奶。辛辣和油煎食品少吃或不吃。

### 8.1.2.2 环境因素

环境提供人类赖以生存的物质基础。它对人类健康的影响包括两个方面，即社会环境和自然环境。由于 7.1.2 中已对环境污染作了介绍，下面仅对被污染的自然环境对健康的影响作简要阐述。

人体通过新陈代谢和周围环境进行物质交换,环境中的物质与人体之间保持动态平衡。自然界是不断变化的,人体总是调节自身内部以适应不断变化的自然界。当发生环境污染时,环境中某些有害物质突然增加,或出现了环境中本来没有的化合物,就会引起人体生病,甚至死亡。

环境污染可分为三种类型:化学性污染、物理性污染和生物性污染,其中化学性污染在环境中占重要地位,它的种类多,污染范围广,对人体危害大。

 信息链接

### 以 史 为 镜

在历史上曾因受化学污染引起的疾病及伤亡的事件有很多,其中重大的事件有:

① 水俣病。五十年代日本的水俣市地区最先发生,故称水俣病,它是由于有机汞污染了河水,富集在鱼虾体内,当地居民食用这些鱼虾后,引起慢性有机汞中毒疾病,造成脑、心、肾受损直至死亡,是日本三大公害之一。

② 痛痛病。第二次世界大战后期,在日本富山神通川河流域出现一种以周身剧烈疼痛为主诉,多发于产妇的奇病,被称痛痛病,1968年日本卫生部门宣布痛痛病是由工业镉污染而引起的慢性镉中毒所致,是日本三大公害之一。

③ 伦敦烟雾事件。1952年12月5日至8日,英国伦敦由于连日大雾,无风,气候反常,导致上空烟尘蓄积,排出的煤烟粉尘和二氧化硫等气体扩散不开,引起呼吸道疾病,造成4 000多人死亡。

④ 毒气泄漏。1984年印度博阳市发生毒气泄漏事件,造成3 000多人死亡,几十万人遭受严重伤害,是历史上最惨重的工业污染事故之一。

100年前革命导师恩格斯曾告诫我们:不要过于陶醉我们对自然的胜利,要警惕大自然对我们的"报复"。人们在改造自然界、创造幸福生活和美好家园的时候,应该自觉地保护自然环境和生态平衡,不应过度地索取和破坏。否则,环境会越来越恶化,人类的健康受到的威胁会越来越大,生存空间也会越来越小,最终把人类引向灾难,引向毁灭。

### 思考与练习

**1.** 填空题。

(1) 世界卫生组织对健康的定义是_____。

(2) 心理健康的内涵是_____。

(3) 化学与人体健康是紧密联系的。人体是各种化学物质的_____器和_____器。化学知识可以_____、_____,而健康知识也是_____的重要内容。

(4) 对人体健康影响较大的行为和生活方式有_____、_____、_____和_____等。

(5) 吸烟对家庭是＿＿＿＿＿＿＿,对社会是＿＿＿＿＿＿＿,吸烟＿＿＿＿＿

＿＿＿＿＿正成为社会共识。

**2.** 选择题。

(1) 近期研究表明,排在影响健康首位的因素通常是(　　)。

A. 遗传 　　　　　　　　　　　B. 心理(精神)

C. 运动和医疗保健 　　　　　　D. 饮食营养

(2) 下列关于吸烟问题的错误叙述是(　　)。

A. 全世界的吸烟者已由前几年的 12 亿下降至 11 亿,即呈下降趋势

B. 我国是世界最大的烟草生产和消费国,有大约 3.5 亿吸烟者,且呈上升趋势

C. 发达国家的吸烟者总数比发展中国家的吸烟者总数多

D. 美国居民的火灾有一半与吸烟有关;我国每年有 10％ 的火灾是吸烟所致

(3) 白酒的主要化学成分是(　　)。

A. 甲醇 　　　B. 乙醇 　　　C. 丙三醇 　　　D. 乙酸乙酯

## 8.2　矿物质与健康

### 8.2.1　人体内的元素和矿物质

构成人体的化学元素有 60 多种,在这些元素中,除 C、H、O、N 四种元素约占人体质量的 96％ 外,其他各种元素无论含量多少,统称为矿物质。

人体内的矿物质与有机营养物不同,它们既不能在人体内合成,除排泄外也不能在体内代谢过程中消失。根据它们在人体内的含量和膳食中需要的不同,矿物质可分成两类:一类是人体内含量在 0.01％ 以上,需要量每天在 100 mg 以上的元素,称为常量元素,它们是钙、硫、钾、钠、磷、氯和镁等七种元素;另一类是含量和需要量低于此数的其他元素,称为微量元素或痕量元素。尽管人体对微量元素的需要量很少,但却很重要,现在已知人体必需的微量元素有 14 种,它们是 Fe、Zn、Cu、I、Mn、Mo、Co、Se、Cr、Ni、Sn、Si、F、V。矿物质构成机体组织和维持正常生理功能,但不能提供热量,它们的生理功能有以下六个方面:

① 是构成机体组织的重要材料。如钙、磷、镁是骨骼和牙齿的重要成分,磷、硫是构成组织蛋白的成分。

② 是细胞内外液的重要成分,它们(主要是钠、钾、氯)与蛋白质一起维持细胞内外液的一定的渗透压,对体液的贮留和移动起重要作用。

③ 酸性、碱性无机离子的适当配合,加上重碳酸盐和蛋白质的缓冲作用是维持机体酸碱平衡的重要机制。

④ 在组织液中的各种无机离子,特别是保存一定比例的钾、钠、钙离子是维持神经、肌肉的兴奋性、细胞膜的通透性以及所有细胞正常功能的必要条件。

⑤ 无机元素是构成某些特殊生理功能物质的重要成分,如甲状腺中的碘、血红蛋白和细胞色素系统中的铁(亚铁)。

⑥ 无机离子是很多酶系统的活化剂、辅因子或组织成分。

人体内的各种元素,按其对人体健康的影响可分成必需元素、非必需元素和有毒元素三类,必需元素又可分为常量元素和微量元素,它们在食物中分布很广。有毒元素通常是指某些重金属元素,其中以汞、镉、铅最为重要,砷也是常见的有毒元素。在正常情况下,它们分布比较稳定,并不对人体物构成威胁,但当食物和饮用水遭污染,它们进入人体并达到一定量时,可使人体中毒。特别要指出的是,必需元素在摄入过量时也会引起人体中毒。因为必需的微量元素的生理作用浓度和中毒剂量间距很小。

矿物质与健康的关系是现今社会的一个热门课题,也是所有营养素中了解得最少的一个领域,特别是矿物质在体内的作用、需要量及影响还需进一步研究。近年来有人认为 As、Rb、Br、Li 有可能也是必需元素。

### 8.2.2 矿物质元素简述

人体内的矿物质元素主要是由食物和水供给的,一般都能满足机体的需要。由于代谢方面的原因,人体易缺乏的无机元素只有钙和铁;在特殊地理环境或其他特殊条件下,也有可能出现缺碘、缺锌、缺硒的情况。

① 钙。钙是人体中含量最丰富的矿物质元素,其含量仅次于氧、碳、氢、氮,而居体内元素的第五位。成人体内含钙总量为 1 200 g,占体重的 1.5%~2%,其中 99% 存在于骨骼和牙齿等硬组织中,是骨骼和牙齿的主要成分,主要以羟基磷灰石 $[3Ca_3(PO_4)_2 \cdot Ca(OH)_2]$ 形式存在,其余 1% 常以游离或结合状态存在于软组织及体液中,这部分钙统称为混溶钙,并与骨骼保持动态平衡。

人体对钙的吸收是主动的,但对膳食中的钙吸收却很不完全,通常有 70%~80% 的食物中的钙被排除,这主要是钙与食物中的植酸、草酸以及脂肪酸形成不溶性的钙盐所致。故摄入过多的脂肪和含植酸、草酸较多的食物不利于钙的吸收。维生素 D 可促进钙的吸收,从而使血钙含量升高,并促进骨中钙沉积。人缺钙可导致多种疾病,如智力、记忆力下降,体质差,婴幼儿的佝偻病,成年人的骨质软化和骨质疏松症、腰酸背痛、腿脚抽筋等。当血液中钙离子过高,会降低神经肌肉的兴奋性,对外界刺激反应减弱和导致尿结石、肾结石等疾病。

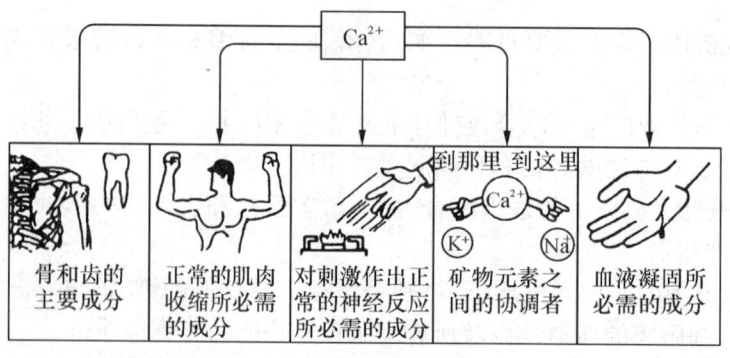

**图 8 - 1 钙在人体内的功能**

钙的食物来源以奶及奶制品最好,还有小虾、海带、蔬菜、豆类、油料种子含钙量也很丰富。

② 铁。铁是人体内必需的微量元素之一,也是体内含量最多的微量元素。成人体内的含铁量均为 4～5 g,体内没有游离的铁离子,都与蛋白质结合在一起,主要以血红蛋白质存于红细胞中,少量存在于肝、脾、骨髓里,血液呈红色就在于血红素是含铁的复杂有机物。血红素中的 Fe 参与氧的运送、交换和组织呼吸过程,可表示为:

$$\text{Hem} + O_2 \longrightarrow \text{Hem} \cdot O_2 \xrightarrow{C_6H_{12}O_6\ \text{酶}} \text{Hem} + CO_2 + H_2O$$

$\quad\quad$ 血红素 $\quad\quad\quad\quad$ 铁氧血红素

凡能将 $Fe^{2+}$ 氧化为 $Fe^{3+}$ 的氧化剂,如 $NaNO_2$、$H_2O_2$、$KMnO_4$ 都会干扰运载氧的功能;能与 $Fe^{2+}$ 生成配离子的物质能取代氧气的位置,造成机体缺氧症状,直至死亡。

铁在体内可被反复利用,排出的数量很少,成人每天损失 1 mg,如果膳食供铁不足,会导致血红蛋白含量低,即缺铁性贫血。

膳食中铁的良好来源有动物肝脏、动物全血、肉类、鱼类和某些蔬菜。

③ 锌。人体含锌约为 1.4～2.3 g,约为含铁量的一半,也是含量仅次于铁的微量元素。人体内各个组织都含有痕量的锌,主要集中于肝脏、肌肉、骨骼和皮肤(包括头发)。血液中的锌大多数分布在红血球中,主要以酶的形式存在,头发中锌的含量可反应食物中锌的长期供给水平。锌是很多酶的组成成分,人体内有 100 多种酶含锌,并对酶的活性产生直接影响。

人体锌缺乏的临床表现为食欲不振,生长停滞,创伤愈合不良及皮炎等。

锌的食物来源有动物性食品如猪肉、牛肉、羊肉、鱼类和各种海产品,蔬菜、水果中的含量一般都不高。

④ 碘。人体内的碘约 20～50 mg,20％存在于甲状腺中,甲状腺的聚碘能力很高,其碘的浓度可比血浆高 25 倍,血浆中的碘主要为蛋白质结合碘。碘的功能是参与甲状腺素的合成并调节机体的代谢。甲状腺素是含碘的激素,在机体内主要调节热能代谢,调节蛋白质、脂肪、碳水化合物的合成与分解代谢,促进机体的生长发育。

人体缺碘时,甲状腺素合成降低,血液中甲状腺素水平下降,引起甲状腺组织增生和肿大,俗称"大脖子病",儿童缺碘可导致智力低下,生长迟缓。

我国内陆大多数地区缺碘,补碘的方法是食盐加碘。食物中海带、紫菜及海产品含碘量很高,如紫菜中碘的质量分数可达 0.5％。

需要注意的是碘摄入量过多,可引起地方性甲状腺肿,补碘反而使病情加重,所以不缺碘地区不宜使用加碘食盐。

**我国的食盐加碘工程简介**

人体离不开碘。数据表明,我国大约有 4 亿人生活在缺碘的地区,我国的一千多万智力残疾人中,80％是缺碘所致。据报道,湖南省一个小山村,村长只会从 1 数到 80,全村没出过一个大中专毕业生。没有一个青年达到征兵标准,也找不出一个能说会道的会计。这就是因为缺碘的缘故。

1996 年，中国政府向世界宣告：中国在 2000 年消除碘缺乏病。采取的措施就是从 1996 年开始全民普食碘盐（在食盐中加入无毒而又易为人体吸收的碘酸钾，要求碘盐中碘含量为 20～50 mg·kg⁻¹）。同时还成立或加强了行政执法部门——盐业公司进行食盐专卖和碘盐的生产和销售。对假、劣、私盐进行了严厉打击和查处。

截止 2006 年，湖南这个内陆缺碘大省宣布"总体达到消除碘缺乏病的目标"。但那些早年因缺碘导致智力残疾的人，因过了最佳的"智力成长期"而只能抱憾终生了。

⑤ 硒。过去认为硒是有毒元素，到本世纪 50～60 年代才肯定硒是维持人体正常生理所必需的微量元素。成人体内含硒约 14～21 mg，多分布于指甲、头发、肾和肝中，硒具有抑制过氧化的作用，抗毒性，能刺激免疫球蛋白及抗体的产生，有抑制癌细胞的作用，硒也是智力发育的营养素。缺硒是引起克山病的一个重要病因，成人每日实际摄入硒量为 60～70 μg，主要食物来源有动物的肝、肾、海产品及肉类，谷物含量随土壤而异。

除了上述人体容易缺乏的矿物质元素以外，还有些矿物质元素对人体相当重要，但在正常情况下，一般通过日常饮食，可得到足够的补充，不易造成缺乏。现将部分矿物质元素的生理功能，缺乏症状及食物来源列表（8 - 2）如下：

**表 8 - 2　部分矿物质的生理功能、缺乏症状、食物来源与日推荐量**

| 名称 | 日推荐量/mg | 生理功能 | 缺乏症状 | 食物来源 |
|------|------------|---------|---------|---------|
| Mg | 200～300 | 激活体内多种酶，抑制体内神经兴奋，参与体内蛋白质的合成、肌肉收缩和调节体温等作用 | 肌肉震颤，手足抽搐，心动过速，心律不齐，情绪不安容易激动 | 肉、动物内脏、粮食、绿色蔬菜等 |
| P | 800～1 200 | 骨骼、牙齿的主要成分，是细胞核及各种酶的成分。帮助糖类、脂肪的代谢，维持渗透压和酸碱平衡 | 骨骼牙齿发育不正常。骨质疏松，软骨病，食欲不振 | 豆类、蛋类、乳、肉、绿色蔬菜类 |
| K | — | 维持体内水平衡，渗透压及酸碱平衡，增强肌肉的兴奋性，维持心跳规律，参与热能代谢 | 倦怠，嗜睡，无力，严重时心理失常，麻痹 | — |
| Na | — | 维持水平衡、渗透压及酸碱平衡，增强肌肉的兴奋性 | 眩晕，恶心，食欲不振，心律过快，血压下降，严重时昏迷虚脱 | 食盐 |
| Cl | — | 维持体内水平衡，渗透压及酸碱平衡，激活唾液中的淀粉酶 | 食欲不振 | 食盐 |
| Cu | — | 金属酶的成分，促进结缔组织形成和骨骼正常发育，维持中枢神经系统的健康 | 贫血，生长迟缓，情绪易激动 | 谷类、豆类、坚果、肉类、海产品 |

（续表）

| 名称 | 日推荐量/mg | 生 理 功 能 | 缺 乏 症 状 | 食 物 来 源 |
|---|---|---|---|---|
| Mn | 3 | 活化硫酸软骨素合成的酶系统,促进生长和正常的成骨作用 | 生长迟缓,生殖机能受阻 | — |
| Cr | 2～2.5 | 激活胰岛素,维持正常葡萄糖代谢所需物质。三价铬为人体必需,六价铬有毒 | 葡萄糖耐量异常,导致糖尿病 | 动物蛋白、豌豆、胡萝卜 |
| Co | 0.29 | 维生素 $B_{12}$ 的重要组成成分,但自身不能直接用钴来合成维生素 $B_{12}$ | 贫血 | 含维生素 $B_{12}$ 食物 |
| Mo | 0.3 | 构成多种氧化酶的重要成分 | （未见报道） | — |
| F | 2.5～3 | 牙齿和骨骼的成分,可预防龋齿,老年人的骨质疏松症 | 摄入量过多可引起斑牙症 | 食物中较少,主要通过饮水 |

### 8.2.3 常见的几种有毒微量元素

① 铅 Pb。人类使用铅已有 4 500 年以上的历史,现代工业中,冶金、蓄电池的制造、油漆、颜料、陶瓷、玻璃、医药、农药、塑料、橡胶、石油、火柴等都要使用铅[①],铅污染环境的主要污染源之一为汽车尾气,这是汽油抗震剂四乙基铅所致。此外,油漆颜料中铅丹的主要成分是 $Pb_3O_4$;还有铅白,主要成分是 $PbCO_3 \cdot Pb(OH)_2$。据测定,市区交通拥挤处离地面 1 m 高的空气比 1.5 m 高的空气中的铅浓度大 15 倍。铅可以抑制一些酶,进而抑制蛋白质的合成。铅中毒的典型症状为贫血、头痛、痉挛、慢性肾结石、肾炎、脑损伤、中枢神经错乱,儿童铅中毒会严重影响其智力。由于铅中毒的作用十分缓慢,因此不易觉察,一旦出现难以治疗。铅中毒还是积累性的,因为它易为肠道吸收,进入血液中的铅形成可溶性磷酸氢铅,在血液中分解红血球,通过血液扩散到全身,沉积在内脏和骨髓中。大部分铅离开软组织后,以不溶性的磷酸铅在骨骼中沉积下来。我国规定生活饮用水标准中 Pb 浓度不超过 $0.1 \, mg \cdot L^{-1}$。据测定,上海市市区铅污染区儿童发育迟缓,发病率为中小城市市区的 10 倍。儿童中血铅含量增加 $0.1 \, mg \cdot L^{-1}$ 智商就降低 6～8 分。我国工业区儿童血铅浓度为国际标准的 2～4 倍,约 50% 的儿童受铅毒性危害。

② 汞 Hg。汞的毒性人类早就知道一些,但应注意无机汞和有机汞,及其价态毒性的差异。如甘汞,难溶于水,毒性很低;升汞易溶于水,毒性很强。单质汞通过呼吸道和皮肤进入人体,汞中毒会引起神经紊乱,手、足、唇的麻木和刺痛,还会引起头痛、视影缩小、听觉失灵、语无伦次、震颤、膀胱炎及记忆力衰退等。

自 1914 年以来,人们开始使用有机汞作杀菌剂、防霉剂、驱虫剂、选种剂,而环境中任何形式的汞均可在一定条件下转化为剧毒的甲基汞。如 $CH_3HgCl$（一甲基汞）,

---

① 还有印刷出版业曾用铅字排版,有的印刷厂一年用铅达数百吨,现在几乎都已被电脑排版代替。

$CH_3HgCH_3$（二甲基汞）。以甲基汞为代表的短链烷基汞在体内很稳定，代谢缓慢。甲基汞对人的毒害主要是引起神经障碍，轻微的很难觉察，与烷基铅类似，往往数月后才发病，一般认为人体可接受的血汞浓度为 $0.1\ mg\cdot L^{-1}$，日本的水俣病就是有机汞中毒所致。

**商海拾遗**

### 美白剂与汞中毒

人们对真善美的追求尤其是女性对外表美的追求，可说是一个永恒的话题，于是，各种美白剂应运而生。遗憾的是，有毒元素汞被人为地加入其中，给祛斑爱白者带来极大的危害。因为汞被称为"黑色素细胞的毒药"，能在短期内杀死黑色素细胞，达到迅速增白祛斑的作用，而其效果与汞量成正相关。更有甚者，通过各种渠道鼓吹"祛斑美白"效果，不惜采用现场试用含汞超标万倍以上的"美白去斑"化妆品，使不少爱美的女性因汞中毒而损害健康。汞是化妆品禁用物质。卫生部门判定人体是否汞中毒是测其尿汞含量（Hg）$\leqslant 0.01\ mg\cdot L^{-1}$ 时才算合格。不法商贩们通过各种渠道购进汞盐，添加到化妆品中。据浙江省质监局公布，对 200 个批次的祛斑化妆品抽查后，有 115 个批次超标万倍以上，最高达 93 000 倍。而产品限量为 $1\ mg\cdot kg^{-1}$，可见这些不法商贩"心太狠"！

专家建议爱美女性尽量不接受美白类服务，一旦出现异常症状，应当尽快就诊检查及早治疗，千万别"花钱买汞中毒"。

③ 镉 Cd。镉是性质与锌类似的ⅡB族金属元素。镉有剧毒，镉是生产塑料、颜料的原料和催化剂；也是电镀、生产不锈钢、镍镉电池和电视机显像管的原料。随着其用途的增大，镉在空气、水、土壤中的污染日益严重。美国通过长期研究发现，人的肾脏中锌镉关系的变化是引起高血压的重要原因，"锌镉比"较高的地区（或食物中的"锌镉比"较高）高血压发病率明显低于锌镉比较低的地区。

镉中毒引起痛痛病。镉主要通过食物、饮水、空气、吸烟进入人体，而且主要积累在肾和肝内，长期摄入镉可导致肾功能不良，破坏锌酶的作用（镉取代锌）。镉还影响铁的代谢。急性镉中毒会引起肺气肿。镉被怀疑为致癌物，一般成年人体内含 20～30 mg，我国饮用水标准规定镉的浓度不超过 $0.01\ mg\cdot L^{-1}$。

④ 砷 As。单质砷用处不大，其化合物可做半导体材料，如砷化镓。砒霜（$As_2O_3$）是众所周知的毒药，砒霜中毒后，食道及咽喉均有灼烧感，腹部疼痛，随之呕吐，头痛，血压降低，呼吸减慢，最后心力衰竭而死。研究表明，砷的毒性与价态和化合物类别有关，三价砷毒性较五价砷大，有机砷比无机砷的毒性小得多。有色冶金、化工、含砷农药、井水都是砷的主要污染源，与砷有职业接触的人易患肺癌和皮肤癌。我国规定饮用水中砷的最高允许浓度为 $0.04\ mg\cdot L^{-1}$，居住区空气中砷的日平均浓度不超过 $3\ \mu g\cdot m^{-3}$。

**思考与练习**

**1.** 填空题。

（1）人体中有_____种化学元素。其中 C、H、O、N 四种元素的质量分数约占人体的_____%，其余的统称_____。一般把占人体质量在_____以上，人体每天需要量在_____g 以上的元素（C、H、O、N 除外）叫做_____元素，其余占人体质量不到_____%的元素叫做_____元素。

（2）按照人体是否需要，将人体中的元素分为_____、_____、_____。

（3）矿物质中_____是构成血红蛋白和色素细胞的特殊成分；_____是构成甲状腺素的特殊成分。

**2.** 选择题。

（1）关于矿物质的下列说法中，正确的是（_____）。

A. 矿物质是无机盐，可见它们在体内主要以无机物形式存在

B. 矿物质在人体内既不能合成，也不能在体内代谢中消失

C. 矿物质是构成机体组织的重要材料，也是机体的能量物质

D. 人体缺钾缺钠时，可摄入适量的金属钾或钠

（2）下列关于矿物质说法中，错误的是（_____）。

A. 矿物质有构成机体组织和维持正常生理代谢的功能

B. 人体可通过食用鱼、虾、奶制品摄入所需的钙

C. 凡能将二价铁氧化为三价铁的氧化剂，如 $KMnO_4$、$H_2O_2$、$NaNO_2$ 等，都会造成血红蛋白输氧障碍，造成人体缺氧

D. 铅是有毒元素，酸性蓄电池、颜料、塑料、瓷器、玩具中常含铅

## 8.3 维生素与健康

维生素是维持人体正常生命过程的必须营养素。它是一类结构较为复杂的低分子有机物。这类有机物作为酶系统的重要成分，能在人的正常体温时促进生物化学反应。若干维生素还可以结合到机体组织结构中去，人们常称它为生命的生物催化剂。因此，人体缺乏维生素时，也会处于不健康状态而患病，甚至死亡。维生素是从研究营养缺乏病而逐渐发现的。如从脚气病的研究发现维生素 $B_1$，从研究坏血病发现了维生素 C。有些生物体可自行合成一些维生素，有些则不能。如可以用粮食制成淀粉（在水解酶催化下），然后可制得维生素 C。但若将粮食通过人体则只能得到葡萄糖而不能在体内合成维生素 C。维生素分子式为 $C_6H_8O_6$，又叫抗坏血酸（有机弱酸），为无色结晶，溶于水和乙醇，受热分解，见光和空气易氧化，能还原 $NO_3^-$，$NO_2^-$ 和 $Fe^{3+}$。维生素 C 能使有机体组织蛋白交联，维持牙、骨骼、血管、肌肉的正常功能，增加抵抗力，促进外伤愈合。缺乏维生素 C，易患坏血病、口腔炎、牙龈炎，骨骼、毛细血管脆弱，皮下出血等疾病。从上世纪末到现在的 100 年间，已发现和分离了维生素 A、B、C、D、E、P、K 等 20 多种维生素。人们可以从米面、肉类、乳制品、蔬菜、水果中摄入所需的多种维生素。

维生素可分为水溶性和脂溶性两大类。水溶性维生素有 B 族维生素（B₁、B₂、B₆、B₁₂、烟酸、胆碱等）及维生素 C；脂溶性维生素有维生素 A、D、E、K 等。水溶性维生素易溶于水，故易随排泄物排出体外；而脂溶性维生素往往从脂肪食物中得到，过量时又储存在人体脂肪组织中。

关于维生素的作用机理，与其他生物化学反应和与之有关的代谢作用一样，非常复杂。如维生素 A、C、E 都有一定的抗癌作用，但其作用机理仍在探索争论之中。此外，维生素不向机体提供热能。它在食物加热过程中（如洗、切、烧、煮）容易损失。

维生素与其他营养素类似，若摄入过多，不仅会"中毒"，还会干扰、降低人体自身的合成能力。

表 8-3    维生素的来源和功能简介

| 名　　称 | 每日最低需要量/mg | 食物来源 | 功　　能 | 维生素缺乏症状 |
|---|---|---|---|---|
| 水溶性的维生素 B₁（硫胺） | 1.5 | 各种谷物、豆、动物的肝、脑、心、肾脏 | 形成与柠檬酸掀起环有关的酶 | 脚气病，心力衰竭，精神失常 |
| 维生素 B₂（核黄素） | 1～2 | 牛奶、鸡蛋、肝、酵母、阔叶蔬菜 | 电子传递链的辅酶 | 皮肤皲裂，视觉失调 |
| 维生素 B₆（吡哆醇） | 1～2 | 各种谷物，豆，猪肉，动物内脏 | 氨基酸和脂肪酸代谢的辅酶 | 幼儿惊厥，成人皮肤病 |
| 维生素 B₁₂（氰钴胺） | 2～5 | 动物的肝，肾，脑，由肠内细菌合成 | 合成核蛋白 | 恶性贫血 |
| 抗癞皮病维生素（烟酸） | 17～20 | 酵母，精瘦肉，动物的肝，各种谷物 | NAD，NADP，氢转移中的辅酶 | 糙皮病，皮损伤，腹泻，痴呆 |
| 维生素 C（抗坏血酸） | 75 | 柑橘类水果、绿色蔬菜 | 使结缔组织和碳水化合物代谢保持正常 | 坏血病，牙龈出血，牙齿松动，关节肿大 |
| 叶酸 | 0.1～0.5 | 酵母，动物内脏，麦芽 | 合成核蛋白 | 贫血症，抑制细胞的分裂 |
| 泛酸 | 8～10 | 酵母，动物肝脏、肾，蛋黄 | 形成辅酶 A（COA）的一部分 | 运动神经元失调，消化不良，心血管功能紊乱 |
| 维生素 H（生物素） | 0.15～0.3 | 动物肝脏，蛋清，干豌豆和利马豆，由肠内细菌合成 | 合成蛋白，CO 的固定，氨基转移 | 皮肤病 |
| 脂溶性维生素 A（A₁-松香油）（A₂-脱氢松香油） | 0.8～1 | 绿色和黄色蔬菜及水果，鳕鱼肝油 | 形成视色素，使上皮结构保持正常 | 夜盲，皮损伤，眼病（过量维生素 A 中毒，极度过敏，皮损伤，骨脱钙，脑压增高） |

（续表）

| 名　称 | 每日最低需要量/mg | 食物来源 | 功　能 | 维生素缺乏症状 |
|---|---|---|---|---|
| 维生素 D（D₂-骨化醇）（D₃-胆钙化醇） | $(5\sim10)\times10^{-3}$ | 鱼油,肝,皮肤中由太阳光激活的前维生素 | 使从肠吸收的 $Ca^{2+}$ 增加,对牙和骨的形成有重要影响 | 佝偻病骨发育不良 |
| 维生素 E（生育酚） | 10～40,决定于不饱和脂肪酸的吸收 | 绿色阔叶菜 | 保持红细胞的抗溶血能力 | 增加红细胞的脆性 |
| 维生素 K（K₂-叶绿酯） | 0.07～0.14 | 由肠细菌产生 | 促成肝里凝血酶原的合成 | 凝结作用的丧失 |

**观点聚焦**

### 维生素功能的传统看法面临挑战

　　传统的观点正如教材中所指出的维生素在生命过程中起着重要作用,被誉为生命的催化剂和解毒剂(主要指维生素C)。2006年,美国科研机构对 10 多万人,48 个观测组的关于维生素功能的对照实验证实:维生素 A、B、C、E、β-胡萝卜素等对人体没好处,多吃还有副作用,甚至不少对照组中服用维生素的死亡率还高些。有些白领喜欢在工作中吃复合维生素,观测发现,她们的体质却不断下降,常"弱不禁风"而处于亚健康状态甚至病态。于是这些科学家提倡不要吃维生素,而要多运动,适当晒太阳。你认为如何? 最好不做旁观者,而做参与者、志愿者。

**思考与练习**

　　**1.** 填空题。

　　（1）维生素是＿＿＿＿＿＿＿＿＿＿＿＿＿必须营养素。它作为＿＿＿＿＿＿系统的重要成分,能在人的正常体温时促进＿＿＿＿＿＿＿＿＿＿＿。人们常称它为生命的＿＿＿＿＿＿＿＿。

　　（2）按其溶解性,维生素可分为＿＿＿＿＿＿和＿＿＿＿＿＿两大类。人们熟悉的＿＿＿＿＿＿属于＿＿＿＿＿维生素。它易溶于水,易随排泄物＿＿＿＿＿＿＿＿＿＿。

　　（3）人们可以从＿＿＿＿、＿＿＿＿、＿＿＿＿和蔬菜、水果中摄入所需的多种维生素。

　　**2.** 选择题。

　　（1）缺乏维生素 C 易患（　　　）。

A. 脚气病　　　　B. 贫血病　　　　C. 夜盲症　　　　D. 坏血病

(2) 下列做法中,维生素损失较少的是(　　)。

A. 柑桔类水果(或其果汁)与牛奶同时食用

B. 为方便起见,晚餐多炒些白菜,第二天中午热着吃就省事了

C. 准备蔬菜时,首先浸泡洗净,刀切后立即下锅

D. 准备蔬菜时,先切开再浸泡洗净

(3) 下列关于维生素的错误叙述是(　　)。

A. 维生素是结构复杂的低分子有机物,但不是能量物质

B. 维生素的功能是作为辅酶调节机体代谢

C. 通过摄入食物是向人体提供维生素的主要来源

D. 通过服用制造的维生素药剂,是向人体提供维生素的主要来源

## 8.4　衣食住行与健康

### 8.4.1　衣——服装与健康

早期人们穿衣是为了遮羞与御寒,随着时代潮流的发展,人民生活水平的提高,衣着已成为社会文明进步的标志。

每个人如何选择合适的衣着？其实穿衣既要考虑美学、经济、社会流行的趋势等因素,又要考虑气候、环境(阳光、气温、风沙)等因素。在衣服的选择、洗涤、存放中还要考虑有害物质对人体健康的影响。

现在,"绿色"时装正在国际上流行,它给服装带来了一个新的主题:既考虑环保要求和资源的合理使用,又保证健康安全。美、德、日等发达国家对纺织品和成衣的生产、销售都有规定和法令。减少、限制印染加工,对成衣产品规定凡导致污染和引起皮肤过敏及伤害的,要追究责任,重至法办。

#### 8.4.1.1　服装的化学成分

服装是由纤维经纺织、印染等工艺加工而成,因此其主要成分是纤维和染料。

(1) 纤维。纤维可分为两大类:

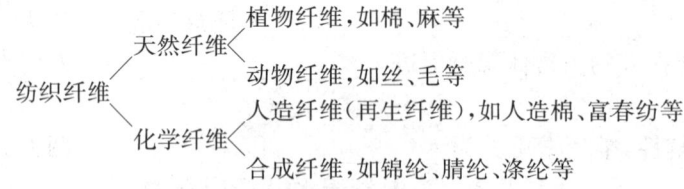

植物纤维的主要成分是纤维素$(C_6H_{10}O_5)_n$,动物纤维主要由蛋白质组成。由于这些分子有羟基(—OH)结构,故吸水性好,透气,易吸汗,穿着舒服。化学纤维中的人造纤维是用麦秆、木材、草类等天然纤维素作原料经过化学处理而制成的纺织纤维,其性质与天然纤维相似。利用石油、天然气、煤和农副产品作原料,先制成单体,然后经聚合反应制成

的是合成纤维。

（2）染料。

大多数染料是含有偶氮基团（—N≡N—）的有色有机物。染整过程中经常使用的一些物质,如对苯二胺、间苯胺黄、酱紫、二硝基氯苯、对氨基苯酚、氨基偶氮苯、萘胺黄、荧光染料等都是常见的化学致敏物。衣服上的染料残留物接触皮肤可引起接触性皮炎或湿疹。

**名牌服装光环下的阴影**

染料中大多含有可分解芳香胺——一类可能改变人体 DNA 结构的芳香族有机物。它可能引起人体疲劳,诱发癌症,潜伏期长达 20 年。值得指出的是 2006 年以来,我国工商质检部门对多个国际知名品牌服装进行质量抽检,芳香胺高达 255 mg·kg$^{-1}$,超出国家标准 10 倍以上。此外,北京、天津、广州等大城市也检出这些进口名牌服装中 pH 也超过 8.0 甚至达 9.25。

### 8.4.1.2　服装的洗涤

人体从毛孔蒸发出的汗液和皮脂腺分泌的皮脂(成人每天约 20～40 g),相互作用以"油污"形式留在人体表皮,既"毒"害人体又弄脏衣服,并降低了衣服的使用寿命,可用洗涤方法除去。

衣服上一般的污物都可用水和常用的洗涤剂如肥皂、洗衣粉来洗涤,水温以 30～40℃为宜,不宜过高,因为污物中的蛋白质在高温时容易凝固而不易洗干净;对于合成纤维,温度过高容易造成变形和起皱。最好使用中性的无磷洗衣粉。洗衣粉用量要适中,浸泡时间不宜太长,清洗时要"少量多次",使残留在衣服上的污物和洗涤剂尽可能减少。肥皂和洗衣粉混合使用去污效果更好,泡沫与去污没有必然联系,尤其是机洗,泡沫越少越好。有些高档衣服需干洗,干洗是用有机溶剂(如 $CCl_4$、$Cl_2C=CCl_2$)洗涤的,因而衣服上有残留物。在穿戴之前应挂放在通风地方。对于特殊污物要用特殊方法洗涤,如各种油污要用汽油洗涤,铁锈可用稀草酸溶液洗涤,新铁锈也可用维生素 C 片剂直接搓揉后冲洗,霉斑用酒精洗涤,各种墨汁先用冷水冲洗,再用氨水和洗涤剂搓洗。对于特殊的污物,一般是立即局部洗涤效果最好。

## 8.4.2　食——饮食与健康

前面谈到的矿物质、维生素等营养素对人体健康都相当重要,那么人们怎样才能保证这些营养成分的正常供给呢? 日常饮食中哪些物质是有害有毒的,怎样才能防止有害有毒物质呢? 下面就介绍这些知识。

### 8.4.2.1　均衡膳食——膳食平衡

人体所需的能量是由碳水化合物(糖类)、蛋白质和油脂提供的,它们被称为三大营养素。此外还要同时摄入一些必须的矿物质、维生素等营养素。在正常情况下,人体内的各种营养素,既相互配合又相互制约,某种营养的吸收及利用与其他营养素密切相关。

要保证人体健康,就要做到各种营养平衡,即人们常说的"生命在于平衡"。它对人们每天的膳食结构提出了一定的要求,但由于各地区文化传统、经济状况、生活习惯、食物资源、烹饪方式各不相同,很难制定一个公认的"食谱"。中国营养学会根据全国营养调查和卫生部对疾病的统计,发现我国居民的饮食存在问题,为此在 1997 年,提出了"膳食平衡"的概念。营养,即膳食要能够提供足够数量的热量和各种营养物质之间的平衡,以利于它们的吸收和利用。具体有以下五个方面的要求:

① 摄食多样化,人体需要多种营养成分,只有摄入多种食物才能满足要求。

② 各种营养素在体内有一定的比例,因此摄入各种食物也要按一定比例,才能更好地吸收与利用食物的营养物质。现在问世的"元素膳"、"多功能食品"都基于"营养平衡"。

③ 合理分配三餐,根据人们活动对能量的需求,一般以早晚餐各占 30%,中餐占 40%为宜。

④ 要注意改变一些地区不良的生活习惯,例如,不愿喝牛奶的习惯,要保证每个居民平均每年饮用 40 kg 牛奶或豆奶。

⑤ 要注意消化吸收,饮食不能随心所欲,要注意营养搭配,才可能全面吸收。

1997 年中国营养学会根据我国国情和上述要求,制定了《中国居民平衡膳食宝塔》(见图8-2)它把居民每一天的膳食要求形象化、具体化、直观化了。从塔底到塔顶,摄入量依次减少,尤其是油脂类,每天仅 25 g。这个"膳食宝塔"的优点是:

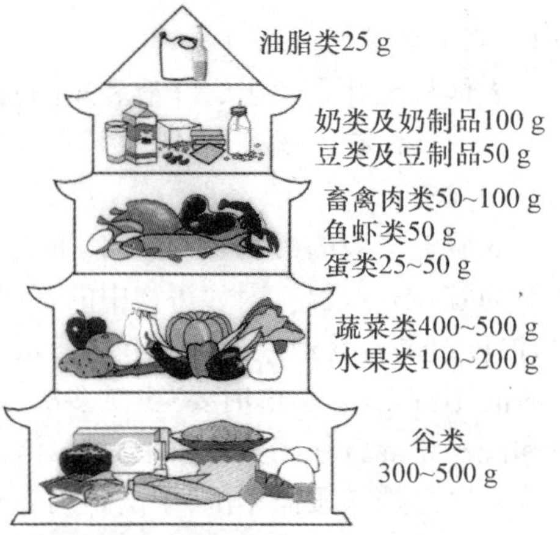

① 保证了能量的供给,又兼顾了必需元素和维生素的摄入。如果把一个成年健康人需要的能量(这里指热量)定为 10 000 kJ/d,300 g 大米或面粉能供约 5 000 kJ 的能量。水果蔬菜中还含有大量的多种维生素。而 500 g 蔬菜能保证钙的日需量(0.8~1.2 g)。

② 既照顾了我国人民的饮食习惯,又考虑

油脂类25 g

奶类及奶制品100 g
豆类及豆制品50 g

畜禽肉类50~100 g
鱼虾类50 g
蛋类25~50 g

蔬菜类400~500 g
水果类100~200 g

谷类
300~500 g

图8-2 中国居民平衡膳食宝塔

到价格的经济实惠。1 kg 面粉的发热量比 1 kg 牛肉、猪肉的发热量高,而价格仅为猪肉的 1/5 左右。

③ 注意了饮食中的酸碱平衡。根据食物进入人体后变为酸性或碱性,可将食物分为酸性或碱性食物。米面、粮、鱼、肉、蛋虽然营养价值高,属酸性类食物,经常食用易使血液呈弱酸性,称酸性体质。在血液显酸性时,人体手足发凉,易感冒,伤口不易愈合,并影响智力水平,如记忆力,思维能力减退,出现神经衰弱,心血管疾病或发生精神疾病。

多食碱性食物可预防酸性体质。碱性食物一般指水果、蔬菜、豆制品、乳制品、海带等含有钾、钠、钙、镁元素的食物。水果中虽然含有多种酸性物质,但人体消化吸收过程中,会变成碱性,可使血液的 pH 保持在 7.4 左右。

科学证明,儿童多食碱性食品可明显提高智力水平。

在饮食中还应注意到,人体摄入的食物,不一定都能消化、吸收和利用,它受很多因素的影响,如食物本身的性质、烹调加工的方法,人的疾病或生理过程等,此外,精神因素也会影响人们摄食营养的过程。

在膳食平衡中特别要提到水的作用。水是人体内最大和最重要的组成成分,人体的含水量占体重的 2/3。水能促进营养素的消化、吸收与代谢,能够调节体温,使之恒定,对机体有润湿作用。科学研究证明:人对水的需求比食物更重要,一个人绝食 1～2 周只要饮水尚可生存,但如果绝水仅能存活几天,人体失水达 20%～22% 时就会死亡。正常成人每天的需水量是 40 mL/kg 体重,在劳动和运动大量出汗后,要及时补充更多水分。

随着改革开放,国外的一些食品也纷纷涌入我国市场,如麦当劳、肯德基、汉堡包等。这些食品"三高一低"(即高蛋白、高糖类、高脂肪和低维生素)的缺点是较明显的。我们应该学会从营养平衡的角度正确选用。

### 8.4.2.2 食品中的有害物质及其预防

食品在生产加工、包装、储运、销售过程中,时常可能接触化肥、农药、食品添加剂、各种包装材料等而被有害物质污染,加之自身霉变,使得食品中有害物质种类繁多。除已经介绍过的铅、汞、镉、砷等有毒物经污染进入食物之外,在食物加工、储运过程中,由于多种因素,也可以自身产生毒物,如黄曲霉素、亚硝酸胺、苯并芘、二噁英等。这些毒素毒性强,危害性大,对人体健康构成极大的威胁。

(1)黄曲霉毒素(黄曲霉类)。黄曲霉是一种有荧光的金黄色毒素。在紫外线照射下,能发出紫色、绿色的荧光。黄曲霉的种类很多,都具有毒性,有的毒性是剧毒物 KCN 的 10 倍,砒霜的 68 倍。产生黄曲霉的主要菌种是黄曲霉菌。高温潮湿的环境最易使黄曲霉大量繁殖,黄曲霉主要产生于玉米、花生、食油中。黄曲霉不溶于水,能溶于部分有机溶剂中,加热至 280℃ 才发生分解,低浓度的黄曲霉毒素易被紫外线破坏,在中性及弱酸性溶液中很稳定,在 pH 为 9～10 的碱性溶液中能迅速分解、破坏。黄曲霉经消化道进入人体,使正常细胞发生恶变,能诱发多种癌症,主要是肝癌。国家食品卫生标准对食物中黄曲霉素的含量有严格的规定:玉米、花生、花生油不得超过 20 $\mu g \cdot kg^{-1}$,大米及其他食用油不得超过 10 $\mu g \cdot kg^{-1}$,婴儿食品不得检出。

防止黄曲霉的方法有防霉去毒。

防霉:霉菌的生长需要一定的温度、湿度(含水量)及氧气,控制条件之一即可。一般比较容易控制的是食品的含水量,只要把粮食彻底晒干,密封保存即可防霉。用环氧乙烷熏蒸粮食也可防霉。去毒:食物被黄曲霉污染后,如花生,检出发霉、变色、破损、皱缩的颗粒,可使黄曲霉的含量显著降低。对于其他粮食,可用碾轧加工,加水搓洗方法除去。在用油炒菜时,可将油先放在锅里烧一会儿(不要冒烟),据介绍可除去油中 95% 的黄曲霉。由于黄曲霉在碱性溶液中不稳定,蒸煮米面时,可适当放一点苏打或小苏打等食用碱。

(2)亚硝酸胺(亚硝胺)和亚硝酸盐。亚硝酸胺和亚硝酸盐都含有亚硝基(—N=O)。

亚硝酸胺在有机化学中命名为 N-亚硝基胺,其结构式为 $\left[ \begin{smallmatrix} R \\ R' \end{smallmatrix} \!\!>\!\! N\!-\!N\!=\!O \right]$,实验证明亚硝酸胺是一类强致癌物。自然环境中的亚硝酸胺很少,它主要是由亚硝酸盐和有机胺类在人体内合成,或在肉类、肉制品、啤酒的生产储藏中产生。食物变质后,亚硝酸胺的含量可增加数倍至数百倍。烟草在种植、加工、吸燃过程中产生亚硝酸胺；一般食道癌高发地区的环境和食物中，普遍含有能产生亚硝酸胺的胺类和亚硝酸盐。亚硝酸胺的产生过程为：

$$NaNO_2 + CH_3CHOHCOOH(乳酸) \longrightarrow HNO_2 + CH_3CHOHCOONa$$

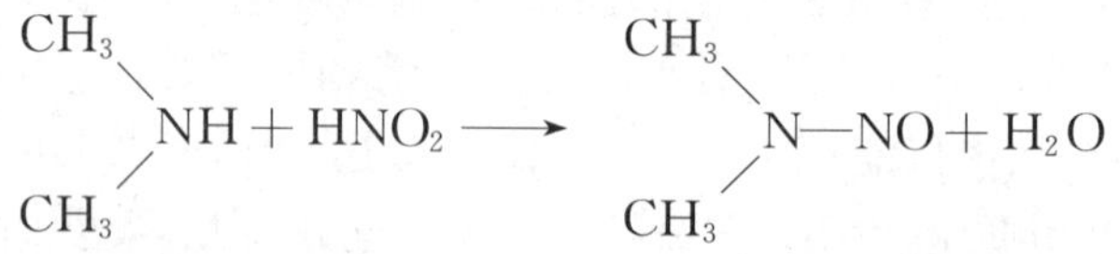

$$\begin{array}{c} CH_3 \\ \diagdown \\ \phantom{xx}NH + HNO_2 \longrightarrow \\ \diagup \\ CH_3 \end{array} \qquad \begin{array}{c} CH_3 \\ \diagdown \\ \phantom{xx}N-NO + H_2O \\ \diagup \\ CH_3 \end{array}$$

二甲基胺 N，N-二甲基亚硝胺

亚硝酸盐广泛存在于自然界。人类摄入的亚硝酸盐和硝酸盐主要来自蔬菜，以绿色蔬菜含量最高。世界卫生组织规定一个成年人每天允许摄入的亚硝酸盐和硝酸盐分别为7.3 mg 和 216 mg。

亚硝酸盐还可由硝酸盐还原而得。如蔬菜存放温度过高，在细菌和酶的影响下，其中的硝酸盐会被大量还原为亚硝酸盐。在熏制肉、鱼时，往往加亚硝酸钠作为着色剂。当亚硝酸盐大量进入人体血液时，能将血红蛋白中 $Fe^{2+}$ 氧化为 $Fe^{3+}$，将亚铁血红蛋白转变成高铁血红蛋白，而高铁血红蛋白没有输送氧的能力。

亚硝酸盐（主要是 $NaNO_2$）在外观和咸味上与 NaCl 没有多大的区别，误食后可引起中毒甚至死亡。抢救时，可口服或注射解毒剂美蓝（亚甲蓝），少量美蓝进入血液后，能使高铁血红蛋白还原为具有输氧功能的亚铁血红蛋白，使血液循环逐渐恢复正常。

目前，我国食品中因亚硝酸盐引起的危害不少。在 2000 年春季，国家卫生部门公布了对食品厂抽查的结果，有十几个厂家产品的亚硝酸盐含量超标；在公布的十五起中毒事件中，大部分是误食了亚硝酸盐引起的。为此，特通知要加强亚硝酸盐的保管。

在日常生活中，防止亚硝酸胺的危害可采取以下措施：

一是减少或避免食用亚硝酸胺的食品，如减少腌菜、泡菜等的食用量，在食品加工保存过程中应尽量不用或少用亚硝酸盐，鱼类有刺激味时不能腌制。我国规定肉制品中亚硝酸盐的含量不得超过 20 mg·$kg^{-1}$。

二是增加维生素 C 的供给量，实验证明维生素 C 能阻断亚硝酸胺的合成，要多食用水果、蔬菜。

三是要养成良好的卫生习惯，腌制食品在烹饪前要洗涤干净。睡觉前要漱口，不喝隔夜茶等。

（3）苯并芘及多环芳烃。苯并芘包括苯并(a)芘和 3，4-苯并芘，是数百种有致癌作用的多环芳烃的代表物，可通过环境污染进入食物中，也可在食品加工中产生，而后者是主要的。农作物可因叶面受到大气中沉降的灰尘而污染，亦可吸收土壤中的多环芳烃；动物饲料中含有多环芳烃时，肉品、乳品及禽蛋中亦可含多环芳烃；在烟熏、烧烤及烘干过程中，由于燃料不完全燃烧而产生的多环芳烃与食品直接接触会造成污染；食品加工过程中脂肪及类脂质受热可产生多环芳烃；用油煎食物时，特别是油冒黑烟、食物烧焦时，苯并芘含量均超标。另外，沥青、煤焦油、烟草及其燃烧的烟雾中，燃烧效率低的汽车尾气中都含有苯并芘。

苯并芘可通过呼吸、饮食或皮肤接触进入人体，可导致肺癌、胃癌及皮肤癌。

日常防止苯并芘污染的方法是改进烟熏食品加工方法，食品受污染的程度与烟熏温度、熏烤距离、时间长短有关,热烟比冷烟产生的苯并芘多,食品熏成黑色时受污染的程度大。

### 8.4.3 住——居家环境与健康

二十世纪以来,世界各国的呼吸道疾病患病率持续明显上升。过去认为与空气污染有关,但近年来的研究表明,空气污染只起 20%的作用,主要致病因素还在于室内的空气污染。

空气污染测定结果显示,城市里的空气污染远远大于农村,而烟尘浓度最高的、污染最严重的地方,既不在繁华的街道,也不在工厂,而在家庭住宅里。因此"居室环境与健康"是一个重要而又现实的问题。

#### 8.4.3.1 居室空气污染的类型

按污染来源不同大致可分为以下几类:

① 建筑、装饰材料的污染。指油漆、沥青、塑料、墙纸、粘合剂、地板胶、大理石、瓷砖等。这类建筑装饰材料除可能有放射性超标不为人所重视外,主要是化学污染。前面已经指出甲醛气体是装饰材料中散发出的致癌性的空气污染物,甲苯等 350 多种有机挥发物都威胁着人们的健康。

② 厨房空气污染。指灶具、燃料和食用油在煎、炸过程中产生的一氧化碳、焦油、烟尘、苯并芘等。尤其是看不见摸不着的 CO 与血红蛋白结合的能力比铁氧血红蛋白高约 200 倍,造成人体缺氧的一系列不良反应。

③ 生活用品引起的污染。如吸烟产生的烟雾,清洁剂、杀虫剂(如灭害灵)、洗涤剂等散发到空气中的有毒物,地毯、壁挂(画)、空调、家用电器携带的微生物病菌。近年来的"空调病"的主要原因就是在空调房内空气污染影响健康的结果。

④ 其他空气污染,如人类自身呼吸产生的废气,体内分泌产生的多种气味,灰尘,以及生活中产生的生活垃圾散发的多种气味,尤其是垃圾中有机物未及时转移,腐败后散发出 $H_2S$、有机胺、醛、酮而使室内空气严重污染。

#### 8.4.3.2 室内空气质量标准

表 8-4 是由国家质检总局、卫生部、国家环保总局批准的室内空气质量标准(2002年 11 月 19 日颁布)。

表 8-4 室内空气质量标准

| 参数类别 | 参 数 | 单 位 | 标准值 | 备 注 |
|---|---|---|---|---|
| 物理性 | 温 度 | ℃ | 22～28 | 夏季空调 |
| | | | 16～24 | 冬季采暖 |
| | 相对湿度 | % | 40～80 | 夏季空调 |
| | | | 30～60 | 冬季采暖 |
| | 空气流速 | m/s | 0.3 | 夏季空调 |
| | | | 0.2 | 冬季采暖 |
| | 新风量 | m³/(h·人) | 30[a] | |

（续表）

| 参数类别 | 参　数 | 单　位 | 标准值 | 备　注 |
|---|---|---|---|---|
| 化学性 | 二氧化硫 $SO_2$ | $mg/m^3$ | 0.50 | 1 h 均值 |
| | 二氧化氮 $NO_2$ | $mg/m^3$ | 0.24 | 1 h 均值 |
| | 一氧化碳 CO | $mg/m^3$ | 10 | 1 h 均值 |
| | 二氧化碳 $CO_2$ | % | 0.10 | 日平均值 |
| | 氨 $NH_3$ | $mg/m^3$ | 0.20 | 1 h 均值 |
| | 臭氧 $O_3$ | $mg/m^3$ | 0.16 | 1 h 均值 |
| | 甲醛 HCHO | $mg/m^3$ | 0.10 | 1 h 均值 |
| | 苯 $C_6H_6$ | $mg/m^3$ | 0.11 | 1 h 均值 |
| | 甲苯 $C_7H_8$ | $mg/m^3$ | 0.20 | 1 h 均值 |
| | 二甲苯 $C_8H_{10}$ | $mg/m^3$ | 0.20 | 1 h 均值 |
| | 苯并[a]芘 B(a)P | $ng/m^3$ | 1.0 | 日平均值 |
| | 可吸入颗粒 PM10 | $mg/m^3$ | 0.15 | 日平均值 |
| | 总挥发性有机物 TVOC | $mg/m^3$ | 0.60 | 8 h 均值 |
| 生物性 | 菌落总数 | $cfu/m^3$ | 2 500 | 依据仪器定[b] |
| 放射性 | 氡 $^{222}Rn$ | $Bq/m^3$ | 400 | 年平均值（行动水平[c]） |

　　我国居室甲醛含量的标准为 0.10 mg·$m^{-3}$。然而,我国居室中甲醛的体积分数普遍超标 1～2 倍,在新居室中已发生过因有机物浓度过大而中毒致死的悲剧,所以经装修的居室,尤其是新建住房,最好过完一个夏天,待天凉时搬入。

8.4.3.3　创建安全居室的环境

　　现代社会,随着各种通讯工具进入家庭,人们的许多活动转向室内,在家里呆的时间增长,人们对居室的要求愈来愈高,希望有个优美的居住环境和理想安全的居室,居室的功能定位应该是舒适、恬静、温馨、高雅;这样才能更好地提高工作和生活质量。

　　为此,安全理想的居室要求装修材料有保障,有健康的生活习惯方式,还要有一个好的周围环境。需要指出的是室内设施再齐全,室外环境再好,也要大力提倡多到户外活动,到大自然中去,人是大自然的产物,阳光和空气是大自然赐给人类的无价之宝。

## 8.4.4　行——行路与健康

　　从本质上讲,行是人体运动的一种方式。行走的种种方式对健康的影响本章不加讨论。这里主要介绍人在户外活动时,汽车废气对人体健康的影响。

　　汽车是现代文明的产物,是人们的主要交通工具,它给予我们诸多方便,提高了效率。但与其他现代文明产物类似,也给人类带来很多麻烦,特别是汽车的尾气,给人类和环境带来了很大的影响。

汽车尾气(排放废气),主要是氮氧化物、碳氧化物、硫氧化物、碳氢化物。含铅汽油的废气中含有铅。废气中的 $NO_2$ 在日光作用下产生原子氧,诱发一系列反应而生成醛、酮、酸类有机烟雾,又称为化学烟雾或洛杉矶烟雾,它有很强的刺激性,对人体产生毒害,对眼、鼻、咽喉粘膜有强烈的刺激作用,能引起红眼病、咽喉炎以及不同程度的头痛。近几年光化学烟雾已在我国广州市出现,而酸雨、"伦敦雨雾"也与汽车废气有关。含铅尾气对城市居民尤其是儿童的健康危害相当严重。为了减少铅毒污染,各国对汽油中含铅量加以限制,同时开发与使用无铅汽油。我国制定了相应的尾气排放标准和空气质量标准,并于1996年在上海建立了第一家铅中毒防治研究所。

为了保护我们的生存环境和健康,必需控制汽车和摩托车的生产和城市投放量;提倡步行、骑自行车、乘地铁电车,禁止使用含铅汽油;驾车人要文明驾车,把噪音、废气控制在最低限度。

## 思考与练习

**1.** 填空题。

(1) 衣服中的主要有害物质可概括为_____、_____、_____等3类。

(2)《中国居民膳食宝塔》的优点是:既保证了_____的供给,又兼顾了_____元素和_____的摄入;既照顾了中国人的_____,又保持了饮食中的_____。

(3) 汽车是现代文明的产物,但与其他现代文明产物类似,在给人类诸多好处时,也给人类_____,特别是汽车排出_____,对人类和_____有很大影响。

**2.** 选择题。

(1) 空气污染测定结果显示,污染最严重的地方是( )。

A. 繁华街道             B. 火电厂

C. 家庭住宅             D. 车站码头

(2) 居室污染中,装饰材料产生的"化学污染"影响最大的污染物一般是( )。

A. 甲醛             B. CO

C. $SO_2$             D. 芳香烃

(3) 食品加工、储运过程中产生不少毒物,其中毒性最强的一类是( )。

A. 黄曲霉             B. 二噁英

C. 亚硝胺类             D. 苯并芘和多环芳烃类

# 本 章 小 结

**一、健康与化学概述**

1. 健康与化学的关系

人体可看成是各种化学物质的聚集器和反应器——人体中有 60 多种元素形成成千上万种复杂物质,每秒钟发生的生物化学反应不下 10 万次,这样才能正常进行与环境的物质交换和能量交换。此外,有毒化学物质可导致人体各种疾病,甚至危及生命;人生病后,又要用化学药品来治疗。可见,化学知识可以指导健康、服务健康;而健康知识已成为实用化学基础不可或缺的重要教学内容。

2. 影响健康的因素

(1) 个体行为和生活方式因素。包括吸烟、饮酒、饮食营养、运动等方面。显然,吸烟和过量饮酒都是不良的生活方式,对生理和心理健康都有影响。青少年学生应不吸烟、不酗酒、不偏食,积极参加体育运动和其他有益的活动。总之,把握好有所为,有所不为。

(2) 环境因素。环境对人体健康的影响最主要是环境中的有害物质,可造成各种疾病甚至危及生命。

此外,遗传、医疗保健、精神(心理)因素对人体健康都有影响,尤以心理为首要因素。

**二、矿物质与健康**

人体中,除 C、H、O、N 这四种占人体质量 96% 的元素外,其余的元素统称矿物质。而这些元素都以化合态存在,大多以有机物形式存在于人体中。可按如下形式分类:

$$
矿物质
\begin{cases}
非必需元素
\begin{cases}
毒性元素 \quad Pb、Hg、Cd、As \\
非毒性元素 \quad Al
\end{cases} \\
必需元素
\begin{cases}
常量元素 \quad K、Na、Ca、Mg、P、S、Cl \\
\qquad\qquad (不包括 C、H、O、N) \\
微量元素 \quad Cu\ Zn\ Fe\ Cr\ Mo\ Mn \\
\qquad\qquad Co\ Ni\ Sn\ V\ Se\ F\ Si\ I
\end{cases}
\end{cases}
$$

显然,矿物质与健康的关系极为密切。就必需元素而言,人体缺少它们,则丧失功能,导致许多疾病;若过量摄入,亦会影响人体的各物质平衡,导致疾病。人体摄入必需元素的主要途径是通过饮食而获得的。

**三、维生素与健康**

维生素是维持正常生命过程所必需的一类有机物。需要量很少,但对维持健康十分重要。维生素不能供给机体热能,也不能构成组织的物质,其主要功能是通过作为辅酶的成分调节机体代谢,可称为"生命的生物催化剂",但它不是有机高分子化合物。如果把水和空气、阳光都算在内,糖类、蛋白质、脂肪、矿物质、维生素都统称为生命的营养素。维生素分水溶性和脂溶性两大类,按种类分 A、B、C、D、E、K 等 20 多种。

**四、衣、食、住、行与健康**

1. 服装与健康

除服装的纤维类型(天然纤维和化学纤维)对健康有影响外(如透气性、静电作用),服装有害物质主要来源于人体分泌物、蛀虫和螨、霉菌以及残余的洗涤剂和染料。

2. 饮食与健康

(1) 膳食平衡的概念、原则如中国营养学会制定的《中国居民平衡膳食宝塔》,使我们从观念到食物营养搭配方面更科学合理。

(2) 食品中的某些有害物质影响健康。四类较为突出的是:黄曲霉素、亚硝胺和亚硝酸盐、苯并芘和多环芳烃、二恶英。但要抓源头,即减少或避免这些致癌物产生。

在人们每天的食物中,可遇到多种有毒有害物质,它们是:细菌作用、不当添加剂、食物受污染、有毒的食物。

3. 居家环境与健康

现代居室要当心花钱买污染。甲醛、芳香烃类的有机污染物是人们要特别小心的。提倡无污染的绿色装修材料,经常开窗通风换气也是减少居室环境污染的重要措施。

4. 行路与健康

(1) 汽车尾气排放的氮氧化物(主要是 $NO_2$)和碳氧化物及烃类对空气的污染。

(2) 含铅汽油带来的铅污染。可通过改变能源结构和动力装置来减少或避免这类问题对环境和人体的严重影响。

综上所述,我们要站在可持续发展的高度来认识健康与环境、化学的相互渗透,相互制约和相互促进的关系。只有这样,才能使社会经济和人类以及个人的可持续发展融为一体和谐一致。

 **目 标 检 测**

**1.** 下列关于健康的说法是否正确?试简要分析并将错误之处改正。

(1) 健康是人的第一权利,我有权利不做有害健康的工作。

(2) 健康包含身体、精神(心理)两个方面。而且把道德修养作为精神健康的内涵。

(3) 人的机体必须与自然环境和社会环境相互协调。

(4) 不良行为和生活方式是健康的大敌。

(5) 饮酒不利健康,所以不要饮酒。

(6) 对学生和职业人群进行健康教育,是提高人口素质的一本万利的大事。

(7) 人在紧张、痛苦、兴奋时分泌产生不同的激素;高兴和痛苦时流下的眼泪化学成分和浓度不同。

**2.** 下列有关吸烟问题的正确叙述是( )。

(1) 烟草中主要含有尼古丁等有害物质达数千种之多。尼古丁是一种有成瘾作用的生物碱

(2) 我国现有 3.5 亿吸烟者,约占全世界吸烟人数的 1/4

(3) 吸烟和喝茶都可以醒脑提神,因为烟和茶中都含有尼古丁

(4) 吸烟者血液中 CO 浓度与不吸烟者差不多,因为血液中的 $O_2$ 将其氧化为 $CO_2$ 了,所以造成人体缺氧

(5) 据统计,我国每年吸烟造成约 300 亿元损失,3 万多起火灾,全世界每分钟有 6 人

因吸烟丧命

(6) 烟碱破坏人体消化道中的酸碱平衡,容易患胃溃疡,吸烟几乎可诱发一切疾病而被列为世界卫生组织导致癌症 19 种病因之首

(7) 每支烟含铅约 0.8 μg,每人每天吸 20 支烟,进入人体的铅达 6.1 μg,将使人直接或间接致残

**3.** 填空题。

(1) 烟草中主要含有_____和_____,在燃烧过程中产生_____,造成人体缺_____。

(2) 烟草及燃烧过程中产生的致癌物质主要有_____、_____、_____等。还含有放射性物质如_____、_____,还有_____、_____等有毒重金属元素。

(3) 世界无烟日是_____。

(4) 动物实验和调查研究表明,吸烟对青少年的_____、_____都有明显的影响。

(5) 1 支烟含有尼古丁 0.5～3.5 mg,尼古丁对人致死量为 50～70 mg,一个人连续吸_____支烟可能致命。

(6) _____者受到的危害不亚于吸烟者。在吸烟场所,空气污染物_____%为烟气污染所致。

(7) 酒类是_____食物(酸碱性),因为酒中_____进入人体后可被氧化为_____或_____;桔子、苹果等水果虽有_____味,属_____食物,因它们进入人体后_____。

(8) 白酒中含有少量甲醇。根据国家规定,甲醇含量≤_____ $g \cdot L^{-1}$。甲醇有毒,误服_____mL 眼睛会失明;误服_____就可能死亡。

(9) 衣着的作用除了美学的要求外,还有_____和_____的功能。

(10) 服装中有害物质来源于印染中的_____,还有使用存放中产生的_____和_____以及_____的残留物。

(11) 减少汽车废气、有害物质的有效措施是_____。

(12) 某营养素饮料,瓶签上标示的成分说明为每 100 mL 中:碳水化合物≥2.5 g,维生素 C 30 mg,牛磺酸 50 mg,钾 1.5 mg,维生素 $B_3$ 0.5 mg,维生素 $B_5$ 0.3 mg,钙≥0.3 mg,维生素 $B_6$ 0.08 mg,维生素 $B_{12}$ 0.1 mg。①该饮料中,含有_____种微生素,_____种矿物质,能提供热量的成分是_____。②该饮料中,上述成分的质量浓度依次为_____。

**4.** 选择题。

(1) 下列关于蛋白质的错误叙述为(_____)。

A. 蛋白质是一类含氮的天然有机高分子,它在生命现象中起着决定性的作用

B. 蛋白质是由 α-氨基酸结合而成的有机高分子,它在体内可水解为多种 α-氨基酸

C. 人体必须的氨基酸可由人体自行合成

D. 蛋白质摄入过多时,会转为糖类在体内储存起来

(2) 人误服 $Pb^{2+}$,$Hg^{2+}$,$Cu^{2+}$ 等金属离子,下列急救措施中错误的是(_____)。

A. 注射葡萄糖(或口服)

B. 服大量牛奶

C. 喝大量绿豆汤

D. 先用催吐剂(如食盐)呕吐后再服牛奶

(3) 关于煤气中毒的正确处理方法是(　　)。

A. 喝点醋或酸菜汤

B. 大蒜水或绿豆汤

C. 立即开门窗,把病人放到通风处,注意不要受凉,严重的及时送医院抢救

D. 严重的或有条件的,用高压氧舱治疗

(4) 钙对人体十分重要,儿童和老人尤甚。试从易为人体吸收(溶解)的角度推断下列物质中,补钙功能最差的食物是(　　)。

A. 牛奶　　　　　　B. 豆腐　　　　　　C. 鱼虾　　　　　　D. 猪肉

(5) 黄曲霉素是毒性很强的毒物之一,最容易产生黄曲霉素的食物是(　　)。

A. 大米　　　　　　B. 植物油　　　　　C. 花生米　　　　　D. 瓜籽

(6) 二噁英最易产生的条件是(　　)。

A. 焚烧塑料废弃物　　　　　　　　　B. 炼制油脂

C. 喷洒农药的过程中　　　　　　　　D. 汽车排放的废气中

(7) 食盐加碘($KIO_3$)后,为防碘挥发、变质,储存、使用时下列做法中错误的是(　　)。

A. 用食品袋密封储存

B. 使用时要转移至带盖的容器中,加盖

C. 食物菜肴在烧煮前或开始烧煮时放碘盐

D. 烧煮食物在出锅前放碘盐

(8) 当发现室内煤气或液化气泄漏已十分严重时(从室外进来或醒来),正确的应急处理是(　　)。

A. 打电话110或119报警求助,再开门窗透气

B. 打电话或请领导、邻居前来处理

C. 首先打开排气扇电源开关排出燃气

D. 首先打开门窗通风透气,再检查泄漏原因,不能先打电话或先用排气扇抽气

# 实用化学基础实验

## 实验编写说明

实用化学基础实验与第1版的不同之处在于：

1. 引入了绿色化学的理念,并以微型化学实验作为实施化学实验绿色化的切入点(可参看化学实验绿色化概述)。

2. 对原有实验进行了调整。除引入开发两个微型化学实验外,还适当增加了实用性强、操作简便易行而又安全环保的趣味型实验。减少甚至不安排耗量大、污染大、明显危害健康的制备型实验,并减少验证型实验。例如,乙烯的制取和性质,肥皂的制取和性质实验因浓硫酸和烧碱耗量大影响安全和环境而删掉了。

本实验除"微型化学实验的部分仪器和操作"、"化学实验基本操作"之外,共计11个实验项目,任课教师可根据各自情况选择和搭配调整,也可指导学生在此基础上改进或设计新实验。所列实验也没有打"＊"。但我们希望把微型实验纳入计划。

本教材第1版实验由陈彬、沈志平、戴大模、蒙保俐、杨大圣、许雅周、贺昌海编写。戴大模任主编。

这次修订由戴大模、蒙保俐修改、统稿。

对关心、参与本实验内容编写的教师再次表示衷心感谢。四川电力职业技术学院彭朝元老师提出了意见和建议,提供了资料,一并致谢。

本书实验虽经多次试做,但因经验水平所限,不当之处在所难免,欢迎使用本书的广大师生批评指正。

编　者

2007 年 5 月

# 化学实验规则

学生必须亲自动手做化学实验。为了保证学生实验课能够顺利地进行,提高实验课的教学质量,学生必须遵守实验规则。

1. 实验课以前,认真做好预习,仔细阅读实验内容,并复习课本中有关章节,了解实验目的、原理、仪器、药品、实验内容和步骤以及应注意的事项。充分预习是做好实验的一个重要环节。通过预习,应明确做什么,为什么,怎样做——即做到心中有数。

2. 在实验开始以前,要检查仪器和药品是否齐全,如有缺少或仪器破损时,应立即报告老师或实验室管理人员。桌上的实验用品在实验过程中,应自始至终保持整洁有序。

3. 在实验时,必须按照实验说明的步骤和方法进行,要仔细观察实验现象,分析发生这些现象的原因,并把观察到的现象及发现的问题记录下来,进行研究,必要时可以问老师。实验结束要随即或按时写好实验报告,交给老师检查。

4. 学生在教师指导下根据实验内容进行实验,做规定以外的实验必须经过教师同意。

5. 要注意安全。严格遵守操作规则,以免发生事故,对有腐蚀性的物质和易燃、易爆、有毒的物质要小心使用,谨慎处理。

6. 实验时要爱护国家财物。要小心地使用仪器和设备,注意节约水、电、药品。取用药品时,要按实验要求的量取用。取多了,既浪费又影响实验结果,甚至还会造成事故。如不慎,取量超过用量,不得将多余药品倒回原瓶,以免带入杂质。取用药品后,应立即盖好瓶盖(以免搞错而沾污药品),并放回原处。

7. 自觉遵守纪律,保持实验室安静、清洁,不要忙乱和急躁。

8. 做完实验后,拆卸实验装置,将仪器内剩余物质倒入废液缸,如属可以回收再用的物质,应倒在指定的容器里。然后将洗净仪器放回原处,把实验桌收拾干净,实验室打扫清洁,经教师检查同意后,方能离开实验室。

# 化学实验绿色化概述

## 一、绿色化的含义和特点

化学实验绿色化是以绿色化学的理念和方法为核心和基本原则,对化学实验进行改进,使化学实验过程达到绿色化的方法。它是绿色化学理念在实际工作中的体现,其最终目的是使化学及其应用达到与人类生存环境的协调,也就是绿色化的要求。绿色化学又称环境无害化学、环境友好化学、清洁化学。它强调的是用化学的技术和方法去减少或杜绝那些对人类健康、社区安全、生态环境有害的原料、催化剂、溶剂和试剂、产物、副产物等的使用和产生。它是一门从源头上阻止污染的化学,所研究的中心问题是使化学反应、化工工艺及其产物具有以下四个方面的特点:(1)采用无毒、无害的原料;(2)在无毒、无害的反应条件(溶剂、催化剂等)下进行;(3)使化学反应具有极高的选择性,极少的副产物,甚至达到"原子经济"的程度——100%的选择性及废物零排放;(4)产品应是对环境无害的。当然,它还应满足技术上经济合理的传统要求。

总之,绿色化学及在此基础上产生的清洁技术,就是要依靠科技发展,使生产单位产品的产污系数最低,资源及能源消耗最少的先进工艺技术,从化学反应入手,在根本上减少环境污染;而不是对废水、废气、废渣等进行处理的环保局部性终端治理技术。绿色化学的理想在于不再使用有毒、有害的物质,不再产生废物,因而也就不再需要考虑废物的处理。

## 二、绿色化学与化学实验绿色化的背景与意义

### 1. 绿色化学与化学实验绿色化产生的历史背景

化学是现代高科技发展和社会进步的基础和先导之一,是一门有着很大社会需求的核心科学,以化学为基础的化学工业极大地推动了人类物质生产和生活的进步。从钢铁冶金、水泥陶瓷、酸碱肥料、塑料橡胶、合成纤维,直到医药、农药、日用化妆品等无不与化学息息相关,现代社会生活已完全离不开化学。然而,科学技术是一把双刃剑,化学在给人类带来巨大效益的同时也给人类和生态环境造成了极大的危害。这些危害主要包括资源的消耗与浪费以及有害物质的产生和排放。

随着环境污染问题日趋恶化,一些人对化学产生了一种恐惧感,认为化学是环境污染的罪魁祸首,化学几乎成了"有毒"、"有害"的代名词,如在一些食品的标签上,经常看到"本品不含化学添加剂"、"纯天然制品"等字样。其实,从本质上说,所有的天然制品都可以看成是化学品,厌恶化学、把化学看成环境污染的罪魁祸首是一种偏见。事实上,化学污染严格地说并非化学本身之过,而是人类在生产和生活实际中对化学应用不当而产生

的。化学污染的真正源头是化学的实际应用过程即化学工艺过程中所存在的种种问题，由此造成对人类生存环境乃至整个生态系统的破坏。

然而，当今社会人类已无法摆脱造就当前物质文明的化学工业和化工产品，化学和化学家面临着前所未有的挑战。在这种形势下，20世纪90年代初，综合考虑环保、经济、社会以及化学工业自身发展的要求，具有全新理念的"绿色化学"应运而生。化学实验绿色化则是在这一全新理念的指导下构建的化学实验新方法和新体系。绿色化学的提出和化学实验绿色化新体系的构建，是具有产业革命性质的跨世纪科技战略问题，具有重大的科学、经济和社会意义。

**2. 绿色化学与化学实验绿色化的发展概况**

早在1990年，美国就颁布了污染防治法案，将污染防治确立为美国的国策。绿色化学正是实现污染防治的基础与重要工具。它的核心就是要从源头上消除污染，发展不产生污染的新化学反应和化学产品。1995年3月16日，美国总统克林顿宣布设立"绿色化学挑战计划"，随后在1996年设立了总统绿色化学挑战奖。新任美国化学会会长P. Anderson在就职文章中指出，更安全的化学应是化学家在21世纪要学习研究的首要领域。英国皇家化学会创办了名为 *Green Chemistry* 的国际性化学期刊，专门报道有关清洁技术的化学研究以及能减少对环境作用的化学品的制造方法等绿色化学的研究成果。

我国对绿色化学这一新兴学科的研究也十分重视。1995年，中国科学院化学部确定了"工业生产中的绿色化学与技术"院士咨询课题组；1996年，工业生产中的绿色化学与技术研讨会在北京召开；第72次香山科学讨论会以"可持续发展对科学的挑战——绿色化学"为主题就绿色化学在人类可持续发展中的意义进行了讨论；1998年，第一届国际绿色化学高级研讨会也在我国合肥召开，《化学进展》出版了"绿色化学与技术"专辑；1999年5月，第二届国际绿色化学高级研讨会在成都召开，同年12月，国家基金委在北京九华山庄组织了"21世纪核心科学问题论坛——绿色化学基本科学问题"研讨会。这一系列活动推动了我国绿色化学的发展。

目前，绿色化学已成为高校进行环境教育的一门重要课程。绿色化学的主要内容包括环境生态化学、清洁生产工艺、原子经济反应、环境友好催化、超临界流体技术、绿色生态材料、生物技术、绿色能源等。这些课程的开设，对于培养具有新观念的21世纪的化学工作者是十分有益的。除此以外，绿色化学的思想已逐渐成为指导各种化学实验与化学应用技术开发的基本出发点。例如，微型化学实验就是绿色化学的预防化学污染（而不是治理化学污染）的新理念在化学实验中的具体体现。微型化学实验是指：在微小型的仪器中，用尽可能少的试剂来进行实验（一般为常规量的1/10～1/1 000）。微型化学实验不是常规实验的简单微缩，也不是对常规实验的补充，更不是与常规实验的对立，它是在绿色化学思想下用预防化学污染的新实验思想、新方法和新技术对常规实验进行改革与发展的必然结果。我国已经召开了四次全国微型化学实验会议，普及微型化学实验有利于对同学们进行环境意识的培养。再次，绿色化学的思想和某些基本知识应成为培养全民环境意识、普及环保知识的一个不可缺少的内容。特别是，其中有些内容有可能以适当的形式放到中学化学教学中，使广大青少年从小就能至少从化学的角度认识到科学技术、自然和社会的统一性，认识到科学技术在人类可持续发展和知识经济时代中的作用。

长期以来，人们总以征服自然、改造自然为骄傲，对自然资源进行掠夺性开发，造成严重的生态失调、气候反常、资源匮乏。现在人们已经认识到"只有一个地球"，人类要得到自身的持续发展与生存，就必须与周围事物和谐共处。可持续发展是国际社会在全球环境与发展问题方面达成的共识，其实质是协调好人口、资源、环境和发展的关系，为人类的世代生存和进步奠定一个能够持续发展的基础。可持续发展在体现公平性、持续性与共同性原则的条件下，鼓励经济增长，但要求注意经济增长的质量、节约资源、减少污染；要以保护自然为基础，与资源承载能力相协调；要以改善生活质量为目的，从而实现生态、经济和社会的可持续发展。科技进步是实现人类社会可持续发展的基础和关键，而绿色化学则为可持续发展提供了重要的途径和方法。

绿色化学的思想是人类可持续发展的客观要求及具体体现，绿色化学的诞生，体现了技术本身就具有生态价值，为人类协调自己与环境的关系提供了物质手段，为人类解决发展与环境之间的矛盾提供了前提与保证。人类活动导致的生态退化、环境污染，依靠有"原子经济性"（指在通过化学转化获取新物质的过程中充分利用原料的每个原子，最大程度地利用资源）等新概念的绿色化学技术使其得到遏制，有望使人类与自然界在高层次上和谐共处。

## 三、实现化学实验绿色化的途径

### 1. 通过计算机辅助与多媒体仿真实现化学实验绿色化

教学实验，尤其是设计性实验中的许多步骤通常都是经过前人无数次试验并获得成功后的实验，其每一步的结果基本上都可用已有理论进行预测和解释。例如，烧杯未按要求拿稳会掉到地上摔碎，烧瓶中的水忘了加沸石加热会暴沸冲出，金属钠遇水会燃烧和爆炸，水银温度计跌破后散落的水银会导致中毒等。对于熟悉化学理论的人来说，这些结果并不需要进行实验。但是，对于正在学习化学的学生来说，很多因忽略某些实验细节而导致的结果是很难预测和解释的，而这些细节却往往又是初学者最容易忽视的。初学者常常有这样的感觉：引起破坏性后果的实验误操作给人的印象最深。如果误操作带来的仅仅是一个烧杯的损坏，倒没什么，但如果是用爆炸或中毒并造成人身伤害等来换取对误操作的深刻印象，代价实在是太大了！为此，对于一些简单的化学实验，国内外许多高校已开发出计算机仿真教学实验软件，初学者只需在多媒体计算机上进入虚拟现实场景像玩游戏一样，就可学到在实际操作中可能需要付出极大代价才能学到的东西。

对于一些较为复杂的实验，例如在设计性实验中设计新的化学反应或化学过程时，既要考虑产品质量性能好，又要价格低廉，还要产生最少的废物和副产品，而且还要求对环境无害，其难度之大是可想而知的。计算机是人脑的延伸，计算机可以储存大量已有化学反应的资料和数据，并能对比和判断反应的合理性和可行性，因而计算机辅助反应设计能够大大减少探索性实验的次数、减少实验过程并开发出对环境无污染的化学技术，这正是绿色化学所要达到的目的。

### 2. 通过微型化实现化学实验绿色化

在微型化的仪器装置中进行的化学实验被称为"微型化学实验",其试剂用量比相应的常规化学实验节省 90％ 以上,是公认的以尽可能少的试剂来获取所需化学信息的实验原理与技术。因此,实验的微型化实际上就是实现实验绿色化的成功的途径之一。

在化学实验中,经常用到易燃、易爆和有毒等危险品,从绿色化学的角度出发,化学实验应尽量减少这些危害环境和人身安全的危险品的使用或产生,而这正是微型化学实验的优势所在。例如,气体的制备与性质试验在大学基础化学实验中占有相当大的比例。大多数气体(如 $Cl_2$、HCl、HBr、$H_2S$、$NO_2$、$NH_3$、CO、$P_2O_5$ 等)都是有毒气体,排入环境会导致环境污染,在通风设备不良的实验室还可能导致中毒事故的发生。而这些实验如果改为微型实验,由于产生的气体量极小,处理所产生的废气较为方便,即使偶尔散发到环境中也较易控制在安全浓度以下,因而不存在中毒的危险。

以氨气的制备与性质实验为例,氨气可用 $NH_4Cl$ 和 $Ca(OH)_2$ 两种固体为原料制备,氨气具有碱性气体的各种特性,还能与某些金属离子形成络合物等。要用常规方法进行这一系列制备与性质实验,不仅要消耗大量的实验试剂和宝贵的时间,而且还难免逸出刺激性的氨气和盐酸气体,危害环境和人体健康。如果改为微型实验,这一系列的实验可在图实-7 所示的装置中一次完成,从而大大减少实验时间的消耗并避免了实验过程对环境的污染。

## 四、我们的看法和做法

简而言之,我们赞同绿色化学的理念。作为一名化学工作者(或化学教师),试行探索化学实验绿色化是我们应尽的责任,尽管它需要我们长期坚持不懈的努力,甚至可能得不到普遍的认同与支持。当前,我们将把推广微型化学实验作为实现化学实验绿色化的切入点,将微型化与传统的常规化学实验内容结合起来。即使有些院校的实验课时和条件有限,在选择实验内容时,也应给微型化学实验一席之地。

也许您会问:为什么不试行计算机仿真化实验?这不更能提高实验效率又不产生原材料消耗和废物、毒物吗?这是因为不仅我们缺乏开发"化学实验计算机仿真化"软件的能力,国外也没有理想的"游戏式"的虚拟软件可以借鉴,目前我们尚未找到商品化的这类软件。可见对化学实验计算机仿真化的软件开发还任重道远。

此外,传统的实验虽然不经济、不环保,但它是成熟的。现在若将其完全弃之不用,以师生们不太熟悉的微型实验取而代之,不仅兄弟院校难以接受,而且因微型实验不一定与教材演示实验方法协调一致而难以实施。所以,本教材的实验内容是将绿色实验的微型化与传统的实验内容、仪器和方法结合起来(我们在选择设计常规实验时,已运用了部分化学实验绿色化的理念,如最大限度地利用资源,尽量使用无毒、无害或毒性小的物质等)。我们相信这是明智而可行的选择。

## 五、微型(无机)化学实验的部分仪器简介

### 1. 高分子材料制作的微型仪器及其操作

无机微型化学实验经常用到由高分子材料制作的一类微型仪器。它们制作精细规

范,价格低廉,试剂用量少,不易破碎,易于普及。这是无机微型实验的一个特点,这类仪器主要是多用滴管和井穴板。

（1）多用滴管。由聚乙烯吹塑而成,是一个圆筒形的具有弹性的吸泡连接一根细长的径管而成（见图实-1）。国外多用滴管的型号列于表实-1

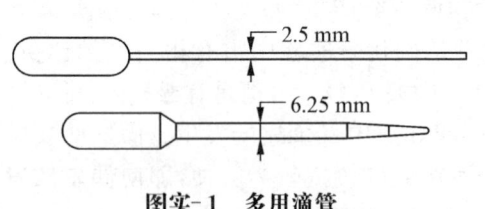

**图实-1　多用滴管**

表实-1　国外多用滴管

| 型　号 | 吸泡体积,mL | 径管直径,mm | 径管长度,mm |
|---|---|---|---|
| AP1444 | 4 | 2.5 | 153 |
| AP1445 | 8 | 6.3 | 150 |

国内生产的多用滴管类似 AP1444 型。吸泡体积为 4 mL。

多用滴管的基本用途是作滴液试剂瓶（图实-2）,供学生实验时使用。一般浓度的无机酸、碱、盐溶液可长期储于吸泡中。浓硝酸等强氧化剂的浓溶液和浓盐酸等与聚乙烯有不同程度反应的试剂不宜长期储于吸泡中;甲苯、松节油、石油醚等对聚乙烯有溶解作用,不要储于多用滴管中。

市售多用滴管的液滴体积约 0.04 mL/滴。利用聚乙烯的热塑性,可以加热软化滴管的径管,拉细径管得到液滴体积约 0.02 mL/滴的滴管,用于一般的微型实验。按捏多用滴管的吸泡排出空气后便可吸入液体试剂,盖上自制的瓶盖,贴上标签后就是适用的试剂滴液滴瓶。对于一些易与空气中 $O_2$、$CO_2$ 等反应的试剂储于多用滴管中,再熔封径管隔绝空气进入,而长久保存也便于携带。

**图实-2　滴液试剂瓶**

多用滴管的液滴体积经过标定后,便是小量液体的计量器。通过计量滴加液滴的滴数,就得知滴加试剂的体积。因此,已知液滴体积的多用滴管,便是一支简易的滴定管。使用者经过练习,掌握了从多用滴管连续滴出体积均匀的液滴的操作后,就可进行简易的微型滴定实验。决定滴管液滴体积的主要因素之一是滴管出口的大小,手工拉细的毛细滴管管壁薄,温度变化对毛细管口径的影响颇大,液滴体积要经常标定,比较麻烦。实践摸索出在多用滴管径管出口处,紧套上一个市售医用塑料微量吸液头（简称微量滴头）就

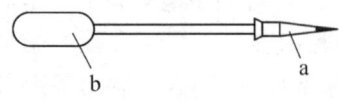

**图实-3　微量滴头**
a—与多用滴管;
b—组成的毛细滴管

组成一个液滴体积约 0.02 mL 的滴液滴管（图实-3）,此时,液滴体积不易变化。将同一微量滴头逐一套到盛有不同试剂的滴管上,可得到液滴体积划一的不同试剂液滴。这时,滴液滴数之比即为所滴加试剂的体积比。采用微量滴头做滴定操作、反应级数、配合物配位数测定等实验的精确度提高,操作规范化。

多用滴管的吸泡还是一个反应容器。许多化学反应也可在吸泡中进行,反应的温度可通过水浴调节,最高不要超过 80℃。已盛有溶液的滴管,要再吸进另一种溶液时,采取径管朝上左手缓缓挤出吸泡中空气,擦干外壁后,右手再把径管朝下弯曲伸入欲吸溶液

（预先置于井穴板中），再松开左手的办法。此时，欲吸入溶液要预先按需用量置于井穴板中，不允许已盛有溶液的滴管的径管直接插到储液瓶的液体中吸取试剂，以免对瓶中试剂造成污染。

多用滴管径管朝上，放入离心机中可进行离心操作。多用滴管还可作滴液漏斗，它穿过塞子与具支试管组合成气体发生器。总之，多用滴管的用途确实很多，掌握了它的材料与结构特点、基本功能与操作要领，开动脑筋，勇于实践，在不同的实验中它还能有不少新的用途。如用作微量 $H_2S$ 的制备与燃烧装置等（如图实-4）。

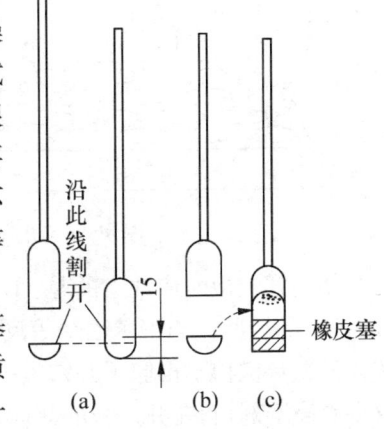

图实-4　自制的 $H_2S$ 气体发生器

（2）井穴板。由透明的聚苯乙烯或有机玻璃（甲基丙烯酸甲酯聚合物），经精密注塑而成。对井穴板的质量要求是一块板上各井穴的容积相同，透明度好，同一列井穴的透光率相同。井穴板的种类与规格列于表实-2。

表实-2　井穴板的种类与规格

| 井穴板孔穴数 | 井穴容积,mL | 主要应用范围 | 备　注 |
|---|---|---|---|
| 96 | 0.3 | 医学检验 | 又称酶标板,简称96孔板 |
| 40 | 0.3 | 医学检验 | |
| 24 | 3 | 生化科研 | 均可在投影仪上使用 |
| 12 | 7 | 生化科研 | |
| 9 | 0.7 | 微型实验（替代试管、点滴板……） | 经原国家教委鉴定,已列入中学理科教学仪器目录 |
| 6 | 5 | 微型实验（用于电导、pH 测定……） | |

井穴板是微型无机实验的重要反应容器。常用的是9孔和6孔井穴板，简称9孔板和6孔板。温度不高于80℃（限于水浴加热）的无机反应，一般可在板上井穴（孔穴）中进行。因而井穴板具有烧杯、试管、点滴板、试剂储瓶等的功能，有时还可起到一组比色管的作用。由于井穴板上孔穴较多，可由板的纵横边沿所标示的数字给每个孔穴定位，如图实-5的B3穴。这样就便于向指定的井穴滴加规定的试剂。颜色改变或有沉淀生成的无机反应在井穴板上进行现象明显，不仅操作者容易观察，而且通过投影仪还可作演示实验。对于一些由量变引起质变的系列对比实验，如指示剂的pH变色范围等实验尤其适用于9孔板。电化学实验、pH测定等宜在6孔板中进行。如给6孔板的井穴中加上有导气和滴液导管的塞子，就使井穴板扩展为具有气体发生、气液反应或吸收功能的装置（图实-6）。

**265**

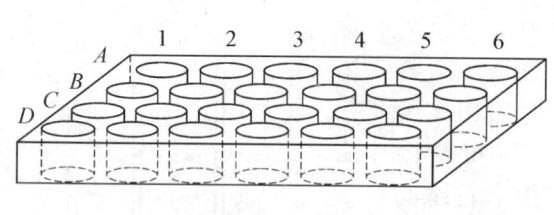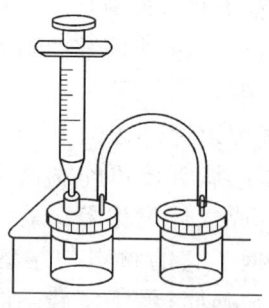

图实-5  井穴板                                        图实-6  井穴盖的功能

使用井穴板时应注意的是：①不能用火直接加热，而要采用水浴间接加热，浴温不宜超过80℃；②一些能与聚苯乙烯等反应的物质如芳香烃、氯化烃、酮、醚、四氢呋喃、二甲基甲酰胺或酯类有机物不得储于井穴板中（烷烃、醇类、油可放入）。如不清楚溶剂是否有作用，可取小滴该溶剂，滴在井穴板的侧面板上观察15 min，板面无起毛，变形时方可放入井穴中。

（3）滴管架。由添加填料的ABS塑料注塑而成。有30个插孔，用于放置多用滴管，滴液滴瓶和小试管，架端两侧有小孔插入铅笔般粗细的小棒后就是一个微型仪器支架。底层的圆孔用于放置微型酒精灯。从上述仪器的介绍中看出，设计多功能的器件是微型实验仪器的一项重要原则。在使用中也应注意充分的发挥这些仪器的各种功能。

**2. 微型玻璃仪器**

用于普化，无机的微型玻璃仪器有烧瓶、锥型瓶、冷凝瓶、冷凝管、蒸馏头、离心试管等，其多数部件是常规仪器的缩小。

**3. 其他微型实验仪器**

如微型离子交换树脂，微型滴定管（约0.002 ml/滴），玻管反应器就是把内径为5～8 mm的硬质玻管弯曲成W型、V型，用于一些产生少量气体的反应和一些气-固、气-固、气-液反应的实验，具有试剂用量少、反应现象明显、系列反应管道化、有害气体不易泄漏、污染少等优点。

例如，氨的制备和性质实验的微型装置，如图实-7所示。

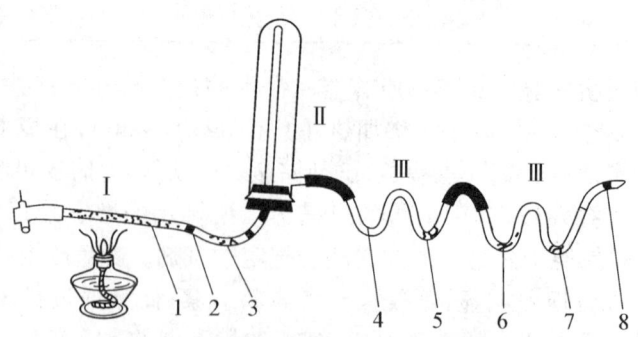

图实-7  氨的制备与性质实验的微型装置

Ⅰ—长柄V形反应管；Ⅱ—具支试管；Ⅲ—二个串联的W形反应管
1—$Ca(OH)_2$和$NH_4Cl$均匀混合物（1:1质量比）；2—玻璃毛；3—固体KOH；4—$0.1 mol \cdot L^{-1} Al_2(SO_4)_3$；
5—$0.1 mol \cdot L^{-1} CuSO_4$和塑料螺旋丝；6—$0.1 mol \cdot L^{-1} Ag NO_3$和塑料螺旋丝；7—浓HCl

# 化学实验基本操作

## 一、仪器的洗涤和干燥

要使实验达到预期的目的,必须使用洁净的仪器。

洗涤玻璃仪器的方法很多,应该根据实验的要求、污物的性质和沾污的程度来选用。一般来说,可溶性物质、尘土和一般不溶性物质可用水洗刷;若有油污可用去污粉、肥皂或合成洗涤剂沾水洗刷。刷洗时转动或上下移动毛刷(见图实-8),但不要用力过猛,以免损坏仪器。刷洗后,用自来水冲去仪器内外的洗涤剂,最后用蒸馏水冲洗仪器三次,注意遵循少量多次的原则。将仪器倒置后若看到水可完全流尽没有水珠附着在器壁上,就证明仪器完全洗干净了。

如确系无法洗净时,可交实验室管理人员统一处理。

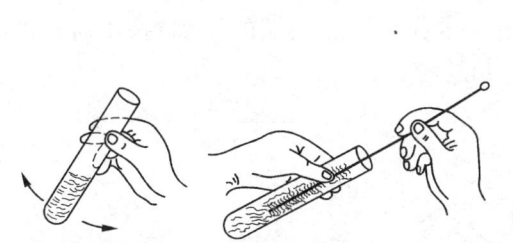 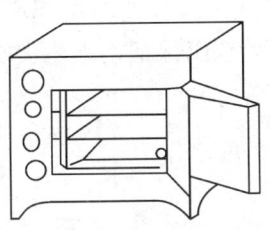 

图实-8　试管的刷洗　　　图实-9　电烘箱　　　图实-10　烤干试管

洗净的仪器可置于烘箱内烘干(温度控制在105℃左右)。应尽量把水倒干后才能放进去烘(图实-9)。一些常用的烧杯,蒸发皿可置于石棉网上用小火烘干。试管则可以直接用火烤干,但必须将管口向下,以免水珠倒流引起试管炸裂(见图实-10),并不断来回移动试管,烤到无水珠后,管口朝上,赶尽水汽。不急于使用的仪器可置于干燥处,任其自然晾干。

有刻度的仪器不能加热干燥,一般用易挥发的有机溶剂,如将酒精放在洗净的仪器中倾斜转动,使之与器壁上的水珠混合后倾去,少量残液会很快挥发而干燥。

## 二、加热的方法

加热常用的仪器有煤气灯、酒精灯和酒精喷灯,这里着重介绍酒精灯的使用方法。

使用酒精灯时,应取掉灯帽,用火柴点燃灯芯,决不能用燃着的灯来给另一酒精灯点火(见图实-11)。否则,一旦灯内酒精外漏,就会引起烧伤和火灾。用毕,盖上灯帽使火焰熄灭,决不能用嘴吹灭。灯壶里的酒精不得少于灯壶容积的 1/2 或超过容积的 2/3。添加酒精应借助于漏斗,以免酒精外洒(见图实-12),少量酒精着火时,可用湿抹布盖灭。

 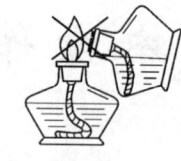

图实-11　点燃酒精灯

图实-12　往酒精灯内添加酒精

酒精灯焰分为外焰、内焰和焰心。外焰温度高,酒精完全燃烧;内焰酒精不完全燃烧,温度不太高;焰心酒精几乎未燃烧,温度很低。使用酒精加热时,应用外焰加热。

加热液体物质可用试管、烧杯、烧瓶和蒸发皿等。加热固体物质可用试管等。坩埚一般用于灼烧固体物质,烧热的仪器不能和冷物体接触。

试管、坩埚可直接加热。加热试管时,先要用试管夹夹好,一般夹在离试管口 1/3 的地方,然后预热整个试管,使之受热均匀,再定点加热。管口不要对着人,以免发生危险。若加热液体,应将试管倾斜与水平面成 45°角,液体量不得超过试管高度的 1/3(见图实-13)。加热固体时,管口应略向下倾斜,以防释放出的水珠倒流入灼热的试管底部,引起试管炸裂。

灼烧坩埚时,可用泥三角支撑坩埚放在外焰灼烧,不要让内焰接触坩埚底部,以免坩埚底部结成黑炭(见图实-14),夹取坩埚必须用干净且经预热尖端的坩埚钳,用后按图实-15尖端向上平放桌上,以保证坩埚钳尖端洁净。

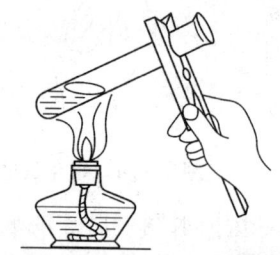  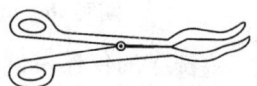

图实-13　加热试管中的液体　　　图实-14　灼烧坩埚　　　图实-15　坩埚钳放法

加热烧杯、烧瓶、蒸发皿时,应垫上石棉网,使之受热均匀。

当被加热物质要求受热均匀,而温度又不能超过 100℃,可用水浴加热。

## 三、台秤的使用

台秤,又叫托盘天平,准确到 0.1 克,适宜于准确度要求不太高的称量。普通化学实验中,用台秤称量,一般可以达到要求。个别准确度要求较高的称量,可使用分析天平。

用台秤称量之前,首先应检查指针是否停在刻度盘的中间位置(称为零点)。零点可由托盘下面的平衡螺母来调节(见图实-16)。称量时,左盘放药品,右盘放砝码。10 g(或 5 g)以上的砝码放在砝码盒内,10 g(或 5 g)以下的砝码是靠移动游码来添加的,当台秤两边趋于平衡时,指针所指的位置称为停点。停点与零点之间允许偏差 1 小格以内。此时砝码和游码所示重量即为称量物的质量。

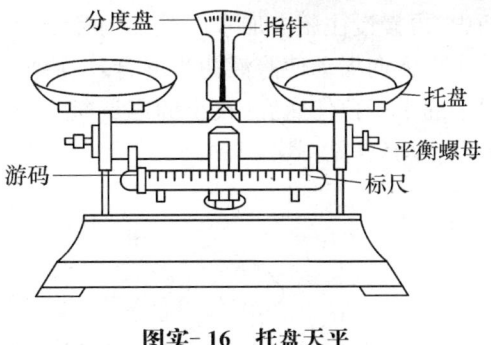

图实-16　托盘天平

必须指出:

① 台秤不能称热物体。

② 药品不能接触托盘。一般非腐蚀性、非吸湿性药品可放在纸片上称量,吸湿或腐蚀性药品则应放在表面皿、烧杯等玻璃仪器中称量。

③ 台秤用毕后,应用镊子把砝码放回盒中,游码移到零位,不应使之处于工作状态。

## 四、量筒的使用

化学实验所用的量具有量筒、量杯、移液管等,最常用的是量筒。

① 量筒是一种较粗略的量器,用于量取精度要求不太高的液体体积,其规格有 5 mL、10 mL、50 mL、100 mL、1 000 mL 等。

② 操作前,应选用大小适当的量筒,不能用大量筒取少量液体,也不能用小量筒多次量取所需量较大的液体。

③ 操作时,应先注入比需要量略少的液体,再用胶头滴管加至需要量。

④ 读数时,应将量筒放置水平桌上或拿在手中自然下垂,眼睛平视,液体凹面最低点与刻度线相切(如图实-17)。

⑤ 不可加热,也不能量取热溶液,不能作反应器用,也不能在量筒内直接配制溶液。

⑥ 量筒有量入式(标有"IN")和量出式(标有"EX"或无标记)之分,量入式指所量液体体积包括残留液(即要洗下),量出式指残留液在所量体积之外(不洗下)。

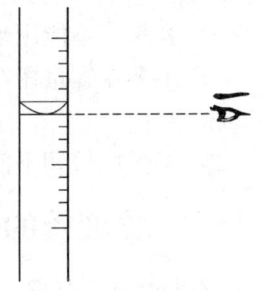

图实-17　读取量筒内液体体积

## 五、容量瓶的使用

容量瓶是带细颈的平底瓶,瓶口配有磨口玻璃塞或塑料塞。容量瓶的颈部刻有标线,并在瓶上标明使用温度和容量(表示在标明的温度下液体稀释至标线时的容积)。容量瓶是为配制准确浓度的溶液用的,通常有 10 mL、25 mL、50 mL、100 mL、250 mL、500 mL、1 000 mL 等各种规格。

容量瓶的使用方法如下:

① 使用前应检查是否漏水,为此,在瓶内加水,塞好瓶塞,左手拿瓶,右手顶住瓶塞,将瓶倒立,观察瓶塞周围是否有水漏出。如不漏,把塞子旋转 180°,塞紧,倒置,试验这个方向是否漏水。合适的瓶塞要用小绳系在瓶颈上,以免打碎或遗失。

② 容量瓶是配溶液用的,如果用固体物质配制溶液,要先在烧杯里把固体溶解,再把溶液转移到容量瓶中(见图实-18),然后用蒸馏水洗涤烧杯 2～3 次,洗涤液也移入容量

瓶中,再慢慢往瓶中加水至颈部的标线。当瓶内溶液体积达到容积的 3/4 时,应将容量瓶沿水平方向摇动使溶液初步混合,然后加蒸馏水到标线,塞好瓶塞,用食指顶住瓶塞,另一只手的手指顶住瓶底(较小的容量瓶,不必用手指顶住瓶底),将瓶倒转和摇动多次,使溶液混合均匀(见图实-19)。

图实-18　转移溶液到容量瓶中　　　　　图实-19　容量瓶的拿法

③ 配制溶液过程中,在定容前,不要用手接触刻度线以下部分;热溶液要冷至室温才能移入容量瓶中,否则溶液的体积会有误差。

④ 容量瓶不能用来加热。

⑤ 不要用容量瓶存放配好的溶液。配好的溶液如果需要存放,应该转移到干净的磨口试剂瓶中。

⑥ 容量瓶长期不使用时,应该洗净,把塞子用纸垫上,以防时间久后,塞子打不开。

## 六、移液管的使用

要求准确地移取一定体积的溶液时,可用各种不同容量的移液管。常用的移液管有 10 mL、25 mL 和 50 mL 等。移液管的中间为一膨大的球部,上下均为较细的管颈,上端还刻有一根标线。在一定的温度下,移液管的标线至下端出口间的容量是一定的。另外还有一种带分刻度的移液管,它的中间没有球部,一般称为吸量管,可用来吸取 10 mL 以下的液体。每支移液管上都标有它的容量和使用温度。

移液管的使用方法如下(见图实-20):

① 依次用洗液、自来水、蒸馏水洗涤移液管(可以用洗耳球将洗液等吸入移液管内进行洗涤),洗净的移液管内应不挂水珠。然后用被移取的液体洗三次(每次用量不必太多,吸液体至刚进球部即可),以免被移取的液体为残留在移液管内壁的蒸馏水所稀释。

② 移取液体时,把移液管的尖端伸入液体中,右手拇指及中指拿住管颈标线以上的地方,左手拿洗耳球,并用洗耳球把液体吸入移液管内至标线以上,迅速拿走洗耳球,以右手的食指按住管口,然后稍微放松食指,使液面缓慢、平稳地下降,直到液体凹面最低点与标线相切,即按紧食指,使液体不再流出。

③ 把移液管的尖端靠在接受容器的内壁上,放松食指,令液体自由流出。这时应使

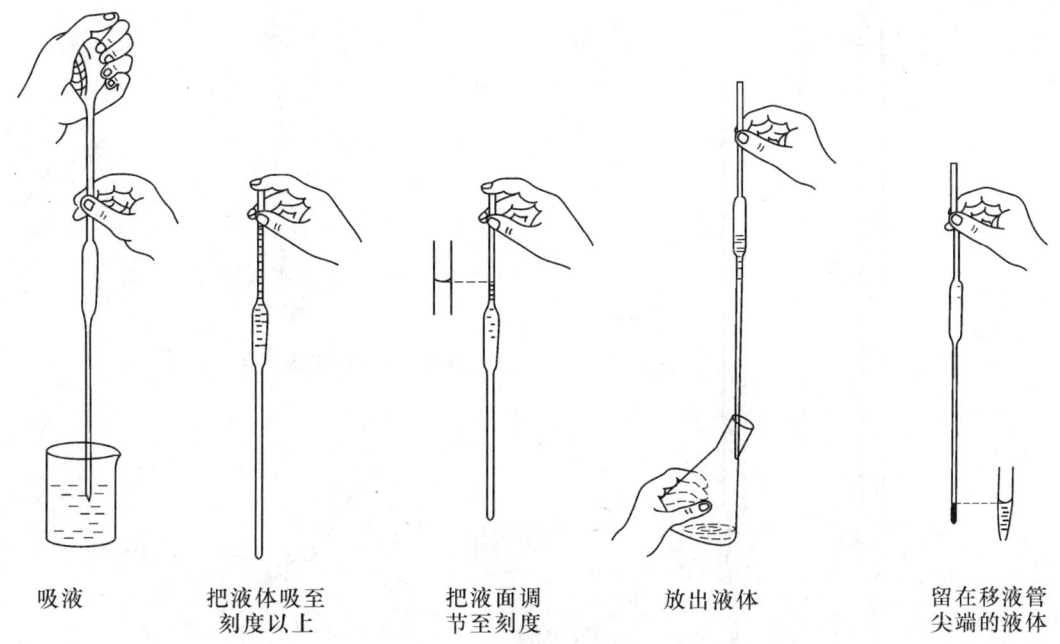

| 吸液 | 把液体吸至刻度以上 | 把液面调节至刻度 | 放出液体 | 留在移液管尖端的液体 |

**图实-20　移液管的使用方法**

容器倾斜而使移液管直立。等液体不再流出时,还要稍等片刻,再把移液管拿开。最后,移液管的尖端还会剩余少量液体,但由于这种移液管在标定体积时,并未把这部分体积计算在内,所以不必要用外力把这少量液体吹入接受容器内。

④ 用以上操作,从移液管中自由流出的液体正好是移液管上标明的体积。如果实验所要求的准确度较高,还需要对移液管进行校正。

## 七、滴定管的使用

滴定管主要用于滴定分析,它能准确读取溶液体积,操作比较方便。滴定管分为酸式和碱式两种(图实-21),除了碱性溶液应放在碱式滴定管中外,其它溶液都使用酸式滴定管,碱式滴定管的橡皮管内装一个玻璃圆球(见图实-22),以代替玻璃活塞(碱溶液能与玻璃活塞和塞槽作用,时间久了,活塞打不开,所以碱式滴定管不能用玻璃活塞)。

滴定管的使用方法如下:

① 滴定管在使用前依次用洗液、自来水、蒸馏水洗,同时,检查滴定管是否漏水。洗净后的滴定管内壁不应附着有液滴。最后用少量(每次约用滴定管容积的1/5左右)滴定用的溶液洗三遍,以免加入管内的溶液被留在管壁上的蒸馏水冲稀。

② 装溶液时,将溶液加到刻度"0"以上,开启活塞或挤压玻璃球,让多余的溶液在"0.00"刻度处。滴定时,最好每次都从 0.00 mL 开始,这样可以在某一刻度范围内操作,减少由于滴定管刻度不均匀而带来的实验误差。

必须注意,滴定管下端不应留有气泡。为此,对于酸式滴定管,在倾斜30°角的情况下,迅速打开活塞,使冲出的溶液带出气泡;对于碱式滴定管,可按图实-23所示的方法,捏住玻璃球后,将橡皮管向上弯曲,挤压玻璃球使喷出的溶液带出气泡。

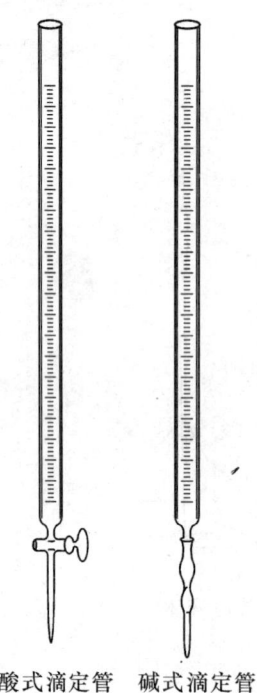
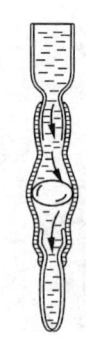

图实-22　碱式滴定管下端的结构

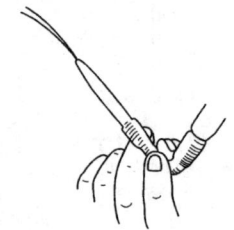

酸式滴定管　碱式滴定管

图实-21　滴定管

图实-23　碱式滴定管排气泡法

③ 在使用酸式滴定管进行滴定操作时,必须用左手拇指、食指及中指控制活塞(见图实-24),旋转活塞的同时应稍稍向里(左方)用力,以使玻璃塞保持与塞槽的密合,防止溶液漏出。必须学会慢慢地旋开活塞以控制溶液的流速。

使用碱式滴定管时,必须用左手拇指和食指捏住橡皮管中的玻璃球所在部位稍上一些的地方,向右方挤橡皮管,使橡皮管与玻璃球之间形成一条缝隙,溶液即可流出,要能掌握缝隙的大小以控制溶液流出的速度。

滴定时,将滴定管垂直地夹在滴定管夹上,下端伸入锥形瓶口约 1 cm,锥形瓶下放一白瓷板,以便于观察溶液颜色的变化。左手按上述方法操作滴定管,右手的拇指、食指和中指拿住锥形瓶颈,沿同一方向按圆周摇动锥形瓶,不要前后振动(见图实-25),有时可在烧杯中进行滴定(见图实-26)。开始滴定时,无明显的变化,液滴流出的速度可以快一

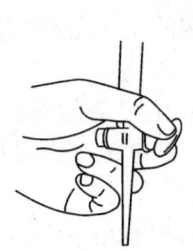

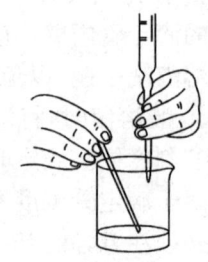

图实-24　左手旋转活塞　　图实-25　在锥形瓶中进行滴定　　图实-26　在烧杯中进行滴定

些,但必须成滴而不是一股水流。随后,滴落点周围出现暂时性的颜色变化,但随着摇动锥形瓶,颜色变化很快消失。当接近滴定终点时,颜色变化消失较慢,这时就应逐滴加入,加一滴后摇匀溶液,观察溶液变化情况,再决定是否还要滴加溶液。最后应控制液滴悬而不落,用锥形瓶内壁把液滴沾下来(这时加入的是半滴溶液),用洗瓶冲洗锥形瓶内壁,摇匀。如此重复操作直到颜色变化不再消失为止。即可认为到达滴定终点。

以上仅是介绍滴定管的使用方法。关于滴定分析的基本知识,可视实验内容由教师酌情介绍。

## 八、化学试剂的取用

### 1. 粉末状固体药品的取用

把盛有粉状药品的广口瓶瓶塞取下,为防止污染药品,瓶塞应倒放在桌面上。

用干净的药匙把粉状药品取出后,盖紧瓶塞,把试剂瓶放回原处。取药不要过多,多取的药品不能放回原瓶,可倒入指定容器。

往试管里装固体粉末时,应把盛有药品的药匙(或用小纸条折叠成 V 形纸槽)小心地送入试管底部(见图实-27),然后使试管直立起来,让药品都落到试管底部。

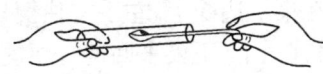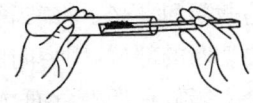

图实-27    往试管里装固体粉末

### 2. 块状固体药品的取用

把盛有块状药品的广口瓶瓶塞取下,倒放在桌面上。

把容器横放,用镊子把药品或金属颗粒放入容器口,再把容器慢慢地竖起来,使块状药品或金属颗粒缓缓地滑落到容器底部。最后,盖紧药品瓶塞后,放回原处。

### 3. 液体试剂的取用

(1) 吸取或滴加少量液体试剂,可使用滴管。使用滴管应注意以下几点:

① 每一支胶头滴管只能取一种液体,不能一管多用。

② 不要吸液过多,以致使液体进入胶囊。

③ 使用全过程中,不可将滴管平放或尖嘴向上。

④ 向容器内滴加试剂时,滴管尖端应在容器口上方正立,不可伸入试管内滴液,不可触及器壁。

(2) 取用试剂瓶中较多量的液体试剂时,可采用倾倒法。

① 试剂瓶瓶塞倒放在桌面上。

② 试剂瓶标签对着手心。

③ 试剂瓶瓶口与容器口接触好,将试液缓缓地倒入容器中(如图实-28)。

④ 倾毕后稍停,将试剂瓶口紧贴着容器口靠一下。

⑤ 放下试剂瓶,盖好瓶盖放回原处,标签向外,多取的试液不能倒入原瓶,可倒入指定容器。

⑥ 往烧杯等大口容器中倾倒试液时,应用玻璃棒引流(如图实-29)。

⑦ 往小口容器中倾倒试液时,可借助洁净、干燥的漏斗。

图实-28　液体的倾倒

图实-29　液体试剂倒入烧杯

图实-30　闻气体气味的方法

**4. 嗅气体气味的方法**

用手轻轻扇动空气,让少量气体飘入鼻孔,闻出气体的气味(如图实-30)。

# 九、玻璃管加工和塞子钻孔

### 1. 玻璃管加工

(1) 玻璃管的截断和平光。将玻璃管平放在桌子边缘上,左手按住要切断的地方,右手用锉刀的棱边在要切断的部位,用力向前或向后锉一下(不要来回锉),便锉出一道深而短的凹痕。然后将两个拇指放在切痕背面,轻轻向后一折,玻璃管即成两段(见图实-31)。

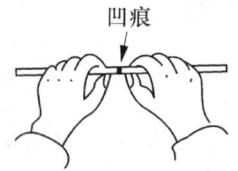
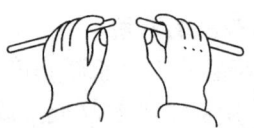

图实-31　玻璃管的折断

　玻璃管的截断面很锋利,必须放在火焰中烧熔,使之平光。烧熔时,将玻璃管以 45° 角斜插入氧化焰中加热,不断转动玻璃管,直到管口红热并变成平光为止。取出玻璃管,放在石棉铁丝网上冷却(切不可直接放在实验台上,以免烧焦台面)。

(2) 玻璃管的弯曲。在弯玻璃管时,最好用一鱼尾灯头插在煤气灯上,使火焰分散,以增加玻璃管的受热面积。鱼尾灯头上的火焰必须均匀,如果火焰呈如图实-32 中 1 的形状,可将鱼尾灯头取下,用手捏鱼尾灯头两端或扩大中间裂缝,使火焰形成图实-32 中 2 的形状。

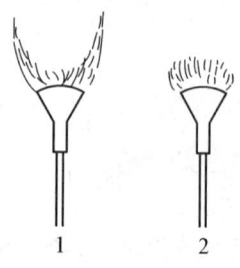

图实-32　鱼尾灯头

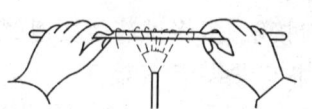
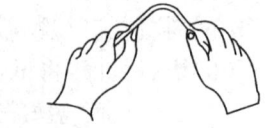

图实-33　玻璃管的弯曲

将玻璃管放入火焰中,其受热部分约为 5～6 cm 长。并在火焰中不断旋转(见图实-33)。这时应该注意玻璃管的两端一定要同时转动(否则在玻璃软化时会使玻璃管扭歪),并保持一定的距离(否则在玻璃软化时会使玻璃管拉长或缩短)。

等玻璃管受热部分软化后,将它从火焰中取出,逐渐弯成所需要的角度(应注意使整个玻璃管尽量在同一平面上);如果弯曲不能达到所需的角度则应趁热再放入火焰中加热,再取出弯曲,直到弯成所需要的角度为止,然后放在石棉网上,使之自然冷却。检查弯好的玻璃管,它们的形状如果像图实-34 中1,2,3那样,则符合要求;如果像图实-34 中的4、5那样,则不符合要求。

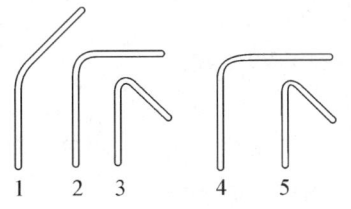

图实-34　弯好的玻璃管的形状

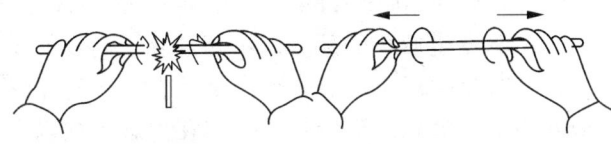

图实-35　玻璃管的拉细

(3) 玻璃管的拉细。将玻璃管放入火焰中加热,并不断旋转,等玻璃管充分软化后,将它从火焰中移出,在同一平面向两旁逐渐拉开到所需要的细度。注意在拉开的同时,应将玻璃管来回旋转。冷却后,在拉细部分的中间把玻璃管截断成两个管嘴,并用火小心地将截断处烧平滑(见图实-35)。

**2. 塞子的钻孔**

在实验室中,常用塞子来塞瓶子、试管、烧瓶等,或用塞子来连接仪器。用作塞子的材料有软木、橡皮和玻璃等。

塞子的钻孔可用钻孔器(见图实-36)或钻孔机来进行。

用钻孔器钻孔时,应先选择一个合适的钻孔器,它的外径必须和待插入塞子的玻璃管相匹配。令塞子截面小的一端向上,平放在桌面。左手持橡皮塞,右手持钻孔器,在橡皮塞小的一端定好钻孔的位置,使钻孔器沿一个方向旋转(一般为顺时针方向),同时用力向下压,慢慢地钻入塞子(见图实-37)。当钻到塞子厚度的一半时,取出钻孔器,用铁条捅出钻孔器中的橡皮。再用同法从塞子截面大的一端(应使钻孔的位置与原孔相对应)钻入,直到把橡皮塞两端的圆孔贯穿为止。注意在钻孔时,钻孔器和塞子的平面须垂直,以免将孔钻斜。

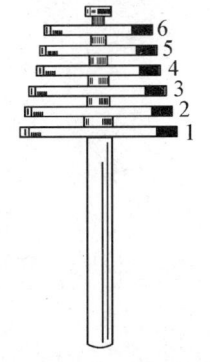

图实-36　钻孔器

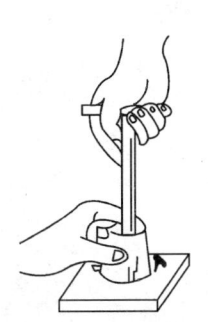

图实-37　用钻孔器钻孔

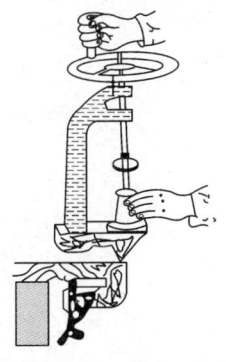

图实-38　钻孔机的钻孔

275

使用钻孔机钻孔时(见图实-38)时,先把合适的钻孔器固定在螺旋夹上,将需要钻孔的塞子截面小的一端向上放在钻孔器下面,选定钻孔位置,然后转动摇轮,使钻孔器慢慢钻入塞子厚度的一半,然后再从塞子截面大的一端钻入,直到两端圆孔贯穿为止。

在橡皮塞上钻孔时,要用润滑剂(水或甘油)涂在钻孔器前端,以减少钻孔器与橡皮间的摩擦力。

## 十、洗瓶的装配

洗瓶(如图实-39)是实验室常用仪器,用于盛放洗液,一般盛放蒸馏水。其装配步骤如下:

① 选一只约 500 mL 的塑料瓶,根据瓶口的大小选择一只与瓶口相匹配的橡皮塞(塞进瓶口的部分以不超过塞子高度的 1/2 为限)。

② 根据橡皮塞的大小选择管径合适的玻璃管,并截取一根比瓶身长约 15 cm 左右的玻璃管。玻璃管的一端在火焰中加以平光,另一端拉细制成尖嘴(制成尖嘴后玻璃管长度比瓶身长约 8 cm 左右)。

③ 在离尖嘴约 6 cm 处弯成 60°角。

④ 在选定的橡皮塞上钻一个大小与所选的玻璃管相配的孔(橡皮塞的口径略小于玻璃管的外径)。

图实-39　洗瓶

⑤ 将弯好的玻璃管插入塞子内,将塞子塞在塑料瓶上,即制成洗瓶。

注意:当把玻璃管插入塞子时,应先用水将玻璃管的前端润湿。左手拿塞子,右手拿住用毛巾或抹布裹住的玻璃管,要露出涂水的一端,握点一般距端点 1~2 cm 为宜。然后,将其慢慢旋入塞孔内至合适的位置,不得用手直接握住玻璃管弯曲的部分或离开塞子较远的地方,用力不宜过猛,以免折断玻璃管,造成事故。

⑥ 将装配好的洗瓶洗净,装 2/3 体积的蒸馏水,塞紧后试试出水的情况。若出水不畅或漏水漏气,还应进行调整或重新制作装配。

若没有玻璃管,也可以选用适宜管径的塑料管制作洗瓶的出水弯管。塑料管的加工,可用剪刀剪断,水浴加热弯曲。

# 学生实验

## 实用化学基础

### 实验一 溶液的配制

### 一、实验目的

1. 熟悉化学实验室常用仪器的名称和使用方法。
2. 初步掌握台秤的使用方法。
3. 初步学会容量瓶的使用方法。
4. 初步掌握一定物质的量浓度溶液的配制方法。

### 二、实验原理

不同物质在同一溶剂(如水)中溶解度不同。溶质的物质的量 $n_B$ 除以溶液的体积 $V$ 即为溶质的物质的量浓度。表达式为：$c_B = n_B/V$。常用单位为 $mol \cdot L^{-1}$。

对于固体溶质,常用天平称出其所需质量;对于液体溶质(如硫酸),常用移液管量出其体积(若要求不太高时,可用量杯或量筒代替)。

配制溶液时,一般应使溶质与溶剂(水)在适宜规格的烧杯中进行混合搅匀,尤其是溶解时放热比较大的溶质(如 $H_2SO_4$、$NaOH$ 等),在溶解时更应该注意避免骤冷骤热。

### 三、实验用品

1. 仪器:台秤(感量 $0.1$ g)、$100$ mL 容量瓶、$50$ mL 烧杯、玻璃棒、胶头滴管、药匙、$10$ mL 量杯或量筒、洗瓶。
2. 试剂:$NaCl$(固体)、浓 $H_2SO_4$。

### 四、实验内容及步骤

1. 配制 $100$ mL $0.2$ mol $\cdot$ $L^{-1}$ 的 $NaCl$ 溶液。

(1) 计算。配制 $100$ mL $0.2$ mol $\cdot$ $L^{-1}$ 的 $NaCl$ 溶液需要固体 $NaCl$ 的质量为_____g。

(2) 称量。在台秤上称取_____g $NaCl$ 置于 $50$ mL 的干净烧杯中。

(3) 溶解。在烧杯中加蒸馏水约_____mL,小心搅拌至全溶。

(4) 移液。将 $NaCl$ 溶液通过玻璃棒小心地引流移至_____mL 的容量瓶中,用洗瓶压出少许蒸馏水洗涤烧杯_____次。每次都将洗液小心地移至容量瓶中。

（5）定容。加蒸馏水稀释至容量瓶体积的3/4，将容量瓶平摇几次，初步混匀。继续加蒸馏水至液面低于容量瓶刻度线下端1～2 cm处，改用胶头滴管逐滴加入，使溶液凹面最低点恰好与刻度相切，盖紧瓶塞。

（6）摇匀。左手食指按住瓶塞，其余四指分握瓶颈的两侧，右手指尖顶住瓶底边缘，将容量瓶倒转并振荡，反复多次，即可混匀。

（7）贴标签。在容量瓶的膨大处贴上标签。将溶液置于指定处。

2. 用浓 $H_2SO_4$（$\rho=1.84$ g·$mL^{-1}$，$\omega=98\%$）配制 100 mL 0.5 mol·$L^{-1}$ 的硫酸溶液。

（1）计算。配制 100 mL 0.5 mol·$L^{-1}$ 的硫酸溶液需要浓 $H_2SO_4$ _____mL。

（2）量液。用量杯或量筒量取_____mL 浓 $H_2SO_4$（若需量不足 1 mL 也可用胶头滴管直接读出与所需体积相应的滴数，为此需先测定胶头滴管 1 滴相当于多少毫升）。

（3）溶解。将所量取的浓 $H_2SO_4$ 沿玻璃棒缓缓地倒入盛有约_____mL 蒸馏水的 50 mL 烧杯中，边加边搅拌，并用 3～5 mL 蒸馏水将量杯或量筒洗涤 1～2 次，将洗液倒入烧杯中，继续用玻璃棒搅拌，使其混合均匀并冷却至室温。

（4）移液。将已冷却的 $H_2SO_4$ 溶液通过玻璃棒移入_____mL 容量瓶中，并用少量蒸馏水洗涤烧杯两次，将洗液也移入容量瓶中。

（5）定容。用洗瓶加蒸馏水至容量瓶体积的 3/4 时，将溶液作初步混匀。继续加水至液面低于容量瓶刻度线下 1～2 cm 处。改用胶头滴管小心加水使溶液凹面最低点恰好与刻度线相切，盖紧瓶盖。

（6）摇匀。将容量瓶倒转并振荡摇匀。

（7）贴标签。在容量瓶的膨大处贴上标签。将溶液置于指定处。

## 五、思考题

1. 容量瓶能否直接加热？能否用容量瓶直接配制溶液？为什么？

2. 如何正确使用台秤？称量前为何要检查台秤的零点？

3. 试拟定配制 50 mL 0.2 mol·$L^{-1}$ NaOH 溶液的简要步骤。并与 NaCl 溶液的配制比较，有何差异？

4. 配制 100 mL 0.5 mol·$L^{-1}$ $H_2SO_4$ 溶液时，直接用 2.72 mL 浓 $H_2SO_4$ 加蒸馏水 97.28 mL 可以吗？什么情况下必须选用相应规格的容量瓶配制溶液？

## 实验二　化学反应速率和化学平衡

## 一、实验目的

1. 巩固浓度、温度、催化剂和反应物间接触面大小对化学反应速率的影响的知识，了解其实验方法。

2. 巩固浓度、温度对化学平衡的影响的知识。

3. 学会用水浴加热及粗略调控温度的方法。

## 二、实验原理

1. 影响化学反应速率的因素。

化学反应速率主要决定于反应物的本性,但外界条件的变化,对化学反应速率有一定影响。一般说来,增大反应物的浓度或升高温度或加入催化剂以及增大反应物间接触面等,都可以增大反应速率。

在室温下,一定浓度的稀 $H_2SO_4$ 与不同浓度的 $Na_2S_2O_3$ 溶液反应,$Na_2S_2O_3$ 溶液的浓度越大,反应速率越大(出现白色浑浊时间越短)。

$$Na_2S_2O_3 + H_2SO_4 \Longrightarrow Na_2SO_4 + H_2O + SO_2\uparrow + S\downarrow$$

当两反应物的浓度和体积相同时,反应温度升高,反应速率增大。

$H_2O_2$ 在室温下能分解成水和氧气。如果加入少量 $MnO_2$ 作催化剂,$H_2O_2$ 的分解速率将显著增大(放出氧气的气泡又多又快)。

$$2H_2O_2 \xrightarrow{MnO_2} 2H_2O + O_2\uparrow$$

铁可与空气中的氧反应。铁丝与空气中氧的接触面小,反应不剧烈,即反应速率小。铁粉与空气中氧的接触面大,反应剧烈,即反应速率大。

$$3Fe + 2O_2 \xrightarrow{点燃} Fe_3O_4$$

2. 影响化学平衡的因素。

当可逆反应达到平衡时,如果改变平衡的条件,平衡状态就会被破坏而发生移动。如增大反应物的浓度,平衡就会向正反应方向移动;升高反应温度,平衡向吸热方向移动。

浓度对化学平衡的影响,可用下列反应来说明:

$$FeCl_3 + 3NH_4SCN \Longrightarrow \underset{(血红色)}{Fe(SCN)_3} + 3NH_4Cl$$

在平衡体系中,当增大任一反应物($FeCl_3$ 或 $NH_4SCN$)的浓度,则平衡向正反应方向移动。即生成更多的 $Fe(SCN)_3$,而使溶液的血红色变深。

温度对化学平衡的影响,可用下列反应来说明:

$$\underset{(红棕色)}{2NO_2} \Longrightarrow \underset{(无色)}{N_2O_4} + Q$$

正反应为放热反应。若升高温度,平衡向逆反应方向移动。即生成更多的 $NO_2$,平衡体系的颜色将变深。

## 三、实验用品

1. 仪器:试管、100 mL 烧杯、胶头滴管、秒表、酒精灯、恒温水浴锅、温度计、药匙、充满 $NO_2$ 圆底烧瓶、10 mL 量筒、镊子、石棉网、坩埚钳、玻璃棒、砂纸、火柴等。

2. 药品：0.1 mol·L⁻¹ $Na_2S_2O_3$、0.1 mol·L⁻¹ $H_2SO_4$、10% $H_2O_2$、0.1 mol·L⁻¹ $FeCl_3$、0.1 mol·L⁻¹ $NH_4SCN$、$MnO_2$（粉末）、铁丝、细颗粒还原铁粉等。

## 四、实验内容和步骤

1. 浓度对反应速率的影响。

取三支试管，分别编为 1、2、3 号。按表实-3 规定的相应数量分别加入 $Na_2S_2O_3$ 溶液和 $H_2O$，摇匀后加入规定量的 $H_2SO_4$ 溶液，立即按下秒表计时，至溶液刚出现浑浊，停止计时，并将出现浑浊的时间记录在表实-3 空格中。

表实-3 室温＿＿＿＿＿℃

| 编 号 | $V(Na_2S_2O_3)$/mL | $V(H_2O)$/mL | $V(H_2SO_4)$/mL | 出现浑浊时间/s |
|---|---|---|---|---|
| 1 | 6 | 0 | 6 | |
| 2 | 3 | 3 | 6 | |
| 3 | 1 | 5 | 6 | |

结论：＿＿＿＿＿＿＿＿＿＿＿＿＿＿＿＿＿＿＿＿＿＿＿＿＿＿＿＿＿＿＿＿＿＿＿＿＿＿＿＿＿＿

2. 温度对反应速率的影响。

（1）水浴的准备。用恒温水浴锅或用两只 100 mL 烧杯与可调式电炉温度计等组成简易水浴装置，并调节温度分别为：①室温＋10℃；②室温＋20℃。

（2）记录实验室的室温。在室温下，取 0.1 mol·L⁻¹ $Na_2S_2O_3$ 溶液 4 mL 置于试管中，再加入 0.1 mol·L⁻¹ 的 $H_2SO_4$ 溶液 4 mL，摇匀，记录混合溶液开始出现浑浊所需的时间(s)。

（3）取两支试管，在一支中加 0.1 mol·L⁻¹ $Na_2S_2O_3$ 溶液 4 mL，另一支加 0.1 mol·L⁻¹ $H_2SO_4$ 溶液 4 mL，并将该两支试管中溶液加热至室温＋10℃时混合并摇匀（摇匀后，盛有混合液的试管仍放在室温＋10℃的热水中），记录室温＋10℃时，混合溶液产生混浊所需时间。

（4）按上述步骤进行操作，记录室温＋20℃时，产生混浊所需时间。

表实-4

| 编 号 | $V(Na_2S_2O_3)$/mL | $V(H_2SO_4)$/mL | 温度/℃ | 出现浑浊时间/s |
|---|---|---|---|---|
| 1 | 4 | 4 | 室 温 | |
| 2 | 4 | 4 | 室温＋10 | |
| 3 | 4 | 4 | 室温＋20 | |

结论：＿＿＿＿＿＿＿＿＿＿＿＿＿＿＿＿＿＿＿＿＿＿＿＿＿＿＿＿＿＿＿＿＿＿＿＿＿＿＿＿＿＿

3. 催化剂对反应速率的影响。

在试管中加入 6 mL 10% 的 $H_2O_2$ 溶液，观察是否有气泡产生？用药匙加入少量 $MnO_2$，观察并比较气泡产生的速率，并作简要解释。

结论：_____

_____

4. 反应物表面积的大小对反应速率的影响。

将一段细铁丝，用砂纸擦亮，绕成螺旋状，在酒精灯火焰上灼烧，观察现象。再在石棉网一角堆放一勺还原铁粉，用坩埚钳夹持石棉网，在酒精灯火焰上加热堆放铁粉部位，加热 1 分钟左右，用玻璃棒轻轻将铁粉从石棉网的铁纱孔中播散到酒精灯外焰上，观察现象。

结论：_____

_____

5. 浓度对化学平衡的影响。

在小烧杯中加入 15 mL 蒸馏水，然后加入 $0.1\ mol \cdot L^{-1}$ $FeCl_3$ 溶液 3 滴及 $0.1\ mol \cdot L^{-1}$ $NH_4SCN$ 溶液 6 滴，得到浅血红色溶液。

取三支试管将上述溶液等分于三试管中，并依次编号 1、2、3。然后往 1 号中加入 4 滴 $0.1\ mol \cdot L^{-1}$ $FeCl_3$ 溶液；2 号中加入 4 滴 $0.1\ mol \cdot L^{-1}$ $NH_4SCN$ 溶液；3 号留作比较用。观察现象，填入表实-5 空格中。

表实-5

| 编　号 | $V(FeCl_3)$ | $V(NH_4SCN)$ | 现　　象 |
|---|---|---|---|
| 1 | 4 滴 | 0 滴 | |
| 2 | 0 滴 | 4 滴 | |
| 3 | 0 滴 | 0 滴 | |

结论：_____

6. 温度对化学平衡的影响。

将盛有二氧化氮的两只圆底烧瓶，用导管联起来（图实-40），待两瓶颜色完全一致后，用夹子将导管封闭，分别放入盛有热水和冰水（或冷水）的烧杯中，观察两个烧杯中气体颜色的变化。

结论：_____

_____

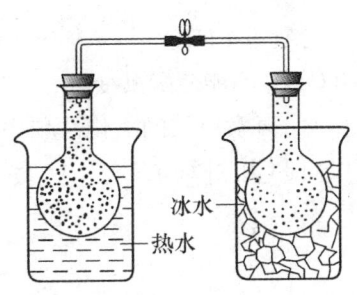

图实-40　温度对化学平衡的影响

## 五、思考题

1. 设计浓度、温度对化学反应速率的影响时,为何要使溶液的总体积相等? 要做此实验还应注意哪些问题?

2. 化学平衡在什么情况下将发生移动? 如何判断化学平衡移动的方向? 举例说明。

3. 如何设计压强对化学平衡的影响? 举实例写出实验的简要步骤和注意点。

## 实验三 常见离子的鉴别、鉴定

## 一、实验目的

1. 练习用焰色反应鉴定钠盐、钾盐的方法。
2. 掌握 Na、Mg、Al 与 $H_2O$ 作用的差异。
3. 掌握卤素单质($Cl_2$、$Br_2$、$I_2$)置换顺序及检验方法。
4. 深化对元素周期律的认识。
5. $K^+$、$Na^+$、$Ca^{2+}$、$Cl^-$、$SO_4^{2-}$、$CO_3^{2-}$ 的鉴别鉴定。

## 二、实验原理

1. 钾、钠的挥发性盐(如氯化物)在火焰中灼烧能发出特征颜色的火焰,依此可鉴别检验这些元素,这类反应叫焰色反应。由于钠的黄色对钾的焰色(紫色)有干扰,一般用钴玻璃片将黄光滤掉,即可观察到钾的紫色火焰。碱金属和碱土金属的氯化物,都能发生焰色反应,如钙呈猩红色,钡呈绿色。

2. Na、Mg、Al 同在第三周期,从它们与 $H_2O$ 反应的难易程度可看出活泼性依次递减:

$$2Na + 2H_2O =\!=\!= 2NaOH + H_2 \uparrow \quad 室温下即能剧烈反应$$

$$Mg + 2H_2O \xrightarrow{煮沸} Mg(OH)_2 + H_2 \uparrow$$

$2Al + 6H_2O \xrightarrow{保持沸腾} 2Al(OH)_3 + 3H_2 \uparrow \quad$ Al 与 $H_2O$ 的反应极不明显,且 $Al(OH)_3$ 不能使酚酞变红

3. 卤素单质的氧化性顺序是 $Cl_2 > Br_2 > I_2$,而卤素离子的还原性顺序是 $I^- > Br^- > Cl^-$,即 $Cl_2$ 可氧化 $Br^-$、$I^-$ 为 $Br_2$、$I_2$,而 $Br_2$ 可氧化 $I^-$ 为 $I_2$。发生的反应为:

$$2KI + Cl_2 =\!=\!= 2KCl + I_2$$

$$2KI + Br_2 =\!=\!= 2KBr + I_2$$

$$2KBr + Cl_2 =\!=\!= 2KCl + Br_2$$

$I_2$ 在低浓度时,可与淀粉生成蓝色物质,而 $I^-$ 无此反应。这是鉴定 $I_2$ 的重要方法。

4. 鉴别物质主要根据组成不同必有不同性质的原理。例如可溶性氯化物、硫酸盐、

碳酸盐与 $BaCl_2$ 溶液反应可生成白色的 $BaSO_4$、$BaCO_3$ 沉淀,再加入足量 HCl,则 $BaCO_3$ 溶解,并有气泡产生(是什么?),而 $BaSO_4$ 仍不溶解,可用此法鉴别 $Cl^-$、$SO_4^{2-}$、$CO_3^{2-}$。

## 三、实验用品

1. 仪器:镍铬丝棒,点滴板。常用仪器不列入。

2. 试剂:$2\ mol \cdot L^{-1}$ $HNO_3$、$0.5\%$ 酚酞、$6\ mol \cdot L^{-1}$ HCl、$0.4\%$ 淀粉溶液、$1\ mol \cdot L^{-1}$ KCl、$1\ mol \cdot L^{-1}$ NaCl,钠、镁、铝,Zn 粒、饱和氯水、溴水。$0.1\ mol \cdot L^{-1}$ 的 $AgNO_3$、NaCl、NaBr、KI、$BaCl_2$ 溶液。

常见离子鉴别、鉴定液(浓度约为 $0.1\ mol \cdot L^{-1}$ 的 $Na_2CO_3$、$Na_2SO_4$、KCl、HCl、$H_2SO_4$),固体未知物鉴定样品,由实验室编号。

3. 其他物品:火柴、灯用酒精,蓝色石蕊试纸或 pH 试纸、钴玻璃片、酒精喷灯。

## 四、实验内容和步骤

1. 卤素离子的鉴别——沉淀反应。

| 实验内容及步骤 | 观察到的现象 | 解释、结论、化学方程式 |
|---|---|---|
| 取三支试管,分别加入 NaCl、NaBr、KI 溶液 2~3 滴,再各加入 $AgNO_3$ 溶液 1~2 滴,观察比较沉淀的颜色。又各加入稀 $HNO_3$ 2~3 滴,摇荡后观察有无变化? | | |

2. 卤素间的置换反应——同主族元素性质递变规律。

| 实验内容及步骤 | 观察到的现象 | 解释、结论、化学方程式 |
|---|---|---|
| (1) 在一支试管中,加入 3~4 滴 NaBr 溶液,逐滴加入氯水,边加边摇动。 | 溶液呈____色。 | |
| (2) 在一支试管中,加 1 滴 KI 溶液再滴加氯水 2~3 滴,观察变化。再加水约 2 mL,淀粉溶液 5 滴,观察溶液颜色变化。 | 溶液呈____色,加淀粉后,溶液呈____色。 | |
| (3) 在一支试管中,加 1 滴 KI 溶液,再滴加溴水 2~3 滴。观察变化。再加水约 2 mL,淀粉溶液 5 滴。观察溶液颜色变化。 | 溶液呈____色,加淀粉后,溶液呈____色。 | |

3. 焰色反应。

| 实验内容及步骤 | 观察到的现象 | 解释、结论、化学方程式 |
|---|---|---|
| (1) 取一块干净而又干燥的白色点滴板,在一凹穴里加 10 滴普通灯用酒精。然后点燃凹穴。立即用经6 mol·$L^{-1}$ HCl 处理并灼烧干净的镍铬丝蘸取 KCl 溶液在酒精氧化焰上灼烧,透过蓝色钴玻璃观察焰色(并与不透过钴玻璃作对照)。看不清楚时,可在暗处进行实验。 | 透过钴玻璃,钾的焰色为____色。 | |
| (2) 用镍铬丝玻璃棒蘸取 NaCl 溶液重复上述实验。(不要用钴玻璃滤光)。切忌溶液或玻棒"张冠李戴"。应先做钾盐,后做钠盐。 | 钠的焰色为____色。 | |
| 如果在点滴板上做的效果不好,可改用酒精灯作热源。有条件最好用酒精喷灯作钾的焰色反应。 | | |

4. 同周期元素(第三周期)性质递变规律。

| 实验内容及步骤 | 观察到的现象 | 解释、结论、化学方程式 |
|---|---|---|
| (1) 取 1 只 50 mL 的烧杯,加水约 5～10 mL,用镊子取绿豆大的金属钠一小块,用滤纸吸干表面的煤油,投入烧杯中,盖上表面皿观察反应现象(钠的取用量由教师控制)。<br>待反应完全后,加 1～2 滴酚酞指示剂于上述烧杯中,溶液颜色有何变化? | Na 和 $H_2O$ 反应(快慢)____,加酚酞后呈____色。 | |
| (2) 取试管两支,各加入约 2～3 mL 水,在一试管中放入一条用砂纸擦去氧化膜的镁条,在另一试管中放入一条用砂纸擦去氧化膜($Al_2O_3$)的薄铝片,观察有无明显变化?<br>若反应无明显变化,可分别将其小心加热至沸,观察现象,并向两支试管中分别加入 1～2 滴酚酞,观察溶液颜色有无变化? | Mg 和 $H_2O$ _____;<br>Al 和 $H_2O$ _____。<br><br>加酚酞后,Mg 和 $H_2O$ 反应的试管呈____色,Al 和 $H_2O$ 反应的试管呈____色。 | 钠、镁、铝的活泼性顺序为<br><br>第三周期元素性质的递变规律为_____。 |

5. 常见离子的鉴别鉴定(自行设计方法,步骤)。

(1) 鉴别下列无色溶液(由教师事先配好,并编号)。

$$\left.\begin{array}{l} \text{Na}_2\text{CO}_3 \\ \text{Na}_2\text{SO}_4 \\ \text{KCl} \\ \text{HCl} \\ \text{稀 H}_2\text{SO}_4 \end{array}\right\}$$

＊（2）有一固体化合物,可能含有 $Cl^-$、$SO_4^{2-}$、$CO_3^{2-}$、$Cu^{2+}$、$K^+$、$Ca^{2+}$、$Na^+$,试自行拟订鉴定方法和步骤。固体样品(指待鉴定的化合物)由教师提供。设计方法和步骤经教师检查认可后方能进行实验。

_____

_____

_____

_____

结论:检出的阳离子是_____,阴离子是_____。该固体化合物是_____。

## 五、思考题

1. 在取用钾、钠等活泼金属做实验时,应注意什么? 若取量过多,可能出现什么问题? 为什么?

2. 根据实验结果,如何解释第三周期和ⅦA族元素性质递变的规律?

3. 做金属离子的焰色反应时,

（1）为什么要先用盐酸清洗镍铬丝?

（2）为什么要先做钾后做钠?

（3）为什么不用酒精灯做热源?

4. 举出 $Cl^-$、$Br^-$、$I^-$ 的两种鉴别方法。

5. 鉴别 $NaCl$ 和 $Na_2SO_4$,用 $AgNO_3$ 还是 $BaCl_2$ 更可靠? 为什么?

## 实验四  电解质溶液

## 一、实验目的

1. 加深对强、弱电解质概念的认识。

2. 掌握盐的水解平衡及盐的水解规律,理解盐的双水解,学会用 pH 试纸测定溶液的 pH。

3. 认识原电池的基本结构,掌握原电池的原理。

4. 巩固所学电解原理的知识。

5. 了解简单离子与配离子的区别。

## 二、实验原理

1. 盐酸是一种一元强酸,醋酸是一种一元弱酸,同浓度的两种溶液比较,盐酸溶液中 $[H^+]$ 较大,酸性更强,表现在反应性能上存在一定的差异。

$$Zn + 2HCl \Longrightarrow ZnCl_2 + H_2\uparrow \quad (反应较快)$$

$$Zn + 2HAc \Longrightarrow Zn(Ac)_2 + H_2\uparrow \quad (反应较慢)$$

2. 盐的水溶液不一定呈现中性。一些盐溶于水后,盐的离子能与水离解出来的氢离子或氢氧根离子作用,产生水解,引起溶液酸碱性的变化。用 pH 试纸能测出溶液的 pH。$Na_2CO_3$ 饱和溶液与 $Al_2(SO_4)_3$ 饱和溶液混合,则相互促进水解(双水解),生成 $Al(OH)_3$ 沉淀,并放出 $CO_2$。

3. 原电池是一种能够将化学能转变为电能的装置。一般由两个半电池、电极、盐桥等组成。Cu - Zn 原电池是根据氧化还原反应:

$$Zn + CuSO_4 \Longrightarrow Cu + ZnSO_4$$

设计而成,其电极反应为

负极:$Zn - 2e \Longrightarrow Zn^{2+}$ (氧化反应)

正极:$Cu^{2+} + 2e \Longrightarrow Cu$ (还原反应)

4. 电解是将直流电通入电解质溶液,引起氧化还原反应的过程。通过电解能实现电能向化学能的转换。饱和食盐水的电解反应为:

$$2NaCl + 2H_2O \xrightarrow{\text{通电}} \underset{\text{阳极}}{Cl_2\uparrow} + \underset{\text{阴极}}{H_2\uparrow} + 2NaOH$$

5. 配离子的结构较一般离子复杂,且在性质上存在一定的差异。

配离子 $[Fe(CN)_6]^{3-}$ 中由于 $Fe^{3+}$ 与配位体 $CN^-$ 的配合,使其具有一定的稳定性,能电离出的自由 $Fe^{3+}$ 极少,所以加入 $NH_4SCN$ 后不能使溶液呈血红色。

## 三、实验用品

1. 仪器:试管,具支试管,玻璃棒,50 mL 烧杯,白色点滴板,盐桥。

2. 药品:$0.1\ mol \cdot L^{-1}$ HAc、HCl、$KNO_3$、$NH_4Cl$、$Na_2CO_3$、$NH_4Ac$、$NH_4SCN$ 溶液,酒精,饱和 $Na_2CO_3$ 溶液,饱和 $Al_2(SO_4)_3$ 溶液,饱和食盐水,含 0.5% 酚酞的酒精溶液,$0.1\ mol \cdot L$ $FeCl_3$,$0.1\ mol \cdot L^{-1}$ $K_3[Fe(CN)_6]$,锌粒。

3. 其他:棉纱,导线,检流计,铜片,学生电源,铅笔。

## 四、实验内容和步骤

1. 盐酸和醋酸的反应活性比较。

(1) 用 pH 试纸分别测定 $0.1\ mol \cdot L^{-1}$ HCl 溶液的 pH 为_____,测定 $0.1\ mol \cdot L^{-1}$ HAc 溶液的 pH 为_____,比较两种溶液的酸性强弱_____。

(2) 取两支试管,在 1 支试管中加入 1 mL $0.1\ mol \cdot L^{-1}$ HCl,在另 1 支试管中加入

1 mL 0.1 mol·L⁻¹ HAc 溶液,再分别加入一粒锌粒,观察反应现象,若现象不够明显,可同时加热再进行比较_____,写出反应的离子方程式_____。

2. 盐类水解。

(1) 分别取少量浓度均为 0.1 mol·L⁻¹ 的 KNO₃,NH₄Cl,Na₂CO₃,NH₄Ac 四种盐溶液于白色点滴板中,用约 1 cm 长的 pH 试纸分别测定四种溶液的 pH 并记录于下表中:

| 溶　液 | pH | 水解离子方程式 |
|---|---|---|
| KNO₃ | | |
| NH₄Cl | | |
| Na₂CO₃ | | |
| NH₄Ac | | |

(2) 在具支试管中加入 50 mL Na₂CO₃ 饱和溶液,在盛有 30 mL Al₂(SO₄)₃ 饱和溶液的普通试管中插入一支玻璃棒,然后放入具支试管中,用塞子塞紧具支试管(见图实-41)。再将浸有酒精的棉纱在水槽中点燃,倒置装置,手按紧管口塞子,如图所示,将支管喷口朝向燃烧物,观察到_____,因为_____。离子方程式为_____。

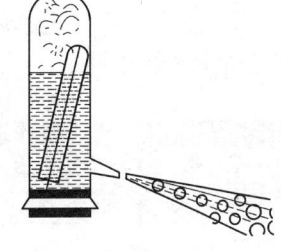

图实-41

3. Cu-Zn 原电池。

在两个 50 mL 的烧杯中,分别加入 30 mL 的 CuSO₄ 和 ZnSO₄ 溶液,将铜片和锌片用导线连接后,分别插入 CuSO₄ 和 ZnSO₄ 溶液,再用盐桥连通,形成原电池,如图实-42 所示,观察检流计指针的变化_____,取出盐桥,检流计指针又如何变化_____。

4. 电解饱和食盐水。

用饱和食盐水(加入几滴酚酞试液)浸透一张滤纸,然后摊放紧贴在铜片上,再准备一支两头削尖的 6B 铅笔,用导线将铅笔笔芯的一端及铜片分别与学生电源的负极和正极相连,选择 4～6 V 电压,打开电源,用铅笔在滤纸上写字或绘画,如图实-43 所示,观察所发生的现象_____。

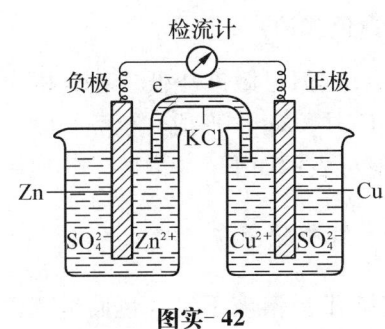

图实-42

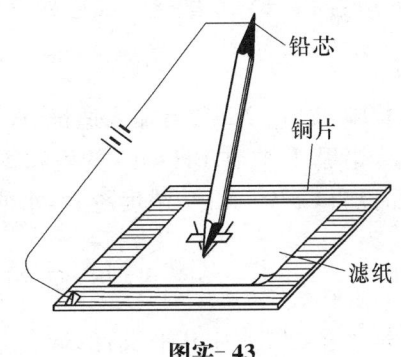

图实-43

5. 配离子的性质。

在试管中加入 1 mL 0.1 mol·$L^{-1}$ $FeCl_3$ 溶液,再加入 1～2 滴 0.1 mol·$L^{-1}$ $NH_4SCN$ 溶液,观察溶液颜色的变化＿＿＿＿＿＿＿＿＿＿＿＿＿＿＿＿＿。

再用 0.1 mol·$L^{-1}$ $K_3[Fe(CN)_6]$ 代替 $FeCl_3$ 溶液,作同样的实验,比较观察现象＿＿＿＿＿＿＿＿＿。实验结论:＿＿＿＿＿＿＿＿＿＿＿＿＿。

## 五、思考题

1. 用 pH 试纸测定溶液 pH 时应注意哪些问题?

2. 当向 0.1 mol·$L^{-1}$ HAc 溶液中加入少量 NaAc 溶液后,溶液的 pH 会发生什么变化? 试从平衡移动原理分析说明。

3. 实验(四)利用了电解的原理,实际上是改变了形状的电解池,写出电极反应,并说明产生红色字迹的原因?

4. 简述配离子和简单离子的区别。

5. 用 $Na_2CO_3$ 饱和溶液与 $Al_2(SO_4)_3$ 饱和溶液反应,需注意哪些问题才能保证实验既安全,效果又明显。

## 实验五 软化水的制备及与自来水和纯水的比较

## 一、实验目的

1. 学会用离子交换树脂从自来水制备软化水的基本方法和操作。

2. 学会自来水和软化水的简易测定方法,进而明确自来水和软化水在组成、性质和应用上的差别。

## 二、实验原理

1. 自来水中含有少量的 $Ca^{2+}$、$Mg^{2+}$、$Cl^-$、$SO_4^{2-}$、$Fe^{3+}$、$HCO_3^-$、$CO_3^{2-}$ 等成分,属于硬水范畴,不宜直接作锅炉用水。检验上述离子可以用多种方法。如检验 $Cl^-$ 可以用 $AgNO_3$(经稀 $HNO_3$ 酸化),反应如下:

$$Ag^+ + Cl^- = AgCl\downarrow \quad (乳白色浑浊)$$

检验 $Ca^{2+}$、$Mg^{2+}$ 可加入适量 $Na_2CO_3$ 溶液或肥皂水,但灵敏度较低。在分析中,一般加入铬黑 T,它在 pH≈10 的氨和氯化铵溶液中,与 $Ca^{2+}$、$Mg^{2+}$ 形成红色配合物,红色越深,说明 $Ca^{2+}$、$Mg^{2+}$ 浓度越大,水的硬度越高。反应可表示如下:

$$Ca^{2+}、Mg^{2+} + 铬黑\ T \xrightarrow[NH_3-NH_4Cl]{pH≈10} 红色配合物$$

软化水或纯水中几乎没有 $Ca^{2+}$、$Mg^{2+}$,故加入铬黑 T 后溶液不呈红色而呈蓝色(铬黑 T 本身的颜色)。

2. 用阴、阳离子交换树脂制备软化水的原理。

首先,将需软化的硬水(如自来水)通过阳离子交换树脂(用 HR 表示),交换反应如下:

$$2HR + Ca^{2+}(Mg^{2+}) \longrightarrow CaR_2(MgR_2) + 2H^+$$

这样,$Ca^{2+}$、$Mg^{2+}$ 等阳离子被交换到阳离子树脂上,而 $H^+$ 被交换进入需软化的水中。

再将需软化的水(已通过阳离子树脂的水)通过阴离子交换树脂(用 $R'OH$ 表示),交换反应为:

$$R'OH + Cl^- \Longrightarrow R'Cl + OH^-$$

或 
$$2R'OH + SO_4^{2-} \Longrightarrow R_2'SO_4 + 2OH^-$$

而交换进入水中的 $OH^-$ 又与 $H^+$ 结合成 $H_2O$,促使交换反应正常进行。

使用一段时间后,离子交换树脂会失去交换能力。通常用一定浓度的盐酸处理阳离子树脂,用一定浓度的 NaOH 处理阴离子树脂,可使其恢复交换能力,这个过程叫做离子交换树脂的再生。

## 三、实验用品

1. 仪器:除常规化学实验仪器外,准备数套(2 人/套)装有阳离子交换树脂和阴离子交换树脂的滴定管(最好用碱式滴定管装阴离子树脂)。这两支滴定管可作交换柱使用。树脂的再生、装柱由实验室准备。树脂装入量约占滴定管体积的 2/3,树脂装得太多,自来水装入量就会太少,难以操作。阳离子树脂用 25 mL 滴定管,阴离子树脂用 50 mL 滴定管装填。注意:由于阴离子树脂的交换容量小,当发现阴离子树脂交换效果差时,可只做到软化水,而不通过阴离子树脂制纯水。

2. 试剂:$0.1$ mol·$L^{-1}$ $AgNO_3$,$2$ mol·$L^{-1}$ $HNO_3$,$0.1$ mol·$L^{-1}$ $NH_4SCN$,$0.1$ mol·$L^{-1}$ $BaCl_2$。

0.5% 铬黑 T 溶液的准备:在药物天平上称取 1 g 铬黑 T 粉末于 300 mL 烧杯中,徐徐加入 10 mL 三乙醇胺,搅匀,再用水稀释至 200 mL,分装贮于棕色滴瓶中待用。

$NH_3$ - $NH_4Cl$ 缓冲液(pH≈10)的准备:称取 54 g $NH_4Cl$,加适量水溶解后,加浓氨水 350 mL,用水稀释至 1 L。

## 四、实验内容和步骤

1. 自来水中 $Ca^{2+}$、$Mg^{2+}$、$Fe^{3+}$ 和 $Cl^-$、$SO_4^{2-}$ 的定性检验。

(1) 取 3~5 mL 自来水样于试管中,加 3 mL $NH_3$—$NH_4Cl$ 缓冲液,1~2 滴 0.5% 的铬黑 T 指示剂,摇匀,溶液呈_____色,说明有_____存在。

(2) 取 3~5 mL 自来水样于试管中,加 $0.1$ mol·$L^{-1}$ $AgNO_3$ 溶液 3~5 滴,$2$ mol·$L^{-1}$ $HNO_3$ 2~3 滴,摇匀,放置片刻,仔细观察有无白色浑浊? 若有,证明水样中有_____存在。

*(3) $Fe^{3+}$ 的检验选做者自行拟定实验步骤,经指导教师认可后进行操作。

*(4) $SO_4^{2-}$ 的检验,操作同 1 之(2),只是将 $AgNO_3$ 改为 $0.1$ mol·$L^{-1}$ $BaCl_2$ 溶液。仔细观察有无白色浑浊? 若有,证明水样中有_____存在。一般 $SO_4^{2-}$ 浓度不大,不一定能检出,或现象不明显。

（5）用蒸馏水（或实验用纯水）代替自来水作"参照物"，按上述之（1）、（2）、（3）、（4）操作检验有无 $Ca^{2+}$、$Mg^{2+}$、$Cl^-$、$Fe^{3+}$、$SO_4^{2-}$？并留下与后面的对应实验对照。

2. 自来水的软化——软化水（去 $Ca^{2+}$、$Mg^{2+}$ 的水）的制备。

按教师现场讲解的要求，将阳离子交换柱——滴定管的液面用自来水调整至刻度"0"，小心地按每秒 $2\sim3$ 滴的速度放出 10 mL（读准至 $\pm0.1$ mL）于 1 个约 200 mL 的烧杯中，放水时，必须注意勿使滴定管内液面低于树脂，以免产生气泡，影响交换效果。再加入自来水调整液面至刻度"0"，重复放水一次至 10 mL（$\pm0.1$ mL）处。再加自来水重复上述操作一次，用洗净的试管或量杯接取约 10 mL 交换液，并分成两份。一份加 2 mL $NH_3$—$NH_4Cl$ 缓冲液和 $1\sim2$ 滴 0.5％铬黑 T 指示剂，溶液呈现＿＿＿＿＿色，说明＿＿＿＿＿＿＿＿＿＿。另一份加 0.1 mol·L$^{-1}$ $AgNO_3$ $3\sim5$ 滴，2 mol·L$^{-1}$ $HNO_3$ $2\sim3$ 滴，摇匀，放置片刻后，观察有何现象＿＿＿＿＿＿，说明＿＿＿＿＿＿＿＿＿＿＿＿＿。

＊3. 纯水的制备。

将阴离子交换柱——滴定管的液面用通过阳离子树脂后的水来调节至刻度"0"，操作同"2"，第 3 次取出的 10 mL 水应为＿＿＿＿＿＿水，用上述方法检验 $Ca^{2+}$、$Mg^{2+}$ 则因量少而无法检出，即取 $3\sim5$ mL 水样（指通过阳离子、阴离子树脂后的水）检验 $Ca^{2+}$、$Mg^{2+}$，加铬黑 T 后，溶液应呈＿＿＿＿＿＿色，加 $BaCl_2$ 或 $AgNO_3$ 后，溶液应＿＿＿＿＿＿白色浑浊。说明 $Cl^-$ 或 $SO_4^{2-}$ 已＿＿＿＿＿＿。由此，说明我们制得了纯水。

## 五、思考题

1. 说明硬水、软化水、纯水的区别和关系。

2. 简述用离子交换树脂制备软化水的原理和步骤。你能使本实验的装置更为简便可行吗？

3. 拟定一个纯水（或软化水）和自来水的鉴别步骤。

4. 如果让自来水先通过阴离子交换树脂，可能出现一些什么情况？

5. 在制备软化水的操作中，如果出现气泡（如树脂露在空气中），可能带来什么影响？

6. 如何准备和使用滴定管？对记录"正好 10 毫升"的体积，表示为 10、10.0 还是 10.000 0 mL？

## 实验六　银镜、酒精燃料块的制作和蛋白质的变性作用

## 一、实验目的

1. 通过银镜制作理解醛类化合物的性质，了解工业产品的生产原理。

2. 通过酒精燃料块的制作掌握羧酸的性质。

3. 了解蛋白质的变性作用。

## 二、实验原理

硬脂酸(又称十八酸)$CH_3(CH_2)_{16}COOH$ 是白色有光泽的柔软固体。不溶于水,加热至 70℃开始熔化,并溶于酒精形成溶液,在其溶液中加入氢氧化钠,与硬脂酸反应生成硬脂酸钠,该盐不溶于酒精而析出并形成凝胶,这便是固体酒精燃料块。酒精燃料块可作为燃料用于家庭、野外作业、旅游使用。

主要化学反应:$CH_3(CH_2)_{16}COOH + NaOH = CH_3(CH_2)_{16}COONa + H_2O$

葡萄糖是醛类化合物,分子中含官能团醛基($-\overset{\overset{\displaystyle O}{\|}}{C}-H$),具有醛类化合物的性质,能够被硝酸银的氨溶液所氧化而发生银镜反应。利用此性质,我们可以在工业上制作银镜。

主要化学反应为:

$$CH_2-CH-CH-CH-CH-CHO + 2Ag(NH_3)_2OH \longrightarrow$$
$$\quad|\qquad|\qquad|\qquad|\qquad|$$
$$OH\quad OH\quad OH\quad OH\quad OH$$

$$CH_2-CH-CH-CH-CH-COONH_4 + 2Ag\downarrow + 3NH_3 + H_2O$$
$$\quad|\qquad|\qquad|\qquad|\qquad|$$
$$OH\quad OH\quad OH\quad OH\quad OH$$

蛋白质在加热或遇重金属离子(如 $Pb^{2+}$、$Hg^{2+}$)时,蛋白质的性质将发生改变,溶解度降低,产生凝固现象,这就是蛋白质的变性作用。

## 三、实验用品

1. 仪器:水浴锅、台秤、试管夹、调温电炉、烧杯、量筒、坩埚、蒸发皿、铁三角架、10 cm×10 cm 的玻璃片、油漆、小试管、鸡蛋清、酒精灯。

2. 药品:硬脂酸、95%酒精、40%氢氧化钠溶液、$0.1\ mol\cdot L^{-1}\ AgNO_3$ 溶液、$0.1\ mol\cdot L^{-1}\ NaOH$ 溶液、$1\ mol\cdot L^{-1}\ NH_3\cdot H_2O$ 溶液、10%葡萄糖溶液、$0.01\ mol\cdot L^{-1}$ $Pb(Ac)_2$ 溶液。

## 四、实验内容和步骤

1. 酒精燃料块的制作。

称取 3.0 g 硬脂酸放置在小烧杯中待用。在水浴锅中加入 2/3 体积的水,置于电炉上将水烧开,调低电炉温度,保持稳沸腾。用试管夹夹住烧杯在水浴锅中水浴加热至硬脂酸熔化。再加入 40 mL 95%酒精,继续加热至酒精溶液沸腾,边搅拌边用事先准备的小量筒将 3.5 mL 40%的氢氧化钠溶液滴入,继续搅拌至均匀。趁热将液体倒入坩埚中,冷却后就能形成洁白的酒精燃料块,将其取出置于蒸发皿中,观察酒精燃料块的外观和硬度。

取大烧杯盛 500 mL 水,置于铁三角架上,用自己制作的酒精燃料块做燃料,在蒸发皿中点燃,观察、记录烧水至沸腾所需时间和完全燃烧所需时间。(注:25 g 燃料块在专门炉具上燃烧,使专门的金属锅内 500 mL 水沸腾,所需时间约为 6 min,完全燃烧约 12 min。)

酒精燃料块属易燃物质,剩余的产品需交实验室老师处理。

2. 银镜制作。

(1) 准备一块 10 cm×10 cm 的玻璃片,用洗涤剂清洗表面并用清水清洗后备用。

(2) 银氨溶液制作:在极洁净的试管(由老师准备、提供)中盛 4 mL 0.1 mol·L$^{-1}$ $AgNO_3$ 溶液,加 1~2 滴 0.1 mol·L$^{-1}$ NaOH 溶液,再滴加 1 mol·L$^{-1}$ $NH_3$·$H_2O$,边加边振荡试管。直到最初生成的氧化银沉淀刚好溶解为止。

(3) 将按(1)准备好的玻璃片放平,把(2)准备好的硝酸银的氨溶液,缓慢倒在玻璃片上(以不外溢为度),注意药液不要接触皮肤,再在玻璃片上均匀滴加 1 mL 左右 10% 葡萄糖溶液,静置 5 分钟左右,观察银镜的形成。

(4) 银镜形成后,将液体倾倒在水槽中,再用少量清水缓慢冲洗,阴干。

(5) 在玻璃形成银镜一面均匀涂上一层油漆,晾干。

制作好的镜片经老师许可可带离实验室留作纪念。

3. 蛋白质的变性作用。

在两支小试管中,各加入 1 毫升鸡蛋清,用其中一支试管在酒精灯上小心加热至沸,观察有何变化_____。

在另一支试管中加入几滴 0.01 mol·L$^{-1}$ Pb(Ac)$_2$ 溶液,观察又有何现象发生_____ _____。

将两支试管中凝结的蛋白质分别倒入盛有少量纯水的试管中,振荡后观察变性后的蛋白质是否溶解_____。

## 五、实验注意事项

(1) 用于制作银镜的玻璃片,需认真清洗,确保表面无油污、杂质。

(2) 加到玻璃片表面银氨液的量要控制,不要将药液外溢到玻璃片的另一面。

(3) 葡萄糖溶液要均匀滴加且滴加后要轻微晃动,让药液充分接触,这样才能使银均匀析出,确保镜面的质量。

## 六、思考题

1. 通过银镜制作,你认为实验的成败需要注意哪些问题?

2. 在实验过程中,皮肤不慎接触硝酸银的氨溶液,皮肤便会产生发黄、发黑现象,作何解释?

## 实验七　金属腐蚀及其应用

## 一、实验目的

1. 理解金属两种类型的腐蚀。

2. 了解金属腐蚀在工业生产和生活中的应用。

## 二、实验原理

印刷电路板的制作利用了化学腐蚀的原理,其化学反应是:

$$2FeCl_3 + Cu = CuCl_2 + 2FeCl_2$$

金属腐蚀分为化学腐蚀和电化学腐蚀,纯锌在盐酸中产生的是化学腐蚀,当用铜丝接触纯锌后,因形成原电池而发生了电化学腐蚀,锌为负极、铜为正极,金属锌因发生氧化反应而被腐蚀。

金属在与介质的接触中会产生化学腐蚀。

## 三、实验用品

印刷电路基板、油漆、45%$FeCl_3$溶液(加入几滴浓盐酸)、酒精灯、纯锌、铜丝、香蕉水、不锈钢金属蚀刻液、不锈钢板材、不干胶、铁制品蚀刻液、铝制品蚀刻液。

## 四、实验内容及步骤

1. 印刷电路的制作。

(1) 取印刷电路基板一块,用油漆在基板上画上简单的电路图,干燥后备用(也可在实验前由老师制作好)。

(2) 在烧杯中加入45%$FeCl_3$溶液,将准备好的印刷电路基板全部浸入,控制温度在60℃以下适当加热,以加快铜的腐蚀、溶解,待裸露的铜箔全部溶解后,用镊子取出印刷电路基板并用清水清洗干净。

(3) 用棉花蘸香蕉水将印刷电路基板上的油漆擦干净,再用清水清洗干净,晾干,一块印刷电路板即告完成。

2. 金属的电化学腐蚀。

在试管中加入 0.5 mL 0.1 mol·L$^{-1}$ HCl 溶液,然后在试管中加入一粒纯锌,观察纯锌被盐酸的腐蚀速率＿＿＿＿＿＿＿＿＿＿,再用铜丝与锌粒接触,比较腐蚀的速率差异＿＿＿＿＿＿＿＿＿＿,通过实验能够得出的结论是:电化学腐蚀与化学腐蚀叠加后比单一化学腐蚀速率更快。

3. 金属美工制作。

(1) 不锈钢板材表面蚀刻文字图案。在不锈钢板材表面贴上一层不干胶,用美工刀在不干胶表面刻画需要的文字或图案后备用。配制不锈钢金属蚀刻液,配制方法如下:取 4.5 mL 浓盐酸、108 g $FeCl_3$ 加水至 1 L。

将不锈钢板材浸入上述蚀刻液中一段时间(时间控制根据需要掌握,一般控制在 10～20 min)后,将蚀刻液倒入指定处,再用清水冲洗,干燥后去掉不干胶表面,文字或图案便留在了不锈钢板材上。

(2) 铁制品表面蚀刻文字图案。铁制品蚀刻液配方:

| | |
|---|---|
| $CuSO_4$ | 30 g |
| 明矾 $KAl(SO_4)_2$ | 8 g |

| 食盐 NaCl | 11 g |
| 乙酸(HAc)36% | 150 mL |
| 浓硝酸(HNO₃) | 数滴 |

配制方法同(1)。铁制品表面蚀刻文字图案方法同(1)。

(3)铝制品表面蚀刻文字图案。铝制品蚀刻液配方：

| CuSO₄ | 30 g |
| FeCl₃ | 1 g |
| 盐酸(15%) | 适量 |
| 水 | 25 mL |

铝制品蚀刻液配制方法：按比例混合加热，滴加盐酸，近沸即可。铝制品表面蚀刻文字图案方法同(1)。

## 五、实验注意事项

实验成败的关键是腐蚀面文字、图案要准确，被保护面不能破损；制作的金属美工作品经老师许可，可带离实验室。

## 六、思考题

1. 分析说明纯锌与粗锌与盐酸反应速率差异的原因。
2. 你对利用金属腐蚀进行美工制作有何认识？

## 实验八 氨的制备和性质及铵盐($NH_4^+$)的检验(微型化学实验)

## 一、实验目的

1. 掌握氨和铵盐的主要性质。
2. 认识微型化学实验与常规化学实验的异同及具体操作方法。

## 二、实验原理

氨极易溶于水，水溶液呈碱性。与酸反应得相应的盐类，称铵盐。铵盐受热易分解，遇强碱放出氨气。实验室制 $NH_3$ 反应如下：

$$Ca(OH)_2 + 2NH_4Cl \xrightarrow{\text{微热}} CaCl_2 + 2NH_3\uparrow + 2H_2O$$

$NH_4^+$ 可用气室法检验，主要反应为：$NH_4^+ + OH^- \xrightarrow{\text{微热}} NH_3\uparrow + H_2O$

$$NH_3 + HCl === NH_4Cl(白烟)$$

## 三、实验用品

1. 仪器:微型气体发生器一套,通用的不列入。简易气体发生器由 2 支约 $9 \times 70$ mm 小试管及一个 $90 \sim 120°$ 导气管通过一段输血橡皮管连接而成,不必用橡皮塞。

2. 药品:固体生石灰、$NH_4Cl$、6 mol·$L^{-1}$ HCl、2 mol·$L^{-1}$ NaOH。(生石灰与 $NH_4Cl$ 在实验开始前按质量比 1:1 混合均匀)

3. 材料:pH 试纸,红色石蕊试纸,火柴。

## 四、实验内容及步骤

(一)氨的制备和性质

| 实验内容和步骤 | 现　　象 | 解释、结论、方程式 |
|---|---|---|
| 图实-44 <br><br> ① 微型气体发生管即干燥的 $9 \times 70$ mm 的小试管 <br> ② 约 2 cm 长、$\varnothing 7$ mm 的输血橡皮管,作连接发生管与导管用 <br> ③ 脱脂棉和润湿的红色石蕊试纸 <br> ④ 约 $9 \times 70$ mm 的干燥小试管 <br><br> 1. 氨的制备和性质。 <br> (1)取一支 $9 \times 70$ mm 的干燥试管,用玻璃药匙加约 $0.3 \sim 0.4$ g 已研细并混匀的 CaO 和 $NH_4Cl$ 的混合物,然后把导气管用 2 cm 长的胶管套在接口处,按图实-44 装置好。 <br> (2)用酒精灯加热混合物,用向下排空气法收集一试管氨气并用湿的红石蕊试纸检验是否收集满。用橡皮塞将集满 $NH_3$ 的试管塞紧。 <br> 2. 氨在水中的溶解性及氨的加合作用。 <br> 把盛有 $NH_3$ 的试管倒置在盛水的烧杯中,尽力在水下或快要接触水面时打开塞子观察有何现象发生。当水柱停止上升后,用手堵住管口并将试管自水中取出,用 pH 试纸检验试管内氨水的 pH。(注意指导老师的示范和讲解)。 <br> 用玻璃棒蘸取 6 mol·$L^{-1}$ HCl 伸进试管内氨水面附近观察 $NH_4Cl$ 白烟的形成。 | 氨水的 pH 为 _____。 | |

（二）铵盐的性质

| 实验内容和步骤 | 现　　象 | 解释、结论、方程式 |
|---|---|---|
| 　1. 在水中溶解的热效应：取一支试管加黄豆大一粒 $NH_4NO_3$，再加 0.5～0.7 mL 已知温度的冷水，用玻璃棒搅动，测其温度。 | 原水温＿＿＿℃，溶液温度＿＿＿℃ | |
| 　2. 铵盐的检验：取两块直径为 40 mm 的表面皿，一块内表面贴一小条湿润的红色石蕊试纸，另一块的内表面加 $NaOH$、$NH_4Cl$ 各 2 滴，混合均匀，然后把贴有试纸的表面皿盖在盛有试液的表面皿上作成"气室"，放在水浴上微热观察现象。 | 微热后红色石蕊试纸＿＿＿。 | |

# 五、思考题

1. 实验室用什么方法制备、收集氨气？操作中应注意什么问题？制备 $NH_3$ 的微型实验与常规实验有何异同？

2. 现有一种白色晶体，如何只用一种试剂证明它既是铵盐，又是硫酸盐？

## 实验九　白酒中有毒物质甲醇含量的测定（比色法）

# 一、实验目的

1. 了解国家对白酒中有毒物质甲醇含量的规定，认识甲醇在白酒中的毒害作用。
2. 了解比色分析方法的初步知识及比色分析的基本操作方法。

# 二、实验原理

甲醇（$CH_3OH$）是一种对人体健康有害的有毒物质，国家相关标准规定：以谷物为原料生产的白酒中甲醇含量不得超过 $0.4\ g \cdot L^{-1}$；以薯类为原料生产的白酒中甲醇含量不得超过 $1.2\ g \cdot L^{-1}$；甲醇在磷酸介质中被高锰酸钾氧化为甲醛，甲醛与希夫试剂（亚硫酸钠-品红溶液）反应后成蓝紫色溶液，反应为：

$$CH_3OH \xrightarrow{KMnO_4} HCHO$$

$$HCHO＋希夫试剂 \longrightarrow 蓝紫色溶液$$

在一定酸度下，甲醛所形成的蓝紫色不易褪色，而其他醛类形成的蓝紫色很容易消失，可利用此反应测定甲醛。

## 三、实验用品

1. 仪器:1～2 mL 吸量管、洗耳球、25 mL 比色管三支。

2. 试剂及其配制:

高锰酸钾-磷酸溶液。称取 3 g 高锰酸钾,加入 15 mL 85％磷酸与 70 mL 水混合液中,溶解后加水至 100 mL。贮于棕色瓶中,为防止氧化能力下降保存时间不宜过长。

草酸-硫酸溶液。称 5 g 无水草酸或 7 g 含 2 分子结晶水的草酸($H_2C_2O_4 \cdot 2H_2O$)溶于 9 mol·$L^{-1}$硫酸中,并用其稀释至 100 mL。

希夫试剂。取 0.1 g 碱性品红,分批加入热水 60 mL,研磨溶解,冷却后取上清液,加入 10 mL 10％ $Na_2SO_3$ 溶液和 1 mL 浓 $H_2SO_4$,再加水至 100 mL 摇匀。若溶液还有颜色,可加活性炭脱色过滤即可。希夫试剂见光受热易变质,应贮于棕色瓶中避光保存,亦不宜久存。

甲醇标准溶液。称取 1.000 g(或 99.5％ 1.27 mL)甲醇置于 1 000 mL 容量瓶中,加水稀释至刻度,使每毫升相当于 1 mg 甲醇。即 $\rho(CH_3OH)=1.000$ mg·$mL^{-1}$。

样酒(45°白酒)。

本实验所用水均为蒸馏水或去离子水,使用试剂均为分析纯试剂。

## 四、实验内容和步骤

1. 在三支 25 mL 的比色管中,用移液管分别加入样酒(45°白酒)0.66 mL,甲醇标准溶液 0.27 mL 和 0.80 mL,再分别加水稀释至 5 mL(两份标准溶液是和样酒稀释了同样倍数的 0.4 g·$L^{-1}$和 1.2 g·$L^{-1}$甲醇样品)。

2. 在上述三种溶液中,分别加入 2 mL 高锰酸钾-磷酸溶液,摇匀后放置 10 min,再加 2 mL 草酸-硫酸溶液,振荡使其褪色。加入 5 mL 希夫试剂(品红-亚硫酸钠溶液),摇匀后于 20℃以上静置 15～30 min,观察颜色变化,并与甲醇标准溶液对照颜色的深浅,估计是否超过标准。若颜色比标准管颜色深即为假劣酒,不能饮用。

为使实验取得较好效果,必须注意下列事项:

① 测定时白酒中以酒精度 5～6％效果最佳,故测定时白酒需稀释。

② 若没有 1～2 mL 吸量管,可用普通毛细滴管取样,方法是先测量毛细滴管每滴的体积,再根据所需量确定滴数,必须注意,不同溶液每滴的体积不一定相同,甚至相差很大。

③ 加入 $H_2C_2O_4$ 是为了还原过量的 $KMnO_4$。但 $H_2C_2O_4$ 不能过量,否则,HCHO 又可能被 $H_2C_2O_4$ 还原为 $CH_3OH$,而不与希夫试剂反应。

## 五、思考题

1. 若白酒酒度为 50°,测定时白酒样、甲醇标准溶液的取量各是多少?

2. 甲醇的质量分数为 99.5％,在 20℃时密度为 0.791 4 g·$cm^{-3}$。试计算 1.000 g 的 $CH_3OH$ 所占体积是多少?

3. 试推出样品酒中甲醇质量浓度 $\rho(CH_3OH)/g·L^{-1}$ 的算式。

## 实验十　日常生活与化学

### 一、实验目的

强化学生对日常生活中涉及化学的某些科学知识的认识和应用意识。

### 二、实验原理

1. 去渍剂的去渍原理

有以化学作用为主的,也有以"相似相溶"原理为主的,但都要配合适当的搓揉、搅动,才会有较好的效果。

例如,去铁锈($Fe_2O_3 \cdot xH_2O$)常用 $H_2C_2O_4$,若效果不好,可用浓度较大的盐酸(若为纺织品,还应做条件试验)洗净铁锈。这主要是铁锈与洗涤剂发生化学反应。维生素 C 具有弱酸性和还原性,能将 $Fe^{3+}$ 还原为 $Fe^{2+}$,而除去铁锈。

若衣物上沾了矿物油(如机油)或食用油(如猪油、花生油),可用汽油或四氯化碳或四氯乙烯浸泡,再刷洗。这主要是"相似相溶"原理的应用。

2. 维生素 C 又名抗坏血酸,它具有弱酸性、还原性和不稳定性。例如,维生素 C 能将 $Fe^{3+}$ 还原为 $Fe^{2+}$;能将 $I_2$ 还原为 $I^-$。见光受热都易使维生素 C 被氧化而失去其还原性,同时也变质而失去其功能。

### 三、实验用品

1. 洗洁精、洗衣粉、汽油、四氯化碳或四氯乙烯等。
2. pH 试纸、镊子。维生素 C 片剂或粉末。
3. $I_2$-淀粉溶液。称取 1 g 可溶性淀粉,加水调成糊状后,加入 100 mL 沸水中,待溶液清彻透明,冷至室温后,加入几滴 $I_2$ - KI -酒精溶液。商品牛奶(不是酸乳),60°以上白酒(或体积分数 $60\% \sim 75\%$ 的酒精)。

### 四、实验内容和步骤

1. 特殊污渍的去渍。

(1) 铁锈渍。在铁锈渍处滴几滴温热的质量分数为 $5\%$ 的 $H_2C_2O_4$(以刚好浸湿覆盖为宜),经振荡、搓洗(织物),再用肥皂或洗涤剂洗涤,自来水漂洗干净。

对于新的蓝墨水渍,也可用去渍剂 $H_2C_2O_4$ 去除。维生素 C 也有此去渍效果。对于陈旧的蓝墨水渍,也可先用 $0.1\%$ $KMnO_4$ 浸泡数分钟,再用温热的 $5\%$ 的 $H_2C_2O_4$ 浸泡,再用清水冲洗。

(2) 圆珠笔油渍。可分别选用无水乙醇、丙酮、四氯化碳浸湿油渍部位,搓揉几次,再用洗涤剂洗涤,自来水漂洗干净。

(3) 机油或食用油渍。用刷子沾上汽油(或四氯化碳或四氯乙烯)反复刷油渍部位,待去渍剂挥发后,用洗涤剂洗涤,自来水漂洗干净。

以上去渍剂仅适用于小面积织物去渍。用草酸或四氯化碳或四氯乙烯时不宜直接接触皮肤,最好在通风柜或通风良好处进行。

学生亦可自备需清洗的物品,提出方案,经指导老师检查同意后试验之。

2. 自制指纹。

在一张干净平整的白纸上按上自己的指纹(手指不能太脏),此时,几乎无痕迹。

小心用水浴加热盛约 1~2 mL 碘酒(医护用商品)的小试管至有紫色碘蒸气出现,立即将上述白纸置于试管口上方,不久将有你的"指纹"出现,停止加热。

3. 维生素 C 的性质。

(1) 酸性。取试管 1 支,加入 0.2~0.3 g 维生素 C 粉末或片剂,加入约 5 mL 水,振荡摇匀。用玻棒沾 1 滴维生素 C 溶液于 pH 试纸上,测出其 pH 为_____,说明维生素 C 显_____性。

(2) 还原性。取 1 支试管,加入 0.1 mol·L$^{-1}$ FeCl$_3$ 溶液 0.5~1 mL,加 1 片或 0.2 g 维生素 C,振荡后,溶液由_____色变为_____色,说明维生素 C 具有_____性,而 Fe$^{3+}$ 被_____为 Fe$^{2+}$。

(3) 不稳定性。取 1 支试管,加入 0.1 g 维生素 C,加 5 mL 水至全溶,再分一半于另一试管中,将其中 1 支试管加热煮沸,冷却后,在 2 支试管中各加 5~6 滴蓝色的 I$_2$ -淀粉溶液,加热煮沸过的那支试管呈_____色,而未加热的试管呈_____色,由此说明维生素 C 具有_____。

4. 牛奶品质的简易鉴别。

取商品牛奶 5~10 mL 于洁净干燥的试管中,加 5 mL 60°以上的白酒(或体积分数为 60%~75% 的酒精),摇匀。在水浴或酒精灯上加热 1~2 min,勿使沸腾。仔细观察试管内壁有无絮状物(变性蛋白)产生?若有,说明此牛奶品质差或已经变质,不能食用;若无絮状物,说明未变质,可以饮用。注意,若已取样的商品牛奶已有絮状物,而不呈均匀的乳浊液状,无需实验。

## 五、思考题

1. 如何鉴别聚氯乙烯与聚乙烯塑料制品?
2. 作为日常生活中的去渍剂,应具备哪些条件? 举例说明。
3. 维生素 C 应如何保存? 若一瓶维生素 C 由白变淡黄色,你如何处置?
4. 试述牛奶简易鉴别的原理。

## 实验十一　碘盐中碘含量的测定(含微型实验)

## 一、实验目的

1. 学会用碘量法测定食盐中碘含量的方法和滴定分析的操作技能。

2. 强化食盐加碘的保健意识。

3. 强化微型化学实验的认识和操作。

## 二、实验原理

碘盐中的碘酸盐在酸性环境中,加入碘化钾析出碘,以淀粉作指示剂,再用硫代硫酸钠标准溶液滴定析出的 $I_2$。反应如下:

$$IO_3^- + 5I^- + 6H^+ == 3I_2 + 3H_2O$$
$$2Na_2S_2O_3 + I_2 == 2NaI + Na_2S_4O_6$$

$Na_2S_2O_3$ 标准溶液通过滴定管逐滴加入被测的碘盐溶液中,这个过程称为"滴定"。滴至 $I_2$ 与淀粉指示剂生成的蓝色消失即为"滴定终点"。

## 三、实验用品

1. 仪器:滴定管,碘量瓶,以及塑料多用滴管等。

2. 试剂:① 0.01 mol·L$^{-1}$ $Na_2S_2O_3$ 标准溶液(准确浓度由实验室提供)的配制和标定方法如下:

配制。称取分析纯 $Na_2S_2O_3 \cdot 5H_2O$ 2.5～2.6 g,溶于 200 mL 新煮沸并冷至室温的蒸馏水中,待全溶后,加入 0.2 g $Na_2CO_3$(防止细菌分解 $Na_2S_2O_3$),再用新煮沸冷却的蒸馏水稀释至 1 L,置于棕色瓶中,摇匀。在暗处放置 1～2 周后标定(测其准确浓度)。

标定。在分析天平上准确称取 0.1～0.11 g(准至 ±0.000 1 g)保证试剂(一级)级别的 $K_2Cr_2O_7$,溶于 20 mL 蒸馏水中至全溶,转移至 250 mL 容量瓶中,用蒸馏水稀释至刻度,摇匀。用 25 mL 移液管准确移取 25.00 mL $K_2Cr_2O_7$ 标准溶液于 250 mL 碘量瓶中,加入 10 mL 100 g·L$^{-1}$ 的 KI 溶液和 5 mL 6 mol·L$^{-1}$ 的 HCl,摇匀后塞上瓶塞(若无碘量瓶,用普通锥形瓶代替时,应加盖表面皿),于暗处放 5 min,用 50 mL 水洗瓶塞(或表面皿)并稀释溶液,用待标定的 $Na_2S_2O_3$ 溶液滴至溶液呈淡黄绿色,加入淀粉指示剂 3～4 mL,继续用 $Na_2S_2O_3$ 滴至溶液由蓝色转变为绿色,即为终点。记下用去的 $Na_2S_2O_3$ 溶液的体积 $V(Na_2S_2O_3)$。并重复做 2～3 次。标定原理不详述,可参看一般分析化学实验教材。

主要化学反应为:

$$K_2Cr_2O_7 + 6KI + 14HCl == 8KCl + 2CrCl_3 + 3I_2 + 7H_2O$$
$$2Na_2S_2O_3 + I_2 == 2NaI + Na_2S_4O_6$$

$Na_2S_2O_3$ 溶液的浓度为:

$$c(Na_2S_2O_3) = \frac{6 \times m(K_2Cr_2O_7) \times V(K_2Cr_2O_7)}{M(K_2Cr_2O_7) \times \frac{250}{1\,000} \times V(Na_2S_2O_3)}$$

式中,$c(Na_2S_2O_3)$——$Na_2S_2O_3$ 溶液的准确浓度;

$m(K_2Cr_2O_7)$——称得的 $K_2Cr_2O_7$ 的准确质量;

$M(\mathrm{K_2Cr_2O_7})$——$\mathrm{K_2Cr_2O_7}$ 的摩尔质量,常用值为 294.2 g·mol$^{-1}$;

$V(\mathrm{K_2Cr_2O_7})$——用移液管取 $\mathrm{K_2Cr_2O_7}$ 的体积,通常为 25.00 mL;

$V(\mathrm{Na_2S_2O_3})$——滴定到终点消耗的 $\mathrm{Na_2S_2O_3}$ 溶液的体积;

6——计量系数(1 mol $\mathrm{K_2Cr_2O_7}$ ═ 6 mol $\mathrm{Na_2S_2O_3}$)

② 1 mol·L$^{-1}$ $\mathrm{H_2SO_4}$。缓慢地将 5.6 mL 浓硫酸加入约 90 mL 蒸馏水中,再稀释至 100 mL 即成。

③ 100 g·L$^{-1}$ KI 溶液近期配制,贮于棕色瓶中避光保存。

④ 淀粉指示剂:称取 1 g 氯化钠(分析纯)用蒸馏水溶解于 100 mL 容量瓶中,并稀释至刻度,摇匀。称取可溶性淀粉 1 g 放在 100 mL 烧杯中,加蒸馏水 10 mL,加热煮沸至完全溶解,然后再加入 90 mL 上述 NaCl 溶液,此溶液最好当天配制。

⑤ 2 mol·L$^{-1}$ HAc 溶液。

## 四、实验步骤

(一)常规实验法。

1. 称取 10 g 碘盐,置于 250 mL 碘量瓶中,加 50 mL 无碘水,使盐全部溶解。无碘量瓶(具塞锥形瓶)可用普通锥形瓶代替。

2. 加 2 mL 1 mol·L$^{-1}$ $\mathrm{H_2SO_4}$,摇匀。

3. 加入 5 mL 100 g·L$^{-1}$ KI 溶液,此时溶液将变成黄色。

4. 盖上瓶塞,置于暗橱内 10 min。(如无瓶塞可盖上表面皿),用少许蒸馏水洗涤瓶塞。

5. 摇匀后用 $\mathrm{Na_2S_2O_3}$ 标准溶液滴定至浅黄色。

6. 加入约 2 mL 淀粉指示剂(此时溶液应变成深紫色),继续用 $\mathrm{Na_2S_2O_3}$ 溶液滴至溶液颜色恰好消失。记录滴定管中用去 $\mathrm{Na_2S_2O_3}$ 溶液的体积,要读准至 $\pm0.01\sim\pm0.02$ mL。结果先交老师检查,经认可后再计算或再做 1~2 次。

(二)微型实验测定法。

称 1 g 碘盐,置于 50 mL 碘量瓶(或锥形瓶)中,加 5 mL 无碘水,使盐全部溶解,以下按(一)之 2、3 十分之一用量进行。但要注意:滴定时不用普通滴定管,用微量滴定管或"多用滴管"(多用滴管液滴体积应在每滴 0.01~0.02 mL)进行滴定。体积的测量可先做实验,测出每滴体积。记住溶液蓝色刚好消失时的滴数,二者乘积即为滴定消耗的 $\mathrm{Na_2S_2O_3}$ 溶液体积。

(三)碘盐中碘的定性检测。

取几粒食盐于白色点滴板中,加纯水数滴溶解,加 2 mol·L$^{-1}$ HAc 2 滴,淀粉溶液 2~3 滴,若溶液呈_____色,说明该食盐中_____;若溶液呈_____色,说明该食盐中_____。

## 五、实验记录和结果计算

$$\mathrm{I/mg \cdot kg^{-1}} = \frac{1}{6} \cdot \frac{c(\mathrm{Na_2S_2O_3}) \cdot V(\mathrm{Na_2S_2O_3}) \cdot M(\mathrm{I})}{S_{样品}} \times 1\,000$$

式中：$c(Na_2S_2O_3)$——硫代硫酸钠标准溶液的浓度；

$V(Na_2S_2O_3)$——硫代硫酸钠标准溶液滴至终点时所消耗的体积；

$M(I)$——碘的摩尔质量。

$c(Na_2S_2O_3) = $ _____ $mol \cdot L^{-1}$（实验室公布值）

|  | $V(Na_2S_2O_3)/mL$ | 食盐含碘量/$mg \cdot kg^{-1}$ |
|---|---|---|
| 1 |  |  |
| 2 |  |  |

## 六、思考题

1. 碘盐中碘含量的测定是运用了碘的什么性质？发生的反应属什么类型？$IO_3^-$、$I^-$、$I_2$ 各起什么作用？

2. $Na_2S_2O_3$ 是工业、医药、化学上常用的还原剂，你能判断出其中哪种元素的化合价发生了变化？是如何改变的？

3. 试设计一种半定量的方法，确定某白色样品是 $NaNO_2$ 还是 $NaCl$ 或含碘食盐，若是含碘食盐，其含碘量是否达到 $20\ mg \cdot kg^{-1}$ 的国家标准？（提示：$AgNO_2$ 易溶于稀 $HNO_3$）

4. 用 $Na_2S_2O_3$ 滴定时，加淀粉起何作用？为什么要在大部分 $I_2$ 被滴定后（溶液呈浅黄色），再加淀粉溶液？

5. 你能推出本实验的计算式吗？本实验中各量（质量、浓度、体积）的有效数字应如何考虑和保留才较为合理？

# 附　　录

## 附录一　酸、碱和盐的溶解性表

| 与氢或金属结合的原子团 | | 氢 | 金　　　　属 | | | | | | | | | | | | | | | | |
|---|---|---|---|---|---|---|---|---|---|---|---|---|---|---|---|---|---|---|---|
| | | $H^+$ | $K^+$ | $Na^+$ | $Ba^{2+}$ | $Ca^{2+}$ | $Mg^{2+}$ | $Al^{3+}$ | $Mn^{2+}$ | $Zn^{2+}$ | $Cr^{3+}$ | $Fe^{2+}$ | $Fe^{3+}$ | $Sn^{2+}$ | $Pb^{2+}$ | $Bi^{2+}$ | $Cu^{2+}$ | $Hg_2^{2+}$ | $Hg^{2+}$ | $Ag^+$ |
| 氢氧根 | $OH^-$ | | 溶 | 溶 | 溶 | 微 | 微 | 不 | 不 | 不 | 不 | 不 | 不 | 不 | 不 | 不 | 不 | — | — | — |
| 酸根 | $NO_3^-$ | 溶、挥 | 溶 | 溶 | 溶 | 溶 | 溶 | 溶 | 溶 | 溶 | 溶 | 溶 | 溶 | 溶 | 溶 | 溶 | 溶 | 溶 | 溶 | 溶 |
| | $Cl^-$ | 溶、挥 | 溶 | 溶 | 溶 | 溶 | 溶 | 溶 | 溶 | 溶 | 溶 | 溶 | 溶 | 溶 | 微 | — | 溶 | 不 | 溶 | 不 |
| | $SO_4^{2-}$ | 溶 | 溶 | 溶 | 不 | 微 | 溶 | 溶 | 溶 | 溶 | 溶 | 溶 | 溶 | 溶 | 不 | 溶 | 溶 | 微 | 溶 | 微 |
| | $S^{2-}$ | 溶、挥 | 溶 | 溶 | 溶 | 微 | 溶 | — | 不 | 不 | — | 不 | — | 不 | 不 | 不 | 不 | 不 | 不 | 不 |
| | $SO_3^{2-}$ | 溶、挥 | 溶 | 溶 | 不 | 不 | 微 | 不 | 不 | 不 | — | 不 | — | 不 | 不 | 不 | 不 | 不 | 不 | 不 |
| | $CO_3^{2-}$ | 溶、挥 | 溶 | 溶 | 不 | 不 | 不 | — | 不 | 不 | — | 不 | — | 不 | 不 | 不 | 不 | — | 不 | 不 |
| | $SiO_3^{2-}$ | 微 | 溶 | 溶 | 不 | 不 | 不 | 不 | 不 | 不 | 不 | 不 | 不 | 不 | 不 | 不 | 不 | — | — | 不 |
| | $PO_4^{3-}$ | 溶 | 溶 | 溶 | 不 | 不 | 不 | 不 | 不 | 不 | 不 | 不 | 不 | 不 | 不 | 不 | 不 | 不 | 不 | 不 |

注："溶"表示那种物质能溶于水，"不"表示不溶于水，"微"表示微溶于水，"挥"表示挥发性酸，"—"表示那种物质不存在或碰到水就分解。

## 附录二　相对原子质量表

| 原子序数 | 元素名称 | 符　号 | 原子量 | 原子序数 | 元素名称 | 符　号 | 原子量 |
|---|---|---|---|---|---|---|---|
| 1 | 氢 | H | 1.008 | 14 | 硅 | Si | 28.09 |
| 2 | 氦 | He | 4.003 | 15 | 磷 | P | 30.97 |
| 3 | 锂 | Li | 6.941 | 16 | 硫 | S | 32.07 |
| 4 | 铍 | Be | 9.012 | 17 | 氯 | Cl | 35.45 |
| 5 | 硼 | B | 10.81 | 18 | 氩 | Ar | 39.95 |
| 6 | 碳 | C | 12.01 | 19 | 钾 | K | 39.10 |
| 7 | 氮 | N | 14.01 | 20 | 钙 | Ca | 40.08 |
| 8 | 氧 | O | 16.00 | 21 | 钪 | Sc | 44.96 |
| 9 | 氟 | F | 19.00 | 22 | 钛 | Ti | 47.87 |
| 10 | 氖 | Ne | 20.18 | 23 | 钒 | V | 50.94 |
| 11 | 钠 | Na | 22.99 | 24 | 铬 | Cr | 52.00 |
| 12 | 镁 | Mg | 24.31 | 25 | 锰 | Mn | 54.94 |
| 13 | 铝 | Al | 26.98 | 26 | 铁 | Fe | 55.85 |

（续表）

| 原子序数 | 元素名称 | 符　号 | 原子量 | 原子序数 | 元素名称 | 符　号 | 原子量 |
|---|---|---|---|---|---|---|---|
| 27 | 钴 | Co | 58.93 | 66 | 镝 | Dy | 162.5 |
| 28 | 镍 | Ni | 58.69 | 67 | 钬 | Ho | 164.9 |
| 29 | 铜 | Cu | 63.55 | 68 | 铒 | Er | 167.3 |
| 30 | 锌 | Zn | 65.39 | 69 | 铥 | Tm | 168.9 |
| 31 | 镓 | Ga | 69.72 | 70 | 镱 | Yb | 173.0 |
| 32 | 锗 | Ge | 72.61 | 71 | 镥 | Lu | 175.0 |
| 33 | 砷 | As | 74.92 | 72 | 铪 | Hf | 178.5 |
| 34 | 硒 | Se | 78.96 | 73 | 钽 | Ta | 180.9 |
| 35 | 溴 | Br | 79.90 | 74 | 钨 | W | 183.8 |
| 36 | 氪 | Kr | 83.80 | 75 | 铼 | Re | 186.2 |
| 37 | 铷 | Rb | 85.47 | 76 | 锇 | Os | 190.2 |
| 38 | 锶 | Sr | 87.62 | 77 | 铱 | Ir | 192.2 |
| 39 | 钇 | Y | 88.91 | 78 | 铂 | Pt | 195.1 |
| 40 | 锆 | Zr | 91.22 | 79 | 金 | Au | 197.0 |
| 41 | 铌 | Nb | 92.91 | 80 | 汞 | Hg | 200.6 |
| 42 | 钼 | Mo | 95.94 | 81 | 铊 | Tl | 204.4 |
| 43 | 锝 | Tc | 〔98〕 | 82 | 铅 | Pb | 207.2 |
| 44 | 钌 | Ru | 101.1 | 83 | 铋 | Bi | 209.0 |
| 45 | 铑 | Rh | 102.9 | 84 | 钋 | Po | 〔210〕 |
| 46 | 钯 | Pd | 106.4 | 85 | 砹 | At | 〔210〕 |
| 47 | 银 | Ag | 107.9 | 86 | 氡 | Rn | 〔222〕 |
| 48 | 镉 | Cd | 112.4 | 87 | 钫 | Fr | 〔223〕 |
| 49 | 铟 | In | 114.8 | 88 | 镭 | Ra | 226.0 |
| 50 | 锡 | Sn | 118.7 | 89 | 锕 | Ac | 227.0 |
| 51 | 锑 | Sb | 121.8 | 90 | 钍 | Th | 232.0 |
| 52 | 碲 | Te | 127.6 | 91 | 镤 | Pa | 231.0 |
| 53 | 碘 | I | 126.9 | 92 | 铀 | U | 238.0 |
| 54 | 氙 | Xe | 131.3 | 93 | 镎 | Np | 237.0 |
| 55 | 铯 | Cs | 132.9 | 94 | 钚 | Pu | 〔244〕 |
| 56 | 钡 | Ba | 137.3 | 95 | 镅 | Am | 〔243〕 |
| 57 | 镧 | La | 138.9 | 96 | 锔 | Cm | 〔247〕 |
| 58 | 铈 | Ce | 140.1 | 97 | 锫 | Bk | 〔247〕 |
| 59 | 镨 | Pr | 140.9 | 98 | 锎 | Cf | 〔251〕 |
| 60 | 钕 | Nd | 144.2 | 99 | 锿 | Es | 〔252〕 |
| 61 | 钷 | Pm | 〔145〕 | 100 | 镄 | Fm | 〔257〕 |
| 62 | 钐 | Sm | 150.4 | 101 | 钔 | Md | 〔258〕 |
| 63 | 铕 | Eu | 152.0 | 102 | 锘 | No | 〔259〕 |
| 64 | 钆 | Gd | 157.3 | 103 | 铹 | Lr | 〔260〕 |
| 65 | 铽 | Tb | 158.9 | | | | |

注:1. 相对原子质量录自 1977 年国际原子量表;2. 括号内的数字是最稳定的同位数的质量数

## 附录三　人体中的微量元素表

| 元素 | 原子序数 | 相对密度 g·cm⁻³ | 人体含量 mg·(70 kg)⁻¹ | 血液总量 mg | 主要分布部位 | | 膳食的摄取量 mg·d⁻¹ | 排泄量 尿 mg·d⁻¹ | 汗 mg·d⁻¹ | 毛发 mg·d⁻¹ |
|---|---|---|---|---|---|---|---|---|---|---|
| 锂 | 3 | 0.53 | 2.2 | 0.10 | 50% | 肌肉 | 2.0 | 0.8* | | |
| 铍 | 4 | 1.85 | 0.036 | <0.000 52 | 75% | 骨 | | | | |
| 硼 | 5 | | <48 | 0.52 | | 1.3 | 1.0 | | 7 | |
| 氟* | 9 | | 2 600 | 0.95 | 98.9% | 骨 | 2.5 | 1.6 | 0.65 | |
| 铝 | 13 | 2.70 | 61 | 1.9 | 19.7% | 肺,34.5% 骨 | 45 | 0.1 | 6.13 | 5 |
| 钛 | 22 | 4.54 | 8 | 0.14 | 49.1% | 肺,淋巴结 | 0.85 | 0.33 | 0.001 | 0.05 |
| 钒* | 23 | 5.98 | <18 | 0.088 | >90% | 脂肪 | 2.0 | 0.015 | | |
| 铬* | 24 | 7.18 | 1.7 | 0.14 | 37% | 皮肤 | 0.05~0.1 | 0.008 | 0.059 | 0.69~0.96 |
| 锰* | 25 | 7.21 | 12 | 0.14 | 43.4% | 骨 | 2.2~8.8 | 0.225 | 0.097 | 1.0 |
| 铁* | 26 | 7.86 | 4 200 | 2 500 | 70.5% | 血色素中的铁 | 15 | 0.25 | 0.5 | 130 |
| 钴* | 27 | 8.9 | 1.5 | 0.001 7 | 18.6% | 骨髓 | 0.3 | 0.26 | 0.017 | 0.17~0.28 |
| 镍* | 28 | 8.90 | 10 | 0.16 | 18% | 皮肤 | 0.4 | 0.011 | 0.083 | 0.007 5 |
| 铜* | 29 | 8.92 | 72 | 5.6 | 34.7% | 肌肉 | 3.2 | 0.06 | 1.59 | 16~56 |
| 锌* | 30 | 7.13 | 2 300 | 34 | 65.2% | 肌肉 | 8~15 | 0.5 | 5.08 | 167~172 |
| 砷 | 33 | 1.97 | 18? | 2.5 | | | 1.0 | 0.195 | | 2 |
| 硒* | 34 | 4.79 | 13 | 1.1 | 38.3% | 肌肉 | 0.068 | 0.04 | 0.34 | 0.3~13 |
| 溴* | 35 | | 200 | 24 | 60% | 肌肉 | 7.5 | 7.0 | 0.2 | 12.5 |
| 铷 | 37 | 1.53 | 320 | 14 | | 1.5 | 1.1 | 0.05 | | |
| 锶 | 38 | 2.54 | 320 | 0.18 | 99% | 骨 | 2.0 | 0.2 | 0.96 | 0.05 |
| 锆 | 40 | 6.53 | 420 | 13 | 67% | 脂肪 | 4.2 | 0.14 | | |
| 铌 | 41 | 8.57 | 110? | 13 | 26% | 脂肪 | 0.62 | 0.36 | 0.003 | 2.2 |
| 钼* | 42 | 10.22 | 9.3 | 0.083 | 19% | 肝 | 0.3 | 0.15 | 0.061 | |
| 镉 | 48 | 8.65 | 50 | 0.036 | 27.8% | 肾,肝 | 0.215 | 0.3 | | 2.8~1.8 |
| 锡* | 50 | 5.75 | <17 | 0.68 | 25% | 脂肪,皮肤 | 4.0 | 0.023 | 2.23 | |
| 锑 | 51 | 6.69 | 7.9? | 2.024 | 25% | 骨 | <0.15 | <0.07 | 0.011 | 6.5 |
| 碲 | 52 | 6.24 | 8.2? | 0.18 | | 骨? | 0.112 | 0.53 | | |
| 碘* | 53 | | 11 | 2.9 | 87.4% | 甲状腺 | 0.2 | 0.175 | 0.006 | 0.015 |
| 铯 | 55 | 1.87 | 1.5 | 0.015 | | | | | | |
| 钡 | 56 | 3.5 | 22 | <1.0 | 91% | 骨 | 1.25 | 0.023 | 0.085 | 5 |
| 金 | 79 | 19.32 | <10 | 0.000 21 | 52% | 骨 | | | | |
| 汞 | 80 | 13.54 | 13 | 0.026 | 69.2% | 脂肪,肌肉 | 0.02 | 0.015 | 0.000 9 | 6 |
| 铅 | 82 | 11.35 | 120 | 1.4 | 91.6% | 骨 | 0.45 | 0.03 | 0.256 | 18~19 |
| 铀 | 92 | 18.95 | 0.09 | 0.004 6 | 65.5% | 骨 | | | | |

＊为人体必需微量元素。

## 附录四　我国人民每日膳食中某些营养素的推荐量

| 类　别 | | 能量 kcal** | 蛋白质 g | 钙 mg | 铁 mg | 锌 mg | 硒 μg | 碘 μg |
|---|---|---|---|---|---|---|---|---|
| 成年男子 (体重 63 kg) | 极轻体力劳动 | 2 400 | 70 | 800 | 12 | 15 | 50 | 150 |
| | 轻体力劳动 | 2 600 | 80 | 800 | 12 | 15 | 50 | 150 |
| | 中等体力劳动 | 3 000 | 90 | 800 | 12 | 15 | 50 | 150 |
| | 重体力劳动 | 3 400 | 100 | 800 | 12 | 15 | 50 | 150 |
| | 极重体力劳动 | 4 000 | 110 | 800 | 12 | 15 | 50 | 150 |
| 成年女子 (体重 53 kg) | 极轻体力劳动 | 2 100 | 65 | 600 | 18 | 15 | 50 | 150 |
| | 轻体力劳动 | 2 300 | 70 | 600 | 18 | 15 | 50 | 150 |
| | 中等体力劳动 | 2 700 | 80 | 600 | 18 | 15 | 50 | 150 |
| | 重体力劳动 | 3 000 | 90 | 600 | 18 | 15 | 50 | 150 |
| | 孕妇(后 5 个月) | +200 | +20 | 1 500 | 28 | 20 | 50 | 175 |
| | 乳母 | +800 | +25 | 1 500 | 28 | 20 | 50 | 200 |
| 少年男子 | 16~19 岁 | 2 800 | 90 | 1 000 | 15 | 15 | 50 | 150 |
| | 13~16 岁 | 2 400 | 80 | 1 200 | 15 | 15 | 50 | 150 |
| 少年女子 | 16~19 岁 | 2 400 | 80 | 1 000 | 20 | 15 | 50 | 150 |
| | 13~16 岁 | 2 300 | 80 | 1 200 | 20 | 15 | 50 | 150 |
| 儿童 (平均值) | 10~13 岁 | 2 200 | 70 | 1 000 | 12 | 15 | 50 | 120 |
| | 7~10 岁 | 2 000 | 65 | 800 | 10 | 10 | 40 | 120 |
| | 5~7 岁 | 1 600 | 55 | 800 | 10 | 10 | 40 | 70 |
| | 3~5 岁 | 1 400 | 50 | 800 | 10 | 10 | 40 | 70 |
| | 2~3 岁 | 1 200 | 45 | 600 | 10 | 10 | 20 | 70 |
| | 1~2 岁 | 1 100 | 40 | 600 | 10 | 10 | 20 | 70 |
| | 1 岁以下 | 100/kg 体重 | 2~4/kg 体重 | 600 | 10 | 5 | 15 | 50 |
| | 6 个月以下 | 120/kg 体重 | | 400 | 10 | 3 | 15 | 40 |

\* 中国营养学会 1988 年 10 月修订;摘自营养学报,1989,11(1):93

\*\* 国际单位制(SI)中,能量的单位为 J,1 cal = 4.184 J。

## 附录五　化学试剂等级标准简介

　　化学试剂是指用于参加化学反应的物质,它大多用于实验室和精细化工。化工产品(工业品)是指企业生产的大宗的化学物质。同一物质作为试剂,其主要成分的含量较化工产品高,杂质也较少。例如,作为试剂用的 $NaCl$,一般 $\omega(NaCl) > 99\%$,而作为化工产品的食盐,$\omega(NaCl) \leqslant 98\%$;又如盐酸,当用作化学试剂时,$\omega(HCl) \geqslant 37\%$,当用作化工产品时,$\omega(HCl)$ 约为 $31\%$,且因含有 $Fe^{3+}$ 而呈黄色。化工产品和化学试剂都有国家标准。

现将我国生产的化学试剂级别列表介绍如下：

| 试剂级别 | 名　称 | 符　号 | 标签颜色 | 使　用　范　围 |
|---|---|---|---|---|
| 一　级 | 保证试剂（优级纯） | GR | 绿色 | 用于作"标准"用的基准物，用于精密科研和分析检验 |
| 二　级 | 分析试剂（分析纯） | AR | 红色 | 用于一般科研和分析检验 |
| 三　级 | 化学纯试剂（化学纯） | CP | 蓝色 | 用于要求较高的化学实验和要求不高的分析检验 |
| 四　级 | 实验试剂 | LR | 棕色、黄色或其他色 | 用于普通的化学实验和科研 用于要求较高的企业生产 |

还有一些特殊种类或特殊要求的试剂，如生化试剂、指示剂、超纯（光谱纯）试剂，标签上都会注明。

我们在化学实验中主要使用四级试剂和少量三级试剂。个别"标准溶液"可适当提高级别。由于同一物质不同规格的试剂价格差别较大，在保证实验效果的条件下，应尽可能采用低级别的试剂甚至工业品，以免造成浪费。

# "思考与练习"、"目标检测"参考答案(部分)

## 第1章

**思考与练习**

**1.1** **1.** (1) × (2) × (3) √ (4) √ (5) × (6) × **2.** (1) 3 117 5 0.5 (2) $H_2$ 176 (3) 23.0 g·mol$^{-1}$ **3.** (1) A (2) C (3) C

**1.2** **1.** (1) × (2) × (3) √ **2.** (1) 220 g 112 L 10 3.01×10$^{24}$ (2) 3:2 (3) $N_2$ $H_2$ $H_2$ $CO_2$ $H_2$ $CO_2$ (4) 5.6×10$^3$ L

**1.3** **2.** (1) 0.16 mol·L$^{-1}$ 0.16 mol·L$^{-1}$ 0.008 0.008 mol·L$^{-1}$ 0.32 (2) 12 (3) ① 98 ② 25 ③ 250 **3.** $\varphi(O_2)=23.2\%$ $\varphi(N_2)=75.6\%$ **4.** (1) B (2) C

**1.4** **1.** (1) √ (2) √ (3) √ **2.** (1) B A D C (2) $H_2$ $N_A$ $N_A$ (3) 物质或物体具有作功的本领 光能 机械能 相互转换 放热反应 吸热反应 **3.** (1) C (2) C

**目标检测**

**1.** (2) 10$^3$ 10$^{-3}$ 10$^{-3}$ 10$^3$ 10$^{-3}$ 1 (3) 0.05 (4) $N_2$ $O_2$ $CO_2$ (5) 1 6.02×10$^{23}$ 22.4 (6) ① 0.2 mol·L$^{-1}$ ② 9 g·L$^{-1}$ ③ 0.75 (7) 31.25 mL (8) 0.01 mol·L$^{-1}$ (9) $Cl_2$ $Cl_2$ $Ca(ClO)_2$ $CaCl_2$、$Ca(OH)_2$ 和 $H_2O$ **2.** (1) D (2) C (3) A (4) A (5) B (6) B (7) A (8) D (9) D (10) D **3.** 360 g **4.** 661.8 L **5.** 22.5 g **6.** 34 **7.** 80 g **8.** 250 mL **9.** $\varphi(CO)=0.564$ $\varphi(CO_2)=0.434$ **11.** $c(NH_3)=16$ mol·L$^{-1}$ **12.** $\omega(C_2H_5OH)=0.316$ $\rho(C_2H_5OH)=0.3$ g·mL$^{-1}$ $c(C_2H_5OH)=6.5$ mol·L$^{-1}$

## 第2章

**思考与练习**

**2.2** **1.** (1) 单位时间内某种反应物浓度的减小或者某种生成物浓度的增大 mol·L$^{-1}$·s$^{-1}$ mol·L$^{-1}$·min$^{-1}$ mol·L$^{-1}$·h$^{-1}$ (2) 增大 增大 升高 催化剂 (3) 0.15 mol·L$^{-1}$·s$^{-1}$ 0.1 mol·L$^{-1}$·s$^{-1}$ **2.** (1) D (2) C (3) D

**2.3** **1.** (1) 正反应 逆反应 (2) 正反应速率与逆反应速率,反应混合物中各成分的含量 (3) 逆 等 动 定 变 **2.** (1) A (2) B (3) C

**2.4** **1.** (1) 体积缩小的方向 总体积 (2) 吸 固 液 (3) 右 减小 **2.** (1) A (2) A (3) B

**2.5** **1.** (1) 增大　降低　$2 \times 10^7 \sim 5 \times 10^7$　500　**2.** (1) C　(2) C

**目标检测**

**1.** (1) $0.2 \ \text{mol} \cdot \text{L}^{-1} \cdot \text{min}^{-1}$　(2) ① 右　② 左　变深　(3) 左　右　右　右　(4) 放热　不
(5) ① 吸　② 固　③ 气　气　**2.** (1) D　(2) C　(3) A　(4) A　(5) A　(6) A　(7) B　**3.** (1) $K = 1$　(2) $c(\text{CO}) = 0.033 \ 3 \ \text{mol} \cdot \text{L}^{-1}$　$c(\text{CO}_2) = 0.016 \ 7 \ \text{mol} \cdot \text{L}^{-1}$　(3) $K = 0.04$　$c(\text{H}_2) = 2.4 \ \text{mol} \cdot \text{L}^{-1}$
$c(\text{N}_2) = 3.2 \ \text{mol} \cdot \text{L}^{-1}$　(4) $4.48 \ \text{L}$　$0.4 \ \text{mol} \cdot \text{L}^{-1}$

# 第 3 章

**思考与练习**

**3.1** **1.** (1) √　(2) ×　(3) ×　(4) ×　(5) √　(6) ×　(7) ×　(8) √　(9) ×　(10) ×
(11) ×　(12) √　(13) √　**2.** (1) B　(2) D　(3) D　(4) D　(5) D　(6) D　(7) C　(8) C

**3.** (1) $^{6}_{3}\text{Li}$　$^{7}_{3}\text{Li}$　$^{14}_{6}\text{C}$　$^{14}_{7}\text{N}$　(2) ① Mg　(+12) 2 8 2　② 最外层电子数　电子层数　电子层数　最
外层电子数　8　稀有气体　不活泼　(3) 2个 H 原子　氢分子　2个氢离子　重氢原子　$^{3}_{1}\text{H}$　$^{1}_{1}\text{H}$
$^{2}_{1}\text{H}$　$^{3}_{1}\text{H}$

**3.3** **1.** (1) D　(2) B　(3) B　**2.** (1) 重复由大到小　核外电子
**3.4** **1.** (1) 7　7　电子层　1、2、3　(2) 碱金属　稀有气体　(3) 增大　减小　减弱　增强
增强　(4) 增大　增强　增强　减弱　减弱　(5) 族序　8-族序数　**2.** (1) C　(2) C　(3) B　(4) D

**目标检测**

**2.** (1) 20　20　40　10　10 或 8　(2) 3　4　$^{16}_{8}\text{O}$ 和 $^{18}_{8}\text{O}$　(3) Cl 和 O　H 和 Cl　(4) 0.018 g ·
$\text{L}^{-1}$　$20 \ \text{g} \cdot \text{mol}^{-1}$　4:9　2:9　(5) (+18) 2 8 8　$\text{K}^+$　(+19) 2 8 8　$_{17}\text{Cl}^-$　(+17) 2 8 8　外层电子结构

相同　核电荷数不同　(6) 核外电子　原子核　化学键　新的　(7) 吸收　放出　二者的差值
(8) 32　3　ⅡA　硫　(9) Be, Ca, Na, Al　$\text{Be(OH)}_2$, $\text{Ca(OH)}_2$, NaOH, $\text{Al(OH)}_3$　Ca, Na, Be,
Al　(11) 2　ⅤA　N　$\text{HNO}_3$　酸　$\text{NH}_3$　碱　(12) 大　多了最外层电子　小　失去了最外层电子
(13) 增强　增强　铯　氟　极易　离子　CsF　(14) 单质　化合物　原子序数的递增　(15) $\text{X}_2\text{Y}_3$
(15) Al　Cl　$\text{Al}_2\text{O}_3$　$\text{Al(OH)}_3$　**3.** (1) C　(2) C　(3) D　(4) D　(5) D　(6) A　(7) C　(8) C
**5.** (1) √　(2) ×　(3) ×　(4) ×　**6.** 15.999 6　**8.** Si　**12.** 51 571 t　**13.** $2.3 \times 10^{-8}$　**16.** 2 440 t
**17.** $m(食盐) = 24 \ 872.4 \ \text{t/d}$　$m(液碱) = 1.25 \times 10^7 \ \text{t}$

# 第 4 章

**思考与练习**

**4.1** **3.** (1) $\text{NaHCO}_3 =\!=\!= \text{Na}^+ + \text{HCO}_3^-$　(2) 离解平衡　**4.** (1) √　(2) ×　**5.** (1) pH = 2

(2) pH＝12　(3) pH＝5　(4) pH＝6

**4.2** 1. (1) 增大　增大　(2) K$^+$、Na$^+$、Ca$^{2+}$、Mg$^{2+}$　CO$_3^{2-}$、HCO$_3^-$、SO$_4^{2-}$、Cl$^-$　含有较多 Ca$^{2+}$、Mg$^{2+}$　(3) 沉淀　溶解平衡　(4) 离子交换处理

**4.3** 4. (1) B　(2) ③　5. (1) 还原反应　氧化反应　氧化反应　还原反应　(2) 2Br$^-$－2e$^-$＝Br$_2$↑　Br$_2$　2H$^+$＋2e$^-$＝H$_2$↑　H$_2$　(3) 阴极　阳极

**4.4** 1. (1) 硝酸二氨合银　(2) 六氰合铁(Ⅲ)酸钾　(3) 六氯合铁(Ⅲ)酸　(4) 四羰基合镍

**目标检测**

1. (1) C　(2) D　(3) D　(4) A　(5) D　(6) A　(7) B　(8) A　(9) C　(10) A　2. (1) 12　红色　(2) 或有沉淀生成；或有气体生成；或有弱电解质生成　(3) Al$^{3+}$＋3H$_2$O＝Al(OH)$_3$↓＋3H$^+$　(4) 暂时硬水和永久硬水　化学药物软化和离子交换　(5) 氧化还原反应　电能　(6) 溶解度　溶度积　(7) Al　O$_2$　(8) Fe$^{3+}$　CN$^-$　六氰合铁(Ⅲ)酸钾　3. (1) pH＝6　(2) 0.2 moL　(3) 0.13 g

# 第5章

**思考与练习**

**5.1～5.2** 1. (1) C、H、O、N、S、P　共价键　低　差　不导电　有机溶剂　水　C、H　燃烧　(2) 稳定(不活泼)　不　取代　衍生(卤代)　三氯甲烷　四氯化碳　(4) 银氨溶液　白　不　乙炔和乙烯　(5) 具有苯环结构的烃　母体　苯　⬡　2. (1) C　(2) B　(3) B　(4) D　(5) C　(6) A

**5.3** 1. (1) 无水醋酸钠　碱石灰　CH$_3$[COONa＋NaO]H $\xrightarrow{\triangle}$ Na$_2$CO$_3$＋CH$_4$↑　(2) ① CH$_4$　② C$_2$H$_2$　③ C$_2$H$_4$，C$_2$H$_2$　(3) 30%　福尔马林　(4) CH$_3$OH　CH$_3$COOH　CH$_3$－CH＝CH$_2$　甲醇　乙酸　丙烯　(5) 醋酸　食醋　CH$_3$COOH ⇌ CH$_3$COO$^-$＋H$^+$ 或 HAc ⇌ H$^+$＋Ac$^-$，强　2. (1) C　(2) B　(3) C　(4) A　(5) C　(6) D　(7) B　(8) D　3. (1) √　(2) ×　(3) √　(4) ×　(5) ×　(6) ×　(7) √　(8) ×

**5.4** 1. (1) 分馏　裂化　(2) CH$_4$　CH$_4$，乙烷　丙烷，丁烷　(3) 煤的干馏　(4) H$_2$O　无　2.5　2. (1) C　(2) A　(3) D　(4) B　(5) B

**5.5** 1. (1) C$_{12}$H$_{22}$O$_{11}$　(2) CH$_2$＝CHCl　(3) 硫化　(4) CF$_2$＝CF$_2$　2. (1) C　(2) 甘油(丙三醇)　(3) B　(4) D　(5) A

**目标检测**

1. (1) 甲烷　沼气(坑气)　肥料发酵　(2) CH$_3$CH$_2$OH $\xrightarrow[160\sim180℃]{浓 H_2SO_4}$ CH$_2$＝CH$_2$＋H$_2$　160～180℃　若反应温度低于160℃，乙醇会发生分子间脱水的反应，生成乙醚　(3) 同系列　(4) 性质　碳原子　(5) CH$_3$－$\overset{\underset{\mid}{CH_3}}{CH}$－CH$_2$－C≡CH 或 CH$_3$－$\overset{\underset{\mid}{CH_3}}{CH}$－C≡C－CH$_3$　(6) 取代　加成　(7) 自然界其他能源经过加工　(8) 石油气、石油醚、汽油；煤油(中油)；重油(柴油、石蜡、沥青等)　(9) 作燃料，代替汽油，作有机化工原料生成甲醇、氢气、卤甲烷、乙炔、炭黑等　(10) 泥煤　褐煤　烟煤　无烟煤

(11) 强心　利尿　解毒　(12) 单糖　二糖　多糖　(13) 蓝色　紫色　(14) C、H、O、N、S、P、Fe (15) 氨基(—$NH_2$)　(16) 线型　体型　(17) 催化剂、脱水剂　(18) 乙酸　乙醇　(19) 75％　(20) 蔗

糖　麦芽糖　蔗糖　**2.** (1) $CH_3-\overset{\overset{CH_3}{|}}{\underset{\underset{CH_3}{|}}{C}}-CH_2-CH_3$　(2) $CH_3-\overset{\overset{CH_3}{|}}{CH}-\overset{\overset{C_2H_5}{|}}{CH}-CH_3$

(3) $CH_3-\overset{\overset{CH_3}{|}}{\underset{\underset{CH_3C_2H_5}{|}}{C}}-\overset{\overset{C_2H_5}{|}}{CH}-CH_2-CH_3$　(4) $CH_3-\overset{\overset{C_2H_5}{|}}{\underset{\underset{CH_3}{|}}{CH}}-CH_2-\overset{\overset{}{}}{\underset{\underset{CH_3}{|}}{CH}}-CH_2-CH_3$

**4.** (1) 2,3,3-三甲基戊烷　(2) 3-甲基-5-乙基戊烷　(3) 2-甲基-2-丁烯　(4) 4-甲基-2-戊烯 (5) 2,3,4-三甲基-1-己烯　(6) 3-甲基-2-戊炔　**6.** (1) $M_r=60$，$N(C)=2$，$N(H)=4$，$N(O)=2$

分子式：$C_2H_4O_2$　(2) 具有酸性必然是羧酸，显然是 $CH_3COOH$ 或 $H-\overset{\overset{H}{|}}{\underset{\underset{H}{|}}{C}}-\overset{\overset{O}{\parallel}}{C}-OH$　**21.** (1) D

(2) B　(3) B　(4) A　(5) A　(6) B　(7) D　(8) C　(9) A　(10) D

# 第6章

**思考与练习**

**6.1** **1.** (1) 94　18　金属　非金属　22　(2) 氧　硅　75％　(3) 游离态(单质)　化合态 (4) 金属材料　无机非金属材料　高分子材料　复合材料　**2.** (1) A　(2) D　(3) D

**6.2** **1.** (1) 依靠自由电子的运动与金属阳离子形成　自由电子　金属原子　阳离子　(2) 还原 失去电子　将金属化合物还原为单质　(3) 沉淀溶解　沉淀溶解　$Al(OH)_3$　两　**2.** (1) A　(2) D (3) D

**6.3** **1.** (1) 化学反应　电化学反应　金属原子失去电子被氧化的　(2) (在正极)吸入空气中的 $O_2$，使 $O_2$ 被还原　(在正极)$H^+$ 得电子被还原成 $H_2$ 析出　(3) 金属本性、介质　制成耐蚀合金　隔离 电镀　喷镀　化学处理法　阳极保护法　(4) 节省资源、能源　降低成本　影响较小　可持续发展 循环　**2.** (1) B　(2) A　(3) D

**6.4** **1.** (1) 无机非金属　有机高分子材料　(2) 基础　工程　仪器零件(齿轮、轴套)　炊具　桥 梁(厂房)　(3) 陶瓷　玻璃　水泥　(4) 复合　碳纤维(碳化硅)　**2.** (1) B　(2) D　(3) D

**目标检测**

**1.** (1) C　(2) A　(3) A　(4) C　(5) D　(6) B　(7) C　(8) B　(9) B　**2.** (1) 浓硫酸　(2) 不 高温下　$3Fe+4H_2O(g)\xrightarrow{\text{高温}}Fe_3O_4+4H_2$　(3) $2FeCl_2+Cl_2=\!=\!=2FeCl_3$　Fe(或 Fe 粉和 $FeCl_2$ 均可)

**3.** 906.8 kg　**4.** 61.98 t　**5.** $2Al+2NaOH+2H_2O=\!=\!=2NaAlO_2+3H_2\uparrow$　$2Al+2OH^-+$ $2H_2O=\!=\!=2AlO_2^-+3H_2\uparrow$　$2Al+3H_2SO_4=\!=\!=Al_2(SO_4)_3+3H_2\uparrow$　$2Al+6H^+=\!=\!=2Al^{3+}+3H_2\uparrow$

**6.** $Mg+2H^+=\!=\!=Mg^{2+}+H_2\uparrow$　$2Al+6H^+=\!=\!=2Al^{3+}+3H_2\uparrow$　(1) Al 多　(2) Al 多　**7.** $4Al+$ $3O_2=\!=\!=2Al_2O_3$　$Al_2O_3+6HCl=\!=\!=2AlCl_3+3H_2O$，$AlCl_3+3NaOH(适量)=\!=\!=Al(OH)_3\downarrow+3NaCl$ $Al(OH)_3+NaOH(过量)=\!=\!=NaAlO_2+2H_2O[$或 $Al(OH)_3+NaOH(过量)=\!=\!=Na[Al(OH)_4]]$　**8.** 需 要铝粉 1.2 kg，铁粉 3.87 kg　**9.** (1) $Fe+2HCl=\!=\!=FeCl_2+H_2\uparrow$　(2) $2Fe+3Cl_2=\!=\!=2FeCl_3$

(3) $FeCl_2+2NaOH \xrightarrow{\quad} Fe(OH)_2 \downarrow +2NaCl$    (4) $4Fe(OH)_2+O_2+2H_2O \xrightarrow{\quad} 4Fe(OH)_3$    (5) $FeCl_3+3NaOH \xrightarrow{\quad} Fe(OH)_3+3NaCl$    (6) $2Fe(OH)_3 \xrightarrow{\triangle} Fe_2O_3+3H_2O$    (7) $Fe_2O_3+3CO \xrightarrow{高温} 3CO+2Fe$

**12.** (1) Li、Mg、Al(Ti) Cu、Pb、Zn、Fe   (2) Cs、Hg W、Mo、Nb、Ta、Cr   (3) Cr Ag、Cu   (4) Fe   (5) Fe、Co、Ni   (6) Zn、Cr   **13.** 负极(Fe):$Fe-2e^- \xrightarrow{\quad} Fe^{2+}$   正极(石墨杂质):$O_2+2H_2O+4e^- \xrightarrow{\quad} 4OH^-$

原电池反应:$2Fe+O_2+2H_2O \xrightarrow{\quad} 2Fe(OH)_2$   $4Fe(OH)_2+O_2+2H_2O \xrightarrow{\quad} 4Fe(OH)_3$

$2Fe(OH)_3 \xrightarrow{\triangle} Fe_2O_3+3H_2O$   **15.** $2Cu+O_2 \xrightarrow{\triangle} 2CuO$   $CuO+H_2SO_4 \xrightarrow{\quad} CuSO_4+H_2O$   $CuSO_4+2NaOH \xrightarrow{\quad} Cu(OH)_2 \downarrow +Na_2SO_4$   **16.** $2Fe^{3+}+Sn^{4+} \xrightarrow{\quad} 2Fe^{2+}+Sn^{4+}$   $2Fe^{2+}+Cl_2 \xrightarrow{\quad} 2Fe^{3+}+2Cl^-$

# 第7章

**7.2** **1.** (1) 自净作用   (2) 6 121   (3) 无机有毒物质 有机有毒物质 无机无毒物质 有机无毒物质   **2.** (1) B   (2) C   (3) C

**7.3** **1.** (1) 工业污染源 生活污染源 交通污染源   (2) 粉尘 硫氧化物 氮氧化物   **2.** (1) A (2) C   (3) D

**7.4** **1.** (1) 净化 积蓄 物质转化转移   (2) 刮除 深埋 灌溉稀释   (3) DDT   **2.** (1) C (2) D   (3) B   (4) A

# 第8章

**思考与练习**

**8.1** **1.** (1) 一个人只有在躯体健康、心理健康、社会适应良好和道德健康四个方面健全,才是健康的人   (2) 指人的内心世界美好而充实,向往用勤劳的双手和爱心营造美好的家园   (3) 聚集 反应 指导健康、服务健康、实用化学基础不可或缺   (4) 吸烟 饮酒(酗酒) 饮食 运动   (5) 一种浪费 一种公害 有害健康   **2.** (1) B   (2) C   (3) B

**8.3** **1.** (1) 维持人体正常功能 酶 生物化学反应 催化剂   (2) 水溶性 脂溶性 维生素B、C 水溶性 排出体外   (3) 米面 肉类乳品 水果   **2.** (1) D   (2) C   (3) D

**8.4** **1.** (1) 油污 残留洗涤剂 染料中的芳胺   (2) 能量 必需 维生素 饮食习惯 酸碱平衡   (3) 带来了麻烦 尾气污染 环境   **2.** (1) C   (2) A   (3) B

**目标检测**

**2.** (1) √   (2) ×   (3) ×   (4) ×   (5) √   (6) √   (7) √   **3.** (1) 尼古丁 焦油 CO 氧   (2) 多环芳烃 苯并芘 亚硝胺 $^{210}$Pb $^{210}$Po 铬 镉   (3) 5月31日   (4) 身体健康 心理健康   (5) 10~100支   (6) 被动吸烟 70%   (7) 酸性 乙醇 乙醛 乙酸 酸 碱性 代谢 显碱性   (8) 0.4 10 25 mL   (9) 保暖 保健   (10) 染料(芳香胺) 分泌物 细菌 残留洗涤剂   (11) 改变燃料结构,禁用含铅汽油   **4.** (1) C   (2) A   (3) C   (4) D   (5) C   (6) A   (7) C   (8) D

# 元素周期表

元素周期表

注：相对原子质量录自1997年国际原子量表，并全部取4位有效数字。

313

**图书在版编目（CIP）数据**

实用化学基础(第2版)/戴大模主编.—上海:华东师范大学
出版社
ISBN 978 - 7 - 5617 - 2327 - 2

Ⅰ.实…  Ⅱ.戴…  Ⅲ.化学－基本知识  Ⅳ.O6

中国版本图书馆 CIP 数据核字(2000)第 66418 号

普通高等教育"十一五"国家级规划教材
教育部高职高专规划教材(五年制高等职业教育适用)

**实用化学基础(第2版)**

主　　编　戴大模
责任编辑　朱建宝
封面设计　高　山
版式设计　蒋　克

出版发行　华东师范大学出版社
社　　址　上海市中山北路 3663 号　邮编 200062
网　　址　www. ecnupress. com. cn
电　　话　021 - 60821666　行政传真 021 - 62572105
客服电话　021 - 62865537　门市(邮购)电话 021 - 62869887
地　　址　上海市中山北路 3663 号华东师范大学校内先锋路口
网　　店　htp://hdsdcbs. tmall. com

印 刷 者　常熟市文化印刷有限公司
开　　本　787×1092　16 开
印　　张　20.5
字　　数　466 千字
版　　次　2010 年 2 月第 2 版
印　　次　2020 年 3 月第 6 次
印　　数　11 501-12 600
书　　号　ISBN 978-7-5617-2327-2/O·085
定　　价　39.80 元

出 版 人　王　焰